"十三五"江苏省高等学校重点教材(编号: 2020-2-251)

数学分析

(第二册)

张福保　薛星美　主编

科学出版社

北　京

内 容 简 介

本教材的前两册涵盖了通常的“高等数学”和“工科数学分析”的内容，同时注重数学思想的传递、数学理论的延展、科学方法的掌握等. 第三册则是在现代分析学的高观点与框架下编写的，不仅开阔了学生的视野，让学生尽早领略现代数学的魅力，而且做到了与传统的数学分析内容有机融合. 将实数连续性理论、一致连续性与一致收敛性理论、可积性理论等较难的概念在不同场景、不同层次和不同要求下多次呈现、螺旋式上升，使其更加容易被初学者接受. 本教材注重数学史、背景知识的介绍与概念的引入，可读性强. 习题分成三类，A 类是基本题，B 类是提高题，C 类是讨论题和拓展题，同时每章还配有总练习题(第三册除外).

本教材可作为数学和统计学各专业、理工科大类各专业的“数学分析”课程的教材，其中前两册也可单独作为“高等数学”与“工科数学分析”的教材.

图书在版编目(CIP)数据

数学分析/张福保，薛星美主编. —北京：科学出版社，2022.8

“十三五”江苏省高等学校重点教材

ISBN 978-7-03-072792-3

I. ①数…　II.①张…　②薛…　III.①数学分析-高等学校-教材　IV.①O17

中国版本图书馆 CIP 数据核字(2022)第 138098 号

责任编辑：许　蕾　曾佳佳／责任校对：杨聪敏

责任印制：张　伟／封面设计：许　瑞

科学出版社 出版

北京东黄城根北街 16 号

邮政编码：100717

http://www.sciencep.com

北京建宏印刷有限公司 印刷

科学出版社发行　各地新华书店经销

*

2022 年 8 月第　一　版　开本：787 × 1092 1/16

2022 年 8 月第一次印刷　印张：46 1/4

字数：1096 000

定价：179.00 元 (全 3 册)

(如有印装质量问题，我社负责调换)

目 录

第 10 章 Euclid 空间 $\mathbb{R}^n$ 和多元函数的极限与连续 ······ 255
§10.1 Euclid 空间 $\mathbb{R}^n$ 及其子集 ······ 255
§10.1.1 Euclid 空间 $\mathbb{R}^n$ ······ 255
§10.1.2 Euclid 空间 $\mathbb{R}^n$ 中的点列收敛 ······ 257
§10.1.3 Euclid 空间 $\mathbb{R}^n$ 中的有界集、开集与闭集 ······ 258
§10.1.4 闭区域套定理、致密性定理与 Cauchy 收敛准则 ······ 261
§10.1.5 紧性与连通性 ······ 262
§10.2 多元函数及其极限 ······ 264
§10.2.1 多元函数 ······ 264
§10.2.2 多元函数的极限概念 ······ 265
§10.2.3 累次极限 ······ 268
§10.3 多元函数连续性 ······ 270
§10.3.1 多元函数连续性的概念及局部性质 ······ 270
§10.3.2 向量值函数的极限与连续 ······ 272
§10.3.3 连续映射的全局性质 ······ 273
第 10 章总练习题 ······ 274
第 11 章 多元函数微分学 ······ 276
§11.1 全微分与偏导数 ······ 276
§11.1.1 可微与导数 ······ 276
§11.1.2 可偏导与偏导数 ······ 277
§11.1.3 方向导数 ······ 281
§11.1.4 高阶偏导数 ······ 282
§11.1.5 高阶微分 ······ 284
§11.1.6 向量值函数的导数与微分 ······ 285
§11.2 多元复合函数的求导法则 ······ 287
§11.2.1 复合函数的链式法则 ······ 288
§11.2.2 复合函数的微分与一阶全微分的形式不变性 ······ 291
§11.3 中值定理与 Taylor 公式 ······ 293
§11.3.1 中值定理 ······ 293
§11.3.2 Taylor 公式 ······ 294
§11.4 隐函数 ······ 296
§11.4.1 隐函数的概念 ······ 296
§11.4.2 隐函数定理 ······ 298

§11.4.3 由方程组确定的向量值隐函数定理 ······ 302
§11.4.4 逆映射定理 ······ 304
§11.5 偏导数在几何中的应用 ······ 308
§11.5.1 空间曲线的切线与法平面 ······ 309
§11.5.2 曲面的切平面与法线 ······ 311
§11.6 无条件极值 ······ 315
§11.6.1 多元函数的极值 ······ 315
§11.6.2 多元函数的最值 ······ 318
§11.6.3 最小二乘法 ······ 319
§11.7 条件极值问题与 Lagrange 乘数法 ······ 321
第 11 章总练习题 ······ 328
第 12 章 重积分 ······ 330
§12.1 重积分的概念 ······ 330
§12.1.1 一般平面图形的面积 ······ 331
§12.1.2 二重积分的概念与可积性 ······ 333
§12.1.3 n 重积分 ······ 335
§12.1.4 重积分的性质 ······ 336
§12.2 重积分的计算——化为累次积分 ······ 338
§12.2.1 矩形区域上重积分的计算 ······ 338
§12.2.2 一般区域上重积分的计算 ······ 340
§12.3 重积分的变量代换 ······ 346
§12.3.1 二重积分的变量代换 ······ 346
§12.3.2 n 重积分的变量代换 ······ 349
§12.4 重积分的应用 ······ 356
§12.4.1 曲面面积 ······ 356
§12.4.2 重积分的物理应用 ······ 359
第 12 章总练习题 ······ 362
第 13 章 曲线积分、曲面积分与场论初步 ······ 364
§13.1 第一型曲线积分与第一型曲面积分 ······ 364
§13.1.1 第一型曲线积分 ······ 364
§13.1.2 第一型曲面积分 ······ 368
§13.2 第二型曲线积分与第二型曲面积分 ······ 371
§13.2.1 第二型曲线积分 ······ 371
§13.2.2 第二型曲面积分概念 ······ 375
§13.3 Green 公式、Gauss 公式和 Stokess 公式 ······ 383
§13.3.1 Green 公式 ······ 383
§13.3.2 曲线积分与路径无关的条件 ······ 388
§13.3.3 Gauss 公式 ······ 392

§13.3.4 Stokes 公式 ··· 395
§13.4 场论初步 ··· 403
§13.4.1 场的概念 ··· 403
§13.4.2 数量场的等值面和梯度场 ··· 404
§13.4.3 向量场的通量与散度 ··· 405
§13.4.4 向量场的环量与旋度 ··· 406
§13.4.5 管量场与有势场 ··· 408
§13.4.6 Hamilton 算子 ··· 409
第 13 章总练习题 ··· 411
第 14 章　数项级数 ··· 413
§14.1 数项级数的收敛性 ··· 414
§14.1.1 数项级数的概念 ··· 414
§14.1.2 收敛级数的性质 ··· 416
§14.2 正项级数 ··· 421
§14.2.1 正项级数的概念及其收敛原理 ··· 421
§14.2.2 比较判别法 ··· 421
§14.2.3 Cauchy 判别法与 D'Alembert 判别法 ··· 423
§14.2.4 积分判别法和 Raabe 判别法 ··· 425
§14.3 任意项级数 ··· 428
§14.3.1 交错级数与 Leibniz 判别法 ··· 428
§14.3.2 Abel 判别法与 Dirichlet 判别法 ··· 430
§14.3.3 级数的绝对收敛与条件收敛 ··· 431
§14.3.4 级数的重排 ··· 432
§14.3.5 级数的乘积 ··· 433
第 14 章总练习题 ··· 436
第 15 章　函数项级数 ··· 438
§15.1 逐点收敛和一致收敛 ··· 438
§15.1.1 逐点收敛与收敛域 ··· 438
§15.1.2 函数项级数与函数列的基本问题 ··· 439
§15.1.3 一致收敛的定义 ··· 441
§15.1.4 函数列一致收敛性判别 ··· 442
§15.1.5 函数项级数一致收敛性的判别 ··· 446
§15.2 极限函数与和函数的分析性质 ··· 451
§15.2.1 连续性 ··· 452
§15.2.2 可积性 ··· 454
§15.2.3 可导性 ··· 455
§15.3 幂级数与 Taylor 展开 ··· 457
§15.3.1 幂级数的收敛域与一致收敛性 ··· 457

§15.3.2 幂级数的性质 ········ 460
§15.3.3 Taylor 级数与余项公式 ········ 463
§15.3.4 初等函数的 Taylor 展开 ········ 466
第 15 章总练习题 ········ 473
第 16 章 Fourier 级数 ········ 475
§16.1 函数的 Fourier 级数展开与逐点收敛性 ········ 476
§16.1.1 平方可积函数空间与正交函数系 ········ 476
§16.1.2 周期为 2π 的函数的 Fourier 级数展开 ········ 477
§16.1.3 正弦级数和余弦级数 ········ 480
§16.1.4 任意周期的函数的 Fourier 级数展开 ········ 483
§16.1.5 Fourier 级数的逐点收敛定理 ········ 484
§16.2 Fourier 级数的性质 ········ 487
§16.2.1 Fourier 级数的分析性质 ········ 488
§16.2.2 Fourier 级数的平方逼近性质 ········ 490
§16.3 Fourier 变换 ········ 493
§16.3.1 Fourier 积分 ········ 493
§16.3.2 Fourier 变换及其逆变换 ········ 495
§16.3.3 Fourier 变换的性质 ········ 497
第 16 章总练习题 ········ 501
参考文献 ········ 503
索引 ········ 504

扫描查看“ 附录 习题参考答案”

第 10 章　Euclid 空间 $\mathbb{R}^n$ 和多元函数的极限与连续

本章主要包含两部分内容. 第一部分内容是介绍 Euclid 空间 $\mathbb{R}^n$, 这是实数连续性的自然推广. 第二部分内容是多元函数的极限与连续, 这是多元微积分的基础.

§10.1　Euclid 空间 $\mathbb{R}^n$ 及其子集

一元函数的定义域是实数集, 即直线 $\mathbb{R} = \mathbb{R}^1$, 多元函数的定义域是高维的 Euclid 空间 $\mathbb{R}^n$, 包括二维平面 $\mathbb{R}^2$ 、三维空间 $\mathbb{R}^3$ 等. 解析几何中, 我们已经对二维平面 $\mathbb{R}^2$ 和三维空间 $\mathbb{R}^3$ 有所了解. 为了今后讨论多元微积分的需要, 我们要先将直线、二维平面 $\mathbb{R}^2$ 和三维空间 $\mathbb{R}^3$ 推广到一般的 Euclid 空间 $\mathbb{R}^n$. 本节先介绍 Euclid 空间 $\mathbb{R}^n$ 中的距离、点列收敛及其拓扑性质, 下一节再介绍 $\mathbb{R}^n$ 的连续性.

§10.1.1　Euclid 空间 $\mathbb{R}^n$

我们分别将二维平面 $\mathbb{R}^2$ 和三维空间 $\mathbb{R}^3$ 看作实数集 $\mathbb{R}$ 的 Descartes 乘积:

$$\mathbb{R}^2 = \mathbb{R} \times \mathbb{R},\ \mathbb{R}^3 = \mathbb{R} \times \mathbb{R} \times \mathbb{R},$$

一般地, 定义 $\mathbb{R}^n$ 为 n 个 $\mathbb{R}$ 的 Descartes 乘积

$$\mathbb{R}^n = \underbrace{\mathbb{R} \times \mathbb{R} \times \cdots \times \mathbb{R}}_{n} = \{(a_1, a_2, \cdots, a_n) \mid a_i \in \mathbb{R}, i = 1, 2, \ldots, n\}. \tag{10.1.1}$$

$\mathbb{R}^n$ 中的元素 $\boldsymbol{a} = (a_1, a_2, \cdots, a_n)$ 称为**向量** (vector) 或 **点** (point), a_i 称为 $\boldsymbol{a}$ 的**第 i 个坐标**. 特别地, $\mathbb{R}^n$ 中的零元素记为 $\boldsymbol{0} = (0, 0, \cdots, 0)$.

设 $\boldsymbol{a} = (a_1, a_2, \cdots, a_n), \boldsymbol{b} = (b_1, b_2, \cdots, b_n)$ 为 $\mathbb{R}^n$ 中任意两个向量, α 为任意实数, 分别定义 $\mathbb{R}^n$ 中的加法和数乘运算:

$$\boldsymbol{a} + \boldsymbol{b} = (a_1 + b_1, a_2 + b_2, \cdots, a_n + b_n), \tag{10.1.2}$$

$$\alpha \boldsymbol{a} = (\alpha a_1, \alpha a_2, \cdots, \alpha a_n). \tag{10.1.3}$$

显然, $\forall \boldsymbol{a}, \boldsymbol{b} \in \mathbb{R}^n, \alpha \in \mathbb{R}$, 有 $\boldsymbol{a} + \boldsymbol{b} \in \mathbb{R}^n, \alpha \boldsymbol{a} \in \mathbb{R}^n$, 由此我们称 $\mathbb{R}^n$ 为**线性空间** (linear space), 或**向量空间** (vector space).

在 $\mathbb{R}^n$ 上可以引入内积运算. 对任意两个向量 $\boldsymbol{a}, \boldsymbol{b}$, 定义它们的内积 (inner product) 为

$$\langle \boldsymbol{a}, \boldsymbol{b} \rangle = a_1 b_1 + a_2 b_2 + \cdots + a_n b_n = \sum_{k=1}^{n} a_k b_k, \tag{10.1.4}$$

我们称定义了内积的线性空间 $\mathbb{R}^n$ 为 **Euclid 空间** (Euclid space).

下面讨论内积的性质.

定理 10.1.1 $\forall \boldsymbol{a},\boldsymbol{b},\boldsymbol{c}\in\mathbb{R}^n,\alpha,\beta\in\mathbb{R}$, 则有

(1) 正定性 (positive definiteness): $\langle\boldsymbol{a},\boldsymbol{a}\rangle\geqslant 0$, 而 $\langle\boldsymbol{a},\boldsymbol{a}\rangle=0$ 当且仅当 $\boldsymbol{a}=\mathbf{0}$;

(2) 对称性 (symmetry): $\langle\boldsymbol{a},\boldsymbol{b}\rangle=\langle\boldsymbol{b},\boldsymbol{a}\rangle$;

(3) 线性性 (linearity): $\langle\alpha\boldsymbol{a}+\beta\boldsymbol{b},\boldsymbol{c}\rangle=\alpha\langle\boldsymbol{a},\boldsymbol{c}\rangle+\beta\langle\boldsymbol{b},\boldsymbol{c}\rangle$;

(4) Schwarz 不等式 (Schwarz inequality): $\langle\boldsymbol{a},\boldsymbol{b}\rangle^2\leqslant\langle\boldsymbol{a},\boldsymbol{a}\rangle\langle\boldsymbol{b},\boldsymbol{b}\rangle$, 且等式成立当且仅当 $\boldsymbol{a}$ 与 $\boldsymbol{b}$ 平行, 即存在不全为零的常数 α,β, 使得 $\alpha\boldsymbol{a}+\beta\boldsymbol{b}=\mathbf{0}$.

证明 (1)~(3) 是显然的. 下面仅证明 (4). 由 (1)~(3) 可得, 对任意 $\alpha\in\mathbb{R}$ 都成立

$$\langle\alpha\boldsymbol{a}+\boldsymbol{b},\alpha\boldsymbol{a}+\boldsymbol{b}\rangle=\alpha^2\langle\boldsymbol{a},\boldsymbol{a}\rangle+2\alpha\langle\boldsymbol{a},\boldsymbol{b}\rangle+\langle\boldsymbol{b},\boldsymbol{b}\rangle\geqslant 0,$$

当 $\langle\boldsymbol{a},\boldsymbol{a}\rangle\neq 0$ 时, 上式表明关于实数 α 的一元二次多项式总是非负的, 所以其判别式

$$\Delta=4\langle\boldsymbol{a},\boldsymbol{b}\rangle^2-4\langle\boldsymbol{a},\boldsymbol{a}\rangle\langle\boldsymbol{b},\boldsymbol{b}\rangle\leqslant 0.$$

当 $\langle\boldsymbol{a},\boldsymbol{a}\rangle=0$ 时, 由正定性知, $\boldsymbol{a}=\mathbf{0}$, 此时, Schwarz 不等式显然成立.

若 $\boldsymbol{a}$ 与 $\boldsymbol{b}$ 平行, 不妨设存在 $\alpha\in\mathbb{R}$, 使得 $\alpha\boldsymbol{a}+\boldsymbol{b}=\mathbf{0}$, 此时, 显然有 $\langle\boldsymbol{a},\boldsymbol{b}\rangle^2=\langle\boldsymbol{a},\boldsymbol{a}\rangle\langle\boldsymbol{b},\boldsymbol{b}\rangle$.

反之, 若 $\boldsymbol{a}$ 与 $\boldsymbol{b}$ 不平行, 则对任何不全为零的常数 α,β, 有 $\alpha\boldsymbol{a}+\beta\boldsymbol{b}\neq\mathbf{0}$. 此时, $\boldsymbol{a}$ 与 $\boldsymbol{b}$ 都不等于 $\mathbf{0}$. 不妨设 $\alpha\boldsymbol{a}+\boldsymbol{b}\neq\mathbf{0}$, 于是

$$\langle\alpha\boldsymbol{a}+\boldsymbol{b},\alpha\boldsymbol{a}+\boldsymbol{b}\rangle=\alpha^2\langle\boldsymbol{a},\boldsymbol{a}\rangle+2\alpha\langle\boldsymbol{a},\boldsymbol{b}\rangle+\langle\boldsymbol{b},\boldsymbol{b}\rangle>0,$$

所以其判别式

$$\Delta=4\langle\boldsymbol{a},\boldsymbol{b}\rangle^2-4\langle\boldsymbol{a},\boldsymbol{a}\rangle\langle\boldsymbol{b},\boldsymbol{b}\rangle<0.$$

□

有了内积概念, 可以定义向量的范数, 或模的概念.

对 $\mathbb{R}^n$ 中任意向量 $\boldsymbol{a}=(a_1,a_2,\cdots,a_n)$, 定义

$$|\boldsymbol{a}|=\sqrt{\langle\boldsymbol{a},\boldsymbol{a}\rangle}=\sqrt{\sum_{k=1}^n a_k^2},\tag{10.1.5}$$

称为 $\boldsymbol{a}$ 的 **Euclid 范数**, 简称**范数**或**模** (norm).

性质 10.1.1 任意两向量和的范数不超过范数的和, 即 $\forall\boldsymbol{a},\boldsymbol{b}\in\mathbb{R}^n$, 有

$$|\boldsymbol{a}+\boldsymbol{b}|\leqslant|\boldsymbol{a}|+|\boldsymbol{b}|.\tag{10.1.6}$$

证明 由定义及定理 10.1.1知,

$$|\boldsymbol{a}+\boldsymbol{b}|^2=\langle\boldsymbol{a}+\boldsymbol{b},\boldsymbol{a}+\boldsymbol{b}\rangle=|\boldsymbol{a}|^2+2\langle\boldsymbol{a},\boldsymbol{b}\rangle+|\boldsymbol{b}|^2.$$

再由 Schwarz 不等式得

$$|\boldsymbol{a}+\boldsymbol{b}|^2\leqslant|\boldsymbol{a}|^2+2|\boldsymbol{a}|\cdot|\boldsymbol{b}|+|\boldsymbol{b}|^2=(|\boldsymbol{a}|+|\boldsymbol{b}|)^2,$$

因此不等式 (10.1.6) 获证. □

有了内积的概念, 可定义两向量的夹角的概念. 对任意两个非零向量 $\boldsymbol{a}$ 和 $\boldsymbol{b}$, 定义

$$\theta=\arccos\frac{\langle\boldsymbol{a},\boldsymbol{b}\rangle}{|\boldsymbol{a}||\boldsymbol{b}|},$$

称之为 $\boldsymbol{a}$ 与 $\boldsymbol{b}$ 的夹角. 由 Schwarz 不等式知道, 定义是合理的, 并且内积 $\langle \boldsymbol{a}, \boldsymbol{b} \rangle = 0$ 当且仅当 $\theta = \dfrac{\pi}{2}$, 这时我们称这两个向量正交.

而有了内积或模的概念, 又可以定义距离的概念.

$\mathbb{R}^n$ 中任意两点 $\boldsymbol{a} = (a_1, a_2, \cdots, a_n)$ 和 $\boldsymbol{b} = (b_1, b_2, \cdots, b_n)$ 的距离 (distance) 定义为

$$\mathrm{d}(\boldsymbol{a}, \boldsymbol{b}) \doteq |\boldsymbol{a} - \boldsymbol{b}| = \sqrt{(a_1 - b_1)^2 + (a_2 - b_2)^2 + \cdots + (a_n - b_n)^2}. \tag{10.1.7}$$

定理 10.1.2 距离满足以下性质:

(1) 正定性 : $\forall\, \boldsymbol{a}, \boldsymbol{b} \in \mathbb{R}^n$, $\mathrm{d}(\boldsymbol{a}, \boldsymbol{b}) \geqslant 0$, 而 $\mathrm{d}(\boldsymbol{a}, \boldsymbol{b}) = 0$ 当且仅当 $\boldsymbol{a} = \boldsymbol{b}$;

(2) 对称性 : $\forall\, \boldsymbol{a}, \boldsymbol{b} \in \mathbb{R}^n$, $\mathrm{d}(\boldsymbol{a}, \boldsymbol{b}) = \mathrm{d}(\boldsymbol{b}, \boldsymbol{a})$;

(3) 三角不等式 (triangle inequality): $\forall\, \boldsymbol{a}, \boldsymbol{b}, \boldsymbol{c} \in \mathbb{R}^n$, $\mathrm{d}(\boldsymbol{a}, \boldsymbol{c}) \leqslant \mathrm{d}(\boldsymbol{a}, \boldsymbol{b}) + \mathrm{d}(\boldsymbol{b}, \boldsymbol{c})$.

证明 (1) 和 (2) 是显然的. 下面只证 (3). 由性质 10.1.1知,

$$\mathrm{d}(\boldsymbol{a}, \boldsymbol{c}) = |\boldsymbol{a} - \boldsymbol{c}| = |(\boldsymbol{a} - \boldsymbol{b}) + (\boldsymbol{b} - \boldsymbol{c})| \leqslant |\boldsymbol{a} - \boldsymbol{b}| + |\boldsymbol{b} - \boldsymbol{c}| = \mathrm{d}(\boldsymbol{a}, \boldsymbol{b}) + \mathrm{d}(\boldsymbol{b}, \boldsymbol{c}). \qquad \square$$

有了距离的概念就可以定义邻域的概念.

定义 10.1.1 设 $\boldsymbol{a} = (a_1, a_2, \cdots, a_n), \boldsymbol{x} = (x_1, x_2, \cdots, x_n) \in \mathbb{R}^n, \delta > 0$, 则点集

$$\begin{aligned} U(\boldsymbol{a}, \delta) &= \{\boldsymbol{x} \in \mathbb{R}^n \,|\; |\, \boldsymbol{x} - \boldsymbol{a} \,| < \delta\} \\ &= \{\boldsymbol{x} \in \mathbb{R}^n \,|\; \sqrt{(x_1 - a_1)^2 + (x_2 - a_2)^2 + \cdots + (x_n - a_n)^2} < \delta\} \end{aligned}$$

称为以 $\boldsymbol{a}$ 为球心、δ 为半径的 (开) 球, 也称为点 $\boldsymbol{a}$ 的 δ 邻域 (neighborhood), $\boldsymbol{a}$ 称为这个邻域的中心, δ 称为邻域的半径.

如果不需要强调邻域半径, $U(\boldsymbol{a}, \delta)$ 可简记为 $U(\boldsymbol{a})$, 称为以 $\boldsymbol{a}$ 为球心的球, 或 $\boldsymbol{a}$ 的邻域. 而用记号 $U^o(\boldsymbol{a}) \doteq U(\boldsymbol{a}) \backslash \{\boldsymbol{a}\}$ 表示 $\boldsymbol{a}$ 的去心邻域.

特别地, $n = 1$ 时, $U(\boldsymbol{a}, \delta)$ 就是开区间 $(a - \delta, a + \delta)$, 而在 $\mathbb{R}^2$ 上, $U(\boldsymbol{a}, \delta)$ 是开圆盘, 在 $\mathbb{R}^3$ 上则是开球. 图 10.1.1 分别对应 $n = 2$ 和 $n = 3$ 的情况.

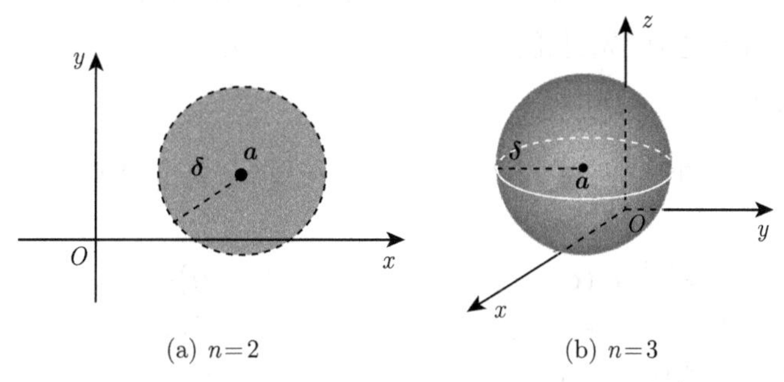

(a) $n=2$　　(b) $n=3$

图 10.1.1

有了邻域的概念就可以考虑 $\mathbb{R}^n$ 中的点列收敛的概念了.

§10.1.2 Euclid 空间 $\mathbb{R}^n$ 中的点列收敛

定义 10.1.2 设 $\{\boldsymbol{a}_k\}$ 是 $\mathbb{R}^n$ 中的一列点, 称为一个点列.

(1) 如果存在 $M>0$, 使对任何 k, 有 $|\boldsymbol{a}_k|\leqslant M$, 即 $\boldsymbol{a}_k\in U(\boldsymbol{0},M)$, 亦即点列所有各项均位于某一固定的球内, 则称点列 $\{\boldsymbol{a}_k\}$ 是有界的.

(2) 若存在点 $\boldsymbol{a}\in\mathbb{R}^n$, 使对任意给定的 $\varepsilon>0$, 总存在正数 K, 使得当 $k>K$ 时,

$$\boldsymbol{a}_k\in U(\boldsymbol{a},\varepsilon),\qquad \text{即}\ |\boldsymbol{a}_k-\boldsymbol{a}|<\varepsilon,$$

则称点列 $\{\boldsymbol{a}_k\}$ 收敛于 $\boldsymbol{a}$, 或称 $\boldsymbol{a}$ 为点列 $\{\boldsymbol{a}_k\}$ 的**极限** (limit), 记为 $\lim\limits_{k\to\infty}\boldsymbol{a}_k=\boldsymbol{a}$, 简称点列 $\{\boldsymbol{a}_k\}$ 收敛.

一个点列如果不收敛于任何一个点, 就称其**发散**.

由定义 10.1.2 立得, 收敛的点列与收敛的数列有类似的性质. 例如, 收敛点列的极限必定是唯一的, 收敛点列也必定是有界的, 等等.

又若记 $\boldsymbol{a}_k=(a_1^k,a_2^k,\cdots,a_n^k)$, $k=1,2,\cdots$, $\boldsymbol{a}=(a_1,a_2,\cdots,a_n)$, 利用不等式

$$|\ a_j^k-a_j\ |\leqslant|\ \boldsymbol{a}_k-\boldsymbol{a}\ |=\sqrt{\sum_{i=1}^n(a_i^k-a_i)^2}\leqslant\sum_{i=1}^n|a_i^k-a_i|,\quad j=1,2,\cdots,n,\tag{10.1.8}$$

可以得到下面的点列收敛与该点列相应坐标 (作为数列) 收敛之间的等价关系.

定理 10.1.3 $\lim\limits_{k\to\infty}\boldsymbol{a}_k=\boldsymbol{a}$ 的充分必要条件是 $\lim\limits_{k\to\infty}a_i^k=a_i$ $(\forall i=1,2\cdots,n)$.

由于在高维空间中两个点列之间不能像数列那样乘、除, 也不存在大小关系, 因此数列极限的有些性质对点列已不再有意义了, 请读者对照数列极限性质逐一检查.

有了邻域的概念, 就可以考虑 $\mathbb{R}^n$ 的拓扑概念了, 这主要指 §10.1.3 中开集与闭集的概念以及 §10.1.5 中的紧集与连通集等概念, 这些都可以看作是实数连续性的推广. 这将加深我们对 $\mathbb{R}^n$ 的认识.

§10.1.3 Euclid 空间 $\mathbb{R}^n$ 中的有界集、开集与闭集

1. 有界集

设 S 是 $\mathbb{R}^n$ 的子集, 也称为 $\mathbb{R}^n$ 中的点集. 若 S 含于某个球 $U(\boldsymbol{0},M)$, 即存在正数 M, 使得对于任意 $\boldsymbol{a}\in S$, 满足 $|\boldsymbol{a}|\leqslant M$, 则称 S 为**有界集** (bounded set), 或 S 是有界的.

在定义开集、闭集之前, 先讨论点与点集 S 的位置关系.

2. 内点、外点与边界点

设 S 是 $\mathbb{R}^n$ 中的点集, $\boldsymbol{a}\in\mathbb{R}^n$ 是任意给定的一点, 从其邻域与 S 的关系来分, 有下列三种情况:

(1) 存在 $\boldsymbol{a}$ 的一个邻域 $U(\boldsymbol{a})$ 完全落在 S 中, 即 $U(\boldsymbol{a})\subset S$, 这时称 $\boldsymbol{a}$ 是 S 的**内点** (interior point). S 的内点全体称为 S 的**内部** (interior), 记为 S° .

(2) 存在 $\boldsymbol{a}$ 的一个邻域 $U(\boldsymbol{a})$ 与 S 不交, 即 $U(\boldsymbol{a})\subset S^c=\mathbb{R}^n\backslash S$, 这时称 $\boldsymbol{a}$ 是 S 的**外点** (exterior point). S 的外点的全体称为 S 的**外部** (exterior).

(3) $\boldsymbol{a}$ 既不是 S 的内点, 也不是 S 的外点, 即 $\boldsymbol{a}$ 的具有上述 (1) 和 (2) 性质之一的邻域都不存在, 或者等价地, $\boldsymbol{a}$ 的任意一个邻域中既包含 S 的点, 又包含 S^c 的点, 那么就称 $\boldsymbol{a}$ 是 S 的**边界点** (boundary point). S 的边界点的全体称为 S 的**边界** (boundary), 记为 ∂S.

如图 10.1.2, $\boldsymbol{a},\boldsymbol{b},\boldsymbol{c}$ 分别为 S 的内点、外点和边界点.

显然, 内点必属于 S; 外点必不属于 S, 或者说必属于 S^c; 但边界点可能属于 S, 也可能不属于 S.

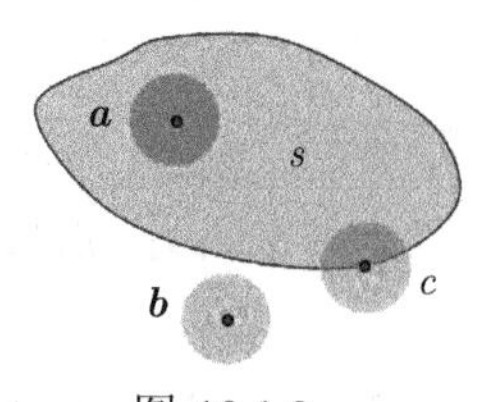

图 10.1.2

3. 孤立点与聚点

若存在 $\boldsymbol{a}$ 的一个邻域, 其中只有 $\boldsymbol{a}$ 点属于 S, 则称 $\boldsymbol{a}$ 是 S 的**孤立点** (isolated point).

显然, 孤立点必是边界点.

若 $\boldsymbol{a}$ 的任意邻域都含有 S 中的无限个点, 则称 $\boldsymbol{a}$ 是 S 的**聚点** (condensation point 或 cluster point).

S 的聚点的全体记为 S', 称为 S 的**导集**. S 与它导集 S' 的并集称为 S 的**闭包**(closure), 记为 $\bar{S}$, 即 $\bar{S}=S\cup S'$.

由定义容易证明下列命题 (请读者自己完成).

命题 10.1.1 *$\boldsymbol{a}$ 是 S 的聚点当且仅当 $\boldsymbol{a}$ 的任意邻域都含有 S 中的异于 $\boldsymbol{a}$ 的点.*

显然, S 的内点必是 S 的聚点; S 的边界点, 只要不是 S 的孤立点, 也必是 S 的聚点. S 的聚点可能属于 S, 也可能不属于 S.

例如在 $\mathbb{R}$ 中, 0 是点集 $\left\{\dfrac{1}{n} \mid n=1,2,\cdots\right\}$ 的聚点, 但它不属于这个点集.

又例如, 开球 B 的边界 (即球面 S) 上的点是 B 的聚点, 但它们都不属于 B.

还容易证明, 聚点有下列特征.

定理 10.1.4 *$\boldsymbol{a}$ 是点集 $S(\subset\mathbb{R}^n)$ 的聚点的充分必要条件是: 存在一互异的点列 $\{\boldsymbol{a}_k\}$ 满足: $\boldsymbol{a}_k\in S, \boldsymbol{a}_k\neq\boldsymbol{a}$ $(k=1,2,\cdots)$, 使得 $\lim\limits_{k\to\infty}\boldsymbol{a}_k=\boldsymbol{a}$.*

作为开区间与闭区间概念的推广, 下面定义 $\mathbb{R}^n$ 中两类特殊的点集: 开集与闭集.

4. 开集与闭集

设 S 为 $\mathbb{R}^n$ 中的点集. 若 S 中的每一个点都是 S 的内点, 则称 S 为**开集** (open set); 若 S 包含了 S 的所有聚点, 则称 S 为**闭集** (closed set).

例 10.1.1 在 $\mathbb{R}^2$ 上, 设 $S=\{(x,y)|1\leqslant x^2+y^2<4\}$, 那么

$$\begin{aligned}
S^\circ&=\{(x,y)\mid 1<x^2+y^2<4\};\\
\partial S&=\{(x,y)\mid x^2+y^2=1\}\cup\{(x,y)\mid x^2+y^2=4\};\\
S'&=\bar{S}=\{(x,y)|1\leqslant x^2+y^2\leqslant 4\}.
\end{aligned}$$

由此可见, S 既不是开集, 也不是闭集.

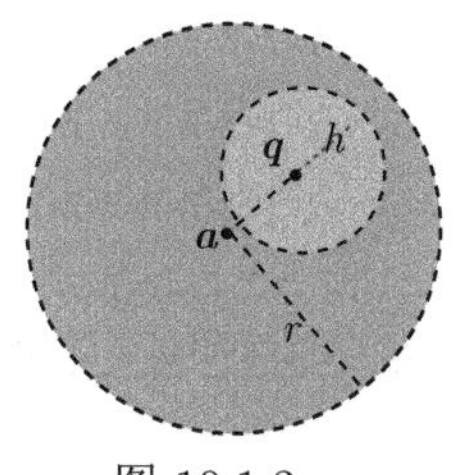

图 10.1.3

例 10.1.2 证明: 任意球 $U(\boldsymbol{a},r)$ 即 $\boldsymbol{a}$ 的邻域是开集.

证明 设 $\boldsymbol{q}$ 为 $U(\boldsymbol{a},r)$ 内的任一点, 则 $|\boldsymbol{q}-\boldsymbol{a}|<r$. 任取正数 $h\leqslant r-|\boldsymbol{q}-\boldsymbol{a}|$, 则

$$|\boldsymbol{q}-\boldsymbol{a}|\leqslant r-h.$$

如图 10.1.3.

于是, 对任意 $\boldsymbol{x}\in U(\boldsymbol{q},h)$, 成立不等式

$$|\boldsymbol{x}-\boldsymbol{a}| \leqslant |\boldsymbol{x}-\boldsymbol{q}|+|\boldsymbol{q}-\boldsymbol{a}| < h+(r-h)=r,$$

即 $\boldsymbol{x}\in U(\boldsymbol{a},r)$, 亦即 $\boldsymbol{q}$ 是 $U(\boldsymbol{a},r)$ 的内点, 由定义知, $U(\boldsymbol{a},r)$ 是开集. □

容易证明: 点集

$$\{\boldsymbol{x}\in\mathbb{R}^n|\ a_i<x_i<b_i, i=1,2,\cdots,n\}$$

也是开集, 它称为 n **维开矩形**; 集合

$$\{\boldsymbol{x}\in\mathbb{R}^n|\ a_i\leqslant x_i\leqslant b_i, i=1,2,\cdots,n\} \text{ 和 } \{\boldsymbol{x}\in\mathbb{R}^n|\ \sum_{i=1}^n (x_i-a_i)^2\leqslant r^2\}$$

都是闭集, 它们分别称为 n **维闭矩形**和 n **维闭球**.

特别地, 区间 (a,b), (a,∞) 是 $\mathbb{R}$ 中开集, $[a,b]$, $[a,+\infty)$ 是 $\mathbb{R}$ 中闭集, 而 $(-\infty,+\infty)$ 是 $\mathbb{R}$ 中既开又闭的集合, 并且规定空集也是 $\mathbb{R}$ 中既开又闭的集合.

定理 10.1.5 $\mathbb{R}^n$ 中的点集 S 为闭集的充分必要条件是它的余集 S^c 是开集.

证明 **必要性** 若 S 为闭集, 由于 S 的一切聚点都属于 S, 因此, 对于任意 $\boldsymbol{x}\in S^c$, $\boldsymbol{x}$ 不是 S 的聚点. 也就是说, 存在 $\boldsymbol{x}$ 的邻域 $U(\boldsymbol{x},\delta)$, 使得 $U(\boldsymbol{x},\delta)\cap S=\varnothing$, 即 $U(\boldsymbol{x},\delta)\subset S^c$. 故 S^c 为开集.

充分性 对任意 $\boldsymbol{x}\in S^c$, 由于 S^c 是开集, 因此存在 $\boldsymbol{x}$ 的邻域 $U(\boldsymbol{x},\delta)$, 使得 $U(\boldsymbol{x},\delta)\subset S^c$, 即 $\boldsymbol{x}$ 不是 S 的聚点. 所以如果 S 有聚点, 它就一定属于 S. 因此 S 为闭集. □

对偶地, $\mathbb{R}^n$ 中的点集 S 为开集的充分必要条件是 S^c 是闭集.

下面考虑开集与闭集关于交和并的运算性质.

定理 10.1.6 (1) 任意一族开集 $\{S_\alpha\}$ 的并集 $\bigcup\limits_\alpha S_\alpha$ 是开集;

(2) 任意一族闭集 $\{T_\alpha\}$ 的交集 $\bigcap\limits_\alpha T_\alpha$ 是闭集;

(3) 任意有限个开集 $S_1,S_2,\cdots,S_k$ 的交集 $\bigcap\limits_{i=1}^k S_i$ 是开集;

(4) 任意有限个闭集 $T_1,T_2,\cdots,T_k$ 的并集 $\bigcup\limits_{i=1}^k T_i$ 是闭集.

证明 (1) 设 $\boldsymbol{x}\in\bigcup\limits_\alpha S_\alpha$, 那么存在某个 α, 使得 $x\in S_\alpha$. 而 S_α 是开集, 因此 $\boldsymbol{x}$ 就是 S_α 的内点, 所以也是 $\bigcup\limits_\alpha S_\alpha$ 的内点, 这说明 $\bigcup\limits_\alpha S_\alpha$ 是开集.

(2) 由 De Morgan 公式可得

$$\left(\bigcap_\alpha T_\alpha\right)^c=\bigcup_\alpha T_\alpha^c.$$

T_α 是闭集, 从而 T_α^c 是开集. 由 (1) 知 $\bigcup\limits_\alpha T_\alpha^c$ 是开集, 这说明了 $\bigcap\limits_\alpha T_\alpha$ 的补集是开集, 因此它是闭集.

(3) 设 $\boldsymbol{x}\in\bigcap\limits_{i=1}^k S_i$, 则对每个 $i=1,2,\cdots,k$, 都有 $\boldsymbol{x}\in S_i$. 由于 S_i 是开集, 因此存在 $\boldsymbol{x}$

的邻域 $U(\boldsymbol{x},r_i)$, 使得 $U(\boldsymbol{x},r_i)\in S_i$. 取 $r=\min\limits_{1\leqslant i\leqslant k} r_i$, 那么 $U(\boldsymbol{x},r)\subset\bigcap\limits_{i=1}^{k}S_i$, 即 $\boldsymbol{x}$ 是 $\bigcap\limits_{i=1}^{k}S_i$ 的内点, 因此 $\bigcap\limits_{i=1}^{k}S_i$ 是开集.

(4) 利用 De Morgan 公式和 (3) 的结论可以证得. □

下面两小节将有关实数系连续性的一系列定理, 包括闭区间套定理、致密性定理与 Cauchy 收敛准则等推广到 $\mathbb{R}^n$ 中, 并引入两个新的概念: 紧性和连通性.

§10.1.4 闭区域套定理、致密性定理与 Cauchy 收敛准则

首先, 只要分别对分量运用直线 $\mathbb{R}$ 上的闭区间套定理就可以证明 $\mathbb{R}^n$ 中下面特殊形式的闭区域套定理, 即闭矩形套定理. 关于更一般的区域套定理见下面的定理 10.1.10.

定理 10.1.7 (闭矩形套定理) 设 $\Delta_k=[a_k^1,b_k^1]\times[a_k^2,b_k^2]\times\cdots\times[a_k^n,b_k^n], k=1,2,\cdots$ 是 $\mathbb{R}^n$ 中一列闭矩形, 如果

(1) $\Delta_{k+1}\subset\Delta_k$, 即 $a_k^j\leqslant a_{k+1}^j<b_{k+1}^j\leqslant b_k^j, j=1,2,\cdots,n,\ k=1,2,\cdots$;

(2) $\sum\limits_{j=1}^{n}(b_k^j-a_k^j)^2\to 0\ (k\to\infty)$,

则存在唯一的点 $\boldsymbol{\xi}=(\xi_1,\xi_2,\cdots,\xi_n)$ 属于 $\bigcap\limits_{k=1}^{\infty}\Delta_k$, 且

$$\lim_{k\to\infty}a_k^j=\lim_{k\to\infty}b_k^j=\xi_j\ (j=1,2,\cdots,n).$$

其次, 我们给出 $\mathbb{R}^n$ 中的 Bozalno-Weierstrass 定理, 即致密性定理, 或称抽子列定理.

定理 10.1.8 (致密性定理) $\mathbb{R}^n$ 中的任一有界点列 $\{\boldsymbol{x}_k\}$ 必有收敛子列.

证明 仅以二维情况即 $n=2$ 为例. 先对 $\{\boldsymbol{x}_k\}=\{(x_k^1,x_k^2)\}$ 的第一个分量 $\{x_k^1\}$ 用一维的 Bolzano-Weierstrass 定理, 找到其收敛子列 $\{x_{n_k}^1\}$; 再对数列 $\{x_{n_k}^2\}$ 用一维的 Bolzano-Weierstrass 定理, 找到其收敛子列 $\{x_{n_{k_m}}^2\}$, 则根据定理 10.1.3知, $\{(x_{n_{k_m}}^1,x_{n_{k_m}}^2)\}$ 就是 $\{\boldsymbol{x}_k\}$ 的收敛子列. □

由致密性定理易证下面的聚点定理.

推论 10.1.1 (聚点定理 (condensation point theorem)) $\mathbb{R}^n$ 的任一有界无限点集至少有一个聚点.

下面再讨论 $\mathbb{R}^n$ 中的 Cauchy 收敛准则. 类似于数列, 我们先给出 Cauchy 列的概念.

定义 10.1.3 $\mathbb{R}^n$ 上的点列 $\{\boldsymbol{x}_k\}$ 若满足: 对于任意给定的 $\varepsilon>0$, 总存在正整数 K, 使得对任意 $k,l>K$, 成立 $|\ \boldsymbol{x}_l-\boldsymbol{x}_k\ |<\varepsilon$, 则称 $\{\boldsymbol{x}_k\}$ 为基本点列 (basic sequence), 或 Cauchy 点列 (Cauchy sequence).

定理 10.1.9 (Cauchy 收敛准则 (Cauchy convergence criterion)) $\mathbb{R}^n$ 上的点列 $\{\boldsymbol{x}_k\}$ 收敛当且仅当 $\{\boldsymbol{x}_k\}$ 为基本列.

证明 必要性的证明与数列的 Cauchy 收敛准则情况相同, 请读者自证. 我们只证充分性.

设 $\{\boldsymbol{x}_k\}$ 为基本点列, 记 $\boldsymbol{x}_k=(x_k^1,x_k^2,\cdots,x_k^n),\ k=1,2,\cdots$, 则由不等式

$$|\ x_l^i-x_k^i\ |\leqslant|\ \boldsymbol{x}_l-\boldsymbol{x}_k\ |\quad(\forall\ i=1,2,\cdots,n)$$

知, 对每一个固定的 $i=1,2,\cdots,n$, 数列 $\{x_k^i\}$ 是基本数列, 因此收敛. 再由定理 10.1.3, 可知点列 $\{\boldsymbol{x}_k\}$ 收敛. □

应用 Cauchy 收敛准则, 可证明下面更一般的闭区域套定理. 为叙述该结果, 先给出集合直径的概念, 它是球的直径概念的推广. 对任何 $S\subset\mathbb{R}^n$, 定义

$$\operatorname{diam}(S)=\sup\{\,|\,\boldsymbol{x}-\boldsymbol{y}\,|\,\big|\,\boldsymbol{x},\boldsymbol{y}\in S\,\},\tag{10.1.9}$$

称为 S 的**直径** (diameter).

显然, 集合 S 是有界的当且仅当其直径是有限数.

定理 10.1.10 (Cantor 闭区域套定理 (nested closed region theorem)) 设 $\{S_k\}$ 是 $\mathbb{R}^n$ 上的一列递缩的非空闭集序列, 即满足

$$S_1\supset S_2\supset\cdots\supset S_k\supset S_{k+1}\supset\cdots,$$

并且 $\lim\limits_{k\to\infty}\operatorname{diam}(S_k)=0$, 则 $\bigcap\limits_{k=1}^{\infty}S_k$ 是单点集, 即存在唯一点属于 $\bigcap\limits_{k=1}^{\infty}S_k$.

证明留作习题.

因此, 实数连续性的 5 个等价定理中, 除了"确界存在定理"和"单调有界原理"因涉及数的大小关系而在高维空间中不再有意义之外, 其余的结论都推广到了高维空间, 并且我们还介绍了一个新的结果, 即聚点定理, 这一结果对实数集自然也成立, 它连同下面要介绍的紧性定理 (或称有限覆盖定理) 扩充成了实数连续性的 7 个等价命题.

§10.1.5 紧性与连通性

紧性与连通性是现代数学中两个基本的概念. 此处我们限于在 $\mathbb{R}^n$ 中讨论.

1. 紧性

定义 10.1.4 (1) 设 S 为 $\mathbb{R}^n$ 上的点集. 如果 $\mathbb{R}^n$ 中的一族开集 $\mathcal{A}=\{U_\alpha:\alpha\in A\}$ 满足 $\bigcup\limits_{\alpha\in A}U_\alpha\supset S$, 那么称集族 $\{U_\alpha\}$ 为 S 的一个开覆盖 (open cover).

(2) 若 S 的任一个开覆盖 $\mathcal{A}=\{U_\alpha:\alpha\in A\}$ 总有一个有限子覆盖 (finite subcover), 即存在 $\mathcal{A}$ 中的有限个开集 U_{α_i}, $i=1,\cdots,p$, 使 $\bigcup\limits_{i=1}^{p}U_{\alpha_i}\supset S$, 则称 S 为紧集 (compact set), 或紧的.

根据定义, 紧集具有**有限覆盖性质**, 即任意 (无限) 开覆盖都具有有限子覆盖, 这就可以实现把无限转化为有限的目的. 有限覆盖性质也称为紧性, 它是集合极其重要的性质. 至于如何应用这一性质, 我们将在后面加以说明. 那么, 什么样的集合具有紧性呢? 下面的定理给出了紧性的刻画. 证明参见第三册 §17.2.3 中实数等价性的有关证明, 或《数学分析讲义(第二册)》中定理 7.5.6 (张福保等, 2019).

定理 10.1.11 设 S 是 $\mathbb{R}^n$ 上的点集, 那么以下三个命题等价:

(1) S 是有界闭的;

(2) S 是紧的;

(3) S 的任意无限子集在 S 中必有聚点.

2. 道路连通与区域

在直线上, 区间实质上是“连成一体”的点集, 在高维空间, “连成一体”的意思可以用下面定义的道路连通性的概念来刻画.

定义 10.1.5 (1) 设 $S \subset \mathbb{R}^n$, 映射 $\boldsymbol{\gamma}:[0,1] \to S$ 连续 (即若设 $\boldsymbol{\gamma}(t) = (\gamma_1(t), \gamma_2(t), \cdots, \gamma_n(t))$, 每个 $\gamma_i(t)$, $(i = 1, 2, \cdots, n)$ 都连续), 则称 $\boldsymbol{\gamma}$ 为 S 中的**道路** (path), 且 $\boldsymbol{\gamma}(0)$ 与 $\boldsymbol{\gamma}(1)$ 分别称为道路 γ 的**起点与终点**.

(2) 若 S 中的任意两点 $\boldsymbol{x}$, $\boldsymbol{y}$ 之间都存在 S 中以 $\boldsymbol{x}$ 为起点, $\boldsymbol{y}$ 为终点的道路, 则称 S 为**道路连通的** (pathwise connected), 并称 S 为**道路连通集** (pathwise connected set).

直观地说, S 为道路连通集当且仅当 S 中任意两点可以用位于 S 中的道路相联结.

可以证明, $\mathbb{R}$ 上的集合 S 是道路连通的当且仅当 S 为区间, 且它为紧集当且仅当它是有界闭区间. 这些证明留作习题.

最后给出一常用的术语“区域”的概念.

定义 10.1.6 $\mathbb{R}^n$ 中道路连通的开集称为 (开) 区域 (open region). 区域的闭包称为闭区域 (closed region).

例如, 开球 $U(\boldsymbol{a}, \delta)$ 和开矩形 $(a_1, b_1) \times (a_2, b_2) \times \cdots \times (a_n, b_n)$ 都是区域, 而闭球和闭矩形都为闭区域.

习题 10.1

A1. 任给实数 a, b, c, d, 证明:

(1) $(a^2 + b^2)(c^2 + d^2) \geqslant (ac + bd)^2$, 且等式成立当且仅当 $ad = bc$;

(2) $\sqrt{a^2 + b^2} + \sqrt{c^2 + d^2} \geqslant \sqrt{(a + c)^2 + (b + d)^2}$, 并给出等式成立的条件;

(3) 试说明上述两不等式的几何意义, 并将它们推广到更一般情况.

A2. 证明收敛点列的性质: 唯一性与有界性.

A3. 判断下列点集中哪些是有界集、开集或闭集, 并分别指出它们的导集与边界:

(1) $\{\boldsymbol{x} = (x_1, x_2, \cdots, x_n) \in \mathbb{R}^n, x_i \geqslant 0\}$; (2) $\{\boldsymbol{x} = (x_1, x_2, \cdots, x_n) \in \mathbb{R}^n, x_1 \cdot x_2 \cdot \cdots \cdot x_n = 0\}$;

(3) $[a, b] \times (c, d)$; (4) $\{(x, y) \in \mathbb{R}^2 : y > x^2\}$;

(5) $\{(x, y) \in \mathbb{R}^2 : x, y$ 均为有理数 $\}$; (6) $\{(x, y) \in \mathbb{R}^2 : y = \sin \dfrac{1}{x}, x > 0\}$.

A4. 试问集合 $\{(x, y) | 0 < |x - a| < \delta, 0 < |y - b| < \delta\}$ 与集合 $\{(x, y) || x - a| < \delta, |y - b| < \delta, (x, y) \neq (a, b)\}$ 是否相同?

A5. 设 $A, B \subset \mathbb{R}^n$, 证明: $(A \cap B)^\circ = A^\circ \cap B^\circ$, $\overline{A \cup B} = \bar{A} \cup \bar{B}$.

A6. 举例说明: $\mathbb{R}^n$ 中任意个开集的交集未必是开集; 任意个闭集的并集未必是闭集.

A7. 下列哪些集合是紧的? 哪些集合是区域? 哪些集合是闭区域?

(1) $\{x \in \mathbb{R} : x^2 > x\}$; (2) $\{x \in \mathbb{R} : x^2 \leqslant x\}$;

(3) $B_r(\boldsymbol{a}) = \{\boldsymbol{x} \in \mathbb{R}^n : |\boldsymbol{x} - \boldsymbol{a}| \leqslant r\}$; (4) $\{(x, y) \in \mathbb{R}^2 : x^2 + y^2 \leqslant 1$ 或 $y = 0, 0 \leqslant x \leqslant 2\}$.

A8. 设 $E \subset \mathbb{R}^n$ 是无限点集, 且其中任一无限子集都有聚点, 求证: E 是有界集.

A9. 设 $E \subset \mathbb{R}^n$ 是有界闭集, 证明: 存在 $P_1, P_2 \in E$, 使得 $\mathrm{d}(P_1, P_2) = \mathrm{diam}(E)$. 试举例说明, 如果 E 不是有界闭集, 该结论可能不成立.

A10. 设 $\{\boldsymbol{a}_k\} \subset \mathbb{R}^n$ 收敛于 $\boldsymbol{a}$, 求证 $\{\boldsymbol{a}_n\} \cup \{\boldsymbol{a}\}$ 是紧集.

B11. 用 $[a, b]$ 的紧性证明闭区间上连续函数的性质: (1) 零点定理; (2) 一致连续性定理.

B12. 用 $[a, b]$ 的连通性, 证明闭区间上连续函数的性质: (1) 零点定理; (2) 介值定理.

§10.2　多元函数及其极限

§10.2.1　多元函数

在科学技术及日常生活中一些变量常常会依赖于多个变量, 他们都是我们要讨论的多元函数与向量值函数的模型. 下面举几个简单的例子.

例 10.2.1　(1) 圆柱体体积: 底面半径为 r、高为 h 的圆柱体的体积 $V=\pi r^2h$ 同时依赖于两个变量 r 和 h, 我们称 V 是 r 和 h 的二元函数.

(2) 椭球体体积: 椭球体 $\dfrac{x^2}{a^2}+\dfrac{y^2}{b^2}+\dfrac{z^2}{c^2}\leqslant 1$ 的体积 $V=\dfrac{4}{3}\pi abc$, 是半轴 a,b,c 的三元函数.

(3) 地球表面某点某时刻的温度: 温度同时依赖于表示该点的经度 ϕ 与纬度 ψ, 以及时间 t, 记为 $T=T(\phi,\psi,t)$, 是三元函数. 如果同时还要关注污染情况 S, 则可用 $(T,S)=\boldsymbol{f}(\phi,\psi,t)$ 来同时表示温度和污染, 它就是所谓的向量值函数.

由此可见, 实际问题提出来的函数未必都是一元函数, 更多的是多元函数, 即自变量不止一个, 同时, 值域也未必是直线或其子集, 还可能是平面, 或一般地, 是 Euclid 空间 $\mathbb{R}^m$ 的子集. 当 $m>1$ 时, 我们称之为向量值函数; 而若把 (向量值) 函数看做映射, 即是 Euclid 空间的子集之间的映射. 因此多元 (向量值) 函数算不上什么新概念. 但为了方便, 还是把它们的定义再叙述一下.

定义 10.2.1　设 D 是 $\mathbb{R}^n$ 的子集, D 到 $\mathbb{R}^m$ 的映射

$$\boldsymbol{f}:D\to\mathbb{R}^m,\boldsymbol{x}=(x_1,x_2,\cdots,x_n)\mapsto\boldsymbol{y}=(y_1,y_2,\cdots,y_m)$$

称为 n 元 m 维**向量值函数** (vector-valued function), 记为 $\boldsymbol{y}=\boldsymbol{f}(\boldsymbol{x})$, 其中, D 称为 $\boldsymbol{f}$ 的**定义域** (domain), $\boldsymbol{f}(D)=\{\boldsymbol{y}\in\mathbb{R}^m|\ \boldsymbol{y}=\boldsymbol{f}(\boldsymbol{x}),\boldsymbol{x}\in D\}$ 称为 $\boldsymbol{f}$ 的**值域** (range), 而

$$G(\boldsymbol{f})=\{(\boldsymbol{x},\boldsymbol{y})\in\mathbb{R}^{n+m}|\ \boldsymbol{y}=\boldsymbol{f}(\boldsymbol{x}),\boldsymbol{x}\in D\}$$

称为 $\boldsymbol{f}$ 的**图像** (graph).

记 $\boldsymbol{f}(\boldsymbol{x})=\boldsymbol{y}=(y_1,y_2,\cdots,y_m)$, 则每个 y_i 都是 $\boldsymbol{x}$ 的函数, 记为 $y_i=f_i(\boldsymbol{x})$, 称为 $\boldsymbol{f}$ 的第 i 个坐标 (或分量) 函数. 于是, $\boldsymbol{f}$ 可以表示为分量形式

$$\begin{cases}y_1=f_1(x_1,\cdots,x_n),\\ y_2=f_2(x_1,\cdots,x_n),\\ \qquad\vdots\\ y_m=f_m(x_1,\cdots,x_n),\end{cases}$$

或 $\boldsymbol{y}=\boldsymbol{f}(x)=\boldsymbol{f}(x_1,x_2,\cdots,x_n)=(f_1(x_1,\cdots,x_n),\cdots,f_m(x_1,\cdots,x_n))$.

特别地, 当 $m=1$ 时, 即 $f:D\to\mathbb{R},\quad \boldsymbol{x}\mapsto y$, 称为 n **元函数** (function with n variables), 记为 $y=f(\boldsymbol{x})=f(x_1,x_2,\cdots,x_n)$.

例 10.2.2　最简单的二元函数是多项式函数. 例如:

(1) 一次多项式 $z=ax+by+c$, 这是线性函数.

(2) 二元二次多项式 $z = ax^2 + bxy + cy^2 + dx + ey + f$, 是非线性函数, 其图像称为二次曲面. 特别地, $z = x^2 + y^2$ 表示旋转抛物面, $z = xy$ 表示马鞍面, 以及 $z = x^2$ 表示抛物柱面, 它们有显著的几何意义, 它们的图像参见图 10.2.1.

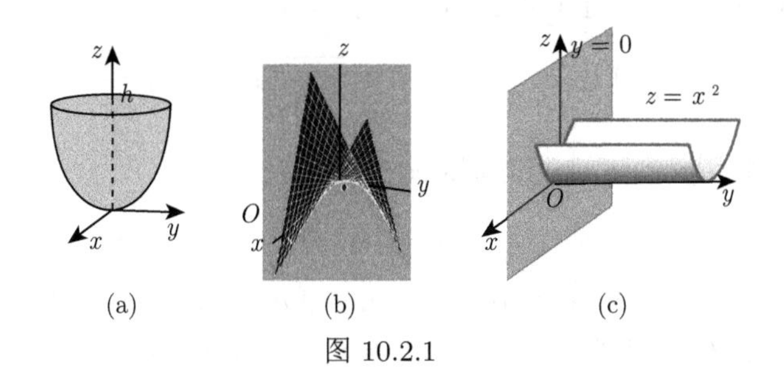

图 10.2.1

(3) 二元函数 $z = \sqrt{r^2 - x^2 - y^2}$ 的几何图形是上半球面, 而 $z = \sqrt{x^2 + y^2}$ 的几何图形是锥面. 参见图 10.2.2.

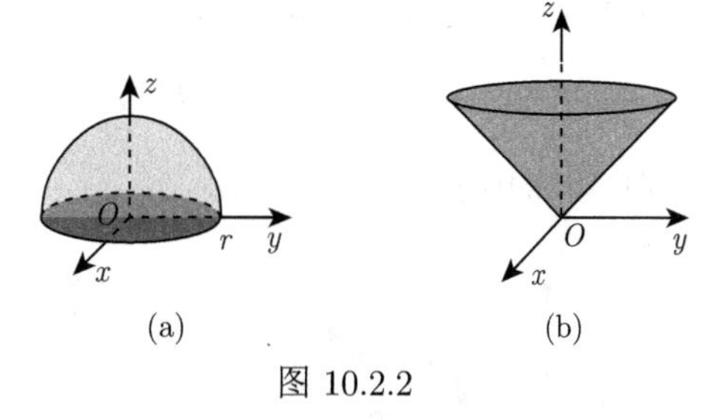

图 10.2.2

例 10.2.3 平面曲线的参数方程

$$\begin{cases} x = \varphi(t), \\ y = \psi(t), \end{cases} \quad t \in [t_0, t_1]$$

实际上是向量值函数: 两个因变量 x 和 y, 一个自变量 t, 因此是一元二维向量值函数.

例 10.2.4 设映射

$$\boldsymbol{f} : [0, +\infty) \times [0, 2\pi] \ \to \mathbb{R}^3, \quad (r, \theta) \mapsto (x, y, z)$$

的分量形式是

$$\begin{cases} x = x(r, \theta) = r\cos\theta, \\ y = y(r, \theta) = r\sin\theta, \quad (r, \theta) \in [0, +\infty) \times [0, 2\pi], \\ z = z(r, \theta) = r, \end{cases}$$

这是二元三维向量值函数, 这个向量值函数表示顶点在原点的上半圆锥面.

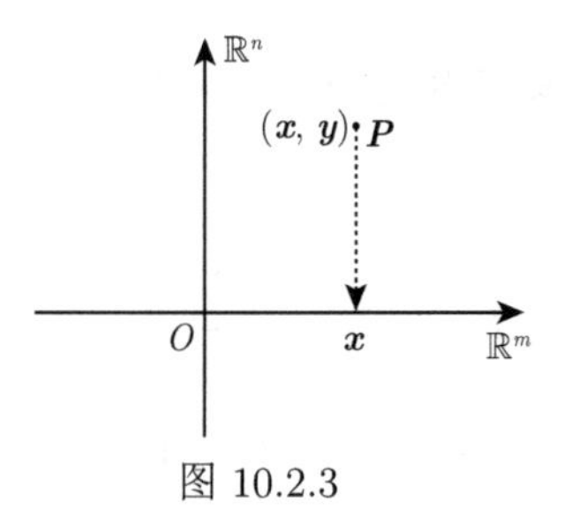

图 10.2.3

例 10.2.5 $\boldsymbol{P} : \mathbb{R}^{m+n} = \mathbb{R}^m \times \mathbb{R}^n \to \mathbb{R}^m$, $(\boldsymbol{x}, \boldsymbol{y}) \to \boldsymbol{x} \in \mathbb{R}^m$, 称为是 $\mathbb{R}^{m+n}$ 到 $\mathbb{R}^m$ 的投影. 如图 10.2.3, $\boldsymbol{P}$ 是一个向量值函数.

§10.2.2 多元函数的极限概念

本小节将一元函数的极限概念推广到多元函数. 需要指出的是, 由于多元函数的自变量不止一个, 多元函数的极限比一元函数极限要复杂得多.

定义 10.2.2 设 $D \subset \mathbb{R}^n$, $\boldsymbol{a} = (a_1, a_2 \cdots, a_n)$ 是 D 的聚点, $z = f(\boldsymbol{x})$ 是 D 上的 n 元函数, A 是一个实数. 如果对于任意给定的 $\varepsilon > 0$, 总存在 $\delta > 0$, 使得当 $\boldsymbol{x} \in U^o(\boldsymbol{a}, \delta) \cap D$ 时, 成立

$$|f(\boldsymbol{x}) - A| = |f(x_1, x_2, \cdots, x_n) - A| < \varepsilon, \tag{10.2.1}$$

则称 $f(\boldsymbol{x})$ 在 D 上当 $\boldsymbol{x}$ 趋于 $\boldsymbol{a}$ 时以 A 为 (n 重) **极限** (multiple limit), 记为

$$\lim_{\boldsymbol{x}\to\boldsymbol{a}} f(\boldsymbol{x}) = A \text{ 或 } f(\boldsymbol{x}) \to A\ (\boldsymbol{x}\to\boldsymbol{a}). \tag{10.2.2}$$

注 10.2.1　(1) 在定义 10.1.1 中我们定义了 $\boldsymbol{a}$ 的邻域

$$U(\boldsymbol{a},\delta) = \{(x_1,x_2,\cdots,x_n)\in\mathbb{R}^n : \sqrt{(x_1-a_1)^2+(x_2-a_2)^2+\cdots+(x_n-a)^2}<\delta\}, \tag{10.2.3}$$

可称为 $\boldsymbol{a}$ 的圆形邻域 (circular neighborhood), 而

$$O(\boldsymbol{a},\delta) = \{(x_1,x_2,\cdots,x_n)\in\mathbb{R}^n : |x_1-a_1|<\delta, |x_2-a_2|<\delta,\cdots,|x_n-a_n|<\delta\} \tag{10.2.4}$$

也是一种邻域, 称为 $\boldsymbol{a}$ 的方形邻域 (square neighborhood). 如图 10.2.4(a) 和 (b) 所示 ($n=2$). 它们都是对点的“附近”这样一个几何概念的刻画, 在讨论极限问题时, 圆形邻域与方形邻域是等价的, 这是因为有如下包含关系:

$$U(\boldsymbol{a},\delta)\subset O(\boldsymbol{a},\delta)\subset U(\boldsymbol{a},\sqrt{n}\delta).$$

如图 10.2.4(c) 所示 ($n=2$).

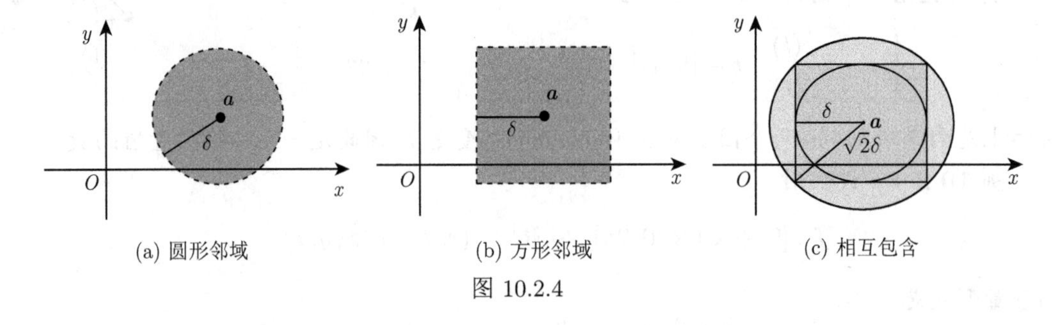

(a) 圆形邻域　(b) 方形邻域　(c) 相互包含

图 10.2.4

(2) 对于一元函数 $f(x)$, x 趋于 a 只有两种方式, 即 x 从左、右两侧趋于 a. 多元函数的极限要复杂得多: $\boldsymbol{x}$ 趋于 $\boldsymbol{a}$ 的方式有无穷多, 包括沿任意方向的射线和曲线. 因此, 即使点 $\boldsymbol{x}$ 沿着某些特殊的射线和曲线趋于 $\boldsymbol{a}$ 时对应的函数值趋于某一个定数, 我们也不能断定极限存在.

(3) 类似于一元函数, 可以定义多元函数的广义极限或无穷大量的概念, 请读者自己完成.

例 10.2.6　当 $(x,y)\to(0,0)$ 时, 下列函数的极限存在吗?

(1) $f(x,y)=(x+y)\sin\dfrac{1}{x}\sin\dfrac{1}{y}$;　(2) $g(x,y)=\dfrac{xy}{x^2+y^2}$;　(3) $h(x,y)=\dfrac{x^2y}{x^4+y^2}$.

解　(1) 由于 $(x,y)\to(0,0)$ 时 $x+y\to 0$, 而 $\sin\dfrac{1}{x}\sin\dfrac{1}{y}$ 有界, 所以极限必为 0. 若按照定义写则有: 因为

$$\left|(x+y)\sin\frac{1}{x}\sin\frac{1}{y}-0\right|\leqslant|x+y|\leqslant|x|+|y|,$$

所以, $\forall\,\varepsilon>0$, 可取 $\delta=\dfrac{\varepsilon}{2}$, 那么当 $0<|x|<\delta, 0<|y|<\delta$ 时,

$$|f(x,y)-0|\leqslant|x|+|y|<\delta+\delta=\varepsilon.$$

这说明了 $\lim\limits_{(x,y)\to(0,0)}(x+y)\sin\dfrac{1}{x}\sin\dfrac{1}{y}=0.$

(2) 当点 $\boldsymbol{x}=(x,y)$ 沿 x 轴或 y 轴趋于 $(0,0)$ 时, $g(x,y)$ 的极限都是 0. 但当点 (x,y) 沿直线 $y=mx$ 趋于 $(0,0)$ 时,

$$\lim_{\substack{x\to0\\y=mx}}g(x,y)=\lim_{x\to0}\frac{mx^2}{x^2+m^2x^2}=\frac{m}{1+m^2},$$

对于不同的 m 有不同的极限值. 这说明 $g(x,y)$ 在点 $(0,0)$ 的极限不存在.

(3) 容易看到, 当点 (x,y) 沿任何直线 $y=mx$ 趋于 $(0,0)$ 时极限为 0, 但这并不能说明函数在 $(0,0)$ 点的极限存在. 事实上, 当点 (x,y) 沿抛物线 $y=x^2$ 趋于 $(0,0)$ 时,

$$\lim_{\substack{x\to0\\y=x^2}}h(x,y)=\lim_{x\to0}\frac{x^4}{x^4+x^4}=\frac{1}{2},$$

这说明 $h(x,y)$ 在点 $(0,0)$ 的极限不存在.

例 10.2.7 证明: (1) $\lim\limits_{(x,y)\to(0,0)}\dfrac{x^2y}{x^2+y^2}=0$; (2) $\lim\limits_{(x,y)\to(2,1)}(x^2+xy+y^2)=7.$

证明 (1) $\forall\varepsilon>0$, 要找 $\delta>0$, 使当 $|x|<\delta,|y|<\delta$ 且 $(x,y)\neq(0,0)$ 时, 或 $0<\sqrt{x^2+y^2}<\delta$ 时,

$$\left|\frac{x^2y}{x^2+y^2}-0\right|<\varepsilon. \tag{10.2.5}$$

因为

$$\left|\frac{x^2y}{x^2+y^2}-0\right|\leqslant|x|\frac{\frac{x^2+y^2}{2}}{x^2+y^2}=\frac{|x|}{2}\leqslant\frac{\sqrt{x^2+y^2}}{2},$$

所以可取 $\delta=2\varepsilon>0$, 当 $|x|<\delta,|y|<\delta$, 且 $(x,y)\neq(0,0)$, 或 $0<\sqrt{x^2+y^2}<\delta$ 时, 式 (10.2.5) 成立, 即 (1) 获证.

(2) $\forall\varepsilon>0$, 要找 $\delta>0$, 使当 $|x-2|<\delta,|y-1|<\delta$ 时,

$$|x^2+y^2+xy-7|<\varepsilon. \tag{10.2.6}$$

不妨设 $\delta<1$. 因为

$$|x^2+y^2+xy-7|=|x^2-4+y^2-1+xy-2|\leqslant|x^2-4|+|y^2-1|+|xy-2|,$$

所以当 $|x-2|<\delta<1$ 时, $|x+2|<5$, 因而 $|x^2-4|=|x-2||x+2|<5\delta$; 而当 $|y-1|<\delta<1$ 时, $|y|<2,|y+1|<3$, 因而 $|y^2-1|=|y-1||y+1|<3\delta$, 且

$$|xy-2|=|xy-2y+2y-2|\leqslant|y||x-2|+2|y-1|<2\delta+2\delta=4\delta.$$

合知即有: 当 $|x-2|<\delta,|y-1|<\delta$ 时,

$$|x^2+y^2+xy-7|\leqslant5\delta+3\delta+4\delta=12\delta.$$

取 $\delta=\min\left\{\dfrac{\varepsilon}{12},1\right\}$, 则当 $|x-2|<\delta,|y-1|<\delta$ 时, 式 (10.2.6) 成立, 即 (2) 获证. □

注 10.2.2 与一元函数极限类似, 多元函数的极限也有唯一性、局部有界性、局部保号性、夹逼性质以及四则运算性质等, 其定理的叙述与证明留作习题.

§10.2.3 累次极限

1. 问题的提出

例 10.2.7 告诉我们, 与一元函数相比, 多元函数的极限要复杂得多. 但我们还是可以利用一元函数的极限来研究多元函数的极限, 这就是本小节引入累次极限概念的初衷. 下面我们只讨论二元函数的极限.

定义 10.2.3 设 $D_1, D_2 \subset \mathbb{R}^1$, $D = D_1 \times D_2 \subset \mathbb{R}^2$, $z = f(x,y)$ 为定义在 D 上的二元函数, x_0 是 D_1 的聚点, y_0 是 D_2 的聚点. 如果对于每个固定的 $y \in D_2$, 且 $y \neq y_0$, 作为 x 的一元函数 $f(x,y)$, 极限

$$\lim_{D_1 \ni x \to x_0} f(x,y)$$

存在, 且极限

$$\lim_{D_2 \ni y \to y_0} \lim_{D_1 \ni x \to x_0} f(x,y) \tag{10.2.7}$$

也存在, 则称后者为 $f(x,y)$ 在 (x_0, y_0) 点先对 x 后对 y 的**累次极限** (repeated limit), 简记为

$$\lim_{y \to y_0} \lim_{x \to x_0} f(x,y).$$

类似地, 可定义先对 y 后对 x 的累次极限

$$\lim_{x \to x_0} \lim_{y \to y_0} f(x,y). \tag{10.2.8}$$

我们先考虑一些具体例子.

例 10.2.8 考虑下列函数在原点处的重极限与累次极限:

(1) $f(x,y) = \dfrac{xy}{x^2+y^2}$; (2) $g(x,y) = x\sin\dfrac{1}{y} + y\sin\dfrac{1}{x}$; (3) $h(x,y) = x\sin\dfrac{1}{y}$, $y \neq 0$.

解 (1) 由例 10.2.6 知函数 f 在原点重极限不存在. 但在 $(0,0)$ 点两个累次极限均存在:

$$\lim_{x\to 0}\lim_{y\to 0} f(x,y) = \lim_{x\to 0}\left(\lim_{y\to 0}\frac{xy}{x^2+y^2}\right) = 0,$$

$$\lim_{y\to 0}\lim_{x\to 0} f(x,y) = \lim_{y\to 0}\left(\lim_{x\to 0}\frac{xy}{x^2+y^2}\right) = 0.$$

(2) 由于

$$\left| x\sin\frac{1}{y} + y\sin\frac{1}{x} \right| \leqslant |x| + |y|, \forall x \neq 0, y \neq 0,$$

所以 $\lim\limits_{(x,y)\to(0,0)} g(x,y) = 0$, 即在原点重极限存在, 但在 $(0,0)$ 点两个累次极限均不存在. 这是因为对任意 $x \neq 0$, 极限 $\lim\limits_{y\to 0} g(x,y)$ 不存在, 所以先对 y 后对 x 的累次极限不存在. 同理, 先对 x 后对 y 的累次极限也不存在.

(3) 由于 $|h(x,y)| \leqslant |x|, \forall x, y$, 所以二重极限 $\lim\limits_{(x,y)\to(0,0)} h(x,y) = 0$, 并且

$$\lim_{y\to 0}\lim_{x\to 0} h(x,y) = \lim_{y\to 0}\left(\lim_{x\to 0} x\sin\frac{1}{y}\right) = 0,$$

但同上可知, 先对 y 后对 x 的累次极限不存在.

2. 重极限与累次极限的关系

以上例子表明, 多元函数的重极限与累次极限的关系可能很复杂.

首先, 重极限存在, 累次极限未必存在, 可能是一个存在, 一个不存在, 也可能是两个都不存在; 反之, 两个累次极限都存在且相等, 重极限也未必存在.

其次, 两个累次极限都存在时未必相等, 即累次极限未必可以交换次序.

再次, 若重极限与两个累次极限三者都存在, 则必相等. 更一般地我们有下面的定理.

定理 10.2.1 若二元函数 $f(x,y)$ 在 (x_0,y_0) 点存在二重极限

$$\lim_{(x,y)\to(x_0,y_0)} f(x,y)=A, \tag{10.2.9}$$

且当 $y\neq y_0$ 时存在极限

$$\lim_{x\to x_0} f(x,y)=\phi(y), \tag{10.2.10}$$

则 $f(x,y)$ 在 (x_0,y_0) 点的先 x 后 y 的累次极限存在, 且

$$\lim_{y\to y_0}\lim_{x\to x_0} f(x,y)=\lim_{y\to y_0}\phi(y)=A. \tag{10.2.11}$$

证明 对于任意给定的 $\varepsilon>0$, 由于 $\lim\limits_{(x,y)\to(x_0,y_0)} f(x,y)=A$, 所以存在 $\delta>0$, 使得当 $0<\sqrt{(x-x_0)^2+(y-y_0)^2}<\delta$ 时有 $|f(x,y)-A|<\dfrac{\varepsilon}{2}$. 于是对于每个满足 $0<|y-y_0|<\dfrac{\delta}{2}$ 的 y, 令 $x\to x_0$, 就得到

$$|\phi(y)-A|=|\lim_{x\to x_0} f(x,y)-A|\leqslant\frac{\varepsilon}{2}<\varepsilon.$$

这就是说, 对于任意给定的 $\varepsilon>0$, 存在 $\delta>0$, 使得当 $0<|y-y_0|<\dfrac{\delta}{2}$ 时, $|\phi(y)-A|<\varepsilon$, 即 $\lim\limits_{y\to y_0}\phi(y)=A$, 亦即先 x 后 y 的累次极限存在且等于二重极限: $\lim\limits_{y\to y_0}\lim\limits_{x\to x_0} f(x,y)=A$. □

同样可证: 在二重极限存在的情况下, 如果当 $x\neq x_0$ 时存在极限

$$\lim_{y\to y_0} f(x,y)=\varphi(x), \tag{10.2.12}$$

则 $f(x,y)$ 在 (x_0,y_0) 点先 y 后 x 的累次极限存在, 且

$$\lim_{x\to x_0}\lim_{y\to y_0} f(x,y)=\lim_{x\to x_0}\varphi(x)=A. \tag{10.2.13}$$

根据以上定理易得下面的推论.

推论 10.2.1 若两个累次极限与重极限都存在, 则三者相等.

推论 10.2.2 若两个累次极限都存在, 但不相等, 则重极限必不存在.

例 10.2.9 讨论函数 $f(x,y)=\dfrac{x^2(1+x^2)-y^2(1+y^2)}{x^2+y^2}$ 在原点极限的存在性.

解 直接考虑重极限是否存在不太容易, 我们先考虑两个累次极限. 易见: $\lim\limits_{x\to0}\lim\limits_{y\to0} f(x,y)=1$, 但 $\lim\limits_{y\to0}\lim\limits_{x\to0} f(x,y)=-1$, 由上面的推论可知二重极限不存在.

习题 10.2

A1. 求下列各函数的定义域, 画出定义域的图形, 并说明定义域是何种点集 (开集? 闭集? 有界? 道路连通?).

(1) $f(x,y)=\dfrac{x^2+y^2}{x^2-2y^2}$; (2) $f(x,y)=\dfrac{1}{3x^2+2y^2}$;

(3) $f(x,y)=\sqrt{x-y^2}$; (4) $f(x,y)=\arcsin(x^2+y^2)+\sqrt{xy}$;

(5) $f(x,y,z)=\sqrt{R^2-x^2-y^2-z^2}+\dfrac{1}{\sqrt{x^2+y^2+z^2-r^2}}(R>r)$;

(6) $\boldsymbol{f}(x,y,z)=\left(x^2+y,\arcsin\dfrac{z}{x^2+y^2},\sqrt{1-x^2-y^2}\right)$.

A2. 求分别满足下列各条件的函数 $f(x,y)$:

(1) 设 $f(x,y)=y^2\varphi(3x+2y)$, 且满足 $f\left(x,\dfrac{1}{2}\right)=x^2$;

(2) 设 $f\left(x-\dfrac{1}{x},y^2+\dfrac{1}{y^2}\right)=x^2+\dfrac{1}{x^2}+y+\dfrac{1}{y},y>0$;

(3) 设 $f(x-y,\ln x)=\left(1-\dfrac{y}{x}\right)\dfrac{\mathrm{e}^x}{\mathrm{e}^y\ln(x^x)}$.

A3. 设 $\boldsymbol{x}=(x_1,x_2,x_3)^{\mathrm{T}}$, $\boldsymbol{L}:\mathbb{R}^3\to\mathbb{R}^2,\boldsymbol{L}(\boldsymbol{x})=(x_1-x_2+x_3,x_2-2x_1)^{\mathrm{T}}$ 是线性映射, 求矩阵 $\boldsymbol{A}$, 使 $\boldsymbol{L}(\boldsymbol{x})=\boldsymbol{A}\boldsymbol{x}^{\mathrm{T}}$, 其中, 列向量 $\boldsymbol{x}^{\mathrm{T}}$ 是 $\boldsymbol{x}$ 的转置.

A4. 先观察下列极限, 再用极限定义证明你的结论:

(1) $\lim\limits_{(x,y)\to(0,0)}\dfrac{xy^{\frac{4}{3}}}{x^2+y^2}$; (2) $\lim\limits_{(x,y)\to(0,0)}(x+y)\sin\dfrac{1}{x^2+y^2}$;

(3) $\lim\limits_{(x,y)\to(0,0)}\dfrac{x^2+y^2}{\sqrt{1+x^2+y^2}-1}$; (4) $\lim\limits_{(x,y)\to(0,0)}\dfrac{xy+1}{x^4+y^4}$;

(5) $\lim\limits_{(x,y)\to(2,3)}\dfrac{1}{3x-2y}$; (6) $\lim\limits_{(x,y)\to(0,0)}\dfrac{\sin(xy)}{xy}$.

A5. 讨论下列函数在点 $(0,0)$ 处的重极限与累次极限:

(1) $f(x,y)=\dfrac{x^2y^2}{x^2y^2+(x-y)^2}$; (2) $f(x,y)=\dfrac{x^2y^2}{x^3+y^3}$; (3) $f(x,y)=\dfrac{\mathrm{e}^x-\mathrm{e}^y}{\sin(x-y)}$.

A6. 叙述并证明: 二元函数极限的唯一性定理, 局部有界性定理、局部保号性定理、夹逼性质和四则运算性质.

A7. 试写出下列类型极限的精确定义:

(1) $\lim\limits_{(x,y)\to(+\infty,+\infty)}f(x,y)=A$; (2) $\lim\limits_{(x,y)\to(0,+\infty)}f(x,y)=A$.

A8. 试求下列极限:

(1) $\lim\limits_{(x,y)\to(\infty,\infty)}\dfrac{x^2+y^2}{x^4+y^4}$; (2) $\lim\limits_{(x,y)\to(+\infty,+\infty)}(x^3+y^2)\mathrm{e}^{-(x+y)}$;

(3) $\lim\limits_{(x,y)\to(+\infty,+\infty)}\left(1+\dfrac{1}{xy}\right)^{x\sqrt{y}}$; (4) $\lim\limits_{(x,y)\to(+\infty,0)}\left(1+\dfrac{2}{x}\right)^{\frac{x^2}{x+y}}$;

(5) $\lim\limits_{(x,y)\to(\infty,\infty)}\dfrac{x+y}{x^2-xy+y^2}$; (6) $\lim\limits_{(x,y)\to(3,\infty)}\dfrac{xy-1}{y+1}$.

§10.3 多元函数连续性

像一元函数一样, 我们要讨论多元函数连续的概念、局部性质及全局性质.

§10.3.1 多元函数连续性的概念及局部性质

1. 多元函数连续的概念

定义 10.3.1 设点集 $D\subset\mathbb{R}^n,f:D\to\mathbb{R}$, $\boldsymbol{x}_0\in D$. 若对于任意给定的 $\varepsilon>0$, 总存在

$\delta>0$, 使得当 $\boldsymbol{x}\in U(\boldsymbol{x}_0,\delta)\cap D$ 时 $|f(\boldsymbol{x})-f(\boldsymbol{x}_0)|<\varepsilon$, 则称 f 在点 $\boldsymbol{x}_0$ 处连续.

如果函数 f 在 D 上每一点 $\boldsymbol{x}_0$ 处都连续, 则称 f 在 D 上连续.

显然, 若 $\boldsymbol{x}_0$ 是 D 的聚点, 则 f 在点 $\boldsymbol{x}_0$ 连续当且仅当 $\lim\limits_{\boldsymbol{x}\to\boldsymbol{x}_0}f(\boldsymbol{x})=f(\boldsymbol{x}_0)$. 而若 $\boldsymbol{x}_0$ 是 D 的孤立点, 则 f 在点 $\boldsymbol{x}_0$ 自然是连续的.

2. 连续函数的局部性质

类似于一元函数的情况, 容易证得连续函数有如下的局部性质:

(1) 局部有界性: 若函数 f 在点 $\boldsymbol{x}_0\in D$ 连续, 则存在 $\boldsymbol{x}_0$ 的邻域 U, 使 f 在 $U\cap D$ 上有界.

(2) 局部保号性: 若函数 f 在点 $\boldsymbol{x}_0$ 连续, 且 $f(\boldsymbol{x}_0)>0$, 则存在 $\boldsymbol{x}_0$ 的邻域 U, 使得 $\forall\boldsymbol{x}\in U\cap D$, 有 $f(\boldsymbol{x})>0$.

(3) 四则运算性质: 若多元函数 f,g 都在点 $\boldsymbol{x}_0\in D$ 连续, 则它们之间进行有限次加、减、乘、除运算, 所得到的多元函数也在点 $\boldsymbol{x}_0$ 连续 (除去使分母为零的情况).

(4) 复合函数的连续性: 简单地说, 多元复合运算保持连续性.

例如, 设 $z=f(u,v)$ 在 (u_0,v_0) 点连续, $u=u(x,y),v=v(x,y)$ 都在 (x_0,y_0) 点连续, 其中, $u_0=u(x_0,y_0),v_0=v(x_0,y_0)$, 则复合函数 $z=f(u(x,y),v(x,y))$ (设它们能复合) 在 (x_0,y_0) 点连续.

又设 $z=f(u,v)$ 在 $\Omega\subset\mathbb{R}^2$ 内连续, $u=u(x,y),v=v(x,y)$ 在 $D\subset\mathbb{R}^2$ 内连续, 且 $\forall(x,y)\in D$, $(u(x,y),v(x,y))\in\Omega$, 则复合函数 $z=f(u(x,y),v(x,y))$ (设它们能复合) 在 D 内连续.

特别地, 对连续曲线

$$C:\begin{cases}x=x(t),\\ y=y(t),\end{cases}\quad \alpha<t<\beta,$$

即 $x=x(t),y=y(t)$ 在 (α,β) 内连续, 若 $(x(t),y(t))\in\Omega,\forall t\in(\alpha,\beta)$, 则 $f(x(t),y(t))$ 在 (α,β) 内连续.

3. 初等函数的连续性

所谓多元初等函数, 是指固定其他自变量, 函数作为剩下的一个自变量的一元函数是初等函数. 与一元函数一样, 我们有下面的命题.

命题 10.3.1 (多元) 初等函数在其定义域内是连续的.

例如, 初等函数 $z=\sin(x^2+xy)$, $z=\ln(x^2+y^2)$ 分别在全平面 $\mathbb{R}^2$ 与 $\mathbb{R}^2\backslash\{(0,0)\}$ 上连续.

例 10.3.1 讨论下列函数的连续性:

$$f(x,y)=\begin{cases}(x+y)\cos\dfrac{1}{x}, & x\neq0,\\ 0, & x=0.\end{cases}$$

解 由初等函数的连续性, $f(x,y)$ 在 y 轴以外的点都是连续的. 而对 y 轴上的每一点 $(0,y_0)$, 极限 $\lim\limits_{(x,y)\to(0,y_0)}f(x,y)$ 仅对 $y_0=0$ 存在, 因此 y 轴上除原点外的点都是间断点.

利用初等函数的连续性可以求一些函数的极限.

例 10.3.2 讨论函数 $\dfrac{\ln(x+\mathrm{e}^y)}{\sqrt{x^2+y^2}}$ 在点 $(0,1)$ 和点 $(0,0)$ 处是否有极限, 若有则求出它们的极限.

解 令 $z=f(x,y)=\dfrac{\ln(x+\mathrm{e}^y)}{\sqrt{x^2+y^2}}$, 则 $z=f(x,y)$ 是初等函数, 在其定义域内连续.

由于 $(0,1)$ 在函数 $z=f(x,y)$ 的定义域内, 所以

$$\lim_{(x,y)\to(0,1)}\frac{\ln(x+\mathrm{e}^y)}{\sqrt{x^2+y^2}}=f(0,1)=1.$$

但 $(0,0)$ 不在其定义域内, 在该点的极限就未必存在. 按照上一节的方法, 考虑沿射线 $y=kx,\ x>0$, 则

$$\lim_{(x,y)\to(0,0)}\frac{\ln(x+\mathrm{e}^y)}{\sqrt{x^2+y^2}}=\lim_{x\to0}\frac{\ln(x+\mathrm{e}^{kx})}{\sqrt{1+k^2}x}=\frac{1+k}{\sqrt{1+k^2}},$$

这说明当 $(x,y)\to(0,0)$ 时 $z=f(x,y)$ 的极限不存在.

§10.3.2 向量值函数的极限与连续

本小节将多元函数极限与连续的概念推广到向量值函数, 这没有本质困难, 只要注意到值域空间是 $\mathbb{R}^m$ 空间即可.

定义 10.3.2 设 $D\subset\mathbb{R}^n$, $\boldsymbol{x}_0$ 是 D 的聚点, 向量值函数 $\boldsymbol{f}:D\backslash\{\boldsymbol{x}_0\}\to\mathbb{R}^m$, $\boldsymbol{A}$ 是一个 m 维向量. 若 $\forall\,\varepsilon>0$, 总 $\exists\,\delta>0$, 使得当 $\boldsymbol{x}\in D\cap U(\boldsymbol{x}_0,\delta)\backslash\{\boldsymbol{x}_0\}$ 时 $\boldsymbol{f}(\boldsymbol{x})\in U(\boldsymbol{A},\varepsilon)$, 则称 $\boldsymbol{A}$ 为 $\boldsymbol{f}$ 在 $\boldsymbol{x}_0$ 点的极限, 记为

$$\lim_{\boldsymbol{x}\to\boldsymbol{x}_0}\boldsymbol{f}(\boldsymbol{x})=\boldsymbol{A}\ \text{或}\ \ \boldsymbol{f}(\boldsymbol{x})\to\boldsymbol{A}\ \ (\boldsymbol{x}\to\boldsymbol{x}_0).$$

定义 10.3.3 设 $D\subset\mathbb{R}^n$, $\boldsymbol{x}_0\in D$, $\boldsymbol{f}:D\to\mathbb{R}^m$. 若 $\forall\,\varepsilon>0$, 总 $\exists\,\delta>0$, 使得当 $\boldsymbol{x}\in D\cap U(\boldsymbol{x}_0,\delta)$ 时 $\boldsymbol{f}(\boldsymbol{x})\in U(\boldsymbol{f}(\boldsymbol{x}_0),\varepsilon)$, 则称 $\boldsymbol{f}$ 在点 $\boldsymbol{x}_0$ 连续.

如果映射 $\boldsymbol{f}$ 在 D 上每一点连续, 就称 $\boldsymbol{f}$ 在 D 上连续.

易见, 如果 $\boldsymbol{x}_0\in D$ 为聚点, 则 $\boldsymbol{f}$ 在 $\boldsymbol{x}_0$ 点连续等价于 $\boldsymbol{f}$ 在 $\boldsymbol{x}_0$ 点的极限恰好等于函数值 $\boldsymbol{f}(\boldsymbol{x}_0)$, 即 $\lim\limits_{x\to x_0}\boldsymbol{f}(\boldsymbol{x})=\boldsymbol{f}(\boldsymbol{x}_0)$.

向量值函数的连续性可转化为其分量函数的连续性, 即有下面的定理.

定理 10.3.1 设 $\boldsymbol{x}_0\in D\subset\mathbb{R}^n$, 那么映射 $\boldsymbol{f}=(f_1,f_2,\cdots,f_m):D\to\mathbb{R}^m$ 在 $\boldsymbol{x}_0$ 点连续的充分必要条件为每个分量函数 $f_1,f_2,\cdots,f_m$ 都在 $\boldsymbol{x}_0$ 点连续.

证明 下列不等式

$$\begin{aligned}|\,f_j(\boldsymbol{x})-f_j(\boldsymbol{x}_0)\,|\leqslant|\,\boldsymbol{f}(\boldsymbol{x})-\boldsymbol{f}(\boldsymbol{x}_0)\,|&=\sqrt{\sum_{i=1}^m(f_i(\boldsymbol{x})-f_i(\boldsymbol{x}_0))^2}\\&\leqslant\sum_{i=1}^m|\,f_i(\boldsymbol{x})-f_i(\boldsymbol{x}_0)\,|\quad(j=1,2,\cdots,m),\end{aligned}$$

显然成立, 因而定理的证明完成. □

对向量值函数 $\boldsymbol{f},\boldsymbol{g}:D\to\mathbb{R}^m$, 也可以定义线性运算. 而对于乘法, 则要考虑向量的内积、外积、混合积以及复合等运算.

读者可以自证, 复合运算以及加法、数乘、内积、外积和混合积等运算保持连续性.

§10.3.3 连续映射的全局性质

下面将有界闭区间上一元连续函数的重要性质分别推广到 $\mathbb{R}^n$ 中的紧集与道路连通集上的多元 (向量值) 连续函数.

1. 紧集上连续映射的性质

定理 10.3.2 连续映射将紧集映为紧集.

证明 设 K 是 $\mathbb{R}^n$ 中紧集, $\boldsymbol{f}: K \to \mathbb{R}^m$ 为连续映射. 要证明 K 的像集

$$\boldsymbol{f}(K) = \{\boldsymbol{y} \in \mathbb{R}^m |\ \boldsymbol{y} = \boldsymbol{f}(\boldsymbol{x}), \boldsymbol{x} \in K\}$$

是紧集, 根据定理 10.1.11, 只要证明 $\boldsymbol{f}(K)$ 中的任意一个无限点集必有聚点, 且属于 $\boldsymbol{f}(K)$. 因为每一个无限点集都包含可列无限点集, 所以只要证明 $\boldsymbol{f}(K)$ 中的任意一个互异点列必有聚点属于 $\boldsymbol{f}(K)$ 即可.

设 $\{\boldsymbol{y}_k\}$ 为 $\boldsymbol{f}(K)$ 的任意一个互异点列, 则存在互异的 $\boldsymbol{x}_k \in K$, 使得 $\boldsymbol{f}(\boldsymbol{x}_k) = \boldsymbol{y}_k$. 因为 K 是紧的, 则必存在 $\{\boldsymbol{x}_k\}$ 的子列 $\{\boldsymbol{x}_{k_l}\}$ 及点 $\boldsymbol{a} \in K$, 使 $\lim\limits_{l\to\infty} \boldsymbol{x}_{k_l} = \boldsymbol{a}$. 由 $\boldsymbol{f}$ 在 $\boldsymbol{a}$ 点的连续性得

$$\lim_{l\to\infty} \boldsymbol{y}_{k_l} = \lim_{l\to\infty} \boldsymbol{f}(\boldsymbol{x}_{k_l}) = \boldsymbol{f}(\boldsymbol{a}),$$

即 $\boldsymbol{f}(\boldsymbol{a})$ 是 $\{\boldsymbol{y}_k\}$ 的一个聚点, 且属于 $\boldsymbol{f}(K)$. 因此, $\boldsymbol{f}(K)$ 是紧集. □

由于 $\boldsymbol{f}(K)$ 是 $\mathbb{R}^m$ 中的紧集, 因此是有界闭集, 于是有下面的定理.

定理 10.3.3 (有界性定理) 紧集上的连续映射必有界.

对最值问题, 只能考虑 $m = 1$ 的情况. 由于数集 $\boldsymbol{f}(K)$ 是紧的, 故必有最大和最小值.

定理 10.3.4 (最值定理) 紧集上的连续函数必有最大值和最小值.

2. 道路连通集上的连续映射的性质

定理 10.3.5 连续映射将道路连通集映为道路连通集.

证明 设 D 是 $\mathbb{R}^n$ 中的道路连通集, $\boldsymbol{f}: D \to \mathbb{R}^m$ 为连续映射, 现证明 $\boldsymbol{f}$ 的像集

$$\boldsymbol{f}(D) = \{\boldsymbol{y} \in \mathbb{R}^m |\ \boldsymbol{y} = \boldsymbol{f}(\boldsymbol{x}), \boldsymbol{x} \in D\}$$

是道路连通集.

对任意 $\boldsymbol{f}(\boldsymbol{x}), \boldsymbol{f}(\boldsymbol{y}) \in \boldsymbol{f}(D)$, 其中 $\boldsymbol{x}, \boldsymbol{y} \in D$, 由 D 的道路连通性知, 存在连续映射 $\boldsymbol{\gamma}: [0,1] \to D$, 使得 $\boldsymbol{\gamma}(0) = \boldsymbol{x}$, $\boldsymbol{\gamma}(1) = \boldsymbol{y}$. 于是对于连续映射 $\boldsymbol{f} \circ \boldsymbol{\gamma}$ 来说, 有 $\boldsymbol{f} \circ \boldsymbol{\gamma}([0,1]) \subset \boldsymbol{f}(D)$, 且 $\boldsymbol{f}(\boldsymbol{\gamma}(0)) = \boldsymbol{f}(\boldsymbol{x})$ 及 $\boldsymbol{f}(\boldsymbol{\gamma}(1)) = \boldsymbol{f}(\boldsymbol{y})$. 这就是说, $\boldsymbol{f} \circ \boldsymbol{\gamma}$ 是 $\boldsymbol{f}(D)$ 中以 $\boldsymbol{f}(\boldsymbol{x})$ 为起点, 以 $\boldsymbol{f}(\boldsymbol{y})$ 为终点的道路. 由 $\boldsymbol{f}(\boldsymbol{x}), \boldsymbol{f}(\boldsymbol{y})$ 的任意性即知 $\boldsymbol{f}(D)$ 是道路连通的. □

结合定理 10.3.2 和定理 10.3.5可得如下推论.

推论 10.3.1 连续函数将有界闭道路连通集与有界闭区域映为有界闭区间. 特别地, 一元连续函数将有界闭区间映为有界闭区间.

证明 下面仅证连续函数将有界闭区域映为有界闭区间. 设 $\bar{D}$ 是有界闭区域, 即 D 是有界区域, 则 $f(D)$ 是直线上有界的道路连通集, 从而是有界区间, 但未必包含端点 a, b. 于是 $(a,b) \subset f(\bar{D}) \subset [a,b]$. 由于 $f(\bar{D})$ 是紧的, 从而是闭的, 所以 $f(\bar{D}) = [a,b]$. □

定理 10.3.6 (中间值定理) 设 $K \subset \mathbb{R}^n$ 为有界闭道路连通集或有界闭区域, 则其上的连续函数 f 可取到它在 K 上的最大值 M 和最小值 m 之间的一切值.

3. 一致连续性

定义 10.3.4 设 $\boldsymbol{f}: D\subset\mathbb{R}^n\to\mathbb{R}^m$ 为向量值函数. 若 $\forall\,\varepsilon>0$, 都 $\exists\,\delta>0$, 使得对 D 中所有满足 $|\,\boldsymbol{x}'-\boldsymbol{x}''\,|<\delta$ 的点 $\boldsymbol{x}',\boldsymbol{x}''$, 均成立 $|\,\boldsymbol{f}(\boldsymbol{x}')-\boldsymbol{f}(\boldsymbol{x}'')\,|<\varepsilon$, 则称 f 在 D 上**一致连续** (uniform continuity).

一致连续蕴含连续, 但反之不然. 类似于一元函数情况, 我们有下面的一致连续性的等价命题和 Cantor 定理.

命题 10.3.2 设 D 是 $\mathbb{R}^n$ 中子集, 映射 $\boldsymbol{f}: D\subset\mathbb{R}^n\to\mathbb{R}^m$ 一致连续当且仅当对 D 中任何点列 $\{P_n'\}$ 和 $\{P_n''\}$, 只要满足 $\lim\limits_{n\to\infty}(P_n'-P_n'')=0$, 就有 $\lim\limits_{n\to\infty}(\boldsymbol{f}(P_n')-\boldsymbol{f}(P_n''))=0$.

定理 10.3.7 (Cantor 定理) 紧集上的连续映射必一致连续.

证明略去, 参见第三册 §17.2.4.

习题 10.3

A1. 讨论下列函数的连续性, 并画出间断点集合的图形:

(1) $f(x,y)=\sqrt[3]{xy}$; (2) $f(x,y)=[x+y]$;

(3) $f(x,y)=\begin{cases}\dfrac{\sin(xy)}{y}, & y\neq 0,\\ 0, & y=0;\end{cases}$ (4) $f(x,y)=\begin{cases}\dfrac{x^4+y^3}{x^2+y^2}, & x^2+y^2\neq 0,\\ 0, & x^2+y^2=0\,;\end{cases}$

(5) $f(x,y)=\begin{cases}0, & x\text{为无理数},\\ y, & x\text{为有理数};\end{cases}$ (6) $f(x,y)=\begin{cases}\dfrac{\ln(1+xy)}{x}, & x\neq 0,\\ y, & x=0;\end{cases}$

(7) $f(x,y)=\begin{cases}x\sin\dfrac{1}{y}, & y\neq 0,\\ 0, & y=0;\end{cases}$ (8) $f(x,y)=\begin{cases}\dfrac{x}{y^2}\mathrm{e}^{-\frac{x^2}{y^2}}, & y\neq 0,\\ 0, & y=0.\end{cases}$

A2. 设 $z=f(x,y)$ 在紧集 K 上连续, 且对每个点 $(x,y)\in K$, 其函数值 $f(x,y)$ 都大于 0. 证明: 存在正数 $m>0$, 使对每个点 $(x,y)\in K$, 都有 $f(x,y)>m$.

A3. 证明: 若 $D\subset\mathbb{R}^n$ 上所有连续函数都有界, 则 D 是有界闭集.

A4. 设 f 在圆周 $L: x^2+y^2=a^2$ 上连续, 证明: 存在 L 的一条直径 $\boldsymbol{AB}$, 使 $f(\boldsymbol{A})=f(\boldsymbol{B})$.

A5. 证明: $y=f(x_1,x_2,\cdots,x_n)=\sqrt{x_1^2+x_2^2+\cdots+x_n^2}$ 在 $\mathbb{R}^n$ 上一致连续.

A6. 证明: $z=\sin(xy)$ 在 $\mathbb{R}^2$ 上非一致连续.

A7. 设 $f(x,y)=\dfrac{1}{1-xy}$, $(x,y)\in D=[0,1)\times[0,1)$. 证明: f 在 D 上非一致连续.

B8. 设 f 在有界开集 E 上一致连续, 证明: f 必在 E 上有界, 且可将连续延拓到 $\bar{E}$ 上.

B9. 设 $u=\varphi(x,y)$ 与 $v=\psi(x,y)$ 在 xOy 平面中的点集 E 上一致连续; φ 与 ψ 把点集 E 映射为平面中的点集 D, 而 $f(u,v)$ 在 D 上一致连续. 证明: 复合函数 $f(\varphi(x,y),\psi(x,y))$ 在 E 上一致连续.

第 10 章总练习题

1. 设 $\boldsymbol{n}\neq\boldsymbol{0}$, $\boldsymbol{a}\in\mathbb{R}^n$, 子集 $E=\{\boldsymbol{x}\in\mathbb{R}^n,\ \boldsymbol{n}\cdot(\boldsymbol{x}-\boldsymbol{a})=0\}$ 称为过点 $\boldsymbol{a}$ 的超平面, $\boldsymbol{n}$ 称为超平面的法向量.

(1) 用数量形式写出二维平面上与三维空间中过点 $\boldsymbol{a}$ 的超平面方程, 并说明其几何意义.

(2) 设 $E=\{(x,y,z)\in\mathbb{R}^3:\ 2x+3y-z=0\}$, 证明: 它是三维空间中的一个二维超平面.

(3) 证明: 过原点的超平面 E 是 $n-1$ 维的子空间, 并给出它的一组基.

2. 设 $f(x,y)$ 在矩形 $D=[a,b]\times[c,d]$ 每一点都有有限的极限, 证明: $f(x,y)$ 在 D 上有界.

3. 设 $\lim\limits_{y\to y_0}\varphi(y)=A$, $\lim\limits_{x\to x_0}\psi(x)=0$, 且在 (x_0,y_0) 附近满足 $|f(x,y)-\varphi(y)|\leqslant\psi(x)$, 证明: $\lim\limits_{D\ni(x,y)\to(x_0,y_0)}f(x,y)=A$, 其中 $D=\{(x,y)\in\mathbb{R}^2, x\neq x_0, y\neq y_0\}$.

4. 设 $f(x,y)$ 在集合 $G\subset\mathbb{R}^2$ 上对固定的 y 是 x 的连续函数, 对 y 满足利普希茨条件, 即存在常数 $L>0$, 使得对任何的 $(x,y'),(x,y'')\in G$, 有

$$|f(x,y')-f(x,y'')|\leqslant L|y'-y''|.$$

证明: f 在 G 上处处连续.

5. 设 f 在闭矩形区域 $S=[a,b]\times[c,d]$ 上有定义. 对固定的 x, $f(x,y)$ 关于 y 在 $[c,d]$ 上处处连续, 且对 $y\in[c,d]$, 关于 x 在 $[a,b]$ 为一致连续, 即 $\forall\varepsilon>0$, $\exists\delta>0$, 只要 $x',x''\in[a,b]$, $|x'-x''|<\delta$, 则对任意 $y\in[c,d]$, 有 $|f(x',y)-f(x'',y)|<\varepsilon$. 证明: f 在 S 上处处连续.

6. 设 f 为定义在 $\mathbb{R}^2$ 上的连续函数, α 是任一实数, 定义

$$E=\{(x,y)\in\mathbb{R}^2|f(x,y)>\alpha\},F=\{(x,y)\in\mathbb{R}^2|f(x,y)\geqslant\alpha\}.$$

证明: E 是开集, F 是闭集.

7. 设 $\boldsymbol{f}:\mathbb{R}^n\to\mathbb{R}^m$. 证明: $\boldsymbol{f}$ 连续当且仅当 $\mathbb{R}^m$ 中任意开集 U 的原像 $\boldsymbol{f}^{-1}(U)$ 是 $\mathbb{R}^n$ 中的开集.

8. 设 $f(t)$ 在区间 (a,b) 内连续可导, 函数

$$F(x,y)=\frac{f(x)-f(y)}{x-y}(x\neq y),F(x,x)=f'(x)$$

定义在区域 $D=(a,b)\times(a,b)$ 内. 证明: 对任何 $c\in(a,b)$, 有

$$\lim_{(x,y)\to(c,c)}F(x,y)=f'(c).$$

9. 若一元函数 $\varphi(x)$ 在 $[a,b]$ 上连续, 令

$$f(x,y)=\varphi(x),(x,y)\in D=[a,b]\times(-\infty,+\infty),$$

试讨论 f 在 D 上是否连续? 是否一致连续?

10. 试讨论函数 f 在 $(0,0)$ 处的连续性, 其中,

$$f(x,y)=\begin{cases}\dfrac{x}{(x^2+y^2)^p}, & x^2+y^2\neq 0,\\ 0, & x^2+y^2=0.\end{cases}$$

11. (1) 设 $\boldsymbol{f}:\mathbb{R}^n\to\mathbb{R}^m$, 证明: $\boldsymbol{f}$ 连续当且仅当对任何 $A\subset\mathbb{R}^n$, 有 $\boldsymbol{f}(\bar{A})\subset\overline{\boldsymbol{f}(A)}$.

(2) 举例:$f:\mathbb{R}^1\to\mathbb{R}^1$, 连续, 但存在 $A\subset\mathbb{R}^1$, 使得 $f(\bar{A})$ 是 $\overline{f(A)}$ 的真子集.

12. 设 $\boldsymbol{f}:D\subset\mathbb{R}^n\to\mathbb{R}^m$. 证明:

(1) 如果 $\boldsymbol{f}$ 连续, 则当 D 为闭集时, 图像 $G(\boldsymbol{f})$ 在 $\mathbb{R}^{n+m}$ 中也是闭的, 当 D 为紧集时, 图像 $G(\boldsymbol{f})$ 在 $\mathbb{R}^{n+m}$ 中也是紧的;

(2) 如果图像 $G(\boldsymbol{f})$ 在 $\mathbb{R}^{n+m}$ 中是紧的, 则 $\boldsymbol{f}$ 连续. 但 $G(\boldsymbol{f})$ 闭是否也蕴含 $\boldsymbol{f}$ 连续?

第 11 章　多元函数微分学

我们在第 4、5 章中学习了一元函数微分学, 它主要包括: 导数与微分的概念与计算、中值定理、Taylor 公式等. 它们具有丰富的物理背景和深刻的几何意义, 而且有很多漂亮的应用, 如能简洁地处理极限、极值、最值、不等式和函数作图等应用问题. 在本章中我们将讨论多元函数微分学, 它是一元函数微分学的延伸和发展, 学习时要注意比较两者的联系和区别.

§11.1　全微分与偏导数

§11.1.1　可微与导数

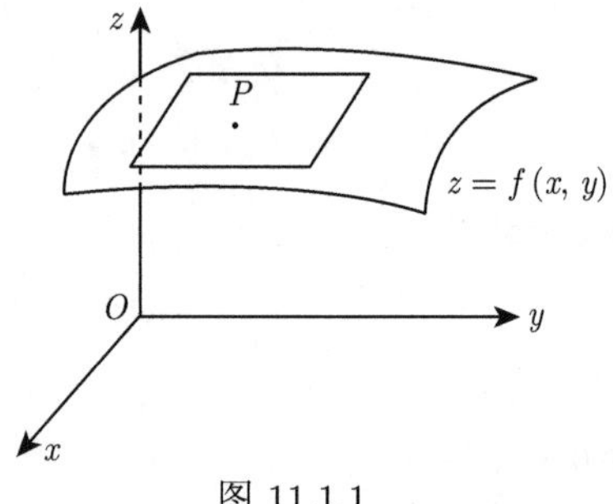

图 11.1.1

上一章已经看到, 在几何上, 曲面可用二元函数 $z = f(x,y)$ 来表示. 类似于平面曲线的切线与法线, 我们要讨论曲面的切平面和法线. 我们将曲面在某一点的切平面定义为在这一点附近最"贴近"曲面的平面, 并且类似于一元函数的线性化思想, 将问题转化为: 在局部范围内用线性函数 (平面) 来近似表示非线性函数 (曲面), 参见图 11.1.1.

我们先来看一个例子.

例 11.1.1　二元函数 $f(x,y) = x^2 + y^3$ 在点 $(1,1)$ 附近可以表示为

$$f(x,y) - f(1,1) = x^2 + y^3 - 2 = 2(x-1) + 3(y-1) + (x-1)^2 + 3(y-1)^2 + (y-1)^3,$$

记 $\Delta x = x - 1, \Delta y = y - 1$, 则

$$f(x,y) = f(1,1) + 2\Delta x + 3\Delta y + o(\sqrt{(\Delta x)^2 + (\Delta y)^2}),$$

即在 $(1,1)$ 点附近, 在忽略 $|(\Delta x, \Delta y)| = \sqrt{(\Delta x)^2 + (\Delta y)^2}$ 的高阶无穷小 $o(|(\Delta x, \Delta y)|)$ 的情况下可近似于一个二元线性函数: $z = f(1,1) + 2(x-1) + 3(y-1)$. 从几何上, 它就是曲面的切平面. 此时我们说函数在 $(1,1)$ 处是可微的.

由此引入多元函数可微与全微分的概念. 下面我们直接对 n 元函数进行讨论.

定义 11.1.1 (可微性)　设 n 元函数 $y = f(\boldsymbol{x}) = f(x_1, x_2, \cdots, x_n)$ 在点 $\boldsymbol{a} = (a_1, a_2, \cdots, a_n)$ 的某邻域内有定义, 若存在 n 维向量 $\boldsymbol{b} = (b_1, b_2, \cdots, b_n)$, 使

$$\lim_{\Delta \boldsymbol{x} \to \boldsymbol{0}} \frac{f(\boldsymbol{a} + \Delta \boldsymbol{x}) - f(\boldsymbol{a}) - \langle \boldsymbol{b}, \Delta \boldsymbol{x} \rangle}{|\Delta \boldsymbol{x}|} = 0, \tag{11.1.1}$$

即

$$f(\boldsymbol{a} + \Delta \boldsymbol{x}) - f(\boldsymbol{a}) = \langle \boldsymbol{b}, \Delta \boldsymbol{x} \rangle + o(|\Delta \boldsymbol{x}|), \tag{11.1.2}$$

则称 f 在 $\boldsymbol{a}$ 处**可微**, 或**可导**, 向量 $\boldsymbol{b}$ 为 f 在 $\boldsymbol{a}$ 处的**导数**, 记为

$$\boldsymbol{b}=f'(\boldsymbol{a})\text{ 或 }\boldsymbol{b}=\nabla f(\boldsymbol{a}). \tag{11.1.3}$$

并称 $\Delta\boldsymbol{x}$ 的线性函数 $\langle\boldsymbol{b},\Delta\boldsymbol{x}\rangle=b_1\Delta x_1+\cdots+b_n\Delta x_n$ 为函数 f 在点 $\boldsymbol{a}$ 处的**全微分** (total differential), 记为

$$\mathrm{d}f(\boldsymbol{a})=\langle\boldsymbol{b},\Delta\boldsymbol{x}\rangle=b_1\Delta x_1+\cdots+b_n\Delta x_n. \tag{11.1.4}$$

若 f 在区域 D 内每一点都可微, 则称 f 在 D 内可微.

记 $\mathrm{d}\boldsymbol{x}=(\mathrm{d}x_1,\cdots,\mathrm{d}x_n)$, 由一元函数微分学可知, 自变量 x_i 的微分为 $\mathrm{d}x_i=\Delta x_i, i=1,2,\cdots,n$. 故有 $\mathrm{d}\boldsymbol{x}=\Delta\boldsymbol{x}$, 因此,

$$\mathrm{d}f(\boldsymbol{a})=\langle f'(\boldsymbol{a}),\Delta\boldsymbol{x}\rangle=f'(\boldsymbol{a})\cdot\mathrm{d}\boldsymbol{x}=b_1\mathrm{d}x_1+\cdots+b_n\mathrm{d}x_n. \tag{11.1.5}$$

例 11.1.2 (1) 设 $f(x,y)=x^2+y^3$, 对任意 $(x_0,y_0)\in\mathbb{R}^2$, 仿照例 11.1.1 的方法, 并由全微分和导数的定义可得

$$f'(x_0,y_0)=(2x_0,3y_0^2),\ \mathrm{d}f(x_0,y_0)=2x_0\mathrm{d}x+3y_0^2\mathrm{d}y.$$

(2) 对仿射函数 $f(\boldsymbol{x})=\langle\boldsymbol{b},\boldsymbol{x}\rangle+C,\ \forall\boldsymbol{x}\in\mathbb{R}^n$, 易见 $f'(\boldsymbol{a})=\boldsymbol{b},\ \forall\boldsymbol{a}\in\mathbb{R}^n$.

例 11.1.3 讨论二元函数 $f(x,y)=\sqrt{x^2+y^2}$ 在原点的可微性.

解 假设存在 $\boldsymbol{b}=(b_1,b_2)$, 使得

$$f(x,y)-f(0,0)=\boldsymbol{b}\cdot(x,y)+o(\sqrt{x^2+y^2}).$$

即

$$\lim_{x^2+y^2\to0}\frac{\sqrt{x^2+y^2}-b_1x-b_2y}{\sqrt{x^2+y^2}}=0,$$

所以有

$$\lim_{x^2+y^2\to0}\frac{b_1x+b_2y}{\sqrt{x^2+y^2}}=1.$$

但是上式左端极限不存在, 矛盾. 因此 $f(x,y)=\sqrt{x^2+y^2}$ 在原点不可微.

注 11.1.1 (1) 若函数在 $\boldsymbol{a}$ 点可微, 记

$$y=f(\boldsymbol{a})+\langle f'(\boldsymbol{a}),\boldsymbol{x}-\boldsymbol{a}\rangle, \tag{11.1.6}$$

这是一个 n 元一次函数, 几何上表示一个过点 $(\boldsymbol{a},f(\boldsymbol{a}))$ 的超平面, 称之为过点 $(\boldsymbol{a},f(\boldsymbol{a}))$ 的**切平面**. 由式 (11.1.2) 可知, 该平面可近似于曲面 $\boldsymbol{y}=f(\boldsymbol{x})$, 且当 $\boldsymbol{x}$ 趋于 $\boldsymbol{a}$ 时两者之差是 $|\boldsymbol{x}-\boldsymbol{a}|$ 的高阶无穷小. 这就是函数可微的几何意义: 用 (切) 平面近似代替曲面.

(2) 由式 (11.1.2) 立知, 函数在一点可微, 蕴含在这一点必连续, 但反之不成立. 可参见例 11.1.3.

§11.1.2 可偏导与偏导数

前面研究了函数在一点 $\boldsymbol{a}$ 处的全微分及导数 $f'(\boldsymbol{a})=(b_1,b_2,\cdots,b_n)$. 它反映了函数在一点附近的线性化情况. 但可微的定义并没有告诉我们如何求导数 $f'(\boldsymbol{a})$. 在例 11.1.2 中, 导数 $f'(x_0,y_0)=(2x_0,3y_0^2)$, 其中的两个分量刚好分别是将 $f(x,y)$ 中的 y 和 x 看成常数时关于 x 和 y 的导数. 这是偶然, 还是一种普遍规律呢?

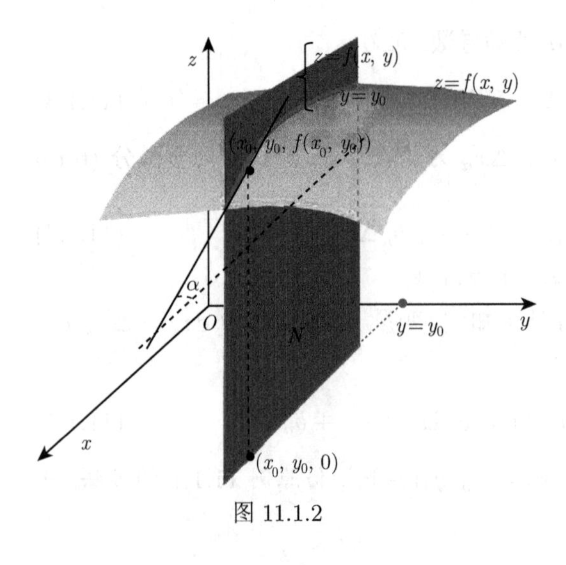

图 11.1.2

我们再从几何角度来探讨一下. 设二元函数 $z=f(x,y)$ 表示 $\mathbb{R}^3$ 中曲面 Σ, 假设 Σ 在点 $P(x_0,y_0,z_0)$ 处的切平面 M 存在. 从几何的直观来看, 对过 P 点的任意平面 N, N 与 M 相交得到的直线应是 N 与 Σ 相交得到的曲线在 P 点的切线 (参见图 11.1.2). 取特殊的平面 $N_1: y=y_0$, 它平行于坐标平面 xOz, 则平面 N_1 与曲面 Σ 交线在 P 点的切线的斜率是一元函数 $f(x,y_0)$ 关于 x 的导数; 同样, 取特殊的平面 $N_2: x=x_0$, 它平行于坐标平面 yOz, 则平面 N_2 与曲面 Σ 交线在点 P 的切线的斜率是一元函数 $f(x_0,y)$ 关于 y 的导数. 这两个斜率可确定空间中两个切向量, 由它们可确定曲面 Σ 过点 P 的切平面.

用上面的思想, 即考虑二元函数 $z=f(x,y)$ 沿某个坐标轴方向, 比如 x 轴方向, 或 y 轴方向的变化情况, 此时, 可将多元函数视为一元函数来研究其导数, 我们称之为偏导数. 下面我们给出二元函数偏导数的概念.

定义 11.1.2 (偏导数 (partial derivative))　设 $D\subset\mathbb{R}^2$ 为开集, $z=f(x,y)$ 是定义在 D 上的二元函数, $(x_0,y_0)\in D$ 为一定点. 如果存在极限

$$\lim_{\Delta x\to 0}\frac{f(x_0+\Delta x,y_0)-f(x_0,y_0)}{\Delta x}, \tag{11.1.7}$$

那么就称函数 f 在点 (x_0,y_0) 关于 x **可偏导**, 并称此极限为 f 在点 (x_0,y_0) 关于 x 的**偏导数**, 记为

$$\frac{\partial z}{\partial x}(x_0,y_0), \text{或 } \frac{\partial f}{\partial x}(x_0,y_0),\ f_x'(x_0,y_0),\ f_x(x_0,y_0),\ f_1'(x_0,y_0),\ f_1(x_0,y_0).$$

如果函数 f 在 D 中每一点都关于 x 可偏导, 则 D 中每一点 (x,y) 与其相应的偏导数 $f_x(x,y)$ 之间构成了一种对应关系即二元函数关系, 它称为 f 关于 x 的**偏导函数** (也称为**偏导数**), 记为

$$\frac{\partial z}{\partial x}, \text{或 } \frac{\partial f}{\partial x},\ f_x'(x,y),\ f_x(x,y),\ f_1'(x,y),\ f_1(x,y).$$

类似地, 可定义 f 在点 (x_0,y_0) 关于 y 的偏导数

$$\frac{\partial z}{\partial y}(x_0,y_0), \text{或 } \frac{\partial f}{\partial y}(x_0,y_0),\ f_y'(x_0,y_0),\ f_y(x_0,y_0), f_2'(x_0,y_0),\ f_2(x_0,y_0),$$

以及关于 y 的偏导函数

$$\frac{\partial z}{\partial y}, \text{或 } \frac{\partial f}{\partial y},\ f_y'(x,y),\ f_y(x,y),\ f_2'(x,y),\ f_2(x,y).$$

若 f 在点 (x_0,y_0) 关于 x 和 y 均可偏导, 就简称 f 在点 (x_0,y_0) 可偏导.

关于偏导数的概念, 下面这个物理的例子更自然.

已知理想气体状态方程 $PV=RT$ (R是普适气体常量), 现将它改写成

$$V(P,T)=\frac{RT}{P}.$$

在等压过程中, 方程中的 P 是常数, 因此可以将 $V(P,T)$ 看成一元函数 $\tilde{V}(T)$. 于是, 气体体积 V 关于温度 T 变化率就是 $\tilde{V}(T)$ 对 T 的导数

$$\frac{\mathrm{d}\tilde{V}(T)}{\mathrm{d}T}=\frac{R}{P}>0.$$

这说明此时体积随温度的增加而单调递增: 温度上升时体积增大, 温度下降时体积减小, 这就是熟知的热胀冷缩原理.

而在等温过程中, 即假设 T 为常数, 因此可以将 $V(P,T)$ 看成一元函数 $\widehat{V}(P)$. 于是, 体积 V 关于压强 P 的变化率就是 $\widehat{V}(P)$ 对 P 的导数

$$\frac{\mathrm{d}\widehat{V}(P)}{\mathrm{d}P}=-\frac{RT}{P^2}<0.$$

这说明此时体积随压强的变化而单调递减: 压强增大时体积收缩, 压强减小时体积膨胀, 这些都是熟知的物理规律.

对 n 元函数而言, 自变量有 n 个, 即 $x_1,x_2,\cdots,x_n$, 当我们只考虑某一个变量, 例如 x_1 在变, 而将其余变量视为常数时, 这就可以视为一元函数, 对这个变量 x_1 求导, 就是多元函数的关于这个变量 x_1 的偏导. 因此, 对一般的 n 元函数 $y=f(\boldsymbol{x})=f(x_1,x_2,\cdots,x_n)$, 可类似定义在点 $\boldsymbol{a}=(a_1,a_2,\cdots,a_n)$ 处关于 x_i 的各个偏导数

$$\frac{\partial f}{\partial x_i}(\boldsymbol{a}),\ 或\ f_{x_i}(\boldsymbol{a}),\ f_i(\boldsymbol{a}),\quad i=1,2,\cdots,n.$$

注 11.1.2 类似于一元函数导数的几何意义, 偏导数也有鲜明的几何意义. 例如, $f_x(x_0,y_0)$ 表示曲面 $z=f(x,y)$ 与平面 $y=y_0$ 的交线在 $x=x_0$ 处的切线对于 x 轴的斜率, 即切线与 x 轴夹角 α 的正切, 因此, $f_x(x_0,y_0)=\tan\alpha$, 见图 11.1.2. 对 $f_y(x_0,y_0)$ 可作类似的解释. 偏导数的概念对我们研究多元函数性质也将起到重要作用.

例 11.1.4 设 $f(x,y)=x^4+2x^2y+xy^2+y^3$, 求 $f_x(x,y),f_y(x,y)$ 及 $f_x(0,1)$ 和 $f_y(0,1)$.

解 把 y 看成常数, 对 x 求导便得

$$f_x(x,y)=4x^3+4xy+y^2.$$

于是 $f_x(0,1)=1$. 再把 x 看成常数, 对 y 求导便得

$$f_y(x,y)=2x^2+2xy+3y^2.$$

于是 $f_y(0,1)=3$.

欲求 $f_x(0,1)$, 也可以这样做: 先将 $y=1$ 代入求得 $f(x,1)=x^4+2x^2+x+1$, 因此易得 $f_x(0,1)=1$.

例 11.1.5 设 $f(x,y)=\begin{cases}\dfrac{xy}{x^2+y^2}, & (x,y)\neq(0,0),\\ 0, & (x,y)=(0,0),\end{cases}$ 研究 f 在原点 $(0,0)$ 的两个偏导数的存在性及可微性.

解 由定义得到

$$f_x(0,0)=\lim_{\Delta x\to 0}\frac{f(0+\Delta x,0)-f(0,0)}{\Delta x}=\lim_{\Delta x\to 0}\frac{\dfrac{\Delta x\cdot 0}{\Delta x^2+0^2}-0}{\Delta x}=\lim_{\Delta x\to 0}\frac{0}{\Delta x}=0.$$

同理 $f_y(0,0)=0$. 这说明了 $f(x,y)$ 在 $(0,0)$ 点可偏导.

而由例 10.2.6 知, $f(x,y)$ 在点 $(0,0)$ 的极限不存在. 所以 $f(x,y)$ 在点 $(0,0)$ 不连续, 因此不可微.

有了偏导数的概念, 我们可以回答本小节开头提到的问题了, 即如何求导数与全微分.

定理 11.1.1 *若函数 $f(\boldsymbol{x})$ 在点 $\boldsymbol{a}=(a_1,a_2,\cdots,a_n)$ 可微, 则在点 $\boldsymbol{a}$ 必存在偏导数, 且*

$$f'(\boldsymbol{a})=(f_1(\boldsymbol{a}),f_2(\boldsymbol{a}),\cdots,f_n(\boldsymbol{a})),\ \mathrm{d}f(\boldsymbol{a})=f'(\boldsymbol{a})\cdot\mathrm{d}\boldsymbol{x}=f_1(\boldsymbol{a})\mathrm{d}x_1+\cdots+f_n(\boldsymbol{a})\mathrm{d}x_n. \tag{11.1.8}$$

反之不成立.

证明 由可微的定义,

$$f(\boldsymbol{a}+\Delta\boldsymbol{x})-f(\boldsymbol{a})=\langle\boldsymbol{b},\Delta\boldsymbol{x}\rangle+o(|\Delta\boldsymbol{x}|),$$

特别地, 取 $\Delta\boldsymbol{x}=(\Delta x_1,0,\cdots,0)$, 则得到

$$f(a_1+\Delta x_1,a_2,\cdots,a_n)-f(a_1,a_2,\cdots,a_n)=b_1\Delta x_1+o(\Delta x_1),$$

由此可知, f 在 $\boldsymbol{a}$ 点关于第一个变量 x_1 的偏导数存在, 且

$$f_1(\boldsymbol{a})=\lim_{\Delta x_1\to 0}\frac{f(a_1+\Delta x_1,a_2,\cdots,a_n)-f(a_1,a_2,\cdots,a_n)}{\Delta x_1}=b_1.$$

同理可得, f 在 $\boldsymbol{a}$ 点关于第 i 个变量 x_i 的偏导数存在, 且 $f_i(\boldsymbol{a})=b_i$, $i=,2,3,\cdots,n$. □

对一元函数, 在一点可导和可微是等价的. 对多元函数而言, 可微 (即可导) 蕴含可偏导, 但从上例中可以看出在一点可偏导, 并不蕴含在这一点连续和可微 (可导). 下面给出判断函数可微的一个充分条件.

定理 11.1.2 *设函数 $z=f(\boldsymbol{x})$ 在 $\boldsymbol{x}=\boldsymbol{a}$ 点的某个邻域上存在偏导数, 并且偏导数在 $\boldsymbol{a}$ 点连续, 那么 f 在 $\boldsymbol{a}$ 点可微.*

证明 不妨以二元函数为例, $\boldsymbol{x}=(x,y)$, $\boldsymbol{a}=(x_0,y_0)$. 首先我们有

$$\begin{aligned}\Delta z&=f(x_0+\Delta x,y_0+\Delta y)-f(x_0,y_0)\\&=[f(x_0+\Delta x,y_0+\Delta y)-f(x_0,y_0+\Delta y)]+[f(x_0,y_0+\Delta y)-f(x_0,y_0)]\\&=f_x(x_0+\theta\Delta x,y_0+\Delta y)\Delta x+f_y(x_0,y_0)\Delta y+o(\Delta y),\ 0<\theta<1,\end{aligned}$$

其中, 最后一行分别用了微分中值定理和偏导数的定义. 因为 f_x 在 (x_0,y_0) 点连续, 所以

$$f_x(x_0+\theta\Delta x,y_0+\Delta y)=f_x(x_0,y_0)+o(1),$$

其中, $o(1)$ 表示当 $\sqrt{\Delta x^2+\Delta y^2}\to 0$ 时的无穷小量. 于是

$$\begin{aligned}\Delta z &= f(x_0+\Delta x, y_0+\Delta y) - f(x_0,y_0)\\ &= f_x(x_0,y_0)\Delta x + f_y(x_0,y_0)\Delta y + o(1)\Delta x + o(\Delta y)\\ &= f_x(x_0,y_0)\Delta x + f_y(x_0,y_0)\Delta y + o(\sqrt{\Delta x^2+\Delta y^2}),\end{aligned}$$

这表明 f 在 (x_0,y_0) 点可微. □

§11.1.3 方向导数

前面我们定义了偏导数, 它刻画了函数沿坐标轴方向的变化率, 下面给出方向导数的定义, 用它可以讨论函数沿任一射线方向的变化率.

定义 11.1.3 (方向导数) 设 $z=f(x,y)$ 是定义在集合 $D\subset\mathbb{R}^2$ 上的二元函数, (x_0,y_0) 为 D 的一内点, $\boldsymbol{\nu}=(\cos\alpha,\sin\alpha)$ 为 xOy 平面上的一个方向. 如果极限

$$\lim_{t\to 0+}\frac{f(x_0+t\cos\alpha, y_0+t\sin\alpha)-f(x_0,y_0)}{t} \tag{11.1.9}$$

存在, 则称函数 f 在点 (x_0,y_0) 沿方向 $\boldsymbol{\nu}$ **方向可导** (或**方向导数存在**), 并称此极限为函数 f 在点 (x_0,y_0) 的沿方向 $\boldsymbol{\nu}$ 的**方向导数** (directional derivative), 记为 $\frac{\partial f}{\partial\boldsymbol{\nu}}(x_0,y_0)$.

例 11.1.6 证明: 二元函数 $f(x,y)=\sqrt{x^2+2y^2}$ 在原点沿任意方向的方向导数都存在, 但不可偏导.

解 对于任一方向 $\boldsymbol{\nu}=(\cos\alpha,\sin\alpha)$, $f(x,y)$ 在原点沿方向 $\boldsymbol{\nu}$ 的方向导数为

$$\frac{\partial f}{\partial\boldsymbol{\nu}}=\lim_{t\to 0+}\frac{f(t\cos\alpha,t\sin\alpha)-f(0,0)}{t}=\sqrt{1+\sin^2\alpha},$$

特别地, $f(x,y)$ 在原点沿方向 $(1,0)$ 和 $(-1,0)$ 的方向导数均为 1. 但

$$\lim_{x\to 0}\frac{f(x,0)-f(0,0)}{x}=\lim_{x\to 0}\frac{|x|}{x}$$

不存在, 即 $f(x,y)$ 在 $(0,0)$ 点关于 x 的偏导数不存在. 同样 $f(x,y)$ 在 $(0,0)$ 点关于 y 的偏导数也不存在.

注 11.1.3 (1) 上例表明, 尽管函数在一点沿各方向的方向导数都存在, 但函数未必存在偏导数, 因此也未必可微.

(2) 根据定义可证明, $f(x,y)$ 在点 (x_0,y_0) 处关于 x 的偏导数存在的充要条件是 $f(x,y)$ 沿方向 $\boldsymbol{e}_1=(1,0)$ 和 $-\boldsymbol{e}_1$ 的两个方向导数都存在, 且为相反数. 由此也可看到例 11.1.6 中函数在 $(0,0)$ 点关于 x 的偏导数不存在.

在可微的条件下方向导数有简单计算公式.

定理 11.1.3 设 $D\subset\mathbb{R}^2$ 为开集, 给定 $(x_0,y_0)\in D$. 若函数 $z=f(x,y)$, $(x,y)\in D$ 在 (x_0,y_0) 可微, 则对任一方向 $\boldsymbol{\nu}=(\cos\alpha,\sin\alpha)$, f 在 (x_0,y_0) 点沿 $\boldsymbol{\nu}$ 的方向导数存在, 且

$$\frac{\partial f}{\partial\boldsymbol{\nu}}(x_0,y_0)=\frac{\partial f}{\partial x}(x_0,y_0)\cos\alpha+\frac{\partial f}{\partial y}(x_0,y_0)\sin\alpha. \tag{11.1.10}$$

证明 根据可微的定义即得

$$\frac{\partial f}{\partial\boldsymbol{\nu}}(x_0,y_0)=\lim_{t\to 0+}\frac{f(x_0+t\cos\alpha,y_0+t\sin\alpha)-f(x_0,y_0)}{t}$$

$$= \lim_{t\to 0+} \frac{\frac{\partial f}{\partial x}(x_0,y_0)t\cos\alpha + \frac{\partial f}{\partial y}(x_0,y_0)t\sin\alpha + o(t)}{t}$$
$$= \frac{\partial f}{\partial x}(x_0,y_0)\cos\alpha + \frac{\partial f}{\partial y}(x_0,y_0)\sin\alpha. \qquad \square$$

为了更好地刻画方向导数, 下面引入梯度的概念.

定义 11.1.4 设 $D\subset\mathbb{R}^2$ 为开集, $(x_0,y_0)\in D$ 为一定点. 如果函数 $z=f(x,y)$, $(x,y)\in D$ 在 (x_0,y_0) 可偏导, 则称向量 $(f_x(x_0,y_0),f_y(x_0,y_0))$ 为 f 在点 (x_0,y_0) 的**梯度** (gradient vector) , 记为 $\mathbf{grad}f(x_0,y_0)$, 或 $\nabla f(x_0,y_0)$, 即

$$\mathbf{grad}f(x_0,y_0)=(f_x(x_0,y_0),f_y(x_0,y_0))=f_x(x_0,y_0)\boldsymbol{i}+f_y(x_0,y_0)\boldsymbol{j}. \tag{11.1.11}$$

注 11.1.4 显然, 当函数可微时, 梯度就是导数. 此时式 (11.1.10) 可改写为

$$\frac{\partial f}{\partial\boldsymbol{\nu}}(x_0,y_0)=\langle\mathbf{grad}f(x_0,y_0),\boldsymbol{\nu}\rangle, \tag{11.1.12}$$

上式右端表示平面上两个向量的内积. 由此可见, 当梯度非 0 时, 函数沿梯度方向增加最快, 梯度的模 $|\mathbf{grad}f|$ 恰好是最大的方向导数. 同样, 沿负梯度方向函数减少最快.

注 11.1.5 类似地, 可定义 n 元函数 $y=f(x_1,x_2,\cdots,x_n)$ 在点 $\boldsymbol{a}=(a_1,a_2,\cdots,a_n)$ 处沿单位向量 $\boldsymbol{\nu}=(\cos\alpha_1,\cos\alpha_2,\cdots,\cos\alpha_n)$ (其中, $\cos\alpha_1,\cos\alpha_2,\cdots,\cos\alpha_n$ 为方向余弦, $\alpha_1,\alpha_2,\cdots,\alpha_n\in[0,\pi]$ 为方向角) 的方向导数为

$$\frac{\partial f}{\partial\boldsymbol{\nu}}(\boldsymbol{a})=\lim_{t\to 0+}\frac{f(a_1+t\cos\alpha_1,a_2+t\cos\alpha_2,\cdots,a_n+t\cos\alpha_n)-f(a_1,a_2,\cdots,a_n)}{t},$$

以及 n 元函数 $y=f(x_1,x_2,\cdots,x_n)$ 在点 $\boldsymbol{a}$ 的梯度 $\mathbf{grad}f(\boldsymbol{a})$ 为

$$\mathbf{grad}f(\boldsymbol{a})=(f_1(\boldsymbol{a}),f_2(\boldsymbol{a}),\cdots,f_n(\boldsymbol{a})),$$

并且定理 11.1.3 的类似结论成立.

例 11.1.7 求常数 a,b,c 的值, 使 $f(x,y,z)=axy^2+byz+cx^3z^2$ 在点 $(1,2,-1)$ 沿 z 轴正方向的方向导数有最大值 64.

解 因沿梯度方向函数增加最快, 所以 z 轴正方向即函数在点 $(1,2,-1)$ 的梯度方向.

$$f_x(x,y,z)=ay^2+3cx^2z^2,\ f_y(x,y,z)=2axy+bz,\ f_z(x,y,z)=by+2cx^3z.$$

因此函数在点 $(1,2,-1)$ 的梯度为 $(4a+3c,4a-b,2b-2c)$. 由条件知:

$$\begin{cases} 4a+3c=0,\\ 4a-b\ =0,\\ 2b-2c=64. \end{cases}$$

由此解得 $a=6,b=24,c=-8$.

§11.1.4 高阶偏导数

设 $z=f(x,y)$ 在区域 $D\subset\mathbb{R}^2$ 上处处有一阶偏导数 $\dfrac{\partial z}{\partial x}=f_x(x,y)$, $\dfrac{\partial z}{\partial y}=f_y(x,y)$, 则这些偏导数都是 x,y 的函数, 如果它们还存在偏导数, 则得到**二阶偏导数** (second-order partial derivative):

按照对自变量的求偏导次序的不同, 二阶偏导数有下列四种:

$$\frac{\partial^2 z}{\partial x^2}=\frac{\partial}{\partial x}\left(\frac{\partial z}{\partial x}\right)=\frac{\partial}{\partial x}(f_x(x,y))=f_{xx}(x,y)=f_{11}(x,y),$$
$$\frac{\partial^2 z}{\partial x\partial y}=\frac{\partial}{\partial y}\left(\frac{\partial z}{\partial x}\right)=\frac{\partial}{\partial y}(f_x(x,y))=f_{xy}(x,y)=f_{12}(x,y),$$
$$\frac{\partial^2 z}{\partial y\partial x}=\frac{\partial}{\partial x}\left(\frac{\partial z}{\partial y}\right)=\frac{\partial}{\partial x}(f_y(x,y))=f_{yx}(x,y)=f_{21}(x,y),$$
$$\frac{\partial^2 z}{\partial y^2}=\frac{\partial}{\partial y}\left(\frac{\partial z}{\partial y}\right)=\frac{\partial}{\partial y}(f_y(x,y))=f_{yy}(x,y)=f_{22}(x,y).$$

中间两个二阶偏导数 $\dfrac{\partial^2 z}{\partial x\partial y}=f_{xy}(x,y)$ 和 $\dfrac{\partial^2 z}{\partial y\partial x}=f_{yx}(x,y)$ 称为**混合偏导数** (mixed partial derivative). 类似地, 可得到三阶、四阶或更高阶偏导数. 二阶及二阶以上的偏导数统称为**高阶偏导数** (higher order partial derivative).

例 11.1.8 求 $z=\mathrm{e}^{x+2y}$ 的所有二阶偏导数及三阶偏导数 $\dfrac{\partial^3 z}{\partial y\partial x^2}$.

解 由 $\dfrac{\partial z}{\partial x}=\mathrm{e}^{x+2y}$ 知,

$$\frac{\partial^2 z}{\partial x^2}=\mathrm{e}^{x+2y},\quad \frac{\partial^2 z}{\partial x\partial y}=2\mathrm{e}^{x+2y}.$$

同理, $\dfrac{\partial z}{\partial y}=2\mathrm{e}^{x+2y}$. 因此

$$\frac{\partial^2 z}{\partial y^2}=4\mathrm{e}^{x+2y},\quad \frac{\partial^2 z}{\partial y\partial x}=2\mathrm{e}^{x+2y}.$$

继续求偏导可得三阶偏导数

$$\frac{\partial^3 z}{\partial y\partial x^2}=2\mathrm{e}^{x+2y}.$$

例 11.1.9 设 $f(x,y)=\begin{cases} xy\dfrac{x^2-y^2}{x^2+y^2}, & (x,y)\neq(0,0),\\ 0, & (x,y)=(0,0),\end{cases}$ 证明: f 在原点的两个混合偏导数不相等, 即 $f_{xy}(0,0)\neq f_{yx}(0,0)$.

证明 易见,

$$f_x(x,y)=\begin{cases} y\dfrac{x^4+4x^2y^2-y^4}{(x^2+y^2)^2}, & (x,y)\neq(0,0),\\ 0, & (x,y)=(0,0),\end{cases}$$
$$f_y(x,y)=\begin{cases} x\dfrac{x^4-4x^2y^2-y^4}{(x^2+y^2)^2}, & (x,y)\neq(0,0),\\ 0, & (x,y)=(0,0),\end{cases}$$

所以

$$\frac{\partial^2 z}{\partial x\partial y}(0,0)=f_{xy}(0,0)=\lim_{y\to 0}\frac{f_x(0,0+y)-f_x(0,0)}{y}=\lim_{y\to 0}\frac{-\frac{y^5}{y^4}-0}{y}=-1,$$

$$\frac{\partial^2 z}{\partial y\partial x}(0,0)=f_{yx}(0,0)=\lim_{x\to 0}\frac{f_y(0,0+x)-f_y(0,0)}{x}=\lim_{x\to 0}\frac{\frac{x^5}{x^4}-0}{x}=1,$$

因此, f 在原点的两个混合偏导数不相等. □

但在一定条件下二阶混合偏导数是相等的, 即有下面的定理.

定理 11.1.4 如果函数 $z=f(x,y)$ 的两个混合偏导数 $f_{xy}(x,y)$ 和 $f_{yx}(x,y)$ 在 (x_0,y_0) 点连续, 则 $f_{xy}(x_0,y_0)=f_{yx}(x_0,y_0)$.

证明参见《数学分析讲义 (第二册)》定理 10.1.4 (张福保等, 2019).

例 11.1.10 验证函数 $u(x,y)=\ln\sqrt{x^2+y^2}$ $((x,y)\neq(0,0))$ 满足 Laplace 方程

$$\frac{\partial^2 u}{\partial x^2}+\frac{\partial^2 u}{\partial y^2}=0.$$

证明 由于 $u(x,y)=\ln\sqrt{x^2+y^2}=\frac{1}{2}\ln(x^2+y^2)$ 因此,

$$\frac{\partial u}{\partial x}=\frac{x}{x^2+y^2},\qquad \frac{\partial u}{\partial y}=\frac{y}{x^2+y^2},$$

$$\frac{\partial^2 u}{\partial x^2}=\frac{y^2-x^2}{(x^2+y^2)^2},\qquad \frac{\partial^2 u}{\partial y^2}=\frac{x^2-y^2}{(x^2+y^2)^2},$$

则易得到结论成立. □

§11.1.5 高阶微分

设 $z=f(x,y)$ 在区域 $D\subset\mathbb{R}^2$ 上具有一阶连续偏导数, 那么它是可微的, 并且

$$\mathrm{d}z=\frac{\partial z}{\partial x}\mathrm{d}x+\frac{\partial z}{\partial y}\mathrm{d}y.$$

若 z 具有二阶连续偏导数, 那么 $\frac{\partial z}{\partial x}$ 与 $\frac{\partial z}{\partial y}$ 也是可微的, 从而 $\mathrm{d}z$ 作为 x,y 的函数也是可微的. 我们称 $\mathrm{d}z$ 的微分为 z 的**二阶微分** (differentials of second-order), 记为

$$\mathrm{d}^2z=\mathrm{d}(\mathrm{d}z).$$

一般地, 可在 z 的 k 阶微分 d^kz 的基础上定义 z 的 $k+1$ 阶微分 (如果存在的话) 为

$$\mathrm{d}^{k+1}z=\mathrm{d}(\mathrm{d}^kz).$$

二阶及二阶以上的微分统称为**高阶微分** (differentials of higher order).

因为 $\mathrm{d}^2x=\mathrm{d}^2y=0$, 容易证明

$$\mathrm{d}^2z=\frac{\partial^2 z}{\partial x^2}\mathrm{d}x^2+2\frac{\partial^2 z}{\partial x\partial y}\mathrm{d}x\mathrm{d}y+\frac{\partial^2 z}{\partial y^2}\mathrm{d}y^2. \tag{11.1.13}$$

如果约定运算符号

$$\left(\frac{\partial}{\partial x}\right)^k z=\frac{\partial^k z}{\partial x^k},\quad \left(\frac{\partial}{\partial x}\right)^k\left(\frac{\partial}{\partial y}\right)^l z=\frac{\partial^{k+l} z}{\partial x^k\partial y^l},\quad \left(\frac{\partial}{\partial y}\right)^k z=\frac{\partial^k z}{\partial y^k},$$

则可以证明, 对正整数 $k=1,2,\cdots$, 有

$$\mathrm{d}^kz=\sum_{l=0}^{k}C_k^l\frac{\partial^k z}{\partial x^l\partial y^{k-l}}\mathrm{d}x^l\mathrm{d}y^{k-l}\doteq\left(\mathrm{d}x\frac{\partial}{\partial x}+\mathrm{d}y\frac{\partial}{\partial y}\right)^k z. \tag{11.1.14}$$

§11.1.6 向量值函数的导数与微分

本小节中 $\boldsymbol{f},\boldsymbol{x},\boldsymbol{y}$ 等均表示列向量.

1. 向量值函数的可微性

设 $\boldsymbol{f}:D\subset\mathbb{R}^n\to\mathbb{R}^m$, $\boldsymbol{f}(\boldsymbol{x})=(f_1(x_1,\cdots,x_n),\cdots,f_m(x_1,\cdots,x_n))^{\mathrm{T}}$ 是区域 D 上的 n 元 m 维向量值函数. 其坐标分量形式为

$$y_i=f_i(x_1,\cdots,x_n),\ (x_1,x_2,\cdots,x_n)^{\mathrm{T}}\in D,\ i=1,2,\cdots,m.$$

设点 $\boldsymbol{a}=(a_1,a_2\cdots,a_n)^{\mathrm{T}}\in D$, 若存在与 Δx 无关的 $m\times n$ 矩阵 $\boldsymbol{A}$, 使得

$$\Delta\boldsymbol{y}=\boldsymbol{f}(\boldsymbol{a}+\Delta\boldsymbol{x})-\boldsymbol{f}(\boldsymbol{a})=\boldsymbol{A}\Delta\boldsymbol{x}+o(\Delta\boldsymbol{x}),$$

其中, $\Delta\boldsymbol{x}=(\Delta x_1,\Delta x_2,\cdots,\Delta x_n)^{\mathrm{T}}$; $o(\Delta\boldsymbol{x})$ 是 m 维列向量, 它是 $|\ \Delta\boldsymbol{x}\ |$ 的高阶无穷小量, 则称**向量值函数 $\boldsymbol{f}$ 在 $\boldsymbol{a}$ 点可微, 或可导**, 并称 $\boldsymbol{A}$ 为 $\boldsymbol{f}$ 在 $\boldsymbol{a}$ 点的**导数**, 记为 $\boldsymbol{f}'(\boldsymbol{a})$ 或 $\boldsymbol{Df}(\boldsymbol{a})$, 而 $\boldsymbol{A}\Delta\boldsymbol{x}$ 称为 $\boldsymbol{f}$ 在 $\boldsymbol{a}$ 点的**微分**. 记为 $\mathrm{d}\boldsymbol{y}$.

若将 $\Delta\boldsymbol{x}$ 记为 $\mathrm{d}\boldsymbol{x}=(\mathrm{d}x_1,\mathrm{d}x_2,\cdots,\mathrm{d}x_n)^{\mathrm{T}}$, 那么就有 $\mathrm{d}\boldsymbol{y}=\boldsymbol{A}\mathrm{d}\boldsymbol{x}$.

2. 可偏导与 Jacobi 矩阵 $f'(a)$ 或 $Df(a)$.

若 $\boldsymbol{f}$ 的每一个分量函数 $f_i(i=1,2,\cdots,m)$ 都在 $\boldsymbol{a}$ 点可偏导, 就称**向量值函数 $\boldsymbol{f}$ 在 $\boldsymbol{a}$ 点可偏导**, 并且定义 $\boldsymbol{f}$ 在 $\boldsymbol{a}$ 点关于 x_j 的偏导数为 $\left(\dfrac{\partial f_1}{\partial x_j},\dfrac{\partial f_2}{\partial x_j},\cdots,\dfrac{\partial f_m}{\partial x_j}\right)^{\mathrm{T}}$. 可以证明, $\boldsymbol{f}$ 可微 (即可导) 必可偏导, 并且 $\boldsymbol{f}'(\boldsymbol{a})$ 恰是由各个一阶偏导数 $\dfrac{\partial f_i}{\partial x_j}(\boldsymbol{a})$ 组成的矩阵, 即

$$\boldsymbol{f}'(\boldsymbol{a})=\left(\frac{\partial f_i}{\partial x_j}(\boldsymbol{a})\right)_{m\times n}=\begin{pmatrix}\dfrac{\partial f_1}{\partial x_1}(\boldsymbol{a}) & \dfrac{\partial f_1}{\partial x_2}(\boldsymbol{a}) & \cdots & \dfrac{\partial f_1}{\partial x_n}(\boldsymbol{a})\\ \dfrac{\partial f_2}{\partial x_1}(\boldsymbol{a}) & \dfrac{\partial f_2}{\partial x_2}(\boldsymbol{a}) & \cdots & \dfrac{\partial f_2}{\partial x_n}(\boldsymbol{a})\\ \vdots & \vdots & & \vdots\\ \dfrac{\partial f_m}{\partial x_1}(\boldsymbol{a}) & \dfrac{\partial f_m}{\partial x_2}(\boldsymbol{a}) & \cdots & \dfrac{\partial f_m}{\partial x_n}(\boldsymbol{a})\end{pmatrix},$$

称为向量值函数 $\boldsymbol{f}$ 在 $\boldsymbol{a}$ 点的 Jacobi 矩阵. 因此在可微点处有 $\mathrm{d}\boldsymbol{y}=\left(\dfrac{\partial f_i}{\partial x_j}\right)\mathrm{d}\boldsymbol{x}$.

事实上我们有下面的定理.

定理 11.1.5 向量值函数 $\boldsymbol{f}(\boldsymbol{x})=(f_1(x_1,\cdots,x_n),\cdots,f_m(x_1,\cdots,x_n))^{\mathrm{T}}$ 在 $\boldsymbol{a}$ 处可微的充分必要条件是它的坐标分量函数 $f_i,i=1,2,\cdots,m$ 都在点 $\boldsymbol{a}$ 处可微. 此时有微分公式

$$\mathrm{d}\boldsymbol{y}=\boldsymbol{f}'(\boldsymbol{a})\mathrm{d}\boldsymbol{x}=\left(\frac{\partial f_i}{\partial x_j}(\boldsymbol{a})\right)\mathrm{d}\boldsymbol{x}.$$

证明 **必要性** 设 $\boldsymbol{f}$ 在 $\boldsymbol{a}$ 点可微, 即存在矩阵 $\boldsymbol{A}$ 使得 $\Delta\boldsymbol{y}=\boldsymbol{A}\Delta\boldsymbol{x}+o(\Delta\boldsymbol{x})$. 设

$$\boldsymbol{A}=\begin{pmatrix}a_{11} & a_{12} & \cdots & a_{1n}\\ a_{21} & a_{22} & \cdots & a_{2n}\\ \vdots & \vdots & & \vdots\\ a_{m1} & a_{m2} & \cdots & a_{mn}\end{pmatrix},\ o(\Delta\boldsymbol{x})=(o_1(\Delta\boldsymbol{x}),o_2(\Delta\boldsymbol{x}),\cdots,o_m(\Delta\boldsymbol{x}))^{\mathrm{T}},$$

则可将 $\Delta \boldsymbol{y}$ 写成分量形式

$$\Delta f_i = \Delta y_i = \sum_{k=1}^{n} a_{ik}\Delta x_k + o_i(\Delta \boldsymbol{x}), \quad i = 1, 2, \cdots, m,$$

并满足

$$\lim_{\Delta x \to 0} \frac{o_i(\Delta \boldsymbol{x})}{|\Delta x|} = 0, \quad i = 1, 2, \cdots, m.$$

由函数可微的定义即知 $f_i, i = 1, 2, \cdots, m$ 在 $\boldsymbol{a}$ 处可微, 且 $a_{ij} = \frac{\partial f_i}{\partial x_j}$, 亦即 $\boldsymbol{A} = \boldsymbol{f}'(\boldsymbol{a})$.

充分性　设 $f_i, i = 1, 2, \cdots, m$ 在 $\boldsymbol{a}$ 处可微, 则由定义得到

$$\Delta y_i = \Delta f_i = \frac{\partial f_i}{\partial x_1}(\boldsymbol{a})\Delta x_1 + \frac{\partial f_i}{\partial x_2}(\boldsymbol{a})\Delta x_2 + \cdots + \frac{\partial f_i}{\partial x_n}(\boldsymbol{a})\Delta x_n + o(|\Delta \boldsymbol{x}|).$$

将上式写成矩阵乘积形式, 并令 $\boldsymbol{A} = \left(\dfrac{\partial f_i}{\partial x_j}(\boldsymbol{a})\right)_{m\times n}$, 就知道 f 在 $\boldsymbol{a}$ 点可微. □

例 11.1.11　向量值函数 $\boldsymbol{f} : [\alpha, \beta] \to \mathbb{R}^3$, 设其分量表示是

$$\boldsymbol{f}(t) = (f_1(t), f_2(t), f_3(t))^{\mathrm{T}}, t \in [\alpha, \beta].$$

这是空间曲线的参数方程, $\boldsymbol{f}$ 的导数 $(f_1'(t), f_2'(t), f_3'(t))^{\mathrm{T}}$ 就是曲线在 $(f_1(t), f_2(t), f_3(t))^{\mathrm{T}}$ 点的切向量.

如果这条曲线是质点关于时间 t 的运动轨迹, 那么 $\boldsymbol{f}$ 的导数 $(f_1'(t), f_2'(t), f_3'(t))^{\mathrm{T}}$ 就是质点运动 (有大小和方向) 的速度.

习题 11.1

A1. 设 $f(x, y) = (x+1)^2 + y^5 \mathrm{e}^{y^2} \cos^5 x \ln(x + \sqrt{3 + x^2}) + 2$, 求 $f_x(x, 0)$ 和 $f_y(-1, 0)$.

A2. 求下列函数的偏导数:

(1) $z = \mathrm{e}^x \sin(x + \sqrt{x^2 + y^2})$;　(2) $z = \ln \dfrac{1}{\sqrt{x^2 + y^2}}$;　(3) $z = \arcsin(x^2 + y^2)$;

(4) $u = (\cos x \tan y)^z$;　(5) $u = \sin(x^2 + y^2)\mathrm{e}^z$;　(6) $u = \dfrac{y}{x} + \dfrac{z}{y} - \dfrac{x}{z}$.

A3. 设

$$f(x, y) = \begin{cases} x \sin \dfrac{1}{x^2 + y^2}, & x^2 + y^2 \neq 0, \\ 0, & x^2 + y^2 = 0. \end{cases}$$

试考察函数 f 在原点 (0,0) 的偏导数是否存在.

A4. 考察函数 $f(x, y) = \begin{cases} xy \sin \dfrac{1}{x^2 + y^2}, & x^2 + y^2 \neq 0, \\ 0, & x^2 + y^2 = 0 \end{cases}$ 在点 $(0, 0)$ 处的可微性.

A5. 证明: 函数 $f(x, y) = \begin{cases} \dfrac{xy}{\sqrt{x^2 + y^2}}, & x^2 + y^2 \neq 0, \\ 0, & x^2 + y^2 = 0 \end{cases}$ 处处连续、存在偏导数, 且偏导数有界, 但函数在 $(0, 0)$ 点不可微.

A6. 证明: 函数 $f(x, y) = \begin{cases} (x^2 + y^2) \sin \dfrac{1}{\sqrt{x^2 + y^2}}, & x^2 + y^2 \neq 0, \\ 0 & x^2 + y^2 = 0 \end{cases}$ 在点 (0,0) 处可微, 但偏导数不连续.

A7. 求下列函数在给定点的全微分:

(1) $z = \mathrm{e}^x \cos(x^2 + y^2)$ 在点 $(0, 0)$, $(0, 1)$;

(2) $z=\arcsin(\sqrt{x^2+y^2})+\ln(1+y^2)$ 在点 $\left(\dfrac{1}{2},\dfrac{1}{2}\right)$.

A8. 求下列函数的全微分:

(1) $z=\ln(x+y^2)+\dfrac{\sin x}{\mathrm{e}^y+\mathrm{e}^{-y}}$;　　(2) $u=x\arcsin(yz)+\mathrm{e}^{x^2+y^2+z^2}$.

A9. 求函数 $u=xy^2+z^3-xyz$ 在点 $(1,1,2)$ 处沿方向 $\boldsymbol{l}$ (其方向角分别为 $60^\circ,45^\circ,60^\circ$) 的方向导数.

A10. 求函数 $z=x\sin\left(\dfrac{\pi}{2}y\right)$ 在点 $A(1,1)$ 处沿 A(1,1) 到点 $B(1+\sqrt{3},2)$ 的方向 $\overrightarrow{AB}$ 的方向导数.

A11. 求函数 $u=x^2+2y^2+3z^2+xy-4x+2y-4z$ 在点 $A(0,0,0)$ 及点 $B\left(5,-3,\dfrac{2}{3}\right)$ 处的梯度以及它们的模.

A12. 设函数 $u=\ln\left(\dfrac{1}{r}\right)$, 其中, $r=\sqrt{(x-a)^2+(y-b)^2+(z-c)^2}$, 求 u 的梯度; 并指出在空间哪些点处成立等式 $|\mathbf{grad}u|=1$.

A13. 设函数 $u=\dfrac{z^2}{c^2}-\dfrac{x^2}{a^2}-\dfrac{y^2}{b^2}$, 求它在点 (a,b,c) 处的梯度.

A14. 设 $r=\sqrt{x^2+y^2+z^2}$, 试求:

(1) $\mathbf{grad}r$;　　(2) $\mathbf{grad}\dfrac{1}{r}$.

A15. 证明:

(1) $\mathbf{grad}(u+c)=\mathbf{grad}u$($c$ 为常数);

(2) $\mathbf{grad}(\alpha u+\beta v)=\alpha\mathbf{grad}u+\beta\mathbf{grad}v$ (α,β 为常数);

(3) $\mathbf{grad}(uv)=u\mathbf{grad}v+v\mathbf{grad}u$;

(4) $\mathbf{grad}f(u)=f'(u)\mathbf{grad}u$.

A16. 求下列函数的高阶偏导数与高阶微分:

(1) $z=x^4+y^4-4x^2y^2$, 所有二阶偏导数及二阶全微分;

(2) $z=\mathrm{e}^x(\cos y+x\sin y)$, 所有二阶偏导数及二阶全微分;

(3) $z=x\ln(x+y)$, $\dfrac{\partial^3 z}{\partial x^2\partial y}$, $\dfrac{\partial^3 z}{\partial x\partial y^2}$;

(4) $u=xyz\mathrm{e}^{x+y+z}$, $\dfrac{\partial^{p+q+r}u}{\partial x^p\partial y^q\partial z^r}$.

A17. 求下列向量值函数的导数与微分:

(1) $\boldsymbol{f}(x,y)=(x^3,xy,y^2)^{\mathrm{T}}$, 求 $\boldsymbol{f}$ 在点 $(1,1)$ 的导数与微分;

(2) $\boldsymbol{f}(x,y,z)=(x^3+z\mathrm{e}^y,y^3+x\ln x)$, 求 $\boldsymbol{f}$ 在点 $(1,1,1)$ 的导数与微分;

(3) $\boldsymbol{f}(\boldsymbol{x})=\boldsymbol{A}\boldsymbol{x}$, 其中, $\boldsymbol{x}$ 是 n 维向量, $\boldsymbol{A}$ 是 $m\times n$ 阶矩阵, 求 $\boldsymbol{f}'(\boldsymbol{x})$;

(4) 设 $\boldsymbol{f}(x)=(\sin 2x,x^2+\mathrm{e}^{-x},\cos x)^{\mathrm{T}}$, 求 $\boldsymbol{f}''(x)$.

B18. 若 $f(x,y)$ 在点 P 的某邻域 $U(P)$ 内存在有界偏导数 f_x 与 f_y, 证明: f 在 $U(P)$ 内一致连续.

B19. 试证在原点 $(0,0)$ 的充分小邻域内有: $\arctan\dfrac{x+y}{1+xy}\approx x+y$.

C20. 设 $u=x^2+y^2+z^2-3xyz$, 试问在怎样的点集上 $\mathbf{grad}\ u$ 分别满足:

(1) 垂直于 x 轴;　　(2) 平行于 x 轴;　　(3) 恒为零向量.

C21. 若函数 $z=f(x,y)$ 在点 (x_0,y_0) 处沿任意方向都有方向导数, 是否蕴含 f 在 (x_0,y_0) 处连续?

§11.2　多元复合函数的求导法则

类似于一元复合函数求导的链式法则, 本节讨论多元复合函数的可微性与链式法则.

§11.2.1　复合函数的链式法则

定理 11.2.1 (链式法则)　设向量值函数 $\boldsymbol{y}=\boldsymbol{g}(\boldsymbol{x})$ 在点 $\boldsymbol{a}\in D_{\boldsymbol{g}}\in\mathbb{R}^n$ 可微, $\boldsymbol{z}=\boldsymbol{f}(\boldsymbol{y})$ 在点 $\boldsymbol{b}=\boldsymbol{g}(\boldsymbol{a})\in\mathbb{R}^m$ 可微, 则 $\boldsymbol{z}=\boldsymbol{f}(\boldsymbol{g}(\boldsymbol{x}))$ 在点 $\boldsymbol{a}$ 可微, 且

$$\boldsymbol{z}'(\boldsymbol{a})=\boldsymbol{f}'(\boldsymbol{b})\boldsymbol{g}'(\boldsymbol{a}). \tag{11.2.1}$$

设 $\boldsymbol{z}=(z_1,z_2,\cdots,z_l)$, $\boldsymbol{y}=(y_1,y_2,\cdots y_m)$, $\boldsymbol{x}=(x_1,x_2,\cdots x_n)$, 上式用矩阵可以表示为

$$\begin{pmatrix} \dfrac{\partial z_1}{\partial x_1} & \dfrac{\partial z_1}{\partial x_2} & \cdots & \dfrac{\partial z_1}{\partial x_n} \\ \dfrac{\partial z_2}{\partial x_1} & \dfrac{\partial z_2}{\partial x_2} & \cdots & \dfrac{\partial z_2}{\partial x_n} \\ \vdots & \vdots & & \vdots \\ \dfrac{\partial z_l}{\partial x_1} & \dfrac{\partial z_l}{\partial x_2} & \cdots & \dfrac{\partial z_l}{\partial x_n} \end{pmatrix}_{\boldsymbol{x}=\boldsymbol{a}}$$

$$=\begin{pmatrix} \dfrac{\partial z_1}{\partial y_1} & \dfrac{\partial z_1}{\partial y_2} & \cdots & \dfrac{\partial z_1}{\partial y_m} \\ \dfrac{\partial z_2}{\partial y_1} & \dfrac{\partial z_2}{\partial y_2} & \cdots & \dfrac{\partial z_2}{\partial y_m} \\ \vdots & \vdots & & \vdots \\ \dfrac{\partial z_l}{\partial y_1} & \dfrac{\partial z_l}{\partial y_2} & \cdots & \dfrac{\partial z_l}{\partial y_m} \end{pmatrix}_{\boldsymbol{y}=\boldsymbol{b}} \begin{pmatrix} \dfrac{\partial y_1}{\partial x_1} & \dfrac{\partial y_1}{\partial x_2} & \cdots & \dfrac{\partial y_1}{\partial x_n} \\ \dfrac{\partial y_2}{\partial x_1} & \dfrac{\partial y_2}{\partial x_2} & \cdots & \dfrac{\partial y_2}{\partial x_n} \\ \vdots & \vdots & & \vdots \\ \dfrac{\partial y_m}{\partial x_1} & \dfrac{\partial y_m}{\partial x_2} & \cdots & \dfrac{\partial y_m}{\partial x_n} \end{pmatrix}_{\boldsymbol{x}=\boldsymbol{a}}. \tag{11.2.2}$$

证明　证明方法与一元函数的可微性的链式法则是一样的. 由 $\boldsymbol{f}$ 在点 $\boldsymbol{b}$ 的可微性,

$$\Delta\boldsymbol{z}=\boldsymbol{f}(\boldsymbol{b}+\Delta\boldsymbol{y})-\boldsymbol{f}(\boldsymbol{b})=\boldsymbol{f}'(\boldsymbol{b})\Delta\boldsymbol{y}+|\Delta\boldsymbol{y}|\boldsymbol{\alpha},$$

其中, $\boldsymbol{\alpha}=\begin{cases}\dfrac{o(\Delta\boldsymbol{y})}{|\Delta\boldsymbol{y}|}, & \Delta\boldsymbol{y}\neq\boldsymbol{0},\\ \boldsymbol{0}, & \Delta\boldsymbol{y}=\boldsymbol{0},\end{cases}$ 当 $\Delta\boldsymbol{y}\to\boldsymbol{0}$ 时 $\boldsymbol{\alpha}\to\boldsymbol{0}$.

再由 $\boldsymbol{g}$ 在点 $\boldsymbol{a}$ 的可微性知,

$$\Delta\boldsymbol{y}=\boldsymbol{g}(\boldsymbol{a}+\Delta\boldsymbol{x})-\boldsymbol{g}(\boldsymbol{a})=\boldsymbol{g}'(\boldsymbol{a})\Delta\boldsymbol{x}+o(\Delta\boldsymbol{x}),$$

于是,

$$\boldsymbol{f}(\boldsymbol{g}(\boldsymbol{a}+\Delta\boldsymbol{x}))-\boldsymbol{f}(\boldsymbol{g}(\boldsymbol{a}))=\boldsymbol{f}(\boldsymbol{b}+\Delta\boldsymbol{y})-\boldsymbol{f}(\boldsymbol{b})=\boldsymbol{f}'(\boldsymbol{b})(\boldsymbol{g}'(\boldsymbol{a})\Delta\boldsymbol{x}+o(\Delta\boldsymbol{x}))+\boldsymbol{\alpha}\boldsymbol{g}'(\boldsymbol{a})\Delta\boldsymbol{x}+o(\Delta\boldsymbol{x}),$$

因为 $\Delta\boldsymbol{x}\to\boldsymbol{0}$ 时 $\Delta\boldsymbol{y}\to\boldsymbol{0}$, 所以 $\boldsymbol{\alpha}\to\boldsymbol{0}$, 从而易见 $\boldsymbol{f}'(\boldsymbol{b})(\boldsymbol{g}'(\boldsymbol{a})o(\Delta\boldsymbol{x})+\boldsymbol{\alpha}\boldsymbol{g}'(\boldsymbol{a})\Delta\boldsymbol{x}+o(\Delta\boldsymbol{x})=o(\Delta\boldsymbol{x})$, 因此由定义知 $\boldsymbol{z}=\boldsymbol{f}(\boldsymbol{g}(\boldsymbol{x}))$ 在点 $\boldsymbol{a}$ 可微, 且链式法则 (11.2.1) 成立. □

当 $l=1$, 且 $\boldsymbol{g}(\boldsymbol{x})$ 仅假设可偏导时, 则复合函数也可偏导, 且有下面的链式法则.

推论 11.2.1 (链式法则)　设 $\boldsymbol{y}=\boldsymbol{g}(\boldsymbol{x})$ 在点 $\boldsymbol{a}\in D_{\boldsymbol{g}}$ 可偏导, 即 $y_1,y_2,\cdots,y_m$ 在点 $\boldsymbol{a}$ 可偏导, 且 $z=f(\boldsymbol{y})$ 在点 $\boldsymbol{b}=\boldsymbol{g}(\boldsymbol{a})$ 可微, 则 $z=f(\boldsymbol{g}(\boldsymbol{x}))$ 在点 $\boldsymbol{a}$ 可偏导, 且有

$$\frac{\partial z}{\partial x_i}(\boldsymbol{a})=\frac{\partial z}{\partial y_1}(\boldsymbol{b})\frac{\partial y_1}{\partial x_i}(\boldsymbol{a})+\frac{\partial z}{\partial y_2}(\boldsymbol{b})\frac{\partial y_2}{\partial x_i}(\boldsymbol{a})+\cdots+\frac{\partial z}{\partial y_m}(\boldsymbol{b})\frac{\partial y_m}{\partial x_i}(\boldsymbol{a}),\ \forall i=1,2,\cdots,n.$$

上式用矩阵可以表示为

$$\left(\frac{\partial z}{\partial x_1},\frac{\partial z}{\partial x_2},\cdots\frac{\partial z}{\partial x_n}\right)_{\boldsymbol{x}=\boldsymbol{a}}=\left(\frac{\partial z}{\partial y_1},\frac{\partial z}{\partial y_2},\cdots,\frac{\partial z}{\partial y_m}\right)_{\boldsymbol{y}=\boldsymbol{b}}\begin{pmatrix}\frac{\partial y_1}{\partial x_1} & \frac{\partial y_1}{\partial x_2} & \cdots & \frac{\partial y_1}{\partial x_n}\\ \frac{\partial y_2}{\partial x_1} & \frac{\partial y_2}{\partial x_2} & \cdots & \frac{\partial y_2}{\partial x_n}\\ \vdots & \vdots & & \vdots\\ \frac{\partial y_m}{\partial x_1} & \frac{\partial y_m}{\partial x_2} & \cdots & \frac{\partial y_m}{\partial x_n}\end{pmatrix}_{\boldsymbol{x}=\boldsymbol{a}}.$$

证明 注意到 $\boldsymbol{g}$ 关于 x_i 可偏导, 即当把其他变元看做常数时 $\boldsymbol{g}$ 关于 x_i 也是可微的, 所以应用上面的定理即可得到本推论. □

作为推论 11.2.1 的特例, 下面考虑更具体形式的复合函数求偏导的链式法则.

设 $z=f(u,v)$ 是区域 $D_f\subset\mathbb{R}^2$ 上的二元函数, 而 $\boldsymbol{g}:D_{\boldsymbol{g}}\to\mathbb{R}^2$ 是区域 $D_{\boldsymbol{g}}\subset\mathbb{R}^2$ 上的二元二维向量值函数, 记为 $\boldsymbol{g}(x,y)=(u(x,y),v(x,y))$. 则有如下求偏导数的链式法则.

定理 11.2.2 (链式法则) 如果 f 在点 (u_0,v_0) 可微, $\boldsymbol{g}$ 在点 $(x_0,y_0)\in D_{\boldsymbol{g}}$ 可偏导, 即 $u=u(x,y),v=v(x,y)$ 在点 (x_0,y_0) 可偏导, 其中 $u_0=u(x_0,y_0),v_0=v(x_0,y_0)$, 那么复合函数 $z=(f\circ\boldsymbol{g})(x,y)=f(u(x,y),v(x,y))$ 在点 (x_0,y_0) 可偏导, 且有偏导数公式

$$\begin{aligned}\frac{\partial z}{\partial x}(x_0,y_0)&=\frac{\partial f}{\partial u}(u_0,v_0)\frac{\partial u}{\partial x}(x_0,y_0)+\frac{\partial f}{\partial v}(u_0,v_0)\frac{\partial v}{\partial x}(x_0,y_0);\\ \frac{\partial z}{\partial y}(x_0,y_0)&=\frac{\partial f}{\partial u}(u_0,v_0)\frac{\partial u}{\partial y}(x_0,y_0)+\frac{\partial f}{\partial v}(u_0,v_0)\frac{\partial v}{\partial y}(x_0,y_0).\end{aligned}\tag{11.2.3}$$

注 11.2.1 在上述链式法则中, 若将 (x_0,y_0) 改作任意点 (x,y), 相应地, (u_0,v_0) 改为 (u,v), 则链式法则, 即公式 (11.2.3) 可简记为

$$\begin{aligned}\frac{\partial z}{\partial x}&=\frac{\partial f}{\partial u}\frac{\partial u}{\partial x}+\frac{\partial f}{\partial v}\frac{\partial v}{\partial x};\\ \frac{\partial z}{\partial y}&=\frac{\partial f}{\partial u}\frac{\partial u}{\partial y}+\frac{\partial f}{\partial v}\frac{\partial v}{\partial y}.\end{aligned}\tag{11.2.4}$$

特别地, 对形如 $z=f(u(t),v(t))$ 的复合函数, 有全导数公式

$$\frac{\mathrm{d}z}{\mathrm{d}t}=\frac{\partial f}{\partial u}\frac{\mathrm{d}u}{\mathrm{d}t}+\frac{\partial f}{\partial v}\frac{\mathrm{d}v}{\mathrm{d}t}.\tag{11.2.5}$$

例 11.2.1 设 $z=\ln(u^2+v),u=\mathrm{e}^{x+y^2},v=x^2+y$, 求 $\frac{\partial z}{\partial x},\frac{\partial z}{\partial y}$.

解 应用链式法则 (11.2.4) 可得

$$\begin{aligned}\frac{\partial z}{\partial x}&=\frac{\partial z}{\partial u}\frac{\partial u}{\partial x}+\frac{\partial z}{\partial v}\frac{\partial v}{\partial x}=\frac{2u}{u^2+v}\cdot\mathrm{e}^{x+y^2}+\frac{1}{u^2+v}\cdot 2x\\ &=\frac{2\mathrm{e}^{2x+2y^2}}{\mathrm{e}^{2x+2y^2}+x^2+y}+\frac{2x}{\mathrm{e}^{2x+2y^2}+x^2+y}=\frac{2(\mathrm{e}^{2x+2y^2}+x)}{\mathrm{e}^{2x+2y^2}+x^2+y};\\ \frac{\partial z}{\partial y}&=\frac{\partial z}{\partial u}\frac{\partial u}{\partial y}+\frac{\partial z}{\partial v}\frac{\partial v}{\partial y}=\frac{2u}{u^2+v}\cdot 2y\mathrm{e}^{x+y^2}+\frac{1}{u^2+v}\cdot 1\\ &=\frac{4\mathrm{e}^{2x+2y^2}y}{\mathrm{e}^{2x+2y^2}+x^2+y}+\frac{1}{\mathrm{e}^{2x+2y^2}+x^2+y}=\frac{4\mathrm{e}^{2x+2y^2}+1}{\mathrm{e}^{2x+2y^2}+x^2+y}.\end{aligned}$$

例 11.2.2 设 $y=x^{\tan x}$, 求 $\dfrac{\mathrm{d}y}{\mathrm{d}x}$.

解 这是一元函数, 通常的解法是对数求导法, 在此用二元函数的链式法则 (11.2.5) 更简单. 令 $u(x)=x$, $v(x)=\tan x$, 则 $y=x^{\tan x}$ 可化为二元函数的复合函数 $y=u^v$, 于是

$$\frac{\mathrm{d}y}{\mathrm{d}x}=\frac{\partial y}{\partial u}\frac{\mathrm{d}u}{\mathrm{d}x}+\frac{\partial y}{\partial v}\frac{\mathrm{d}v}{\mathrm{d}x}=vu^{v-1}\cdot 1+u^v\ln u\sec^2 x=x^{\tan x-1}\tan x+x^{\tan x}\sec^2 x\ln x.$$

例 11.2.3 已知 $u=u(x,y)$ 为可微函数, 求 $\left(\dfrac{\partial u}{\partial x}\right)^2+\left(\dfrac{\partial u}{\partial y}\right)^2$ 在极坐标下的表达式.

解 设 $x=r\cos\theta,\quad y=r\sin\theta$, 将 x,y 看成中间变量, u 可视为 r,θ 的函数, 于是有

$$\frac{\partial u}{\partial r}=\frac{\partial u}{\partial x}\frac{\partial x}{\partial r}+\frac{\partial u}{\partial y}\frac{\partial y}{\partial r}=\frac{\partial u}{\partial x}\cos\theta+\frac{\partial u}{\partial y}\sin\theta,$$

$$\frac{\partial u}{\partial \theta}=\frac{\partial u}{\partial x}\frac{\partial x}{\partial \theta}+\frac{\partial u}{\partial y}\frac{\partial y}{\partial \theta}=-r\sin\theta\frac{\partial u}{\partial x}+r\cos\theta\frac{\partial u}{\partial y}.$$

将第一式乘 r 后的平方加上第二式的平方, 再乘以 $\dfrac{1}{r^2}$, 即得到

$$\left(\frac{\partial u}{\partial x}\right)^2+\left(\frac{\partial u}{\partial y}\right)^2=\left(\frac{\partial u}{\partial r}\right)^2+\frac{1}{r^2}\left(\frac{\partial u}{\partial \theta}\right)^2.$$

例 11.2.4 设 $f(u,v)$ 具有二阶连续偏导数, $z=f(x^2+y^2,\sin(xy))$, 计算 $\dfrac{\partial z}{\partial x},\dfrac{\partial^2 z}{\partial x\partial y}$.

解 $z_x=f_u(x^2+y^2,\sin(xy))\cdot 2x+f_v(x^2+y^2,\sin(xy))\cdot y\cos(xy)$,

$z_{xy}=2x(2yf_{uu}+x\cos(xy)f_{uv})+(2yf_{vu}+x\cos(xy)f_{vv})y\cos(xy)+(\cos(xy)-xy\sin(xy))f_v.$

经过整理得

$$z_{xy}=4xyf_{uu}+2(x^2+y^2)\cos(xy)f_{uv}+xy\cos^2(xy)f_{vv}+(\cos(xy)-xy\sin(xy))f_v.$$

注意, 在链式法则的条件中, 我们假设外层函数 f 是可微的, 那么是否能减弱为其偏导数存在呢? 我们看以下例子.

例 11.2.5 设

$$f(x,y)=\begin{cases}\dfrac{x^2y}{x^2+y^2}, & (x,y)\neq(0,0),\\ 0, & x=y=0,\end{cases}$$

令 $x=t,y=t$, 则得到复合函数 $z=F(t)=f(t,t)=\dfrac{t}{2}$, 所以

$$\frac{\mathrm{d}z}{\mathrm{d}t}=\frac{1}{2}.$$

但用链式法则, 因为 $f_x(0,0)=f_y(0,0)=0$, 得

$$\left.\frac{\mathrm{d}z}{\mathrm{d}t}\right|_{t=0}=0.$$

这一结果是错误的, 原因是这里外层函数在原点只是可偏导, 但不可微.

例 11.2.6 设 $z=f(x,y,t),x=\varphi(s,t),y=\psi(s,t)$, 其中 f 可微, φ,ψ 可偏导. 求 $\dfrac{\partial z}{\partial s},\dfrac{\partial z}{\partial t}$.

解 由链式法则

$$\frac{\partial z}{\partial s}=\frac{\partial f}{\partial x}\frac{\partial \varphi}{\partial s}+\frac{\partial f}{\partial y}\frac{\partial \psi}{\partial s}=f_x\varphi_s+f_y\psi_s,$$

$$\frac{\partial z}{\partial t}=\frac{\partial f}{\partial x}\frac{\partial \varphi}{\partial t}+\frac{\partial f}{\partial y}\frac{\partial \psi}{\partial t}+\frac{\partial f}{\partial t}=f_x\varphi_t+f_y\psi_t+f_t.$$

请注意第二个式子左端 $\frac{\partial z}{\partial t}$ 和右端 f_t 的不同意义.

§11.2.2 复合函数的微分与一阶全微分的形式不变性

设 $z=f(x,y)$ 可微, 那么当 x,y 为自变量时, 则有微分公式

$$\mathrm{d}z=z_x\mathrm{d}x+z_y\mathrm{d}y,$$

若 x,y 为中间变量, 设 $x=\varphi(s,t),y=\psi(s,t)$, 则根据复合函数的链式法则可得

$$\begin{aligned}\mathrm{d}z&=z_s\mathrm{d}s+z_t\mathrm{d}t\\&=(z_x\varphi_s+z_y\psi_s)\mathrm{d}s+(z_x\varphi_t+z_y\psi_t)\mathrm{d}t\\&=z_x(\varphi_s\mathrm{d}s+\varphi_t\mathrm{d}t)+z_y(\psi_s\mathrm{d}s+\psi_t\mathrm{d}t)\\&=z_x\mathrm{d}x+z_y\mathrm{d}y.\end{aligned}$$

即不管 x,y 是自变量还是中间变量, 函数 $z=f(x,y)$ 的微分表达式相同. 这就是多元复合函数的**一阶全微分的形式不变性**.

利用一阶微分形式不变性, 可以求复合函数的偏导数.

例 11.2.7 设 $z=\sqrt[n]{\frac{x+y}{x-y}}$, 求全微分 $\mathrm{d}z$ 及偏导数 $\frac{\partial z}{\partial x}$ 和 $\frac{\partial z}{\partial y}$.

解 在 $z=\sqrt[n]{\frac{x+y}{x-y}}$ 的两边取对数

$$\ln z=\frac{1}{n}[\ln(x+y)-\ln(x-y)].$$

两边求全微分, 利用一阶全微分的形式不变性, 得到

$$\frac{\mathrm{d}z}{z}=\frac{1}{n}\left(\frac{\mathrm{d}x+\mathrm{d}y}{x+y}-\frac{\mathrm{d}x-\mathrm{d}y}{x-y}\right),$$

即

$$\mathrm{d}z=\frac{2}{n}\sqrt[n]{\frac{x+y}{x-y}}\,\frac{x\mathrm{d}y-y\mathrm{d}x}{x^2-y^2},$$

因此, 我们有

$$\frac{\partial z}{\partial x}=-\frac{2}{n}\sqrt[n]{\frac{x+y}{x-y}}\cdot\frac{y}{x^2-y^2},\quad \frac{\partial z}{\partial y}=\frac{2}{n}\sqrt[n]{\frac{x+y}{x-y}}\cdot\frac{x}{x^2-y^2}.$$

一阶全微分具有形式不变性, 但对二阶或二阶以上的微分, 这种类似的不变性不再成立. 原因是: 当 x,y 是自变量时

$$\mathrm{d}(\mathrm{d}x)=\mathrm{d}^2x=0,\mathrm{d}(\mathrm{d}y)=\mathrm{d}^2y=0,$$

但若 x,y 是中间变量, 即 $x=\varphi(s,t),y=\psi(s,t)$, 则它们的二阶微分一般不为 0:

$$\mathrm{d}(\mathrm{d}x)=\mathrm{d}^2x\neq 0,\mathrm{d}(\mathrm{d}y)=\mathrm{d}^2y\neq 0,$$

要注意区分: $\mathrm{d}(\mathrm{d}x)=\mathrm{d}^2x\neq \mathrm{d}x^2=(\mathrm{d}x)^2$.

习题 11.2

A1. 求下列复合函数的偏导数或导数:

(1) 设 $z=\mathrm{e}^{xy}\sin(x+y)$, 求 $\dfrac{\partial z}{\partial x}$, $\dfrac{\partial z}{\partial y}$;

(2) 设 $z=\mathrm{e}^{x}\sin(xy)$, $x=t^2,y=\mathrm{e}^t$, 求 $\dfrac{\mathrm{d}z}{\mathrm{d}t}$;

(3) 设 $z=(1+u^2)^v$, $u=x+y,v=x^2$, 求 $\dfrac{\partial z}{\partial x}$, $\dfrac{\partial z}{\partial y}$;

(4) 设 $u=z\sin\dfrac{y}{x}$, $x=3s^2+2t$, $y=4s-2t^3,z=2s^2-3t^2$, 求 $\dfrac{\partial u}{\partial s}$, $\dfrac{\partial u}{\partial t}$.

A2. 设 f 可微.

(1) 记 $y=f(x+2t)+f(3x-2t)$, 试求: $y_x(0,0)$ 与 $y_t(0,0)$;

(2) 记 $z=yf(x+y,xy)$, 求 $\dfrac{\partial z}{\partial x}$, $\dfrac{\partial z}{\partial y}$;

(3) 记 $u=f\left(\dfrac{x}{y},\dfrac{y}{z}\right)$, 求 $\dfrac{\partial u}{\partial x}$, $\dfrac{\partial u}{\partial y}$, $\dfrac{\partial u}{\partial z}$;

(4) 记 $z=f(x^2,\mathrm{e}^y,\sin(xy))$, 求 $\dfrac{\partial z}{\partial x}$, $\dfrac{\partial z}{\partial y}$.

A3. 求下列函数的高阶偏导数:

(1) 设 $z=\arctan\dfrac{y}{x}$, 求它的所有二阶偏导数;

(2) 设 $z=\mathrm{e}^{2x+y}$, 求它的所有二阶偏导数以及 z_{xy^2};

(3) 设 $z=x\ln(xy)$, 求 z_{xy^2} 和 z_{x^2y};

(4) 设 $z=f(xy^2,x^2y)$, 其中 f 二阶连续可微, 求 z 的所有二阶偏导数;

(5) 设 $u=f(x^2+y^2+z^2)$, 其中 f 二阶连续可微, 求 u 的所有二阶偏导数;

(6) 设 $z=f\left(x+y,xy,\dfrac{x}{y}\right)$, 其中 f 二阶连续可微, 计算 z_x,z_{xx},z_{xy};

(7) 设 $u=f(x^2+y^2+z^2,xyz)$, 其中 f 二阶连续可微, 计算 u_x,u_{zx};

(8) 设 $z=f\left(xy,\dfrac{x}{y},x\right)$, 其中 f 二阶连续可微, 计算 z_{x^2},z_{xy},z_{y^2}.

A4. 设 $z=\dfrac{y}{f(x^2-y^2)}$, 其中 f 为可微函数, 验证

$$\frac{1}{x}\frac{\partial z}{\partial x}+\frac{1}{y}\frac{\partial z}{\partial y}=\frac{z}{y^2}.$$

A5. 设 $z=\sin y+f(\sin x-\sin y)$, 其中 f 为可微函数, 验证

$$\frac{\partial z}{\partial x}\sec x+\frac{\partial z}{\partial y}\sec y=1.$$

B6. 设 $f(x,y)$ 可微, 证明: 在坐标旋转变换

$$x=u\cos\theta-v\sin\theta,y=u\sin\theta+v\cos\theta$$

之下, $(f_x)^2+(f_y)^2$ 是一个形式不变量, 即若

$$g(u,v)=f(u\cos\theta-v\sin\theta,u\sin\theta+v\cos\theta),$$

则必有 $(f_x)^2+(f_y)^2=(g_u)^2+(g_v)^2$(其中旋转角 θ 是常数).

B7. 设可微函数 $f(x,y,z)$ 满足 $f(tx,t^ky,t^mz)=t^nf(x,y,z)$, 其中 $t>0$, 而 k,m,n 为自然数. 证明:

(1) $f(x,y,z)=x^nf\left(1,\dfrac{y}{x^k},\dfrac{z}{x^m}\right)$, 其中 $x>0$;

(2) $xf_x(x,y,z)+kyf_y(x,y,z)+mzf_z(x,y,z)=nf(x,y,z)$.

B8. 设二阶连续可微函数 $u=f(x,y),x=r\cos\theta,y=r\sin\theta$, 证明:

$$\frac{\partial^2 u}{\partial r^2}+\frac{1}{r}\frac{\partial u}{\partial r}+\frac{1}{r^2}\frac{\partial^2 u}{\partial\theta^2}=\frac{\partial^2 u}{\partial x^2}+\frac{\partial^2 u}{\partial y^2}.$$

B9. 设 $u=f(r)$ 二阶连续可微, $r^2=x_1^2+x_2^2+\cdots+x_n^2$, 证明:

$$\frac{\partial^2 u}{\partial x_1^2}+\frac{\partial^2 u}{\partial x_2^2}+\cdots+\frac{\partial^2 u}{\partial x_n^2}=\frac{\mathrm{d}^2 u}{\mathrm{d}r^2}+\frac{n-1}{r}\frac{\mathrm{d}u}{\mathrm{d}r}.$$

B10. 设 g 二阶连续可微, $v=\frac{1}{r}g\left(t-\frac{r}{c}\right)$, c 为常数, $r=\sqrt{x^2+y^2+z^2}$. 证明:

$$v_{xx}+v_{yy}+v_{zz}=\frac{1}{c^2}v_{tt}.$$

§11.3 中值定理与 Taylor 公式

我们知道, 一元函数的中值定理和 Taylor 公式是应用导数研究函数的桥梁. 例如函数的单调性、凸凹性、Jenson 不等式、L'Hospital 法则和函数极值的判别法等均可由中值定理和 Taylor 公式得到. 本节中, 我们将研究多元函数的中值定理和 Taylor 公式. 主要想法是将多元函数转化为一元函数来讨论. 这种想法在前面的学习中曾多次用到, 如在偏导数中, 是将除某一自变量以外的其他自变量当成常数, 从而将多元函数变为一元函数; 在方向导数中, 是将变量限于一射线上, 从而将多元函数变为一元函数的. 下面我们将把变量限于一线段上, 并仅以二元函数为例, 所得结论对一般 n 元函数同样成立, 请读者自己给出结论并证明.

§11.3.1 中值定理

为了保证区域中任意两点的连线仍然在该区域中, 我们先给出凸区域的概念, 如图 11.3.1 所示.

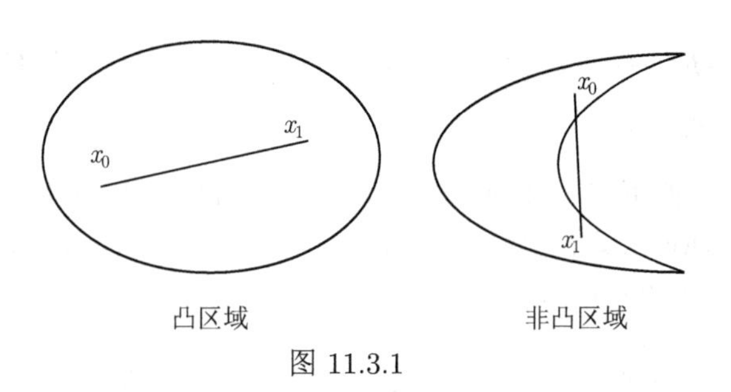

图 11.3.1

定义 11.3.1 设 $D\subset\mathbb{R}^n$ 是区域. 若连接 D 中任意两点的线段都包含于 D 中, 即对于 D 中任意两点 $\boldsymbol{x}_0$, $\boldsymbol{x}_1$, 和一切 $\lambda\in(0,1)$, 恒有 $\boldsymbol{x}_0+\lambda(\boldsymbol{x}_1-\boldsymbol{x}_0)\in D$, 则称 D 为 $\mathbb{R}^n$ 中的凸区域.

定理 11.3.1 (中值定理) 设函数 $f(x,y)$ 在凸区域 $D\subset\mathbb{R}^2$ 内可微, 则对于 D 内任意两点 (x_0,y_0) 和 (x,y), 至少存在一个 $\theta\in(0,1)$, 使得

$$f(x,y)-f(x_0,y_0)=f_x(x_0+\theta\Delta x,y_0+\theta\Delta y)\Delta x+f_y(x_0+\theta\Delta x,y_0+\theta\Delta y)\Delta y,\quad(11.3.1)$$

其中, $\Delta x=x-x_0$, $\Delta y=y-y_0$.

证明 因为 D 是凸区域, 所以 $(x_0+t\Delta x,y_0+t\Delta y)\in D, t\in[0,1]$. 作辅助函数

$$\varphi(t)=f(x_0+t\Delta x,y_0+t\Delta y),$$

这是定义在 $[0,1]$ 上的一元函数, 由已知条件, $\varphi(t)$ 在 $[0,1]$ 上连续, 在 (0,1) 内可导, 且

$$\varphi'(t)=f_x(x_0+t\Delta x,y_0+t\Delta y)\Delta x+f_y(x_0+t\Delta x,y_0+t\Delta y)\Delta y.$$

由 Lagrange 中值定理, 可知存在 $\theta\in(0,1)$, 使得

$$f(x_0+\Delta x,y_0+\Delta y)-f(x_0,y_0)=\varphi(1)-\varphi(0)=\varphi'(\theta).$$

将 $\varphi'(t)$ 的表达式代入上式, 即得到定理的结论. □

注意, 式 (11.3.1) 也可以简记为: 存在 $(\xi,\eta)\in D$, 使得

$$f(x,y)-f(x_0,y_0)=f_x(\xi,\eta)\Delta x+f_y(\xi,\eta)\Delta y. \tag{11.3.2}$$

下面的推论中 D 只需要是区域, 但不必凸.

推论 11.3.1 如果函数 $f(x,y)$ 在区域 $D\subset\mathbb{R}^2$ 内可微, 且一阶偏导数恒为 0, 则 f 在 D 内是常数.

证明参见《数学分析讲义 (第二册)》推论 10.3.1 (张福保等, 2019).

例 11.3.1 设 $f(x,y)$ 在区域 $D=\{(x,y)|x^2+y^2\leqslant 5\}$ 上连续可微, $f(0,0)=0$, 且对任意的 $(x,y)\in D, |\ \mathbf{grad}f(x,y)\ |\leqslant 1$. 证明: $|f(1,2)|\leqslant\sqrt{5}$.

证明 由上述中值定理可知, 存在 $\theta(0<\theta<1)$, 使得

$$\begin{aligned}|\ f(1,2)-f(0,0)\ |&=f_x(\theta,2\theta)\cdot 1+f_y(\theta,2\theta)\cdot 2\\&\leqslant\sqrt{1^2+2^2}\sqrt{f_x^2(\theta,2\theta)+f_y^2(\theta,2\theta)}\\&=\sqrt{5}|\ \mathbf{grad}f(\theta,2\theta)\ |.\end{aligned}$$

又因为 $|\mathbf{grad}f(x,y)\ |\leqslant 1$, 所以 $|\ f(1,2)-f(0,0)\ |\leqslant\sqrt{5}$, 于是有 $|f(1,2)|\leqslant\sqrt{5}$. □

§11.3.2 Taylor 公式

利用与二元函数中值定理同样的思想, 可研究二元函数的 Taylor 公式.

定理 11.3.2 (Taylor 公式) 设二元函数 $z=f(x,y)$ 在点 (x_0,y_0) 的某邻域 D 内具有 $k+1$ 阶连续偏导数, 则 $\forall(x,y)=(x_0+\Delta x,y_0+\Delta y)\in D$, 有

$$\begin{aligned}f(x,y)=&f(x_0,y_0)+\left(\Delta x\frac{\partial}{\partial x}+\Delta y\frac{\partial}{\partial y}\right)f(x_0,y_0)+\frac{1}{2!}\left(\Delta x\frac{\partial}{\partial x}+\Delta y\frac{\partial}{\partial y}\right)^2 f(x_0,y_0)\\&+\cdots+\frac{1}{k!}\left(\Delta x\frac{\partial}{\partial x}+\Delta y\frac{\partial}{\partial y}\right)^k f(x_0,y_0)+R_k,\end{aligned}\tag{11.3.3}$$

其中,

$$\left(\Delta x\frac{\partial}{\partial x}+\Delta y\frac{\partial}{\partial y}\right)^p f(x_0,y_0)=\sum_{i=0}^{p}C_p^i\frac{\partial^p f}{\partial x^{p-i}\partial y^i}(x_0,y_0)(\Delta x)^{p-i}(\Delta y)^i\quad(p\geqslant 1),$$

而

$$R_k=\frac{1}{(k+1)!}\left(\Delta x\frac{\partial}{\partial x}+\Delta y\frac{\partial}{\partial y}\right)^{k+1}f(x_0+\theta\Delta x,y_0+\theta\Delta y),\quad 0<\theta<1,$$

称为 Lagrange 型余项.

证明 对于给定点 $(x_0+\Delta x, y_0+\Delta y)\in U$, 构造辅助函数

$$\varphi(t)=f(x_0+t\Delta x, y_0+t\Delta y),$$

则由定理条件, 一元函数 $\varphi(t)$ 在 $|\,t\,|\leqslant 1$ 上具有 $k+1$ 阶连续导数, 因此在 $t=0$ 处成立 Taylor 公式

$$\varphi(t)=\varphi(0)+\varphi'(0)t+\frac{1}{2!}\varphi''(0)t^2+\cdots\frac{1}{k!}\varphi^{(k)}(0)t^k+\frac{1}{(k+1)!}\varphi^{(k+1)}(\theta t)t^{k+1},\quad 0<\theta<1.$$

特别当 $t=1$ 时, 有

$$\varphi(1)=\varphi(0)+\varphi'(0)+\frac{1}{2!}\varphi''(0)+\cdots+\frac{1}{k!}\varphi^{(k)}(0)+\frac{1}{(k+1)!}\varphi^{(k+1)}(\theta t),\quad 0<\theta<1.$$

应用复合函数求导的链式规则易算出

$$\varphi'(t)=\left(\Delta x\frac{\partial}{\partial x}+\Delta y\frac{\partial}{\partial y}\right)f(x_0+t\Delta x, y_0+t\Delta y),$$

$$\varphi''(t)=\left(\Delta x\frac{\partial}{\partial x}+\Delta y\frac{\partial}{\partial y}\right)^2 f(x_0+t\Delta x, y_0+t\Delta y),$$

$$\vdots$$

$$\varphi^k(t)=\left(\Delta x\frac{\partial}{\partial x}+\Delta y\frac{\partial}{\partial y}\right)^k f(x_0+t\Delta x, y_0+t\Delta y),$$

代入上面 $\varphi(1)$ 的表示式即证得定理结论. □

推论 11.3.2 (带 Peano 型余项的 Taylor 公式) 在定理 11.3.2 的条件下, $R_k=o(\rho^k)(\rho\to 0)$, 其中 $\rho=\sqrt{\Delta x^2+\Delta y^2}$.

注 11.3.1 (1) 当 $k=0$ 时 Taylor 公式即为中值定理.

(2) Taylor 公式在求极值时的应用见 §11.6.

(3) 用中值定理或 Taylor 公式可以进行近似计算.

例 11.3.2 求 $(1.08)^{3.96}$ 的近似值.

解 考虑函数 $f(x,y)=x^y$ 在 $(1,4)$ 点的 Taylor 公式. 由于

$$\begin{aligned}
& & f(1,4)&=1,\\
f_x(x,y)&=yx^{y-1}, & f_x(1,4)&=4,\\
f_y(x,y)&=x^y\ln x, & f_y(1,4)&=0,\\
f_{xx}(x,y)&=y(y-1)x^{y-2}, & f_{xx}(1,4)&=12,\\
f_{yy}(x,y)&=x^y(\ln x)^2, & f_{yy}(1,4)&=0,\\
f_{xy}(x,y)&=x^{y-1}+yx^{x-1}\ln x, & f_{xy}(1,4)&=1.
\end{aligned}$$

应用 Taylor 公式得到 (展开到二阶为止)

$$f(1+\Delta x, 4+\Delta y)=(1+\Delta x)^{4+\Delta y}=1+4\Delta x+6\Delta x^2+\Delta x\Delta y+o(\Delta x^2+\Delta y^2).$$

取 $\Delta x=0.08, \Delta y=-0.04$, 略去高阶项就得到

$$(1.08)^{3.96}\approx 1+4\times 0.08+6\times 0.08^2-0.08\times 0.04=1.3552.$$

它与精确值 $1.35630721\cdots$ 的误差已小于千分之二.

习题 11.3

A1. 对 $F(x,y)=\sin x\cos y$ 应用中值定理, 证明: 对某 $\theta\in(0,1)$, 有

$$\frac{3}{4}=\frac{\pi}{3}\cos\frac{\pi\theta}{3}\cos\frac{\pi\theta}{6}-\frac{\pi}{6}\sin\frac{\pi\theta}{3}\sin\frac{\pi\theta}{6}.$$

A2. 对 $F(x,y)=\dfrac{1}{\sqrt{x^2-2xy+1}}$ 应用中值定理, 证明: 存在 $\theta\in(0,1)$, 使得

$$\sqrt{2}(1-3\theta)+(\sqrt{2}-1)(1-2\theta+3\theta^2)^{\frac{3}{2}}=0.$$

A3. 求函数 $f(x,y)=x^2-2xy+y^2-6x-3y+4$ 在点 $(1,-1)$ 的 Taylor 公式.

A4. 求函数 $f(x,y)=xy$ 在点 $(1,1)$ 的二阶 Taylor 公式.

A5. 求函数 $f(x,y)=\ln(1+x)\ln(1+y)$ 在点 $(0,0)$ 的带 Peano 型余项的三阶 Taylor 公式.

A6. 求函数 $f(x,y)=\dfrac{y}{x}$ 在点 $(1,1)$ 的带 Peano 型余项的三阶 Taylor 公式.

A7. 求函数 $\arctan\dfrac{1+x+y}{1-x+y}$ 在点 $(0,0)$ 的带 Peano 型余项的四阶 Taylor 公式.

A8. 求函数 $f(x,y)=\ln(1+x+y)$ 在点 $(0,0)$ 的带 Lagrange 型余项的 n 阶 Taylor 公式.

B9. 求函数 $f(x,y)=\sin(x^2+y^2)$ 在点 $(0,0)$ 的带 Lagrange 型余项的二阶 Taylor 公式.

B10. 如果函数 $f(t)$ 在 $t=0$ 点 n 次可微, 求函数 $f(x+y)$ 在点 $(0,0)$ 的 Taylor 公式.

B11. f 在 $\mathbb{R}^2$ 上连续可微, 且存在常数 $M>0$, 使得 $|f_x|,|f_y|\leqslant M$, 证明: $|f(x,y)-f(x',y')|\leqslant\sqrt{2}M\rho$, $\forall x,x'y,y'\in\mathbb{R}$, 其中, $\rho=\sqrt{(x-x')^2+(y-y')^2}$.

C12. 设 $D\subset\mathbb{R}^2$ 为包含原点的凸区域, f 在 D 上连续可微, 且 $xf_x+yf_y=0$, 证明: f 在 D 内为一常数. 若 D 是不含原点的区域, 上述结论是否成立?

§11.4 隐 函 数

在一元函数微分学中, 我们学习过一些隐函数的求导方法, 但并未给出其理论依据. 在本节中, 我们讨论一般隐函数, 也包括向量值隐函数的存在性和可微性问题.

隐函数的思想起源可以追溯到 17~18 世纪的 Newton、Leibniz、Euler、Lagrange 以及 19 世纪的 Cauchy 等伟大的数学家的著作中. 隐函数定理研究由方程或方程组确定的关系中是否蕴含函数关系以及该隐函数的分析性质, 它也可用来研究带有参数的方程或方程组的解对参数的依赖性. 隐函数定理不仅在数学分析中具有基础性的地位和广泛的应用, 而且它的一般化理论更是现代分析学的基石.

§11.4.1 隐函数的概念

平面上的曲线可用方程表示为 $F(x,y)=0$, 有时我们很难从方程中解出某一变量, 即很难求出曲线的显式表示 $y=f(x)$. 有时即使能求出显式表示, 但表示式很复杂, 同样难以研究, 参见 §4.3.3. 本节中, 我们从理论上一般地讨论由方程 $F(x,y)=0$ 是否可以确定函数关系 $y=f(x)$, 使它满足曲线方程 $F(x,f(x))=0$, 实际上并不要解出表达式 $f(x)$, 此即隐函数存在性问题, 并且在不要求具有显式表示的情况下, 直接根据方程来讨论其性质, 如求曲线的切线与法线等. 先看隐函数的严格定义.

设 $F(x,y)$ 是区域 $\Omega\subset\mathbb{R}^2$ 上的函数, 如果存在开区间 D,E, 使得 $D\times E\subset\Omega$, 且对每个 $x\in D$, 存在唯一的 $y\in E$, 满足

$$F(x,y)=0, \tag{11.4.1}$$

则称方程 (11.4.1) 确定了从 D 到 E 的**隐函数** (implicit function), 记为 $y=f(x)$, 它满足

$$F(x,f(x))=0, \forall x\in D.$$

例如, 设 $F(x,y)=x^2+y^2-1$, 它在整个平面上有定义, 且连续可微. 首先, x 必须限制在 $[-1,1]$ 上, 因此上述的 D 必须是 $[-1,1]$ 的子集; 其次, $y=\pm\sqrt{1-x^2}$ $(x\in[-1,1])$ 都满足 $F(x,y)=0$, 为了保证唯一性, 我们可以限制 y 的范围, 例如, 要求 E 是 $[0,1]$ 的子集或 $[-1,0]$ 的子集. 因此对函数方程 $F(x,y)=0$, 我们不能笼统地说它是否能确定隐函数 $y=f(x)$, 一般来讲, 做不到全局上, 而只能是局部地确定隐函数. 例如, 在圆周上除了点 $(-1,0)$ 和 $(1,0)$ 以外的每一点 $P(x_0,y_0)$, 可以通过限制在 P 的某邻域内的办法, 使得在该邻域中隐函数存在 (且唯一). 例如, 当 $|x_0|<1$ 且 $y_0\neq 0$ 时, 若 $y_0<0$, 在 (x_0,y_0) 的充分小的邻域中的点 (x,y), 有 $y<0$, 因此只有 $y=-\sqrt{1-x^2},x\in[-1,1]$; 若 $y_0>0$, 在 (x_0,y_0) 的充分小的邻域中的点 (x,y), 有 $y>0$, 因此只有 $y=\sqrt{1-x^2},x\in[-1,1]$ (参见图 11.4.1).

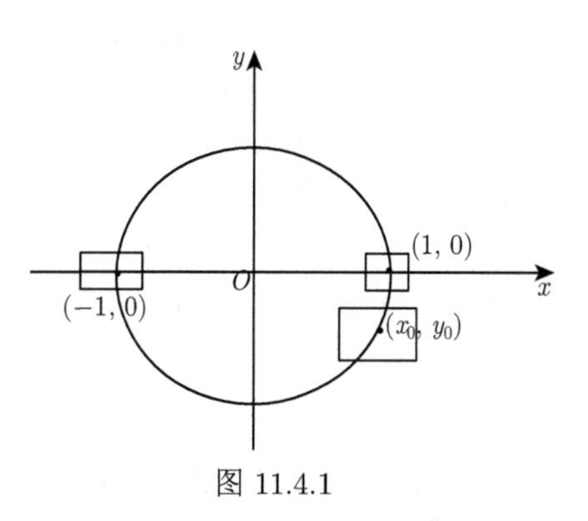

图 11.4.1

据上面的分析, 下面的隐函数定理的基本思想是: 在一定的条件下, 可以局部地保证隐函数的存在性, 即在一点 (x_0,y_0) 的附近 (邻域) 可唯一确定一个隐函数 $y=f(x)$, 其中 $y_0=f(x_0)$.

下面我们用可微的概念来寻找这样的条件. 设 $F(x_0,y_0)=0$, 如果 F 在 (x_0,y_0) 附近连续可微, 则由可微的定义可知,

$$0=F(x,y)=F_x(x_0,y_0)(x-x_0)+F_y(x_0,y_0)(y-y_0)+o(\rho).$$

近似地有

$$0\approx F_x(x_0,y_0)(x-x_0)+F_y(x_0,y_0)(y-y_0).$$

于是要想解出 y, 则需要 $F_y(x_0,y_0)\neq 0$.

另一方面, 假设方程 $F(x,y)=0$ 确定了一个隐函数, 记为 $y=f(x),x\in D$, 则它满足

$$F(x,f(x))=0,\quad \forall x\in D.$$

若这个函数 $y=f(x)$ 可导, 则根据复合函数求导法则:

$$F_x(x_0,y_0)+F_y(x_0,y_0)f'(x_0)=0,$$

要解出 $f'(x_0)$, 只要 $F_y(x_0,y_0)\neq 0$.

而再看上面的例子 $F(x,y)=x^2+y^2-1$, 在其附近不能唯一确定隐函数的点是 $(-1,0)$ 和 $(1,0)$, 在此两点恰好有 $F_y(\pm1,0)=2y\big|_{y=0}=0$.

总之, $F_y(x_0,y_0)\neq 0$ 是一个至关重要的条件.

§11.4.2　隐函数定理

定理 11.4.1 (隐函数定理 (implicit function theorem))　设 $\Omega\subset\mathbb{R}^2$ 是区域, $P(x_0,y_0)\in\Omega$, $F(x,y)$ 是定义在 Ω 上的二元函数, 且

(1) (x_0,y_0) 满足方程 (11.4.1), 即 $F(x_0,y_0)=0$;

(2) 在闭矩形 $M=\{(x,y)\big||x-x_0|\leqslant a,|y-y_0|\leqslant b\}\subset\Omega$ 上, $F(x,y)$ 有连续偏导数;

(3) $F_y(x_0,y_0)\neq 0$,

则在点 P 的某邻域 $U(P)\subset M$ 内方程 (11.4.1) 能唯一地确定连续可微的隐函数 $f(x)$, 即存在 $\rho>0$, 使得

$$y=f(x),x\in U(x_0,\rho),\ (x,y)\in U(P),$$

它满足 $F(x,f(x))=0$, $y_0=f(x_0)$, 并且 $y=f(x)$ 在 $U(x_0,\rho)$ 内的导数可由下列公式求得

$$\frac{\mathrm{d}y}{\mathrm{d}x}=-\frac{F_x(x,y)}{F_y(x,y)}.\tag{11.4.2}$$

公式 (11.4.2) 称为隐函数求导公式.

证明　不妨设 $F_y(x_0,y_0)>0$. 参见图 11.4.2. 先证明隐函数的存在性.

由 $F_y(x_0,y_0)>0$ 与 $F_y(x,y)$ 的连续性知, 存在正数 α,β, 满足 $\alpha\leqslant a$, $\beta\leqslant b$, 使得在闭矩形 $M^*=\{(x,y)||x-x_0|\leqslant\alpha,|y-y_0|\leqslant\beta\}$ 上处处满足 $F_y(x,y)>0$.

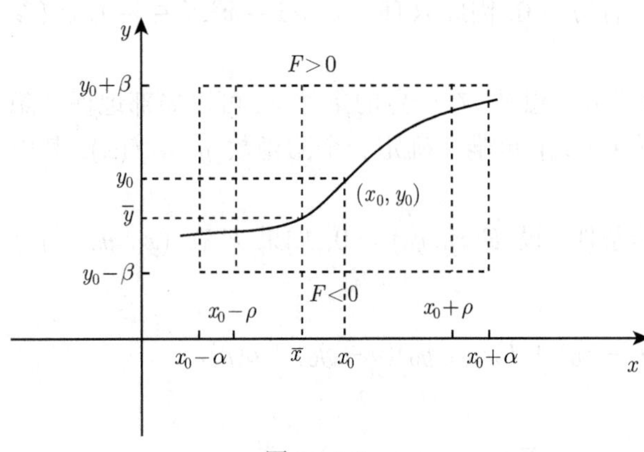

图 11.4.2

因此, 对固定的 x_0, 作为 y 的函数, $F(x_0,y)$ 在 $[y_0-\beta,y_0+\beta]$ 上严格单调递增. 又由于 $F(x_0,y_0)=0$, 从而

$$F(x_0,y_0-\beta)<0,\ F(x_0,y_0+\beta)>0.$$

由于 $F(x,y)$ 在 M^* 上连续, 于是存在 $0<\rho\leqslant\alpha$, 使得在线段

$$x_0-\rho<x<x_0+\rho,\ y=y_0-\beta$$

上 $F(x,y)<0$, 而在线段

$$x_0-\rho<x<x_0+\rho,y=y_0+\beta$$

上 $F(x,y)>0$.

由此我们得到要找的 x_0 的邻域 $U(x_0,\rho)=(x_0-\rho,x_0+\rho)$. 对于 $U(x_0,\rho)$ 内的任意一点 $\bar{x}$, 作为 y 的函数 $F(\bar{x},y)$ 在 $[y_0-\beta,y_0+\beta]$ 上连续, 由连续函数零点存在定理, 必有 $\bar{y}\in(y_0-\beta,y_0+\beta)$, 使得 $F(\bar{x},\bar{y})=0$. 又因为 $F(\bar{x},y)$ 作为 y 的函数在 $[y_0-\beta,y_0+\beta]$ 上严格单调递增, 因此这样的 $\bar{y}$ 是唯一的. 由此我们得到了一个隐函数:

$$f:U(x_0,\rho)\to(y_0-\beta,y_0+\beta),\ \bar{x}\to\bar{y},\ (\bar{x},\bar{y})\in U(x_0,\rho)\times(y_0-\beta,y_0+\beta)\subset M^*,$$

简记为 $y=f(x),x\in U(x_0,\rho)$, 它满足 $F(x,f(x))=0$, 而且 $y_0=f(x_0)$.

下面再证隐函数 $y=f(x)$ 在 $U(x_0,\rho)$ 上的连续性.

仍设 $\bar{x}$ 为 $(x_0-\rho,x_0+\rho)$ 内的任一点, $\bar{y}=f(\bar{x})$, 于是 $F(\bar{x},\bar{y})=0$. 由前面的讨论知, $\forall\,0<\varepsilon\leqslant\beta$, 有

$$F(\bar{x},\bar{y}-\varepsilon)<0,\ F(\bar{x},\bar{y}+\varepsilon)>0,$$

又 $F(x,y)$ 在 M^* 上连续, 故存在 $\delta>0$, 使得当 $x\in U(\bar{x},\delta)$ 时,

$$F(x,\bar{y}-\varepsilon)<0,F(x,\bar{y}+\varepsilon)>0.$$

仍然由连续函数零点存在定理知, 存在 $y\in(\bar{y}-\varepsilon,\bar{y}+\varepsilon)$, 使得 $F(x,y)=0$, 又根据 $F(x,y)$ 作为 y 的函数的严格单调性可知, 这样的 y 是唯一的, 因此 $y=f(x)$. 即当 $x\in U(\bar{x},\delta)$ 时, 相应的隐函数值满足

$$|f(x)-f(\bar{x})|<\varepsilon,$$

这就是说, $y=f(x)$ 在 $(x_0-\rho,x_0+\rho)$ 上连续 (图 11.4.3).

最后证明 $y=f(x)$ 在 $(x_0-\rho,x_0+\rho)$ 上的可导性.

仍记 $\bar{x}$ 为 $(x_0-\rho,x_0+\rho)$ 上的任一点, Δx 充分小, 使得 $\bar{x}+\Delta x\in(x_0-\rho,x_0+\rho)$, 记 $\bar{y}=f(\bar{x})$, $\Delta y=f(\bar{x}+\Delta x)-\bar{y}$, 于是有

$$F(\bar{x},\bar{y})=0,\quad F(\bar{x}+\Delta x,\bar{y}+\Delta y)=0.$$

由上一节的多元函数微分中值定理, 即定理 11.3.1, 有

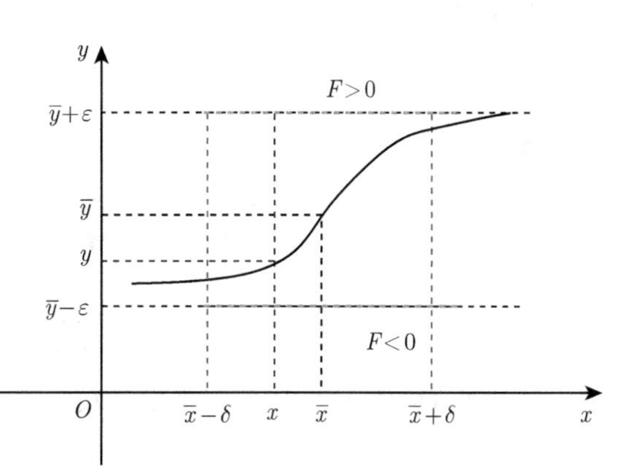

图 11.4.3

$$\begin{aligned}0&=F(\bar{x}+\Delta x,\bar{y}+\Delta y)-F(\bar{x},\bar{y})\\&=F_x(\bar{x}+\theta\Delta x,\bar{y}+\theta\Delta y)\Delta x\\&\quad+F_y(\bar{x}+\theta\Delta x,\bar{y}+\theta\Delta y)\Delta y,\\&\quad 0<\theta<1.\end{aligned}$$

注意到在 M^* 上 $F_y>0$, 因此

$$\frac{\Delta y}{\Delta x}=-\frac{F_x(\bar{x}+\theta\Delta x,\bar{y}+\theta\Delta y)}{F_y(\bar{x}+\theta\Delta x,\bar{y}+\theta\Delta y)}.$$

令 $\Delta x\to 0$, 由 F_x 和 F_y 的连续性, 上式右端的极限存在, 因此有

$$\left.\frac{\mathrm{d}y}{\mathrm{d}x}\right|_{x=\bar{x}}=-\frac{F_x(\bar{x},\bar{y})}{F_y(\bar{x},\bar{y})},$$

由 $\bar{x}$ 的任意性即知隐函数求导公式 (11.4.2) 成立. □

注 11.4.1 (1) 在上述定理中, 如果 $F(x,y)$ 在 Ω 上 k 阶连续可微, 则隐函数 $y=y(x)$ 也在 $U(x_0,\rho)$ 上 k 阶连续可微. 这一结论从隐函数求导公式 (11.4.2) 立即可得.

(2) 类似地, 若 $F_x(x_0,y_0)\neq 0$, 则方程 (11.4.1) 可以确定 x 为 y 的隐函数 $x=g(y)$.

(3) 反函数定理可以作为本定理的特例.

注 11.4.2 定理的条件是充分但不必要的. 例如 $F(x,y)=x^3-y^3=0$ 在 $(0,0)$ 点附近可确定隐函数 $y=f(x)$, 但 $F_y(0,0)=0$.

类似地, 我们可以将定理 11.4.1 推广到多元函数的情形.

定理 11.4.2 (多元隐函数存在定理)　若 $n+1$ 元函数 $F(x_1,x_2,\cdots,x_n;y)$ 满足条件:

(1) $F(x_1^0,x_2^0,\cdots,x_n^0;y^0)=0$;

(2) 在闭长方体 $V=\{(x_1,x_2,\cdots,x_n;y)||x_i-x_i^0|\leqslant a_i,i=1,2,\cdots,n;|y-y^0|\leqslant b\}$ 上, 函数 F 有连续偏导数 $F_y,F_{x_i},i=1,2,\cdots,n$;

(3) $F_y(x_1^0,x_2^0,\cdots,x_n^0;y^0)\neq 0$,

则在点 $(x_1^0,x_2^0,\cdots,x_n^0;y^0)$ 附近可以从方程

$$F(x_1,x_2,\cdots,x_n,y)=0$$

唯一确定隐函数

$$y=f(x_1,x_2,\cdots,x_n),\ (x_1,x_2,\cdots,x_n)\in U((x_1^0,x_2^0,\cdots,x_n^0),\rho),$$

它满足

$$F(x_1,x_2,\cdots,x_n,f(x_1,x_2,\cdots,x_n))=0,\ y_0=f(x_1^0,x_2^0,\cdots,x_n^0),$$

且在 $U((x_1^0,x_2^0,\cdots,x_n^0),\rho)$ 内有连续偏导数, 其偏导数可由下列公式确定:

$$\frac{\partial y}{\partial x_i}=-\frac{F_{x_i}(x_1,x_2,\cdots,x_n,y)}{F_y(x_1,x_2,\cdots,x_n,y)},\ i=1,2,\cdots,n. \tag{11.4.3}$$

下面我们举例说明如何应用隐函数定理求导.

例 11.4.1　讨论 Descartes 叶形线

$$x^3+y^3-3axy=0(a\neq 0)$$

在哪些点附近能确定隐函数 $y=y(x)$ 和 $x=x(y)$, 并求 $y(x)$ 的一阶与二阶导数.

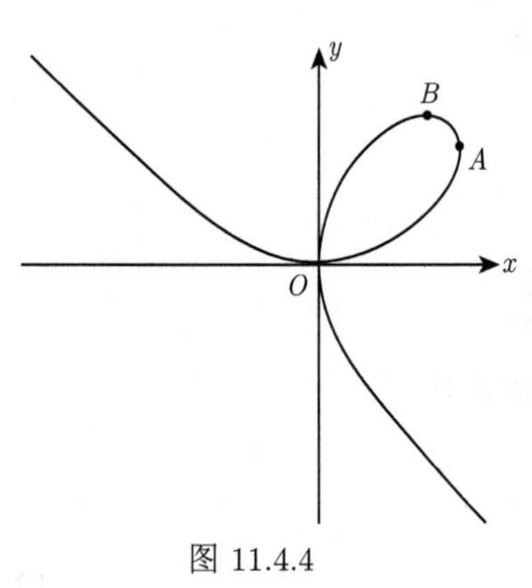

图 11.4.4

解　记 $F(x,y)=x^3+y^3-3axy=0$, 则 $F_y=3(y^2-ax)$, $F_x=3(x^2-ay)$, 因此在曲线上满足 $y^2-ax\neq 0$ 的点, 即曲线上除 $O(0,0),A(\sqrt[3]{4}a,\sqrt[3]{2}a)$ 两个点外的任意其他点的邻域中存在隐函数 $y=y(x)$. 同样, 曲线上满足 $ay-x^2\neq 0$ 点, 即曲线上除 $O(0,0),B(\sqrt[3]{2}a,\sqrt[3]{4}a)$ 两个点外的任意其他点的邻域中存在隐函数 $x=x(y)$. 参见图 11.4.4.

除用隐函数求导公式 (11.4.2) 外, 还可以按照复合函数求导法则求 $y(x)$ 的导数.

由于 $F(x,y(x))=0$, 在方程两边对 x 求导, 得

$$3x^2+3y^2y'-3a(y+xy')=0, \tag{11.4.4}$$

于是

$$y'=\frac{ay-x^2}{y^2-ax},$$

在方程 (11.4.4) 两边再对 x 求导, 得

$$6x+6y(y')^2+3y^2y''-3a(2y'+xy'')=0,$$

于是

$$y'' = -\frac{2a^3xy}{(y^2-ax)^3}.$$

例 11.4.2 设方程

$$x^2+y^2+z^2=4z \tag{11.4.5}$$

确定 z 为 x,y 的隐函数, 求 $\frac{\partial^2 z}{\partial x^2}$ 和 $\frac{\partial^2 z}{\partial y\partial x}$.

解 在方程 (11.4.5) 两边对 x 求偏导得

$$2x+2z\frac{\partial z}{\partial x}=4\frac{\partial z}{\partial x}, \tag{11.4.6}$$

于是

$$\frac{\partial z}{\partial x}=\frac{x}{2-z}.$$

再在式 (11.4.6) 两边对 x 求偏导,

$$2+2\left(\frac{\partial z}{\partial x}\right)^2+2z\frac{\partial^2 z}{\partial x^2}=4\frac{\partial^2 z}{\partial x^2},$$

于是

$$\frac{\partial^2 z}{\partial x^2}=\frac{1+\left(\frac{\partial z}{\partial x}\right)^2}{2-z}=\frac{(2-z)^2+x^2}{(2-z)^3}.$$

在方程 (11.4.5) 两边对 y 求偏导得

$$2y+2z\frac{\partial z}{\partial y}=4\frac{\partial z}{\partial y}, \tag{11.4.7}$$

于是

$$\frac{\partial z}{\partial y}=\frac{y}{2-z}.$$

再在式 (11.4.7) 两边关于 x 求偏导得

$$2\frac{\partial z}{\partial x}\frac{\partial z}{\partial y}+2z\frac{\partial^2 z}{\partial y\partial x}=4\frac{\partial^2 z}{\partial y\partial x},$$

于是

$$\frac{\partial^2 z}{\partial y\partial x}=\frac{\frac{\partial z}{\partial x}\frac{\partial z}{\partial y}}{2-z}=\frac{xy}{(2-z)^3}.$$

例 11.4.3 设方程

$$F(xz,yz)=0, \tag{11.4.8}$$

确定 z 为 x,y 的函数, 其中 F 具有二阶连续偏导数, 求 $\frac{\partial^2 z}{\partial x^2}$.

解 令

$$G(x,y,z)=F(xz,yz),$$

则当 $G_z=xF_1+yF_2\neq 0$ 时可应用隐函数定理由方程 (11.4.8) 确定 z 为 x,y 的函数, 且可以用隐函数求导公式 (11.4.3) 求出各个一阶偏导数.

下面直接在方程 (11.4.8) 两边对 x 求偏导可得

$$\left(z+x\frac{\partial z}{\partial x}\right)F_1+y\frac{\partial z}{\partial x}F_2=0, \tag{11.4.9}$$

于是

$$\frac{\partial z}{\partial x}=-\frac{zF_1}{xF_1+yF_2}.$$

再在式 (11.4.9) 两边对 x 求偏导得

$$\left(2\frac{\partial z}{\partial x}+x\frac{\partial^2 z}{\partial x^2}\right)F_1+\left(z+x\frac{\partial z}{\partial x}\right)^2F_{11}+2\left(z+x\frac{\partial z}{\partial x}\right)y\frac{\partial z}{\partial x}F_{12}+y\frac{\partial^2 z}{\partial x^2}F_2+\left(y\frac{\partial z}{\partial x}\right)^2F_{22}=0,$$

于是

$$\frac{\partial^2 z}{\partial x^2}=-\frac{2\dfrac{\partial z}{\partial x}F_1+\left(z+x\dfrac{\partial z}{\partial x}\right)^2F_{11}+2\left(z+x\dfrac{\partial z}{\partial x}\right)y\dfrac{\partial z}{\partial x}F_{12}+\left(y\dfrac{\partial z}{\partial x}\right)^2F_{22}}{xF_1+yF_2}.$$

将 $\dfrac{\partial z}{\partial x}=-\dfrac{zF_1}{xF_1+yF_2}$ 代入上式, 于是

$$\frac{\partial^2 z}{\partial x^2}=\frac{2zF_1^2(xF_1+yF_2)-y^2z^2(F_2^2F_{11}-2F_1F_2F_{12}+F_1^2F_{22})}{(xF_1+yF_2)^3}.$$

§11.4.3　由方程组确定的向量值隐函数定理

对于函数方程组

$$\begin{cases} F(x,y,u,v)=0,\\ G(x,y,u,v)=0, \end{cases} \tag{11.4.10}$$

若能用其中的两个变量来唯一地表示另外两个变量, 即可以确定二元二维的向量值函数. 当然我们知道, 即使对线性方程组, 这种表示也是要有条件的, 即系数矩阵的秩为 2.

定理 11.4.3 (多元向量值隐函数存在定理)　*设函数 $F(x,y,u,v)$ 和 $G(x,y,u,v)$ 满足:*

(1) $P(x_0,y_0,u_0,v_0)$ 满足方程组 (11.4.10), 即 $F(x_0,y_0,u_0,v_0)=0, G(x_0,y_0,u_0,v_0)=0$;

(2) 在 P 的闭邻域

$$V=\{(x,y,u,v)\big||x-x_0|\leqslant a,|y-y_0|\leqslant b,|u-u_0|\leqslant c,|v-v_0|\leqslant d\}$$

上, 函数 F,G 有连续偏导数;

(3) 在点 P 处行列式

$$\frac{\partial(F,G)}{\partial(u,v)}=\begin{vmatrix} F_u & F_v\\ G_u & G_v \end{vmatrix}\neq 0, \tag{11.4.11}$$

则在点 P 附近可以由函数方程组 (11.4.10) 唯一确定向量值隐函数

$$\begin{pmatrix} u\\ v \end{pmatrix}=\boldsymbol{h}(x,y)=\begin{pmatrix} f(x,y)\\ g(x,y) \end{pmatrix},(x,y)\in U((x_0,y_0),\rho), \tag{11.4.12}$$

它满足

$$\begin{cases} F(x,y,f(x,y),g(x,y))=0, \\ G(x,y,f(x,y),g(x,y))=0, \end{cases}$$

以及 $u_0=f(x_0,y_0), v_0=g(x_0,y_0)$, 且这个向量值隐函数 $\boldsymbol{h}$ 在 $U((x_0,y_0),\rho)$ 上具有连续的导数, 并有隐函数求导公式

$$\boldsymbol{h}'(x,y)=\begin{pmatrix} \dfrac{\partial u}{\partial x} & \dfrac{\partial u}{\partial y} \\ \dfrac{\partial v}{\partial x} & \dfrac{\partial v}{\partial y} \end{pmatrix}=-\begin{pmatrix} F_u & F_v \\ G_u & G_v \end{pmatrix}^{-1}\begin{pmatrix} F_x & F_y \\ G_x & G_y \end{pmatrix}. \tag{11.4.13}$$

证明参见《数学分析讲义 (第二册)》定理 10.4.3 (张福保等, 2019).

这一结果还可以推广到更一般的多元向量值隐函数存在定理, 见 §20.2.2 定理 20.2.3.

例 11.4.4 设有方程组

$$\begin{cases} F(x,y,u,v)=u^2+v^2-x^2-y=0, \\ G(x,y,u,v)=-u+v-xy+1=0, \end{cases}$$

讨论在点 $P(2,1,1,2)$ 的某邻域内能否确定向量值隐函数 $u=u(x,y), v=v(x,y)$, 若能确定, 求向量值隐函数的导数.

解 由

$$\begin{vmatrix} F_u & F_v \\ G_u & G_v \end{vmatrix}_P=\begin{vmatrix} 2u & 2v \\ -1 & 1 \end{vmatrix}_P=6\neq 0$$

知, 在点 $P(2,1,1,2)$ 的某邻域内能确定隐函数组 $u=u(x,y), v=v(x,y)$. 又

$$\begin{pmatrix} F_x & F_y \\ G_x & G_y \end{pmatrix}_P=\begin{pmatrix} -2x & -1 \\ -y & -x \end{pmatrix}_P=\begin{pmatrix} -4 & -1 \\ -1 & -2 \end{pmatrix},$$

于是,

$$\begin{pmatrix} u_x & u_y \\ v_x & v_y \end{pmatrix}=-\begin{pmatrix} F_u & F_v \\ G_u & G_v \end{pmatrix}_P^{-1}\begin{pmatrix} F_x & F_y \\ G_x & G_y \end{pmatrix}_P=\begin{pmatrix} 0 & \dfrac{7}{6} \\ -1 & -\dfrac{5}{6} \end{pmatrix}.$$

例 11.4.5 设 $\begin{cases} y=y(x), \\ z=z(x) \end{cases}$ 是由方程组 $\begin{cases} z=xf(x+y), \\ F(x,y,z)=0 \end{cases}$ 所确定的向量值隐函数, 其中 f 和 F 分别具有连续的导数和偏导数, 求 $\dfrac{\mathrm{d}z}{\mathrm{d}x}$.

解 分别对方程 $z=xf(x+y)$ 和 $F(x,y,z)=0$ 的两边关于 x 求偏导数,

$$\begin{cases} \dfrac{\mathrm{d}z}{\mathrm{d}x}=f(x+y)+x\left(1+\dfrac{\mathrm{d}y}{\mathrm{d}x}\right)f'(x+y), \\ F_x+F_y\dfrac{\mathrm{d}y}{\mathrm{d}x}+F_z\dfrac{\mathrm{d}z}{\mathrm{d}x}=0. \end{cases}$$

整理得

$$\begin{cases} \dfrac{\mathrm{d}z}{\mathrm{d}x}-xf'(x+y)\dfrac{\mathrm{d}y}{\mathrm{d}x}=f(x+y)+xf'(x+y), \\ F_y\dfrac{\mathrm{d}y}{\mathrm{d}x}+F_z\dfrac{\mathrm{d}z}{\mathrm{d}x}=-F_x. \end{cases}$$

解此方程组即可得

$$\frac{\mathrm{d}z}{\mathrm{d}x}=\frac{[f(x+y)+xf'(x+y)]F_y-xf'(x+y)F_x}{xf'(x+y)F_z+F_y}.$$

§11.4.4 逆映射定理

设有函数组

$$\begin{cases}x=x(u,v),\\ y=y(u,v),\end{cases}\quad (u,v)\in D,\tag{11.4.14}$$

它表示开集 D 到 $\mathbb{R}^2$ 上的一个映射, 或称为变换 T,

$$T:(u,v)\to(x,y).$$

那么它是否有逆映射呢？即能否由此方程组确定以 x,y 为自变量的函数组

$$\begin{cases}u=u(x,y),\\ v=v(x,y)?\end{cases}\tag{11.4.15}$$

先看两个例子.

例 11.4.6 极坐标变换

$$\begin{cases}x=r\cos\theta,\\ y=r\sin\theta,\end{cases}\quad (r,\theta)\in[0,+\infty)\times[0,2\pi)$$

除原点外一一对应, 从而有逆变换. 但逆变换的表达式有些复杂.

当点 (x,y) 在第一象限时,

$$\begin{cases}r=\sqrt{x^2+y^2},\\ \theta=\arctan\dfrac{y}{x};\end{cases}$$

而当点 (x,y) 在第二、三象限时,

$$\begin{cases}r=\sqrt{x^2+y^2},\\ \theta=\pi+\arctan\dfrac{y}{x};\end{cases}$$

而当点 (x,y) 在第四象限时,

$$\begin{cases}r=\sqrt{x^2+y^2},\\ \theta=2\pi+\arctan\dfrac{y}{x}.\end{cases}$$

当点 (x,y) 在 x 的正半轴时, $r=x,\theta=0$; 当点 (x,y) 在 y 的正半轴时 $r=y,\theta=\dfrac{\pi}{2}$, 当点 (x,y) 在 x 的负半轴时, $r=-x,\theta=\pi$, 当点 (x,y) 在 y 的负半轴时 $r=-y,\theta=\dfrac{3\pi}{2}$.

例 11.4.7 反演变换

$$\begin{cases}x=\dfrac{u}{u^2+v^2},\\ y=\dfrac{v}{u^2+v^2}\end{cases}$$

在去掉原点外的地方有逆变换

$$\begin{cases} u = \dfrac{x}{x^2+y^2}, \\ v = \dfrac{y}{x^2+y^2}. \end{cases}$$

几何上, 在同一坐标系下可看作是一个关于单位圆的反射, 在两个坐标系, 即 xy 坐标平面和 uv 坐标平面下, 它把 uv 平面上的直线 $u=a, v=b$ 映为 xy 平面上的圆 $x^2+y^2-\dfrac{x}{a}=0$, $x^2+y^2-\dfrac{y}{b}=0$.

例 11.4.8 易证, 映射 $\begin{cases} u = \mathrm{e}^x \cos y, \\ v = \mathrm{e}^x \sin y \end{cases}$ 在任意点都是局部一一对应的, 即对任意一点 $(x_0, y_0) \in \mathbb{R}^2$, 都存在它的一个邻域 U, 使得该映射在 U 上是一一对应. 但该映射在整个平面 $\mathbb{R}^2$ 上不是一一对应.

由此可见: 一般来说, 逆映射未必存在, 特别是要求整体上存在逆映射可能是做不到的. 作为向量值隐函数定理的特例即知道, 当 x, y 关于 u, v 的 Jacobi 行列式 $\dfrac{\partial(x,y)}{\partial(u,v)} \neq 0$ 时即有局部的逆映射的存在性.

定理 11.4.4 (逆映射定理 (inverse mapping theorem)) 设 $\boldsymbol{P}_0 = (u_0, v_0) \in D, x_0 = x(u_0, v_0), y_0 = y(u_0, v_0), \boldsymbol{P}_0' = (x_0, y_0)$, 且 T 在 D 上具有连续偏导数. 如果在点 $\boldsymbol{P}_0$ 处 Jacobi 行列式 $\dfrac{\partial(x,y)}{\partial(u,v)} \neq 0$, 那么存在 $\boldsymbol{P}_0$ 的一个邻域 $U(\boldsymbol{P}_0, \rho)$ 和 $\boldsymbol{P}_0'$ 的一个邻域 $U(\boldsymbol{P}_0', \rho')$, 使得

$$T : U(\boldsymbol{P}_0, \rho) \to U(\boldsymbol{P}_0', \rho')$$

可逆, 且其逆具有连续偏导数. 设其逆 $S : U(\boldsymbol{P}_0', \rho') \to U(\boldsymbol{P}_0, \rho)$ 表示为

$$S: \begin{cases} u = u(x,y), \\ v = v(x,y), \end{cases} \quad (x,y) \in U(\boldsymbol{P}_0', \rho'), (u,v) \in U(\boldsymbol{P}_0, \rho),$$

则有

(1) $u_0 = u(x_0, y_0), v_0 = v(x_0, y_0)$;

$$(2)\ S' = (T')^{-1}, \text{即} \quad \begin{aligned} &\frac{\partial u}{\partial x} = \frac{\partial y}{\partial v} \Big/ \frac{\partial(x,y)}{\partial(u,v)}, \qquad \frac{\partial u}{\partial y} = -\frac{\partial x}{\partial v} \Big/ \frac{\partial(x,y)}{\partial(u,v)}, \\ &\frac{\partial v}{\partial x} = -\frac{\partial y}{\partial u} \Big/ \frac{\partial(x,y)}{\partial(u,v)}, \quad \frac{\partial v}{\partial y} = \frac{\partial x}{\partial u} \Big/ \frac{\partial(x,y)}{\partial(u,v)}. \end{aligned} \tag{11.4.16}$$

证明 考虑函数方程组

$$\begin{cases} F(x,y,u,v) = x - x(u,v) = 0, \\ G(x,y,u,v) = y - y(u,v) = 0. \end{cases}$$

由假设, 在点 (x_0, y_0, u_0, v_0) 处

$$\frac{\partial(F,G)}{\partial(u,v)} = \frac{\partial(x,y)}{\partial(u,v)} \neq 0.$$

由向量值函数的隐函数存在定理, 在 (x_0, y_0, u_0, v_0) 附近存在向量值函数 S :

$$\begin{cases} u = u(x,y), \\ v = v(x,y), \end{cases} \quad (x,y) \in U(\boldsymbol{P}_0', \rho'), (u,v) \in U(\boldsymbol{P}_0, \rho),$$

满足 $u_0 = u(x_0, y_0), v_0 = v(x_0, y_0)$;

$$\begin{cases} x(u(x,y), v(x,y)) - x = 0, \\ y(u(x,y), v(x,y)) - y = 0, \end{cases} \tag{11.4.17}$$

且 $u(x,y)$ 和 $v(x,y)$ 在 $U(\boldsymbol{P}_0', \rho')$ 内具有连续的偏导数. 这说明在 $U(\boldsymbol{P}_0', \rho')$ 内 $S = T^{-1}$.

在式 (11.4.17) 中对 x 求偏导, 得到

$$\frac{\partial x}{\partial u}\frac{\partial u}{\partial x} + \frac{\partial x}{\partial v}\frac{\partial v}{\partial x} = 1,$$
$$\frac{\partial y}{\partial u}\frac{\partial u}{\partial x} + \frac{\partial y}{\partial v}\frac{\partial v}{\partial x} = 0.$$

因此

$$\frac{\partial u}{\partial x} = \frac{\partial y}{\partial v}\Big/\frac{\partial(x,y)}{\partial(u,v)}, \frac{\partial u}{\partial y} = -\frac{\partial x}{\partial v}\Big/\frac{\partial(x,y)}{\partial(u,v)}.$$

同理

$$\frac{\partial v}{\partial x} = -\frac{\partial y}{\partial u}\Big/\frac{\partial(x,y)}{\partial(u,v)}, \frac{\partial v}{\partial y} = \frac{\partial x}{\partial u}\Big/\frac{\partial(x,y)}{\partial(u,v)},$$

即 $S' = (T')^{-1}$. □

注 11.4.3 (1) 我们知道, 连续映射映紧 (有界闭) 集为紧集, 但未必映 (有界) 开集为开集. 在本定理的条件中, 如果在任意的 $\boldsymbol{P}_0 = (u_0, v_0) \in D$ 处 Jacobi 行列式 $\frac{\partial(x,y)}{\partial(u,v)} \neq 0$, 则 T 是一个局部微分同胚, 即映区域 D 的每个内点为 $T(D)$ 的内点, 映 D 的每个开子集为开集, 映连通集为连通集. 特别地, $T(D)$ 为一个区域.

(2) 根据上面的定理可知, 极坐标变换在除原点以外的每一点附近都局部可逆, 且是微分同胚.

例 11.4.9 对波动方程 $\frac{\partial^2 u}{\partial t^2} = a^2\frac{\partial^2 u}{\partial x^2}$ 作自变量的变换

$$\xi = x - at, \eta = x + at,$$

将方程变换为 u 关于 ξ, η 的偏微分方程, 然后求解.

解 易见, 这是一个可逆变换. 作变量变换以后, 有

$$\begin{cases} \frac{\partial u}{\partial x} = \frac{\partial u}{\partial \xi} + \frac{\partial u}{\partial \eta}, \\ \frac{\partial u}{\partial t} = -a\frac{\partial u}{\partial \xi} + a\frac{\partial u}{\partial \eta}, \end{cases}$$

设波动方程的解 u 有连续二阶偏导, 所以混合偏导相等. 因此我们有

$$\frac{\partial^2 u}{\partial x^2} = \frac{\partial^2 u}{\partial \xi^2} + 2\frac{\partial^2 u}{\partial \xi \partial \eta} + \frac{\partial^2 u}{\partial \eta^2},$$
$$\frac{\partial^2 u}{\partial t^2} = a^2\frac{\partial^2 u}{\partial \xi^2} - 2a^2\frac{\partial^2 u}{\partial \xi \partial \eta} + a^2\frac{\partial^2 u}{\partial \eta^2}.$$

代入方程得到

$$\frac{\partial^2 u}{\partial \xi \partial \eta} = 0.$$

于是 u 具有形式

$$u=\varphi(\xi)+\psi(\eta),$$

其中 φ,ψ 为有二阶连续导数的任意函数. 因此我们得到满足波动方程的解为

$$u=\varphi(x-at)+\psi(x+at).$$

例 11.4.10 设 $z=z(x,y)$ 具有二阶连续偏导数, 并满足方程

$$z_{xx}+2z_{xy}+z_{yy}=0,$$

作自变量代换

$$\begin{cases}u=x+y,\\ v=x-y\end{cases}$$

和因变量代换 $w=xy-z$, 导出 w 关于 u,v 的偏导数所满足的方程.

解 易见, 由关系式 $w=xy-z$ 知, w 也是 u,v 的函数. 利用复合函数链式求导规则对等式 $z=xy-w$ 两边关于 x,y 求偏导, 得到

$$\begin{cases}z_x=y-(w_uu_x+w_vv_x)=y-w_u-w_v,\\ z_y=x-(w_uu_y+w_vv_y)=x-w_u+w_v.\end{cases}$$

进一步还可以得到

$$\begin{cases}z_{xx}=-w_{uu}-2w_{uv}-w_{vv},\\ z_{xy}=1-w_{uu}+w_{vv},\\ z_{yy}=-w_{uu}+2w_{uv}-w_{vv}.\end{cases}$$

由 $z_{xx}+2z_{xy}+z_{yy}=0$ 得

$$w_{uu}=\frac{1}{2}.$$

习题 11.4

A1. (1) 证明: 方程 $xy+2\ln x+3\ln y=1$ 在点 $(1,1)$ 的某邻域内可唯一确定可微函数 $y=f(x)$;

(2) 证明: 方程 $y-x\mathrm{e}^x-\varepsilon\sin y=0(0<\varepsilon<1)$ 在点 $(0,0)$ 附近可确定隐函数 $y=y(x)$, 并求出 $y'(0)$;

(3) 设 $f(x,y)$ 在 $(0,0)$ 附近连续可微, 且 $f(0,0)=0$, $f_y(0,0)\neq 0$, 证明: $f(x,\int_0^y\cos s^2\mathrm{d}s)=0$ 在 $(0,0)$ 附近能确定隐函数 $y=y(x)$, 并求 $y'(0)$.

A2. 求由下列方程所确定的隐函数的导数或微分:

(1) $x^2y+3x^4y^3-4=0$, 求 $\dfrac{\mathrm{d}y}{\mathrm{d}x}$;

(2) $\ln\sqrt{x^2+y^2}=\arctan\dfrac{y}{x}$, 求 $\dfrac{\mathrm{d}y}{\mathrm{d}x}$;

(3) $\mathrm{e}^{-xy}+2z+\mathrm{e}^z=0$, 求 $\dfrac{\partial z}{\partial x},\dfrac{\partial z}{\partial y}$;

(4) $x^2+y^2+z^2-3xyz=0$, 求 $z_x(1,1)$;

(5) $z=f(x+y+z,xyz)$, 其中 f 连续可微, 求 $\dfrac{\partial z}{\partial x}$, $\dfrac{\partial x}{\partial y}$, $\dfrac{\partial y}{\partial z}$;

(6) $f(x,x+y,x+y+z)=0$, 其中 f 连续可微, 求 $\dfrac{\partial z}{\partial x},\dfrac{\partial z}{\partial y}$ 和 $\dfrac{\partial^2 z}{\partial x^2}$;

(7) $x^2+y^2+z^2+2x-2y+4z-5=0$, 求 $\mathrm{d}z$;

(8) $\dfrac{x}{z}=\ln\dfrac{z}{y}$, 求 $\mathrm{d}z$.

A3. (1) 设 $z=x^2+y^2$, 其中 $y=f(x)$ 为由方程 $x^2-xy+y^2=1$ 所确定的隐函数, 求 $\dfrac{\mathrm{d}z}{\mathrm{d}x}$ 及 $\dfrac{\mathrm{d}^2z}{\mathrm{d}x^2}$.

(2) 设 $u=x^2+y^2+z^2$, 其中 $z=f(x,y)$ 为由方程 $x^3+y^3+z^3=3xyz$ 所确定的隐函数, 求 u_x 及 u_{xx}.

A4. 设有方程组

$$\begin{cases} \mathrm{e}^x+\mathrm{e}^y-uv=0, \\ 3\mathrm{e}^{x+2y}+u^2-v^2=0, \end{cases}$$

验证在 $(x,y,u,v)=(0,0,1,2)$ 附近可确定隐函数组 $u=u(x,y), v=v(x,y)$, 并求出偏导数 u_x,u_y,v_x,v_y.

A5. 求下列方程组所确定的向量值隐函数的导数:

(1) $\begin{cases} x^2+y^2+z^2=a^2, \\ x^2+y^2=ax, \end{cases}$ 求 $\dfrac{\mathrm{d}y}{\mathrm{d}x},\dfrac{\mathrm{d}z}{\mathrm{d}x}$;

(2) $\begin{cases} x-u^2-yv=0, \\ y-v^2-xu=0, \end{cases}$ 求 $\dfrac{\partial u}{\partial x},\dfrac{\partial v}{\partial x},\dfrac{\partial u}{\partial y},\dfrac{\partial v}{\partial y}$;

(3) $\begin{cases} x=-u^2+v+z, \\ y=u+vz, \end{cases}$ 求 $\dfrac{\partial u}{\partial x},\dfrac{\partial v}{\partial x},\dfrac{\partial u}{\partial z}$;

(4) $\begin{cases} u=f(ux,v+y), \\ v=g(u-x,v^2y), \end{cases}$ 求 $\dfrac{\partial u}{\partial x},\dfrac{\partial v}{\partial x}$, 其中 f,g 连续可微.

A6. 求下列偏导数:

(1) $\begin{cases} x=\mathrm{e}^u+u\sin v, \\ y=\mathrm{e}^u-u\cos v, \end{cases}$ 求 u_x,v_x,u_y,v_y; (2) $\begin{cases} x=u+v, \\ y=u^2+v^2, \\ z=u^3+v^3, \end{cases}$ 求 z_x.

B7. 设 $f(x)$ 在 $\mathbb{R}$ 上可导, $f'(x_0)\neq 0$. 令变换 $u=f(x), v=-y+xf(x)$, 证明: 在点 (x_0,y_0) 的某邻域内可逆, 且其逆具有形式 $x=g(u),\ y=-v+ug(u)$.

B8. 设函数 $z=z(x,y)$ 是由方程组 $z=uv,\ x=\mathrm{e}^{u+v}, y=\mathrm{e}^{u-v}$ 所定义的函数, 求当 $u=0,v=0$ 时的 $\mathrm{d}z$.

B9. 设函数 $u=u(x,y)$ 由方程组 $u=f(x,y,z,t),\ g(y,z,t)=0,\ h(z,t)=0$ 所确定, 求 $\dfrac{\partial u}{\partial x}$ 和 $\dfrac{\partial u}{\partial y}$.

B10. 设 $u=u(x,y,z), v=v(x,y,z)$ 和 $x=x(s,t), y=y(s,t), z=z(s,t)$ 都有连续的一阶偏导数, 证明: $\dfrac{\partial(u,v)}{\partial(s,t)}=\dfrac{\partial(u,v)}{\partial(x,y)}\dfrac{\partial(x,y)}{\partial(s,t)}+\dfrac{\partial(u,v)}{\partial(y,z)}\dfrac{\partial(y,z)}{\partial(s,t)}+\dfrac{\partial(u,v)}{\partial(z,x)}\dfrac{\partial(z,x)}{\partial(s,t)}$.

B11. 设 $u=\dfrac{y}{\tan x}, v=\dfrac{y}{\sin x}$, 证明: 当 $0<x<\dfrac{\pi}{2}, y>0$ 时, u,v 可以用来作为曲线坐标, 即可确定出 x,y 作为 u,v 的函数. 再画出 xy 平面上 $u=1, v=2$ 所对应的坐标曲线, 计算 $\dfrac{\partial(u,v)}{\partial(x,y)}$ 和 $\dfrac{\partial(x,y)}{\partial(u,v)}$, 并验证它们互为倒数.

B12. 设以 u,v 为新的自变量, 变换下列方程:

(1) $(x+y)\dfrac{\partial z}{\partial x}-(x-y)\dfrac{\partial z}{\partial y}=0$, 设 $u=\ln\sqrt{x^2+y^2}, v=\arctan\dfrac{y}{x}$;

(2) $x^2\dfrac{\partial^2 z}{\partial x^2}-y^2\dfrac{\partial^2 z}{\partial y^2}=0$, 设 $u=xy, v=\dfrac{y}{x}$;

(3) $z_{xx}-yz_{yy}=\dfrac{1}{2}z_y(y>0),\ u=x-2\sqrt{y},\ v=x+2\sqrt{y}$;

(4) $z_{xx}+z_{yy}=0,\ x=\mathrm{e}^u\cos v,\ y=\mathrm{e}^u\sin v$.

§11.5 偏导数在几何中的应用

在前面我们讨论过平面曲线的切线, 本节中将学习空间曲线的切线和法平面, 空间曲面的切平面和法线.

§11.5.1 空间曲线的切线与法平面

根据空间曲线的表达方式, 分两种情况来讨论.

1. 参数方程表示的空间曲线的切线与法平面

设空间曲线 Γ 可以用参数方程形式

$$\Gamma:\begin{cases}x=x(t),\\ y=y(t),\ t\in[a,b]\\ z=z(t),\end{cases}\tag{11.5.1}$$

来表示, 它也可以写成向量形式

$$\boldsymbol{r}(t)=(x(t),y(t),z(t)),t\in[a,b].$$

若 $\boldsymbol{r}'(t)$ 连续, 且 $\boldsymbol{r}'(t)\neq\mathbf{0}$, 即 $x'(t),y'(t)$ 和 $z'(t)$ 不同时为 0, 则该曲线称为光滑曲线.

现在来讨论光滑曲线 Γ 上一点 $P_0(x(t_0),y(t_0),z(t_0))$ 处的切线 (tangent line). 空间曲线的切线的定义与平面的情况相同, 即定义为割线的极限位置. 参见图 11.5.1.

记 $x_0=x(t_0),y_0=y(t_0),z_0=z(t_0)$. 取 Γ 上一点 $P_1(x(t),y(t),z(t))$, 通过 P_0 和 P_1 的割线的方向向量为

$$(x(t)-x(t_0),y(t)-y(t_0),z(t)-z(t_0)),$$

也可取为

$$\left(\frac{x(t)-x(t_0)}{t-t_0},\ \frac{y(t)-y(t_0)}{t-t_0},\ \frac{z(t)-z(t_0)}{t-t_0}\right).$$

再令 $t\to t_0$, 就得到曲线在点 P_0 处的切线的方向向量, 即切向量

$$\boldsymbol{r}'(t_0)=(x'(t_0),y'(t_0),z'(t_0)),\tag{11.5.2}$$

因此就得到曲线在点 P_0 处的切线方程

$$\frac{x-x_0}{x'(t_0)}=\frac{y-y_0}{y'(t_0)}=\frac{z-z_0}{z'(t_0)}.\tag{11.5.3}$$

又过点 P_0 且与切线垂直的平面称为曲线 Γ 在点 P_0 的**法平面** (normal plane) (参见图 11.5.2). 显然, 这个平面的法向量就是 Γ 在点 P_0 的切向量 $\boldsymbol{r}'(t_0)$, 因此法平面方程为

$$x'(t_0)(x-x_0)+y'(t_0)(y-y_0)+z'(t_0)(z-z_0)=0,\tag{11.5.4}$$

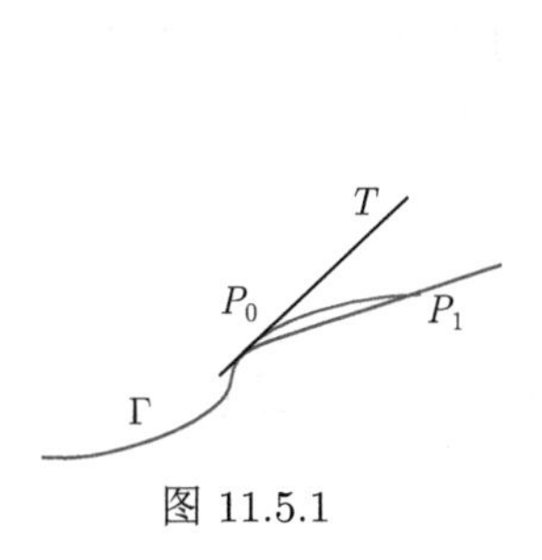

图 11.5.1

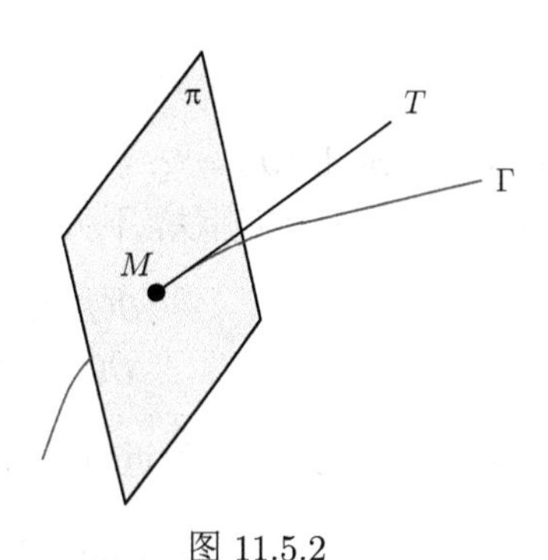

图 11.5.2

或写成等价的向量形式

$$\boldsymbol{r}'(t_0)\cdot(\boldsymbol{x}-\boldsymbol{x}_0)=0, \tag{11.5.5}$$

其中, $\boldsymbol{x}-\boldsymbol{x}_0=(x-x_0,y-y_0,z-z_0)$.

特别地, 如果曲线 γ 的方程为

$$y=y(x),z=z(x),$$

则它在点 $P_0(x_0,y(x_0),z(x_0))$ 处的切线方程为

$$\frac{x-x_0}{1}=\frac{y-y(x_0)}{y'(x_0)}=\frac{z-z(x_0)}{z'(x_0)}, \tag{11.5.6}$$

法平面方程为

$$(x-x_0)+y'(x_0)(y-y(x_0))+z'(x_0)(z-z(x_0))=0. \tag{11.5.7}$$

例 11.5.1 求螺旋线 $x=a\cos t,y=a\sin t,z=bt$ 在 $t_0=\frac{\pi}{3}$ 处的切线与法平面方程.

解 $x'(t_0)=-a\sin t_0=-\frac{\sqrt{3}}{2}a,\ y'(t_0)=a\cos t_0=\frac{a}{2},\ z'(t_0)=b$, 所以切线方程为

$$\frac{x-\frac{a}{2}}{-\frac{\sqrt{3}a}{2}}=\frac{y-\frac{\sqrt{3}a}{2}}{\frac{a}{2}}=\frac{z-\frac{\pi b}{3}}{b},$$

法平面方程为

$$-\frac{\sqrt{3}a}{2}\left(x-\frac{a}{2}\right)+\frac{a}{2}\left(y-\frac{\sqrt{3}a}{2}\right)+b\left(z-\frac{\pi b}{3}\right)=0.$$

2. 一般式表示的空间曲线的切线与法平面

空间曲线还可以表示为空间中两张曲面的交 (线):

$$\Gamma:\begin{cases}F(x,y,z)=0,\\G(x,y,z)=0.\end{cases} \tag{11.5.8}$$

这种表示方式称为曲线的一般式. 设 $P_0(x_0,y_0,z_0)$ 为 Γ 上一点, 且 Jacobi 矩阵

$$\boldsymbol{J}=\begin{pmatrix}F_x & F_y & F_z\\G_x & G_y & G_z\end{pmatrix}$$

在 P_0 点满秩, 即 rank $(\boldsymbol{J})=2$. 我们来求曲线 Γ 在点 P_0 的切线与法平面方程.

由于矩阵 $\boldsymbol{J}$ 在 P_0 点满秩, 不失一般性, 假设在 P_0 点成立

$$\frac{\partial(F,G)}{\partial(y,z)}=\begin{vmatrix}F_y & F_z\\G_y & G_z\end{vmatrix}\neq 0,$$

由隐函数存在定理, 在 P_0 点附近唯一确定了满足条件 $y_0=y(x_0),z_0=z(x_0)$ 的隐函数

$$y=y(x),z=z(x),x\in U(x_0,\rho),$$

且有

$$y'(x_0)=\frac{\partial(F,G)}{\partial(z,x)}(P_0)\bigg/\frac{\partial(F,G)}{\partial(y,z)}(P_0),\qquad z'(x_0)=\frac{\partial(F,G)}{\partial(x,y)}(P_0)\bigg/\frac{\partial(F,G)}{\partial(y,z)}(P_0),$$

于是, 曲线 Γ 在点 P_0 处的切向量为

$$\left(\frac{\partial(F,G)}{\partial(y,z)}(P_0),\ \frac{\partial(F,G)}{\partial(z,x)}(P_0),\ \frac{\partial(F,G)}{\partial(x,y)}(P_0)\right),\tag{11.5.9}$$

切线方程为

$$\frac{x-x_0}{\dfrac{\partial(F,G)}{\partial(y,z)}(P_0)}=\frac{y-y_0}{\dfrac{\partial(F,G)}{\partial(z,x)}(P_0)}=\frac{z-z_0}{\dfrac{\partial(F,G)}{\partial(x,y)}(P_0)},\tag{11.5.10}$$

法平面方程为

$$\frac{\partial(F,G)}{\partial(y,z)}(P_0)(x-x_0)+\frac{\partial(F,G)}{\partial(z,x)}(P_0)(y-y_0)+\frac{\partial(F,G)}{\partial(x,y)}(P_0)(z-z_0)=0.\tag{11.5.11}$$

例 11.5.2 求两柱面 $x^2+y^2=R^2, x^2+z^2=R^2$ 的交线在点 $P\left(\frac{R}{\sqrt2},\frac{R}{\sqrt2},\frac{R}{\sqrt2}\right)$ 处的切线方程和法平面方程.

解 直接应用定理. 记

$$\begin{cases}F(x,y,z)=x^2+y^2-R^2,\\ G(x,y,z)=x^2+z^2-R^2,\end{cases}$$

则

$$\frac{\partial(F,G)}{\partial(y,z)}(P)=\begin{vmatrix}2y&0\\0&2z\end{vmatrix}_P=2R,\quad \frac{\partial(F,G)}{\partial(z,x)}(P)=\begin{vmatrix}0&2x\\2z&2x\end{vmatrix}_P=-2R,$$

$$\frac{\partial(F,G)}{\partial(x,y)}(P)=\begin{vmatrix}2x&2y\\2x&0\end{vmatrix}=-2R.$$

故 F,G 的交线 Γ 在点 $P\left(\frac{R}{\sqrt2},\frac{R}{\sqrt2},\frac{R}{\sqrt2}\right)$ 处的切线方程为

$$x-\frac{R}{\sqrt2}=-\left(y-\frac{R}{\sqrt2}\right)=-\left(z-\frac{R}{\sqrt2}\right).$$

法平面方程为

$$x-y-z+\frac{R}{\sqrt2}=0.$$

本题也可以先将曲线化为参数形式来求解切线方程与法平面方程.

§11.5.2 曲面的切平面与法线

1. 用一般式表示的曲面的切平面与法线

设曲面 S 的方程为

$$S:F(x,y,z)=0,(x,y,z)\in D,\tag{11.5.12}$$

且曲面是光滑的, 即 F 在 D 上具有连续偏导数, 且偏导数 F_x,F_y,F_z 不全为 0.

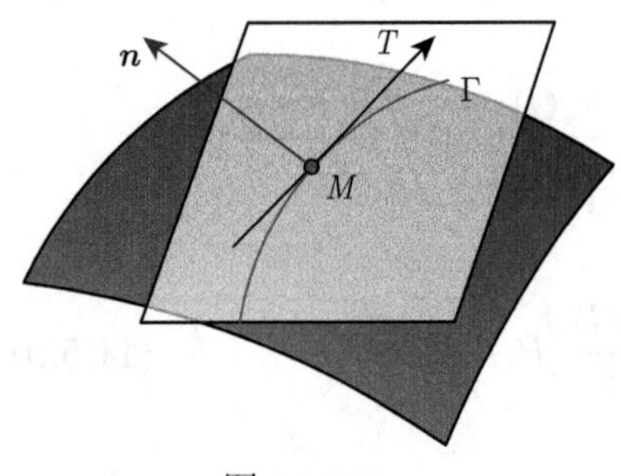

图 11.5.3

如图 11.5.3, 对 S 上每一点 $M(x_0,y_0,z_0)$, 考察 S 上过 M 点的每一条光滑曲线 Γ, 方程见式 (11.5.1), 其中 $x_0=x(t_0),y_0=y(t_0),z_0=z(t_0)$, 则 $F(x(t),y(t),z(t))=0$. 在 $t=t_0$ 处关于 t 求导得

$$F_x(M)x'(t_0)+F_y(M)y'(t_0)+F_z(M)(z'(t_0))=0,$$

因此, 存在一个方向, 即 F 的梯度方向

$$\boldsymbol{n}=(F_x(M),F_y(M),F_z(M)), \tag{11.5.13}$$

它与曲面上过 M 点的每一条曲线的切线垂直, 于是存在一个过 M 点的平面, 曲面上过 M 点的每一条曲线的切线都在这个平面上. 这个平面就称为曲面 S 过 M 点的**切平面** (tangent plane). 过 M 点且与切平面垂直的直线称为曲面 S 在 M 点的**法线** (normal line).

由此可知, 曲面 S 过 M 的切平面方程为

$$F_x(M)(x-x_0)+F_y(M)(y-y_0)+F_z(M)(z-z_0)=0, \tag{11.5.14}$$

法线方程为

$$\frac{x-x_0}{F_x(M)}=\frac{y-y_0}{F_y(M)}=\frac{z-z_0}{F_z(M)}. \tag{11.5.15}$$

特别地, 当曲面 S 的方程可以显式表示, 即

$$S: z=f(x,y),(x,y)\in E$$

时, 曲面 S 过 M 的切平面方程为

$$z-z_0=f_x(x_0,y_0)(x-x_0)+f_y(x_0,y_0)(y-y_0), \tag{11.5.16}$$

相应地, 法线方程为

$$\frac{x-x_0}{f_x(x_0,y_0)}=\frac{y-y_0}{f_y(x_0,y_0)}=\frac{z-z_0}{-1}. \tag{11.5.17}$$

2. 参数式表示的曲面的切平面与法线

设曲面可以表示成参数形式:

$$\begin{cases} x=x(u,v), \\ y=y(u,v), \quad (u,v)\in D\subset\mathbb{R}^2, \\ z=z(u,v), \end{cases} \tag{11.5.18}$$

或写成向量形式: $\boldsymbol{r}:D\subset\mathbb{R}^2\to\mathbb{R}^3$, $\boldsymbol{r}(u,v)=(x(u,v),y(u,v),z(u,v))$. 记 $M(x_0,y_0,z_0)=(x(u_0,v_0),y(u_0,v_0),z(u_0,v_0))$. 在一定条件下, 参数形式局部地可以化为显式.

设 $\boldsymbol{r}$ 的 Jacobi 矩阵为

$$\boldsymbol{J}=\begin{pmatrix} x_u & x_v \\ y_u & y_v \\ z_u & z_v \end{pmatrix},$$

且 $\boldsymbol{J}$ 满秩. 不妨设 $\frac{\partial(x,y)}{\partial(u,v)}|_{(u_0,v_0)} \neq 0$, 则由逆映射定理知, 由式 (11.5.18) 的前两个方程可以局部地确定 u,v 为 x,y 的函数

$$\begin{cases} u = u(x,y), \\ v = v(x,y), \end{cases} \quad (u_0 = u(x_0,y_0), v_0 = v(x_0,y_0)),$$

再代入式 (11.5.18) 的第三个方程可得 $z = f(x,y) \doteq z(u(x,y),v(x,y))$.

按照复合函数求导法则与逆映射定理可得

$$\frac{\partial f}{\partial x} = -\frac{\partial(y,z)}{\partial(u,v)} \Big/ \frac{\partial(x,y)}{\partial(u,v)},$$
$$\frac{\partial f}{\partial y} = -\frac{\partial(z,x)}{\partial(u,v)} \Big/ \frac{\partial(x,y)}{\partial(u,v)},$$

从而得 S 在 M 点的法向量为

$$\boldsymbol{n} = \left(\frac{\partial(y,z)}{\partial(u,v)}, \frac{\partial(z,x)}{\partial(u,v)}, \frac{\partial(x,y)}{\partial(u,v)}\right), \tag{11.5.19}$$

切平面方程为

$$\left.\frac{\partial(y,z)}{\partial(u,v)}\right|_{(u_0,v_0)}(x-x_0) + \left.\frac{\partial(z,x)}{\partial(u,v)}\right|_{(u_0,v_0)}(y-y_0) + \left.\frac{\partial(x,y)}{\partial(u,v)}\right|_{(u_0,v_0)}(z-z_0) = 0, \tag{11.5.20}$$

相应地, 法线方程为

$$\frac{x-x_0}{\frac{\partial(y,z)}{\partial(u,v)}|_{(u_0,v_0)}} = \frac{y-y_0}{\frac{\partial(z,x)}{\partial(u,v)}|_{(u_0,v_0)}} = \frac{z-z_0}{\frac{\partial(x,y)}{\partial(u,v)}|_{(u_0,v_0)}}. \tag{11.5.21}$$

例 11.5.3 求球面

$$\begin{cases} x = \sin\varphi\cos\theta, \\ y = \sin\varphi\sin\theta, \\ z = \cos\varphi, \end{cases}$$

在对应于 $\theta = \varphi = \frac{\pi}{4}$ 处的切平面方程与法线方程.

解 应用公式 (11.5.20) 和公式 (11.5.21).

$$\begin{pmatrix} x_\theta & x_\varphi \\ y_\theta & y_\varphi \\ z_\theta & z_\varphi \end{pmatrix} = \begin{pmatrix} -\sin\theta\sin\varphi & \cos\theta\cos\varphi \\ \cos\theta\sin\varphi & \sin\theta\cos\varphi \\ 0 & -\sin\varphi \end{pmatrix},$$

所以

$$\left.\frac{\partial(y,z)}{\partial(\theta,\varphi)}\right|_{(\frac{\pi}{4},\frac{\pi}{4})} = -\frac{\sqrt{2}}{4}, \quad \left.\frac{\partial(z,x)}{\partial(\theta,\varphi)}\right|_{(\frac{\pi}{4},\frac{\pi}{4})} = -\frac{\sqrt{2}}{4}, \quad \left.\frac{\partial(x,y)}{\partial(\theta,\varphi)}\right|_{(\frac{\pi}{4},\frac{\pi}{4})} = -\frac{1}{2}.$$

因此, 法向量为 $\boldsymbol{n} = (1,1,\sqrt{2})$, 切平面方程为

$$x + y + \sqrt{2}z = 2,$$

法线方程为

$$x-\frac{1}{2}=y-\frac{1}{2}=\frac{\sqrt{2}}{2}\left(z-\frac{\sqrt{2}}{2}\right).$$

两条曲线在交点处的夹角是指两条曲线在交点处的各自的切向量的夹角，而两曲面在交线上一点处的夹角是指两张曲面在该点处的各自的法向量的夹角.

例 11.5.4 证明: 曲线 $\Gamma:\begin{cases}x=a\mathrm{e}^t\cos t,\\ y=a\mathrm{e}^t\sin t,\\ z=a\mathrm{e}^t\end{cases}$ 与锥面 $x^2+y^2=z^2$ 各母线相交成定角.

解 锥面 $x^2+y^2=z^2$ 的母线方程为 $\begin{cases}x=pt,\\ y=qt,\\ z=rt,\end{cases}$ 其中, p,q,r 满足 $p^2+q^2=r^2$. 母线的方向是 (p,q,r), 曲线 Γ 上 t 值对应点处的切向量为 $(a\mathrm{e}^t(\cos t-\sin t),a\mathrm{e}^t(\sin t+\cos t),a\mathrm{e}^t)=(x-y,x+y,z)$. 记交角为 θ, 则

$$\cos\theta=\frac{p(x-y)+q(x+y)+rz}{\sqrt{(x-y)^2+(x+y)^2+z^2}\sqrt{p^2+q^2+r^2}}=\sqrt{\frac{2}{3}}.$$

例 11.5.5 求曲线 $\begin{cases}2x^2+3y^2+z^2=47,\\ x^2+2y^2=z\end{cases}$ 过点 $(-2,1,6)$ 处的切线方程与法平面方程.

解 本题不易直接化为参数方程. 注意到, 曲线作为两个曲面的交线, 其切线恰好是相应两个切平面的交线, 因此所求的切线方程为

$$\begin{cases}-4x+3y+6z=47,\\ 4x-4y+z=-6.\end{cases}$$

由此可以求出切向量. 注意到, 曲线的切向量即为两个曲面的法向量的向量积. 从而得到切线方程为

$$\frac{x+2}{27}=\frac{y-1}{28}=\frac{z-6}{4}.$$

从而法平面方程为

$$27x+28y+4z+2=0.$$

最后, 我们换个角度来看一般式曲线 (11.5.8) 的法平面方程的意义 (证明留给读者).

定理11.5.1 曲线 $\Gamma:\begin{cases}F(x,y,z)=0,\\ G(x,y,z)=0\end{cases}$ 在 P_0 点的法平面就是由梯度向量 $\mathbf{grad}F(P_0)$ 和 $\mathbf{grad}G(P_0)$ 张成的过 P_0 的平面.

习题 11.5

A1. 求平面曲线 $x^{2/3}+y^{2/3}=a^{2/3}(a>0)$ 上任一点处的切线方程, 并证明: 这些切线被坐标轴所截取的线段等长.

A2. 求下列曲线在所示点处的法平面与切线:

(1) $x=t-\sin t,\ y=1-\cos t,\ z=4\sin\frac{t}{2}$, 在 $t=\frac{\pi}{2}$ 对应的点处;

(2) $2x^2+y^2+z^2-3x=0,\ 2x-3y+5z-4=0$, 在点 $(1,1,1)$ 处.

A3. 求下列曲面在所示点处的切平面与法线:

(1) $z=\arctan\dfrac{y}{x}$ 在点 $\left(1,1,\dfrac{\pi}{4}\right)$ 处;

(2) $\mathrm{e}^z-2z+x^2y^2=10$ 在点 $(3,1,0)$ 处;

(3) $\dfrac{x^2}{4}+\dfrac{y^2}{9}+z^2=3$ 在点 $(2,3,1)$ 处;

(4) $x=\mathrm{e}^r\cos t,\ y=\mathrm{e}^r\sin t,\ z=r$ 在 $t=\dfrac{\pi}{2}, r=1$ 对应的点处.

A4. 证明: 对任意常数 ρ,φ, 球面 $x^2+y^2+z^2=\rho^2$ 与锥面 $x^2+y^2=\tan^2\varphi\cdot z^2$ 是正交的.

A5. 求曲面 $x^2+2y^2+3z^2=21$ 的切平面, 使它平行于平面 $x+4y+6z=0$.

A6. 在曲线 $x=t,y=t^2,z=t^3$ 上求一点, 使曲线在此点的切线平行于平面 $x+2y+z=0$.

A7. 求函数 $u=\dfrac{\sqrt{6x^2+8y^2}}{z}$ 在点 $M(1,1,1)$ 处沿曲面 $2x^2+3y^2+z^2=6$ 在 M 处由内指向外的法方向的方向导数.

A8. 设函数 $F(x,y)$ 有连续一阶偏导数, 试证明: $F(x,y)$ 在点 $P_0(x_0,y_0)$ 的梯度恰好是 $F(x,y)$ 的等值线在点 P_0 的法向量.

A9. 证明: 锥面 $\dfrac{x^2}{a^2}+\dfrac{y^2}{b^2}=\dfrac{z^2}{c^2}$ 在其上任意一点处的切平面必通过该点处的母线.

A10. 设 $F(u,v)$ 连续可微, 证明: 曲面 $F\left(\dfrac{x-a}{z-c},\dfrac{y-b}{z-c}\right)=0$ 上任意一点处的切平面都通过某定点, 其中, a,b,c 为常数.

A11. 确定正数 λ, 使曲面 $xyz=\lambda$ 与椭球面 $\frac{x^2}{a^2}+\dfrac{y^2}{b^2}+\dfrac{z^2}{c^2}=1$ 在某一点相切 (即在该点有公共切平面).

A12. 求曲面 $S_1: x^2+2y^2+z^2=\dfrac{5}{2}$ 的与平面 $S_2: x-y+z+4=$ 平行的切平面以及 S_1 距离 S_2 最近与最远的点.

B13. 求曲面 $z=\dfrac{x^2+y^2}{4}$ 与平面 $y=4$ 的交线在 $x=2$ 处的切线与 x 轴的交角.

B14. 试讨论两曲面 $F(x,y,z)=0, G(x,y,z)=0$ 的交线在 xOy 平面上的投影曲线存在切线的条件, 并求出切线方程.

§11.6 无条件极值

极值和最值问题是推动微积分发展的重要动力之一. 在一元函数微分学中, 我们研究了一元函数的极值和最值, 下面要处理多元函数的极值和最值问题, 而且所要研究的极值和最值问题可能是有某些限定条件的, 称为条件极值, 或约束极值. 本节讨论的是无限制条件下的极值问题, 简称为无条件极值. 条件极值问题留到下一节.

§11.6.1 多元函数的极值

类似于一元函数极值的概念, 可定义多元函数的极值.

定义 11.6.1 设 $f(\boldsymbol{x})$ 为定义在 $D\subset\mathbb{R}^n$ 上的函数, $\boldsymbol{x}_0\in D$. 若存在 $\boldsymbol{x}_0$ 的邻域 $U(\boldsymbol{x}_0,\rho)\subset D$, 使得

$$f(\boldsymbol{x}_0)\geqslant f(\boldsymbol{x}),\ \forall\boldsymbol{x}\in U(\boldsymbol{x}_0,\rho),$$

则称 $f(\boldsymbol{x}_0)$ 为 f 的**极大值**, $\boldsymbol{x}_0$ 为 f 的**极大值点**. 若

$$f(\boldsymbol{x}_0)\leqslant f(\boldsymbol{x}),\ \forall\boldsymbol{x}\in U(\boldsymbol{x}_0,\rho),$$

则称 $f(\boldsymbol{x}_0)$ 为 f 的**极小值**, $\boldsymbol{x}_0$ 为 f 的**极小值点**.

极大值与极小值统称**极值**, 极大值点和极小值点统称**极值点**.

易见, 极值点必是 D 的内点. 下面先讨论极值的必要条件, 也就是多元函数的 Fermat 引理.

定理 11.6.1 (极值的必要条件)　设 $\boldsymbol{x}_0$ 为函数 f 的极值点, 且 f 在 $\boldsymbol{x}_0$ 点可偏导, 则 f 在点 $\boldsymbol{x}_0$ 的各个一阶偏导数都为零, 即

$$f_1(\boldsymbol{x}_0) = f_2(\boldsymbol{x}_0) = \cdots = f_n(\boldsymbol{x}_0).$$

证明　我们只需证明 $f_1(\boldsymbol{x}_0) = 0$, 其他类似. 记 $\boldsymbol{x}_0 = (x_1^0, x_2^0, \cdots, x_n^0)$, 考虑一元函数

$$\varphi(x_1) = f(x_1, x_2^0, \cdots, x_n^0),$$

则 x_1^0 是 $\varphi(x_1)$ 的极值点. 由 Fermat 引理即得 $\varphi'(x_1^0) = f_1(x_1^0, x_2^0, \cdots, x_n^0) = 0$.　□

使得函数 f 的各一阶偏导数同时为零的点称为 f 的驻点, 或稳定点.

注 11.6.1　定理 11.6.1 表明, 可偏导的极值点必是驻点, 但反之未必成立, 即驻点不一定是极值点. 例如: 函数 $f(x,y) = x^2 - y^2$, 它满足 $f_x(0,0) = f_y(0,0) = 0$, 但是在 $(0,0)$ 的任何邻域里, 总是同时存在使 $f(x,y)$ 为正和为负的点. 而 $f(0,0) = 0$, 因而 $(0,0)$ 并不是 f 的极值点. 参见图 11.6.1.

注 11.6.2　偏导数不存在 (甚至函数不连续) 的点也可能是极值点. 例如函数 $f(x,y) = \sqrt{x^2+y^2}$, 原点是 f 的极值点, 但 $f(x,y)$ 在原点关于 x 和 y 的偏导数都不存在 (参见图 11.6.2).

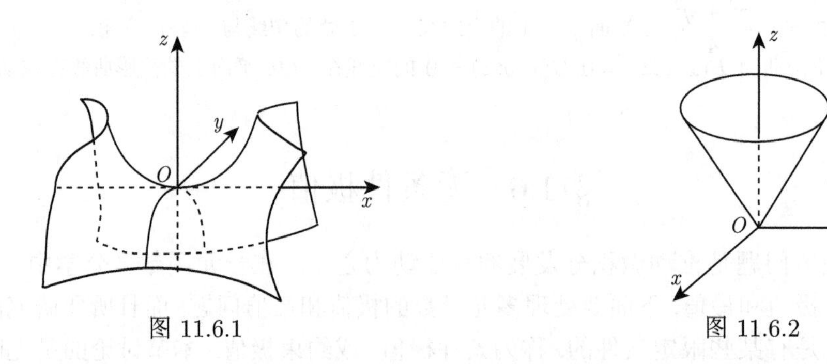

图 11.6.1　　图 11.6.2

对一元函数, 根据二阶导数的符号可得到判别极值的充分条件, 类似地, 应用多元函数的 Taylor 公式和二次型的知识, 我们可以得到如下定理 (仅对二元函数叙述).

定理 11.6.2 (极值充分条件)　设 $f(x,y)$ 为区域 D 上的二元函数, $P(x_0,y_0) \in D$ 为 f 的驻点, $f(x,y)$ 在该驻点附近具有二阶连续偏导数. 记

$$A = f_{xx}(x_0,y_0),\ B = f_{xy}(x_0,y_0),\ C = f_{yy}(x_0,y_0), \tag{11.6.1}$$

$$\boldsymbol{H}(P) = \begin{pmatrix} A & B \\ B & C \end{pmatrix}. \tag{11.6.2}$$

则 (1) $\boldsymbol{H}(P)$ 为正定矩阵时, $f(P)$ 为严格极小值; (2) $\boldsymbol{H}(P)$ 为负定矩阵时, $f(P)$ 为严格极大值; (3) 而当 $\boldsymbol{H}(P)$ 为不定矩阵时, $f(P)$ 不是极值.

证明 由 $f_x(P)=f_y(P)=0$ 以及 f 在 P 点的带有 Peano 型余项的二阶 Taylor 公式可得

$$f(x,y)-f(x_0,y_0)=\frac{1}{2}(\Delta x,\Delta y)\boldsymbol{H}(P)(\Delta x,\Delta y)^{\mathrm{T}}+o((\Delta x)^2+(\Delta y)^2).$$

当 $\boldsymbol{H}(P)$ 为正定矩阵时, 正定二次型 $(\Delta x,\Delta y)\boldsymbol{H}(P)(\Delta x,\Delta y)^{\mathrm{T}}$ 在单位球面 S 上处处为正, 而单位球面是有界闭集, 故存在正数 m, 使得

$$\frac{1}{2}(\Delta x,\Delta y)\boldsymbol{H}(P)(\Delta x,\Delta y)^{\mathrm{T}}\geqslant m,\ \forall\ (\Delta x,\Delta y)\in S.$$

因此,

$$\frac{1}{2}(\Delta x,\Delta y)\boldsymbol{H}(P)(\Delta x,\Delta y)^{\mathrm{T}}\geqslant m((\Delta x)^2+(\Delta y)^2),\ \forall(\Delta x,\Delta y)\in\mathbb{R}^2.$$

于是当 $(\Delta x)^2+(\Delta y)^2\neq 0$ 充分小时有

$$f(x,y)-f(x_0,y_0)\geqslant(m+o(1))((\Delta x)^2+(\Delta y)^2)>0,$$

同理可得 (2) 成立. 下面证明 (3). 反证法. 假设 $f(P)$ 为极值, 不妨假设为极大值. 将 f 限制在过 P 的任意一条直线上, 即令 $\varphi(t)=f(x_0+at,y_0+bt)$, 则 $\varphi(t)$ 在 $t=0$ 处取得极大值, 于是 $\varphi'(0)=0$, $\varphi''(0)\leqslant 0$. 但

$$\varphi'(t)=af_x(x_0+at,y_0+bt)+bf_y(x_0+at,y_0+bt),$$
$$\varphi''(0)=a^2f_{xx}(P)+2abf_{xy}(P)+b^2f_{yy}(P)=(a,b)\boldsymbol{H}(P)(a,b)^{\mathrm{T}},$$

由 $\varphi''(0)\leqslant 0$ 对任意 (a,b) 成立知, $\boldsymbol{H}(P)$ 为半负定的. 也就是说, $f(P)$ 为极大值蕴含 $\boldsymbol{H}(P)$ 为半负定的. 此与 $\boldsymbol{H}(P)$ 是不定的矛盾. □

根据二阶对称矩阵的顺序主子式的符号法则可得如下实用的判别极值的充分条件.

推论 11.6.1 记 $\Delta=\det\boldsymbol{H}(P)=AC-B^2$, 那么在定理 11.6.2 的条件下有:

(1) $\Delta>0$ 时 $f(P)$ 必为极值, 并且 $A>0$ 时 $f(P)$ 为严格极小值, $A<0$ 时 $f(P)$ 为严格极大值;

(2) $\Delta<0$ 时 $f(P)$ 不是极值;

(3) $\Delta=0$ 时需进一步判断.

例 11.6.1 求函数 $f(x,y)=3axy-x^3-y^3$ 的极值, 其中 $a>0$.

解 先求稳定点. 由

$$\begin{cases} f_x=3ay-3x^2=0,\\ f_y=3ax-3y^2=0\end{cases}$$

解得稳定点为 $P_1(0,0)$, $P_2(a,a)$.

再求二阶偏导数.

$$f_{xx}=-6x,\ f_{xy}=3a,\ f_{yy}=-6y.$$

分别考察上述两个稳定点. 对 $P_1(0,0)$,

$$A=0,\ B=3a,\ C=0,\ \Delta=-9a^2<0,$$

故 $P_1(0,0)$ 不是极值点.

对 $P_2(a,a)$,

$$A=-6a,\ B=3a,\ C=-6a,\ \Delta=27a^2>0,$$

所以 $P_2(a,a)$ 为严格极大值点.

例 11.6.2　讨论 $f(x,y) = -\frac{4}{5}x^5 + x^4 - 2x^2y + \frac{1}{2}y^2$ 的极值.

解　解方程组

$$\begin{cases} f_x = -4x^4 + 4x^3 - 4xy = 0, \\ f_y = -2x^2 + y = 0, \end{cases}$$

得到驻点 $P_1(0,0)$ 和 $P_2(-1,2)$. 再计算二阶偏导数

$$f_{xx} = -16x^3 + 12x^2 - 4y;\ f_{xy} = -4x,\ f_{yy} = 1.$$

由此易得 P_2 为严格极小值点, 极小值为 $f(-1,2) = -\dfrac{9}{5}$.

而在 $P_1(0,0)$ 处, $A = B = 0,\ C = 1,\ \Delta = 0$, 因此不满足取得极值的充分条件. 这时需要用其他方法来判别.

注意到在 y 轴上, 只要 $y \neq 0$, 必有 $f(0,y) = \dfrac{1}{2}y^2 > 0$, 而在抛物线 $y = x^2$ 上, 只要 $x > 0$, 必有 $f(x,x^2) = -\dfrac{5}{4}x^5 - \dfrac{1}{2}x^4 < 0$. 因此由极值的定义可知 $P_1(0,0)$ 不是极值点.

定理 11.6.2 可以推广到一般的多元函数.

定理 11.6.3　设 n 元函数 $f(\boldsymbol{x})$ 在 $\boldsymbol{P} = (x_1^0, x_2^0, \cdots, x_n^0)$ 附近具有二阶连续偏导数, 且 $\boldsymbol{P}$ 为 $f(\boldsymbol{x})$ 的驻点. 那么当 Hesse 矩阵 $\boldsymbol{H}(\boldsymbol{P}) = (f_{x_i,x_j})_{1\leqslant i,j\leqslant n}(\boldsymbol{P})$ 正定时 $f(\boldsymbol{P})$ 为极小值; 当 $\boldsymbol{H}(\boldsymbol{P})$ 负定时 $f(\boldsymbol{P})$ 为极大值; 当 $\boldsymbol{H}(\boldsymbol{P})$ 不定时 $f(\boldsymbol{P})$ 不是极值.

该定理的证明留给读者自己完成, 可参见《数学分析教程》(常庚哲和史济怀, 2003).

§11.6.2　多元函数的最值

这里主要考虑有界闭区域上连续函数的最值问题. 此时, 最大值与最小值都存在. 但如何求? 如果最值点出现在内部, 则必为极值点. 此时可利用极值的必要条件来考察. 由此可得求有界闭区域上连续函数的最值的步骤:

(1) 求出稳定点和不可偏导点及其相应的函数值;

(2) 求出函数在边界上的最值;

(3) 比较稳定点、不可偏导点以及边界上的点处的函数值即可.

例 11.6.3　在已知周长为 $2p$ 的一切三角形中, 求出面积最大的三角形.

解　设三角形的三边长分别为 $x, y, 2p-x-y$, 则由 Heron(海伦) 公式, 面积的平方

$$T(x,y) = S^2 = p(p-x)(p-y)(x+y-p),$$

由于 x, y 为三角形的两边长, 所以 $0 < x, y < p, x+y > p$. 我们可视 T 为在三角形区域 $D: 0 \leqslant x, y \leqslant p, x+y \geqslant p$ 上的函数, 这样应用有界闭区域上连续函数的性质知, S 在 D 上有最大值 (和最小值).

而在边界上, 即 $x = p$ 或 $y = p$ 或 $x + y = p$ 时 $T = 0$, 因此最大值不出现在边界上, 这表明最大值点必在 D 的内部, 即为驻点. 由

$$\begin{cases} T_x = p(p-y)(2p-2x-y), \\ T_y = p(p-x)(2p-x-2y) \end{cases}$$

容易求得 S 在 D 内有唯一的驻点 $\left(\dfrac{2p}{3}, \dfrac{2p}{3}\right)$, 因此它就是最大值点. 由此可知, 当三角形为等边三角形时面积最大.

对无界区域上的连续函数是否存在最值则要具体问题具体讨论. 下面仅以一例来说明.

例 11.6.4 讨论函数 $z=f(x,y)=(x^2+y^2)\mathrm{e}^{-(x^2+y^2)}$ 的最值.

解 显然, $f(0,0)=0$ 是最小值. 又注意到 $|(x,y)|=\sqrt{x^2+y^2}\to+\infty$ 时, $f(x,y)\to 0$, 所以 $f(x,y)$ 在 $\mathbb{R}^2$ 上必有最大值. 事实上, 存在 $r>1$, 使当 $|(x,y)|\geqslant r$ 时 $|f(x,y)|<f(1,0)=\mathrm{e}^{-1}$. 若记 M 是 $f(x,y)$ 在闭圆 $B_r(\mathbf{0})$ 内的最大值, 则它必是 $f(x,y)$ 在整个平面 $\mathbb{R}^2$ 上的最大值. 于是最大值必是极大值.

先求驻点. 由 $f_x=f_y=0$ 解得 $x=y=0$, 或 $x^2+y^2=1$. 由此可得在单位圆周上每一点均为最大值点, 最大值为 e^{-1}.

注意, 本题也可先令 $t=x^2+y^2$ 将问题转化为一元函数的最值问题.

例 11.6.5 证明: $xy\leqslant x\ln x-x+\mathrm{e}^y, \forall x\geqslant 1, y\geqslant 0$.

解 令 $f(x,y)=x\ln x-x+\mathrm{e}^y-xy$. 任给定 $x=x_0\geqslant 1$, 在半直线 $x=x_0(y\geqslant 0)$ 上, $f(x,y)$ 变为一元函数 $f(x_0,y)$, 且

$$\begin{cases} f_y(x_0,y)=\mathrm{e}^y-x_0<0, & 0\leqslant y<\ln x_0, \\ f_y(x_0,y)=\mathrm{e}^y-x_0>0, & \ln x_0<y<+\infty. \end{cases}$$

因此在半直线 $x=x_0(y\geqslant 0)$ 上, $f(x_0,y)$ 在 $y_0=\ln x_0$ 处达到最小值.

由于在曲线 $y=\ln x(x\geqslant 1)$ 上 $f(x,y)$ 满足

$$f(x,\ln x)=x\ln x-x+\mathrm{e}^{\ln x}-x\ln x=0,$$

因此在区域 D 上总成立 $f(x,y)\geqslant 0$, 即

$$xy\leqslant x\ln x-x+\mathrm{e}^y, \forall x\geqslant 1, y\geqslant 0,$$

且等号仅在曲线 $y=\ln x(x\geqslant 1)$ 上成立.

§11.6.3 最小二乘法

在探求两个变量 x,y 之间的相互关系, 即求 y 与 x 之间的关系 $y=f(x)$ 时, 常用的方法是先观察或实验得到一组数据 $(x_i,y_i), i=1,2,\cdots,n$, 然后寻找 y 与 x 的对应规律 f. 但由于观察或实验的误差, y_i 未必等于 $f(x_i)$, 如何通过这组数据来找到 f? 我们自然希望这个函数与这组数据尽可能吻合, 即要求点 (x_i,y_i) 尽量靠近曲线 $y=f(x)$, 它既能反应数据的总体分布, 又要求局部误差不能大. 参见图 11.6.3(a).

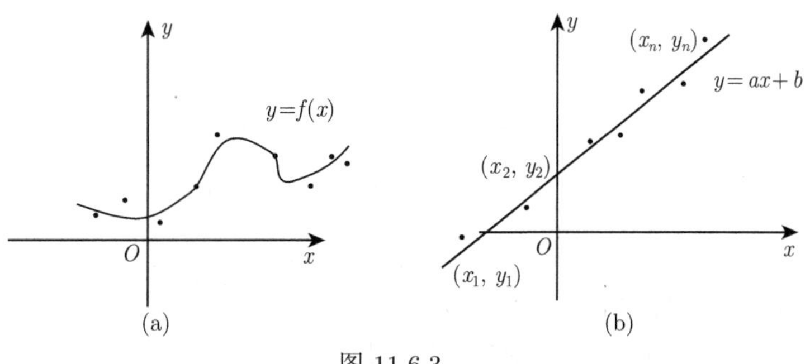

图 11.6.3

所谓**最小二乘法** (least square method), 就是要求这些点与曲线上相应点的距离的平方和 $\sum\limits_{i=1}^{n}(y_i-f(x_i))^2$ 最小的方法.

为了简单起见, 我们只考虑线性最小二乘法, 也简称为最小二乘法.

这时问题的一般提法: 已知一组数据大致满足线性关系, 要确定这个关系, 即确定直线 $y=ax+b$, 使得所有观察值 y_i 与函数值 ax_i+b 之差的平方和

$$Q=\sum_{i=1}^{n}(y_i-ax_i-b)^2$$

最小. 因此称 $y=ax+b$ 为这组数据在最小二乘意义下的拟合曲线 (实践中常称为经验公式). 参见图 11.6.3(b).

最小二乘法在自然科学与实际生活中有着广泛的应用. Gauss 是最早使用最小二乘法的数学家. 他使用的最小二乘法的方法发表于 1809 年他的著作《天体运动论》中, 而法国科学家 Legendre(勒让德) 也于 1806 年独立发现最小二乘法.

确定常数 a,b 的方法就是二元函数求极值的方法. 显然 Q 是 a,b 的函数, 令

$$\frac{\partial Q}{\partial a}=-2\sum_{i=1}^{n}(y_i-ax_i-b)x_i=2a\sum_{i=1}^{n}x_i^2-2\sum_{i=1}^{n}x_iy_i+2b\sum_{i=1}^{n}x_i=0,$$
$$\frac{\partial Q}{\partial b}=-2\sum_{i=1}^{n}(y_i-ax_i-b)=2a\sum_{i=1}^{n}x_i-2\sum_{i=1}^{n}y_i+2nb=0,$$

就得到线性方程组

$$\begin{pmatrix}\sum\limits_{i=1}^{n}x_i^2 & \sum\limits_{i=1}^{n}x_i\\ \sum\limits_{i=1}^{n}x_i & n\end{pmatrix}\begin{pmatrix}a\\ b\end{pmatrix}=\begin{pmatrix}\sum\limits_{i=1}^{n}x_iy_i\\ \sum\limits_{i=1}^{n}y_i\end{pmatrix},$$

解这个方程组, 得到

$$a=\frac{n\sum\limits_{i=1}^{n}x_iy_i-\sum\limits_{i=1}^{n}x_i\sum\limits_{i=1}^{n}y_i}{n\sum\limits_{i=1}^{n}x_i^2-\left(\sum\limits_{i=1}^{n}x_i\right)^2},\quad b=\frac{\sum\limits_{i=1}^{n}x_i^2\sum\limits_{i=1}^{n}y_i-\sum\limits_{i=1}^{n}x_i\sum\limits_{i=1}^{n}x_iy_i}{n\sum\limits_{i=1}^{n}x_i^2-\left(\sum\limits_{i=1}^{n}x_i\right)^2},$$

由问题的实际情况知, Q 在这个 (a,b) 点取最小值.

习题 11.6

A1. 求下列二元函数的极值:

(1) $z=(x-1)^2+y^2$;

(2) $z=x^3+y^3+3xy$;

(3) $z=xy(a-x-y), a>0$;

(4) $z=\mathrm{e}^{2x}(x+y^2+2y)$;

(5) $z=x^3-4x^2+2xy-y^2$;

(6) $z=3(x^2+y^2)-(x^2+y^2)^3,\ x^2+y^2<4$.

A2. 求下列函数在指定范围内的最大值与最小值:

(1) $z=x^2-y^2,\ (x,y)\in D=\{(x,y)|x^2+y^2\leqslant 4\}$;

(2) $z=x^2y(4-x-y),\ (x,y)\in D=\{(x,y)|x\geqslant 0,\ y\geqslant 0,\ x+y\leqslant 4\}$;

(3) $z=x^3+y^3-3xy,\ (x,y)\in D=\{(x,y)||x|,|y|\leqslant 2\}$;

(4) $z=\sin x+\sin y-\sin(x+y),\ (x,y)\in D=\{(x,y)|x\geqslant 0,y\geqslant 0,x+y\leqslant 2\pi\}$;

(5) $z=\sin x\sin y\sin(x+y),\ (x,y)\in D=\{(x,y)|0\leqslant x\leqslant\pi,0\leqslant y\leqslant\pi\}$;

(6) $u=(x+y+z)\mathrm{e}^{-(x^2+y^2+z^2)},(x,y,z)\in\mathbb{R}^3$.

A3. 求由下列方程确定的隐函数 $z=z(x,y)$ 的极值:

(1) $x^2+y^2+z^2-2x+2y-4z=10$;

(2) $x^2+y^2+z^2-xy-xz-yz+2x+2y+2z=0$;

(3) $(x^2+y^2)z+\ln z+2(x+y+1)=0$;

(4) $(x^2+y^2+z^2)^2=a^2(x^2+y^2-z^2),a>0$.

A4. (高维 Rolle 定理) 设 n 元函数 f 在闭球 $\bar{B}_r(\mathbf{0})=\{\boldsymbol{x}\in\mathbb{R}^n:\|\boldsymbol{x}\|\leqslant r\}$ 上连续, 在开球 $B_r(\mathbf{0})$ 内可导, 且在球面上为常数, 证明: f 在球内必有驻点.

A5. 给定函数 $z=f(x,y)=x^3+2x^2-2xy+y^2$, $(x,y)\in D=[-2,2]\times[-2,2]$. 证明: f 在 D 内有唯一的极值点, 但该极值点不是最值点, 并求出 f 在 D 上的最值.

A6. 在半径为 r 的圆上, 求内接三角形面积最大者.

A7. 在以 $O(0,0),A(1,0),B(0,1)$ 为顶点的三角形所围成的闭域 D 上求一点, 使它到三个顶点的距离的平方和分别为最大和最小, 并求出最大值和最小值.

A8. 已知平面上 n 个点的坐标分别是

$$A_1(x_1,y_1),A_2(x_2,y_2),\cdots,A_n(x_n,y_n),$$

试求一点, 使它与这 n 个点距离的平方和最小.

B9. 试求出最小正数 A 和最大负数 B, 使成立不等式

$$\frac{B}{xy}\leqslant\ln(x+y)\leqslant A(x^2+y^2),\ \forall x,y>0.$$

B10. 证明: 函数 $z=(1+\mathrm{e}^y)\cos x-y\mathrm{e}^y$ 有无穷多个极大值而无极小值 (请思考与一元函数的极值有何不同).

§11.7 条件极值问题与 Lagrange 乘数法

1. 问题的提出

前面一节, 我们研究了函数限制在某个区域上的极值与最值问题. 但在实际问题中, 对函数自变量的限制可能不只是区域, 比如, 自变量被限制在某条曲线或某张曲面上.

例 11.7.1 求单位球的内接长方体, 使其体积最大.

我们建立直角坐标系, 使得球心在坐标原点, 长方体的面平行于坐标平面. 设长方体在第一卦象的顶点坐标为 (x,y,z), 则问题转化为求函数

$$V=8xyz,\ (x,y,z)\in\mathbb{R}_+^3:x\geqslant 0,y\geqslant 0,z\geqslant 0$$

在限制条件

$$x^2+y^2+z^2=1$$

下的最值问题. 参见图 11.7.1.

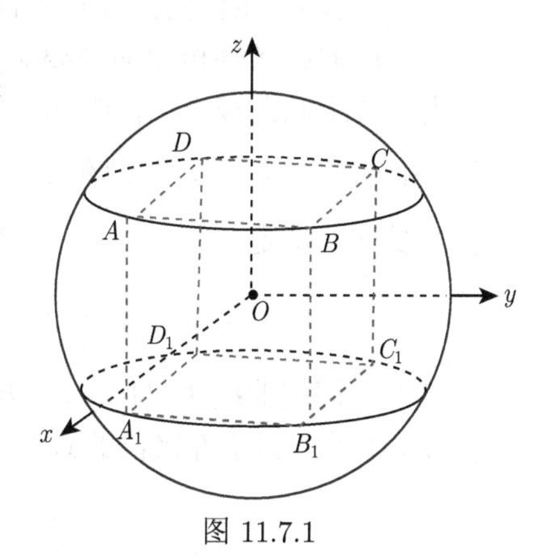

图 11.7.1

由于这类最值往往也是极值, 或可通过极值来求最值, 这样的问题称为条件极值问题, 或约束极值问题, 其中, V 称为目标函数, $x^2+y^2+z^2=1$ 称为约束条件, 或限制条件. 我们先讨论条件极值问题, 而条件最值问题可参见下面的注 11.7.1(2).

2. 条件极值问题的一般提法

求目标函数 $y=f(x_1,\cdots,x_n)$ 在 m 个约束条件

$$g_k(x_1,\cdots,x_n)=0, k=1,\cdots,m\,(m<n)$$

下的极值.

3. 解决问题的思想与方法

再看上面的例 11.7.1. 在这个例子里我们可以从限制条件解出 $z=\sqrt{1-x^2-y^2}$, 代入目标函数, 则问题化为求函数 $V=8xy\sqrt{1-x^2-y^2}$ 在闭区域 $D=\{(x,y):\ x^2+y^2\leqslant 1, x\geqslant 0, y\geqslant 0\}$ 的无条件极值.

但若实际转化很困难, 甚至是不可能的, 怎么办? 下面寻求可以跳过实际转化过程的一种方法, 即 **Lagrange 乘数法** (method of Lagrange multipliers), 其理论依据是隐函数定理.

以三元函数为例, 求目标函数

$$u=f(x,y,z),(x,y,z)\in D \tag{11.7.1}$$

在限制条件

$$\begin{cases} G(x,y,z)=0, \\ H(x,y,z)=0 \end{cases} \tag{11.7.2}$$

下的极值, 其中 $D\subset\mathbb{R}^3$ 为一区域. 假定 f,G,H 具有连续偏导数, 且 Jacobi 矩阵

$$\boldsymbol{J}=\begin{pmatrix} G_x & G_y & G_z \\ H_x & H_y & H_z \end{pmatrix}$$

在 D 内满足约束条件的点处行满秩, 即 $\operatorname{rank}(\boldsymbol{J})=2$.

先考虑取得条件极值的必要条件. 上述约束条件, 即方程组 (11.7.2), 实际上是一般式方程表示的空间曲线, 记作 Γ. 设 $P(x_0,y_0,z_0)$ 为 D 内曲线上取得条件极值的点, 由于在该点处 $\operatorname{rank}(\boldsymbol{J})=2$, 不妨假设在 P 点 $\dfrac{\partial(G,H)}{\partial(y,z)}\neq 0$, 则由隐函数存在定理, 在 P 点附近由该方程可以唯一确定

$$y=y(x), z=z(x),\ x\in U(x_0,\ \rho), y_0=y(x_0),\ z_0=z(x_0),$$

即理论上我们把曲线 Γ 的一般式方程转化成了参数式方程. 将它代入目标函数, 原问题在 (x_0,y_0,z_0) 处取得条件极值的必要条件是函数

$$\Phi(x)=f(x,y(x),z(x)), x\in U(x_0,\rho)$$

在 x_0 处取得极值, 即有 $\Phi'(x_0)=0$, 亦即

$$f_x(x_0,y(x_0),z(x_0))+f_y(x_0,y(x_0),z(x_0))y'(x_0)+f_z(x_0,y(x_0),z(x_0))z'(x_0)=0.$$

这说明向量

$$\mathbf{grad}f(x_0,y_0,z_0)=f_x(x_0,y_0,z_0)\boldsymbol{i}+f_y(x_0,y_0,z_0)\boldsymbol{j}+f_z(x_0,y_0,z_0)\boldsymbol{k}$$

与曲线 Γ 在点 P 的切向量 $\boldsymbol{\tau}=(1,y'(x_0),z'(x_0))$ 正交, 因此梯度向量 $\mathbf{grad}f(x_0,y_0,z_0)$ 是 Γ 在点 P 处的法平面上的一个向量. 而由定理 11.5.1, 这个法平面是由 $\mathbf{grad}G(x_0,y_0,z_0)$ 与 $\mathbf{grad}H(x_0,y_0,z_0)$ 张成的, 因此梯度 $\mathbf{grad}f(x_0,y_0,z_0)$ 可以由梯度 $\mathbf{grad}G(x_0,y_0,z_0)$ 和 $\mathbf{grad}H(x_0,y_0,z_0)$ 线性表出, 所以存在常数 λ_0,μ_0, 使得

$$\mathbf{grad}f(x_0,y_0,z_0)=\lambda_0\mathbf{grad}G(x_0,y_0,z_0)+\mu_0\mathbf{grad}H(x_0,y_0,z_0),\tag{11.7.3}$$

这就是点 $P(x_0,y_0,z_0)$ 为条件极值点的必要条件.

方程 (11.7.3) 的分量形式为

$$\begin{cases}f_x(x_0,y_0,z_0)-\lambda_0G_x(x_0,y_0,z_0)-\mu_0H_x(x_0,y_0,z_0)=0,\\ f_y(x_0,y_0,z_0)-\lambda_0G_y(x_0,y_0,z_0)-\mu_0H_y(x_0,y_0,z_0)=0,\\ f_z(x_0,y_0,z_0)-\lambda_0G_z(x_0,y_0,z_0)-\mu_0H_z(x_0,y_0,z_0)=0.\end{cases}\tag{11.7.4}$$

为了便于表示, 可构造所谓的 **Lagrange 函数**

$$L(x,y,z,\lambda,\mu)=f(x,y,z)-\lambda G(x,y,z)-\mu H(x,y,z),\tag{11.7.5}$$

其中 λ,μ 称为 **Lagrange 乘数** (Lagrange multipliers), 则条件极值点 P 就在函数 L 的驻点 $(x_0,y_0,z_0,\lambda_0,\mu_0)$ 所对应的点 (x_0,y_0,z_0) 中, 即方程组

$$\begin{cases}L_x=f_x-\lambda G_x-\mu H_x,\\ L_y=f_y-\lambda G_y-\mu H_y,\\ L_z=f_z-\lambda G_z-\mu H_z,\\ L_\lambda=-G=0,\\ L_\mu=-H=0\end{cases}\tag{11.7.6}$$

的所有解 $(x_0,y_0,z_0,\lambda_0,\mu_0)$ 所对应的点 (x_0,y_0,z_0) 中. 这种求可能的条件极值点的方法, 称为 **Lagrange 乘数法**.

一般地可以得到下面的定理.

定理 11.7.1 (条件极值的必要条件) *若点 $\boldsymbol{x}_0=(x_1^0,x_2^0,\cdots,x_n^0)$ 为 $f(\boldsymbol{x})=f(x_1,x_2,\cdots,x_n)$ 满足约束条件*

$$g_i(x_1,x_2,\cdots,x_n)=0,i=1,2,\cdots,m(m<n)$$

的条件极值点, 则必存在 m 个常数 $\lambda_1,\lambda_2,\cdots,\lambda_m$, 使得在点 $\boldsymbol{x}_0$ 成立

$$\mathbf{grad}f=\lambda_1\mathbf{grad}g_1+\lambda_2\mathbf{grad}g_2+\cdots+\lambda_m\mathbf{grad}g_m.\tag{11.7.7}$$

可以将 **Lagrange** 乘数法推广到一般的情形. 构造 **Lagrange** 函数

$$L(x_1,x_2,\cdots,x_n,\lambda_1,\lambda_2,\cdots,\lambda_m)=f(x_1,x_2,\cdots,x_n)-\sum_{k=1}^m\lambda_kg_k(x_1,x_2,\cdots,x_n),\tag{11.7.8}$$

那么条件极值点就在方程组

$$\begin{cases} \dfrac{\partial L}{\partial x_i}=\dfrac{\partial f}{\partial x_i}-\sum_{k=1}^{m}\lambda_k\dfrac{\partial g_k}{\partial x_i}=0, \\ g_l=0, \end{cases} (i=1,2,\cdots,n;l=1,2,\cdots,m) \tag{11.7.9}$$

的所有解 $(x_1,x_2,\cdots,x_n,\lambda_1,\lambda_2,\cdots,\lambda_m)$ 所对应的点 $(x_1,x_2,\cdots,x_n)$ 中. 我们将满足上述条件 (11.7.7), 或等价地, 式 (11.7.9) 的点称为**条件驻点**.

注 11.7.1 (1) 由定理 11.7.1 前面的证明可以看到, 若 (x_0,y_0,z_0) 为条件极值点, 则 x_0 是 $\Phi(x)$ 的无条件极值点. 但反之未必成立, 亦即用 Lagrange 乘数法求得的可疑极值点未必真的是极值点. 关于条件极值的充分性讨论参见第三册 §20.3.2 以及《数学分析教程》(常庚哲和史济怀, 2003).

(2) 实际应用中遇到的往往是条件最值. 根据问题的实际背景, 或如果限制条件所确定的范围为有界闭集, 我们可事先知道函数的条件最值是存在的, 并且还可以知道条件最值还是条件极值. 再进一步, 通过上述的 Lagrange 乘数法求得驻点后我们不必再去验证驻点是否为极值点, 而只要比较驻点处的函数值即可找到条件最值.

下面继续讨论本节开始提出的例 11.7.1.

解 求目标函数

$$V=8xyz,(x,y,z)\in\mathbb{R}_+^3$$

在约束条件

$$x^2+y^2+z^2=1$$

下的最值.

由于约束条件是单位球面, 这是有界闭集, 故 V 必能取到最值, 且最小值显然在 $\mathbb{R}_+^3$ 的边界上取到, 最大值在 $\mathbb{R}_+^3$ 的内部, 即 $x,y,z>0$ 处取到, 因此下面只在第一卦限的内部求条件驻点.

作 Lagrange 函数 $L=8xyz-\lambda(x^2+y^2+z^2-1)$, 解方程组

$$\begin{cases} L_x=8yz-2\lambda x=0, \\ L_y=8xz-2\lambda y=0, \\ L_z=8xy-2\lambda z=0, \\ x^2+y^2+z^2-1=0. \end{cases}$$

将第一式、第二式和第三式分别乘以 x,y,z 后再相加, 并利用第四式可得 $\lambda=12xyz$. 再将此式分别代入第一式、第二式和第三式, 即得

$$x^2=y^2=z^2=\frac{1}{3}.$$

故当 $x=y=z=\dfrac{\sqrt{3}}{3}$ 时, $V_{\max}=\dfrac{\sqrt{3}}{9}$.

例 11.7.2 求原点到直线 $\begin{cases} x+y+z=1, \\ x+2y+3z=6 \end{cases}$ 的距离.

解 原问题等价于求函数

$$f(x,y,z)=x^2+y^2+z^2$$

在约束条件

$$\begin{cases} x+y+z=1, \\ x+2y+3z=6 \end{cases}$$

下的最小值. 此处约束条件为直线, 它是无界集, 但由几何意义知这个最小值显然存在, 并且是极小值. 作 Lagrange 函数

$$L(x,y,z,\lambda,\mu)=x^2+y^2+z^2-\lambda(x+y+z-1)-\mu(x+2y+3z-6),$$

并由方程组

$$\begin{cases} L_x=2x-\lambda-\mu=0, \\ L_y=2y-\lambda-2\mu=0, \\ L_z=2z-\lambda-3\mu=0, \\ x+y+z-1=0, \\ x+2y+3z-6=0 \end{cases}$$

解得

$$x=-\frac{5}{3},\ y=\frac{1}{3},\ z=\frac{7}{3},\ \lambda=-\frac{22}{3},\ \mu=4.$$

由于点到直线的距离, 即目标函数的最小值一定存在, 这个唯一的极值点必是最小值点, 也就是说, 原点到直线 $\begin{cases} x+y+z=1, \\ x+2y+3z=6 \end{cases}$ 的距离为 $\sqrt{f\left(-\frac{5}{3},\frac{1}{3},\frac{7}{3}\right)}=\frac{5\sqrt{3}}{3}$.

例 11.7.3 求平面 $x+y+z=0$ 与椭球面 $x^2+y^2+4z^2=1$ 相交而成的椭圆的面积, 参见图 11.7.2.

解 如果椭圆的两个半轴长度分别为 a,b, 则椭圆的面积为 πab. 因为椭圆中心在原点, 所以 a,b 分别是椭圆上的点到原点的最长距离与最短距离.

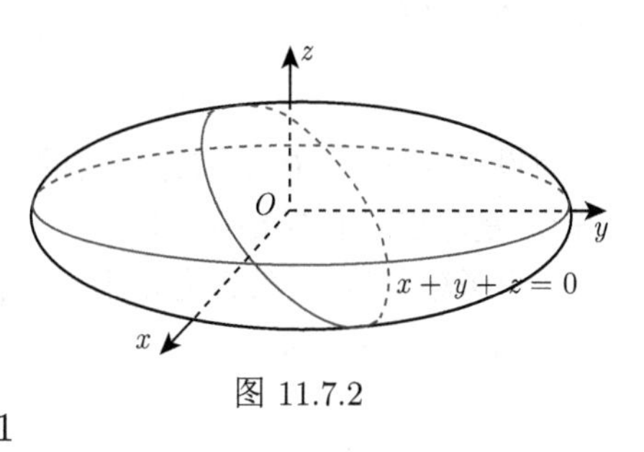

图 11.7.2

于是问题可转化为求函数

$$f(x,y,z)=x^2+y^2+z^2$$

在约束条件

$$\begin{cases} x+y+z=0, \\ x^2+y^2+4z^2=1 \end{cases}$$

下的最大值与最小值.

作 Lagrange 函数

$$L(x,y,z,\lambda,\mu)=x^2+y^2+z^2-\lambda(x+y+z)-\mu(x^2+y^2+4z^2-1),$$

得到相应的方程组

$$\begin{cases} L_x=2(1-\mu)x-\lambda=0, \\ L_y=2(1-\mu)y-\lambda=0, \\ L_z=2(1-4\mu)z-\lambda=0, \\ x+y+z=0, \\ x^2+y^2+4z^2-1=0. \end{cases}$$

将以上方程组中的第一式乘以 x, 第二式乘以 y, 第三式乘以 z 后相加, 再利用 $x+y+z=0$ 和 $x^2+y^2+4z^2=1$ 得到

$$f(x,y,z)=x^2+y^2+z^2=\mu.$$

这说明椭圆的半长轴与半短轴的平方包含在上述方程组关于 μ 的解中, 所以下面只需求 μ 的值.

将上述方程组第一式、第二式乘以 $1-4\mu$, 第三式乘以 $1-\mu$ 后再相加得到 $3\lambda(1-3\mu)=0$.

于是 $\mu=\dfrac{1}{3}$ 是一个解. 而若 $\lambda=0$, 原方程组就是

$$\begin{cases}(1-\mu)x=0,\\(1-\mu)y=0,\\(1-4\mu)z=0,\\x+y+z=0,\\x^2+y^2+4z^2-1=0.\end{cases}$$

于是 $\mu=1$ 是另一个解 (否则从以上方程组的第一, 第二和第四式得到 $x=y=z=0$, 这不是椭圆上的点).

因此该椭圆的长半轴为 1, 短半轴为 $\dfrac{1}{\sqrt{3}}$, 面积为 $\dfrac{\pi}{\sqrt{3}}$.

例 11.7.4 求函数 $f(x,y)=ax^2+2bxy+cy^2$ 在闭区域 $D=\{(x,y)|x^2+y^2\leqslant 1\}$ 上的最大值与最小值, 其中, $b^2-ac<0,\ a,b,c>0$.

解 首先考察函数在 D 内部 $\{(x,y)|x^2+y^2<1\}$ 的极值, 这是无条件极值问题. 为此解线性方程组

$$\begin{cases}f_x=2ax+2by=0,\\f_y=2bx+2cy=0.\end{cases}$$

由假设 $b^2-ac<0$ 知道方程组的系数行列式不等于零, 因此只有零解 $x=0,y=0$, 即点 $(0,0)$ 是驻点, 且 $f(0,0)=0$.

再考察函数 f 在的边界 $\{(x,y)\big|x^2+y^2=1\}$ 上的极值, 这可以视为条件极值问题. 为此作 Lagrange 函数

$$L(x,y,\lambda)=ax^2+2bxy+cy^2-\lambda(x^2+y^2-1),$$

并得方程组

$$\begin{cases}(a-\lambda)x+by=0,\\bx+(c-\lambda)y=0,\\x^2+y^2-1=0.\end{cases}$$

将方程组中的第一式乘以 x, 第二式乘以 y 后相加, 再用第三式代入就得到

$$f(x,y)=ax^2+2bxy+cy^2=\lambda(x^2+y^2)=\lambda,$$

这说明 $f(x,y)$ 在单位圆周 $\{(x,y)\big|x^2+y^2=1\}$ 上的极大值与极小值包含在方程组关于 λ 的解中. 下面来求 λ 的值.

由联立方程组中的 $x^2+y^2-1=0$, 可知二元一次方程组

$$\begin{cases}(a-\lambda)x+by=0,\\ bx+(c-\lambda)y=0\end{cases}$$

有非零解, 因此系数行列式等于零, 即

$$\lambda^2-(a+c)\lambda+ac-b^2=0,$$

解这个关于 λ 的方程, 得到

$$\lambda=\frac{1}{2}[(a+c)\pm\sqrt{(a+c)^2-4(ac-b^2)}],$$

其中, $(a+c)^2-4(ac-b^2)=(a-c)^2+4b^2>0$.

由于连续函数在紧集 $\{(x,y)\big|x^2+y^2=1\}$ 上必取到最大值与最小值, 因此 f 在 D 的边界上的最大值为

$$\lambda_1=\frac{1}{2}[(a+c)+\sqrt{(a+c)^2-4(ac-b^2)}],$$

最小值为

$$\lambda_2=\frac{1}{2}[(a+c)-\sqrt{(a+c)^2-4(ac-b^2)}].$$

再与 f 在 D 内部的极值 $f(0,0)=0$ 比较, 就得到在 D 上的最大值为

$$\max\{\lambda_1,0\}=\frac{1}{2}[(a+c)+\sqrt{(a+c)^2-4(ac-b^2)}],$$

最小值为 $\min\{\lambda_2,0\}=0$.

例 11.7.5 求 $f(x,y,z)=xyz$ 在条件 $\frac{1}{x}+\frac{1}{y}+\frac{1}{z}=\frac{1}{r}\,(x,y,z>0,\ r>0)$ 下的最小值, 并证明不等式

$$3\left(\frac{1}{x}+\frac{1}{y}+\frac{1}{z}\right)^{-1}\leqslant\sqrt[3]{xyz},$$

其中, x,y,z 为任意正实数.

解 记 $\Sigma:\frac{1}{x}+\frac{1}{y}+\frac{1}{z}=\frac{1}{r}\,(x,y,z>0,r>0)$, 显然, 对任何 $(x,y,z)\in\Sigma$, 有 $x,y,z>r$, 所以 $f(x,y,z)>r^3$, 并且当 $(x,y,z)\to\partial\Sigma$ 时 $f(x,y,z)\to+\infty$. 因此 f 在 Σ 上有最小值.

作 Lagrange 函数

$$L=xyz-\lambda\left(\frac{1}{x}+\frac{1}{y}+\frac{1}{z}-\frac{1}{r}\right),$$

解方程组

$$\begin{cases}L_x=yz+\dfrac{\lambda}{x^2}=0,\\[2mm] L_y=xz+\dfrac{\lambda}{y^2}=0,\\[2mm] L_z=xy+\dfrac{\lambda}{z^2}=0,\\[2mm] \dfrac{1}{x}+\dfrac{1}{y}+\dfrac{1}{z}=\dfrac{1}{r}\end{cases}$$

得 $x_0=y_0=z_0=3r,\lambda_0=-(3r)^4$. 于是 $(3r,3r,3r)$ 是函数 f 唯一可能的条件极值点. 此乃 f 在 Σ 上的最小值点, 最小值为 $f_{\min}=(3r)^3=27r^3$. 故

$$\sqrt[3]{xyz}\geqslant\sqrt[3]{f_{\min}}=3r=3\left(\frac{1}{x}+\frac{1}{y}+\frac{1}{z}\right)^{-1}.$$

习题 11.7

A1. 应用 Lagrange 乘数法, 求下列函数的条件极值:

(1) $f(x,y)=x^2+y^2$, 若 $\dfrac{x}{a}+\dfrac{y}{b}=1$;

(2) $f(x,y)=\dfrac{x}{a}+\dfrac{y}{b}$, 若 $x^2+y^2=1$;

(3) $f(x,y,z,t)=x+y+z+t$, 若 $xyzt=c^4,\ x,y,z,t>0,(c>0)$;

(4) $f(x,y,z)=xyz$, 若 $x^2+y^2+z^2=1,x+y+z=0$.

A2. 求下列函数的最值:

(1) $z=x^2+12xy+2y^2,\ 4x^2+y^2\leqslant 25$;

(2) $u=x^3+y^3+z^3-2xyz,\ x^2+y^2+z^2\leqslant 1$.

A3. (1) 求表面积一定而体积最大的长方体;

(2) 求体积一定而表面积最小的长方体.

A4. 求空间一点 (x_0,y_0,z_0) 到平面 $Ax+By+Cz+D=0$ 的最短距离.

A5. 求直线 $x=\dfrac{y}{2}=\dfrac{z}{3}$ 与直线 $x=y-3=z$ 之间的距离.

A6. 求 $x,y,z>0$ 时函数 $f(x,y,z)=\ln x+2\ln y+3\ln z$ 在球面 $x^2+y^2+z^2=6r^2$ 上的最大值 $(r>0)$, 并证明: $a,b,c>0$ 时, $ab^2c^3\leqslant 108\left(\dfrac{a+b+c}{6}\right)^6$.

A7. 过椭圆 $3x^2+2xy+3y^2=1$ 上任意一点做此椭圆的切线, 求切线与两坐标轴围成的三角形面积最小值.

B8. (1) 设 $a_1,a_2,\cdots,a_n$ 为已知的 n 个常数, 求 $f(x_1,x_2,\cdots,x_n)=\sum\limits_{k=1}^{n}a_kx_k$ 在 n 维闭单位球 $x_1^2+x_2^2+\cdots+x_n^2\leqslant 1$ 中的最值;

(2) 设 $a_1,a_2,\cdots,a_n$ 为已知的 n 个常数, 求函数 $f(x_1,x_2,\cdots,x_n)=x_1^2+x_2^2+\cdots+x_n^2$ 在条件 $\sum\limits_{k=1}^{n}a_kx_k=1$ 下的最小值.

B9. 证明: 椭圆

$$\begin{cases}\dfrac{x^2}{a^2}+\dfrac{y^2}{b^2}+\dfrac{z^2}{c^2}=1,\\ Ax+By+Cz=0\end{cases}$$

的半轴之长 r 满足方程

$$\frac{A^2a^2}{r^2-a^2}+\frac{B^2b^2}{r^2-b^2}+\frac{C^2c^2}{r^2-c^2}=0,$$

这里, $r=a^2$ 意味 $A=0,\ r=b^2$ 意味 $B=0,\ r=c^2$ 意味 $C=0$.

第 11 章总练习题

1. 设

$$f(x,y)=\begin{cases}\dfrac{\sin(x^2y)}{x^2+y^2}, & (x,y)\neq(0,0),\\ 0, & x=y=0,\end{cases}$$

(1) 求 $f_x(0,0),f_y(0,0)$;

(2) 设曲线 $C:\varphi(t)=(t,t,f(t,t))$, 求在 $t=0$ 对应的点 $(0,0,f(0,0))$ 处的切向量.

2. 设 $z=f(x,y)$ 是 $\mathbb{R}^2$ 上的可微函数, 且 $xf_x+yf_y=0$, 证明: $f(x,y)$ 为常数.

3. 设 $z=f(x,y)$ 在凸区域 $D\subset\mathbb{R}^2$ 上偏导数有界, 证明: $f(x,y)$ 在 D 上一致连续.

4. 讨论函数 $z=f(x,y)=x^2-xy+y^2-2x+y$ 在全平面 $\mathbb{R}^2$ 上是否有最大值或最小值, 若有请求出.

5. (1) 一元函数 $f(x)$ 如果在区间 I 上有唯一的极值点 x_0, 则当 x_0 为极大 (小) 值点时必为最大 (小) 值点. 这一结论对多元函数成立吗? 考察函数 $z=f(x,y)=x^3-4x^2+2xy-y^2,(x,y)\in\mathbb{R}^2$.

(2) 假设函数 f 在每一条过 P_0 点的直线上都取得极小值, 那么 P_0 是 f 的极小值点吗? 请考察函数 $f(x,y)=(y-x^2)(y-2x^2)$ 在点 $(0,0)$ 的极值情况.

6. 将以下式中的 (x,y,z) 变换成球面坐标 (r,φ,θ) 的形式:

$$\Delta_1 u=\left(\frac{\partial u}{\partial x}\right)^2+\left(\frac{\partial u}{\partial y}\right)^2+\left(\frac{\partial u}{\partial z}\right)^2,$$

$$\Delta_2 u=\frac{\partial^2 u}{\partial x^2}+\frac{\partial^2 u}{\partial y^2}+\frac{\partial^2 u}{\partial y^2}.$$

7. 设 $u=\dfrac{x}{r^2},v=\dfrac{y}{r^2},w=\dfrac{z}{r^2}$, 其中 $r=\sqrt{x^2+y^2+z^2}$.

(1) 试求以 u,v,w 为自变量的反函数组;

(2) 计算 $\dfrac{\partial(u,v,w)}{\partial(x,y,z)}$.

8. 方程 $\cos x+\sin y=\mathrm{e}^{xy}$ 能否在原点的某邻域内确定隐函数 $y=f(x)$ 或 $x=g(y)$?

9. 方程 $xy+z\ln y+\mathrm{e}^{xz}=1$ 在点 $(0,1,1)$ 的某邻域内能否确定出某一个变量为另外两个变量的函数?

10. 试讨论方程组

$$\begin{cases} x^2+y^2=\dfrac{z^2}{2},\\ x+y+z=2 \end{cases}$$

在点 $(1,1,2)$ 的附近能否确定形如 $x=f(z),y=g(z)$ 的隐函数组?

11. 设 f 是一元函数, 试问应对 f 提出什么条件可保证方程

$$2f(xy)=f(x)+f(y)$$

在点 $(1,1)$ 的邻域内就能确定出唯一的 y 为 x 的函数?

12. 设 $z=f(x,y)$ 在矩形 $D=[a,b]\times[c,d]$ 上连续可微, $P(x_0,y_0)\in D$.

(1) 证明: 由方程 $y=y_0+\displaystyle\int_{x_0}^{x} f(t,y)\mathrm{d}t$ 在 P 的某邻域内能确定函数 $y=y(x)$, 使得 $y(x_0)=y_0$;

(2) 证明: 一阶常微分方程 $\dfrac{\mathrm{d}y}{\mathrm{d}x}=f(x,y)$ 在 x_0 附近有唯一解 $y=y(x)$, 满足 $y(x_0)=y_0$.

13. 设 $f(x,y)$ 在 $\mathbb{R}^2$ 上有二阶连续偏导数, $P(x_0,y_0)$ 是 $f(x,y)$ 的非退化临界点, 即 $f_x(P)=f_y(P)=0$, $\Delta=\det\boldsymbol{H}(P)\neq 0$, 则 P 是孤立临界点, 即存在 P 的邻域 U, 使得在 U 中 P 是 f 的唯一的临界点.

14. 设点 (x_0,y_0) 是函数 $f(x,y)$ 的极小值点, 且在 (x_0,y_0) 点二阶偏导数 f_{xx},f_{yy} 存在, 证明:

$$f_{xx}(x_0,y_0)+f_{yy}(x_0,y_0)\geqslant 0.$$

15. 设 $D\subset\mathbb{R}^2$ 是有界闭区域, $u=u(x,y)$ 在 D 内二阶连续可微, 且满足

$$u_{x^2}+u_{y^2}+cu=0,$$

其中, $c<0$ 为常数. 证明:

(1) u 在 D 上的正的最大值 (负的最小值) 不能在 D 的内部取得;

(2) 若 u 在 D 上连续, 在 D 的边界上为 0, 则在 D 上 $u\equiv 0$.

第 12 章　重　积　分

计算几何体的体积与曲面面积是推动微积分发展的重要动力之一. 本章即研究这一课题: 有界闭区域上的积分——重积分. 下一章还将研究曲线、曲面上的积分. 它们都可以看作定积分的自然推广.

§12.1　重积分的概念

二重积分的几何背景是曲顶柱体的体积.

例 12.1.1　图 12.1.1(a) 是一个所谓的曲顶柱体.

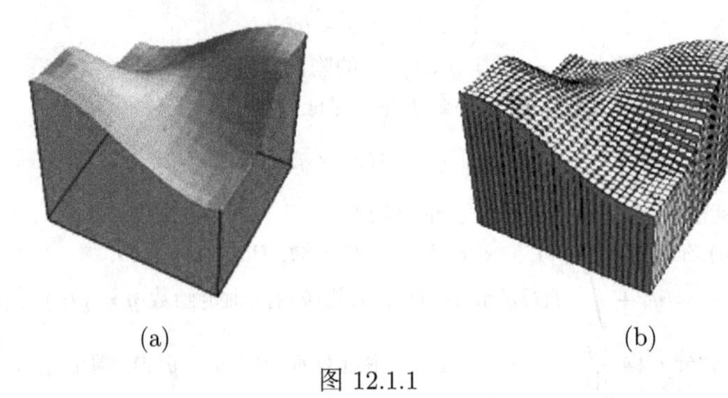

(a)　　　　(b)

图 12.1.1

为了求图 12.1.1(a) 的体积, 我们可以将该曲顶柱体分割为若干个小曲顶柱体, 如图 12.1.1(b) 所示, 而每一个小的曲顶柱体的体积可用柱体的体积来近似.

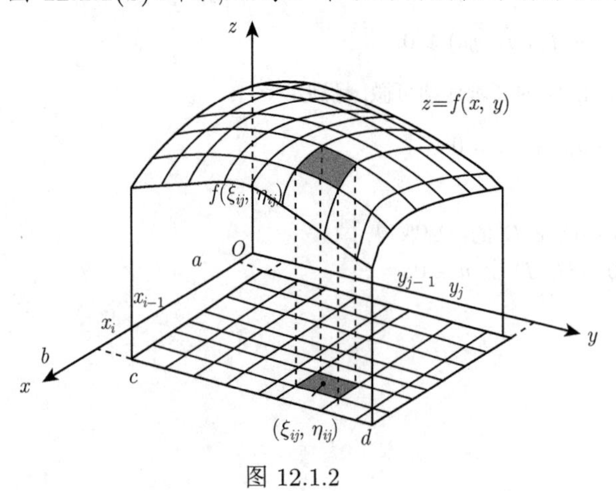

图 12.1.2

具体来说, 首先, 如图 12.1.2, 建立坐标系, 设曲顶柱体在 xOy 平面上的投影是矩形 $D = [a,b] \times [c,d] \subset \mathbb{R}^2$, 而其"曲顶"为一曲面 $z = f(x,y)$, $(x,y) \in D$. 不妨设 f 为 D 上的非负连续函数. 现在欲计算以 D 为底, 以曲面 $z = f(x,y)$ 为顶的曲顶柱体的体积.

将 D 进行分割. 在 $[a,b]$ 中任意插入 n 个分点

$$a = x_0 < x_1 < \cdots < x_n = b,$$

在 $[c,d]$ 中任意插入 m 个分点

$$c = y_0 < y_1 < \cdots < y_m = b,$$

过这些分点分别作平行于 x 轴与 y 轴的直线, 将 D 分成 $n\times m$ 个小矩形

$$T: D_{i,j}=[x_{i-1},x_i]\times[y_{j-1},y_j], i=1,2,\cdots,n,\ j=1,2,\cdots,m,$$

T 称为 D 的一个分割. 任取 $(\xi_{ij},\eta_{ij})\in D_{ij}$, 以 D_{ij} 为底、$f(\xi_{ij},\eta_{ij})$ 为高的长方体的体积为 $f(\xi_{ij},\eta_{ij})\Delta x_i\Delta y_j$, 其中 $\Delta x_i=x_i-x_{i-1}$, $\Delta y_j=y_j-y_{j-1}$. 作和

$$\sum_{i=1}^{n}\sum_{j=1}^{m}f(\xi_{ij},\eta_{ij})\Delta x_i\Delta y_j,$$

易见, 这个和是曲顶柱体体积 V 的近似值, 且分割越细, 近似的精确度就越高, 因此自然地应有

$$V=\lim_{\|T\|\to 0}\sum_{i=1}^{n}\sum_{j=1}^{m}f(\xi_{ij},\eta_{ij})\Delta x_i\Delta y_j,$$

这里 $\|T\|=\max\{d_{i,j},1\leqslant i\leqslant n,1\leqslant j\leqslant m\}$ 称为分割的细度或模, 其中 $d_{i,j}=\sqrt{\Delta x_i^2+\Delta y_j^2}$ 为 D_{ij} 的对角线的长. 我们称此和式的极限为矩形区域 D 上的二重积分, 记为

$$V=\iint_D f(x,y)\mathrm{d}x\mathrm{d}y.$$

定积分的积分范围是闭区间, 然而, 二重积分的积分范围 (称为积分区域) 不一定只是闭矩形, 它们可能是矩形、圆形、三角形、四边形, 以及能用定积分计算其面积的各类闭区域等. 要研究二重积分, 必须先研究积分区域. 事实上, 积分区域的形状远比这些以及能想象形状的要更为复杂. 本节将按照用定积分求面积的最原始的想法, 即用任意有限多个小矩形面积之和去逼近, 来讨论一般区域可求面积的问题, 这样得到的面积称为 Jordan 面积. 这种定义面积的好处是可以避开用定积分而涉及区域边界的烦琐讨论. 在此基础上再讨论二重积分的概念和性质. 对 n 重积分可类似处理.

§12.1.1 一般平面图形的面积

1. 一般平面图形的面积的概念

设 D 为 $\mathbb{R}^2$ 上的有界子集, $U=[a,b]\times[c,d]$ 为包含 D 的一个闭矩形. 在 $[a,b]$ 和 $[c,d]$ 中分别插入 n 个和 m 个分点

$$a=x_0<x_1<\cdots<x_n=b,$$
$$c=y_0<y_1<\cdots<y_m=d,$$

过这些分点作平行于坐标轴的直线, 将 U 分成 nm 小矩形

$$U_{i,j}=[x_{i-1},x_i]\times[y_{j-1},y_j], 1\leqslant i\leqslant n, 1\leqslant j\leqslant m,$$

构成 U 的一个分割, 记为 T, 见图 12.1.3.

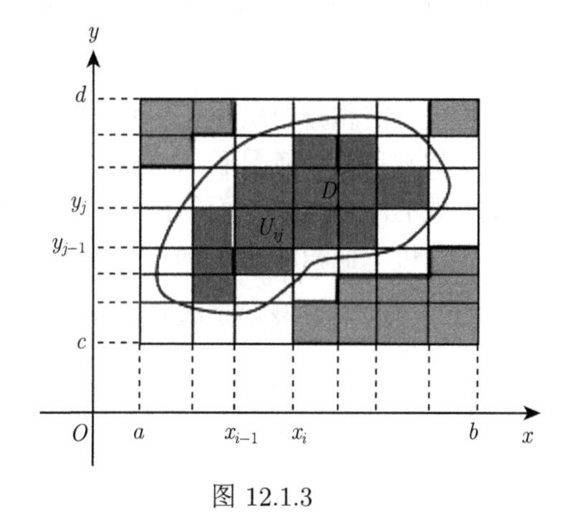

图 12.1.3

这些小矩形 $U_{i,j}$ 可分为三类:

(1) $U_{i,j}$ 含于 D 的内部; (2) $U_{i,j}$ 含于 D 的外部, 即与 D 不交; (3) $U_{i,j}$ 含有 D 的边界点.

记第一类的那些小矩形的面积之和为 $s(T,D)$, 第一类与第三类的那些小矩形的面积之和为 $S(T,D)$, 则显然有

$$0 < s(T,D) \leqslant S(T,D) \leqslant (d-c)(b-a).$$

由确界原理知,

$$m_*D \doteq \sup\{s(T,D)\} \tag{12.1.1}$$

和

$$m^*(D) \doteq \inf\{S(T,D)\} \tag{12.1.2}$$

是存在的, 分别称为 D 的内面积 (inner area) 和外面积 (outer area). 这里的确界是对 D 的所有的分割 T 来取的.

显然, $m_*D \leqslant m^*D$, 并且可以证明, D 的内、外面积与 U 的选取无关.

定义 12.1.1 若 $m_*D = m^*D$, 则称这个值为 D 的 Jorden 面积, 简称为面积, 记为 mD, 此时称 D 是**可求面积**的 (rectifiable area). 如果 D 的面积为 0, 则称 D 是零面积的.

2. 有界区域可求面积的充要条件

根据上确界与下确界的定义, 并参照定积分可积性理论的类似方法可以证明 D 是可求面积的充分必要条件是: 对于任意给定的 $\varepsilon > 0$, 存在 U 的一个分割, 使得

$$S(T,D) - s(T,D) = S(T,\partial D) < \varepsilon. \tag{12.1.3}$$

因此有下面的定理.

定理 12.1.1 有界点集 D 是可求面积的充分必要条件是它的边界 ∂D 是零面积的.

注 12.1.1 一般来说, 平面图形的边界未必是零面积的. Peano 发现, 存在将实轴上的闭区间映满平面中的一个二维区域 (如三角形和正方形) 的连续映射. 也就是说, 存在一条平面曲线——看作一平面图形 D 的边界——布满一个二维区域, 这条曲线被称为 **Peano 曲线**. 该曲线的具体构造参见《数学分析》(陈纪修等, 2004).

与直观相一致, Jorden 面积具有可加性, 就是说, 如果有界点集 $D = D_1 \cup D_2$, D_1 和 D_2 可求面积, 且它们的内部不相交, 即 $D_1^\circ \cap D_2^\circ = \varnothing$, 那么 D 可求面积, 并满足

$$mD = mD_1 + mD_2.$$

这一性质与定积分的积分区间可加性是类似的.

我们常见的几何图形, 如矩形、三角形、多边形等, 它们的面积与这里定义的 Jorden 面积是一致的, 事实上, 下面的例 12.1.2 表明, 能由定积分表达其面积的曲边梯形都在 Jorden 意义下是可求面积的, 且 Jorden 面积与对应的定积分相等.

3. 非负可积函数确定的曲边梯形面积

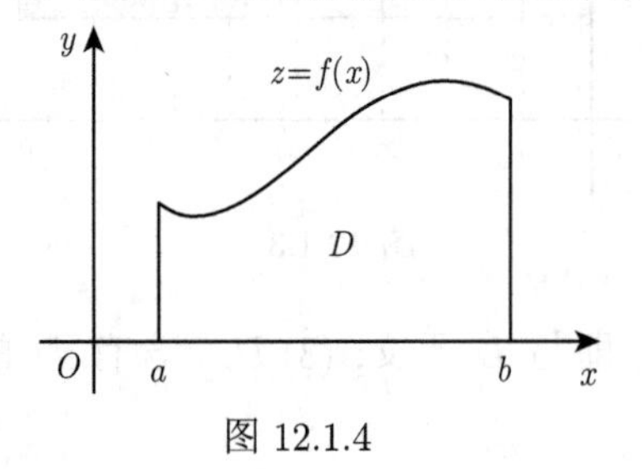

图 12.1.4

例 12.1.2 设 $y = f(x)(a \leqslant x \leqslant b)$ 为非负可积函数, 则它与直线 $x = a$, $x = b$ 和 $y = 0$ 所围成的区域 D, 即曲边梯形 D 是可求面积的 (图 12.1.4).

证明 设 T 是区间 $[a,b]$ 的分割:

$$T: a = x_0 < x_1 < \cdots < x_n < b,$$

记 $M=\max\limits_{a\leqslant x\leqslant b} f(x)$, 那么矩形 $U=[a,b]\times[0,M]$ 就包含了区域 D. 设 m_i 和 M_i 分别为 f 在 $[x_{i-1},x_i]$ 上的下确界和上确界, 在 $[0,M]$ 上插入分点 m_i 和 $M_i(i=1,2,\cdots,n)$, 由此得到 U 的一个分割. 在此分割下, 包含于 D 内的那些小矩形的面积之和为

$$s(T,D)=\sum_{i=1}^{n} m_i(x_i-x_{i-1}),$$

而与 D 的交集非空的那些小矩形的面积之和为

$$S(D,T)=\sum_{i=1}^{n} M_i(x_i-x_{i-1}).$$

由于

$$s(T,D)\leqslant m_*D\leqslant m^*D\leqslant S(D,T),$$

由 f 在 $[a,b]$ 上的可积性及极限的夹逼性得

$$m^*D=m_*D=\int_a^b f(x)\mathrm{d}x.$$

因此 D 是可求面积的, 且面积为 $\int_a^b f(x)\mathrm{d}x$. □

由于曲边梯形 D 的边界 ∂D 由曲线 $L:\{(x,y):y=f(x)(a\leqslant x\leqslant b)\}$ 、区间 $[a,b]$ 和两条直线段 $x=a,0\leqslant y\leqslant M$ 和 $x=b,0\leqslant y\leqslant M$ 构成, 所以 ∂D 的面积为零. 事实上, 小矩形

$$[x_{i-1},x_i]\times[m_i,M_i],\quad i=1,2,\cdots,n$$

的全体包含 L, 因此 L 的外面积不超过

$$\sum_{i=1}^{n}(M_i-m_i)(x_i-x_{i-1})=\sum_{i=1}^{n}\omega_i\Delta x_i\to 0(n\to\infty),$$

其中, $\omega_i=M_i-m_i$ 是 f 在 $[x_{i-1},x_i]$ 上的振幅. 所以 L 的面积为 0.

注 12.1.2 并不是所有有界平面点集都是可求面积的. 例如, 平面点集 $S=\{(x,y)|0\leqslant x\leqslant 1,\ 0\leqslant y\leqslant D(x)\}$ 就不可求面积, 这里 $D(x)$ 为 Dirichlet 函数. 事实上, S 的边界为 $\partial S=[0,1]\times[0,1]$, 它的面积为 1. 这说明 S 不是可求面积的.

有了以上的准备, 接下来定义可求面积的有界闭区域上的函数的二重积分的概念.

§12.1.2 二重积分的概念与可积性

1. 二重积分的概念

定义 12.1.2 设 D 为 $\mathbb{R}^2$ 上可求面积的有界闭集, 函数 $z=f(x,y)$ 在 D 上有界. 分割 T 将 D 分成 n 个可求面积的小区域 $D_1,D_2,\cdots,D_n$, 记所有这些小区域的最大直径为 $\|T\|$, 即

$$\|T\|=\max_{1\leqslant i\leqslant n}\{\mathrm{diam}D_i\},\tag{12.1.4}$$

在每个 D_i 上任取一点 (ξ_i,η_i), 记 ΔD_i 表示 D_i 的面积, 作和式

$$\sigma(T)=\sum_{i=1}^{n} f(\xi_i,\eta_i)\Delta D_i.\tag{12.1.5}$$

若 $\|T\|$ 趋于零时, $\sigma(T)$ 的极限存在, 且与区域 D 的分法和点 (ξ_i,η_i) 的取法无关, 则称 $f(x,y)$ 在 D 上**可积**, 并称此极限为 $f(x,y)$ 在 D 上的**二重积分** (double integral), 记为

$$\iint\limits_D f(x,y)\mathrm{d}\sigma=\iint\limits_D f(x,y)\mathrm{d}x\mathrm{d}y=\lim_{\|T\|\to 0}\sum_{i=1}^{n} f(\xi_i,\eta_i)\Delta D_i. \tag{12.1.6}$$

其中, $f(x,y)$ 称为**被积函数**, D 称为**积分区域**, x 和 y 称为**积分变量**, $\mathrm{d}\sigma=\mathrm{d}x\mathrm{d}y$ 称为**面积微元**, $\sigma(T)$ 称为积分和, $\iint\limits_D f(x,y)\mathrm{d}\sigma$ 也称为**积分值**.

2. 可积条件

鉴于积分和 $\sigma(T)$ 的复杂性, 类似于定积分, 我们引入 Darboux 上和与 Darboux 下和.

设 M_i 和 m_i 分别为函数 $f(x,y)$ 在 D_i 上的上确界与下确界, 分别定义 $f(x,y)$ 在此分割下的 Darboux 上和与 Darboux 下和为

$$S(T)=\sum_{i=1}^{n} M_i\Delta D_i,\quad s(T)=\sum_{i=1}^{n} m_i\Delta D_i, \tag{12.1.7}$$

则类似于定积分可以证明以下性质成立.

性质 12.1.1 若 $f(x,y)$ 在 D 上可积的充分必要条件是

$$\lim_{\|T\|\to 0}(S(T)-s(T))=0, \tag{12.1.8}$$

即

$$\lim_{\|T\|\to 0}\sum_{i=1}^{n}\omega_i\Delta D_i=0. \tag{12.1.9}$$

这里, $\omega_i=M_i-m_i$ 是 $f(x,y)$ 在 D_i 上的振幅. 当可积时成立

$$\lim_{\|T\|\to 0} s(T)=\lim_{\|T\|\to 0} S(T)=\iint\limits_D f(x,y)\mathrm{d}x\mathrm{d}y.$$

严格的证明可参见 §21.1, 此处略去.

3. 可积函数类

定理 12.1.2 若 $f(x,y)$ 在可求面积的闭区域 D 上连续, 那么它在 D 上可积.

证明 记 $\sigma>0$ 为 D 的面积. 由 $f(x,y)$ 在紧集 D 上连续知, 它在 D 上一致连续, 于是 $\forall\varepsilon>0$, $\exists\delta>0$, 当 $(x_1,y_1),(x_2,y_2)\in D$, 且 $\sqrt{(x_1-x_2)^2+(y_1-y_2)^2}<\delta$ 时, 成立

$$|f(x_1,y_1)-f(x_2,y_2)|<\frac{\varepsilon}{\sigma}.$$

因此对 D 的任一分割

$$T: D_1, D_2,\cdots, D_n,$$

当 $\|T\|<\delta$ 时, 所有 D_i 的直径小于 δ, 故 $f(x,y)$ 在每个 ΔD_i 上的振幅 ω_i 就小于 $\dfrac{\varepsilon}{\sigma}$, 于是有

$$\sum_{i=1}^{n}\omega_i\Delta D_i<\frac{\varepsilon}{\sigma}\sum_{i=1}^{n}\Delta D_i=\frac{\varepsilon}{\sigma}\cdot\sigma=\varepsilon.$$

所以 $\lim\limits_{\|T\|\to 0}\sum\limits_{i=1}^{n}\omega_i\Delta D_i=0$, 即 $f(x,y)$ 在 D 上可积. □

上述结果可以推广: 可求面积的有界闭区域上的有界函数, 如果不连续点仅限制于有限条零面积的曲线上, 则它在 D 上也是可积的.

§12.1.3 n 重积分

本节要把二重积分推广到三重积分, 或一般的 n 重积分. 为此, 先把平面子集的面积的概念推广到三维子集的体积, 甚至一般的 n 维体积, 统称为 Jordan 测度, 或简称为测度.

首先, 定义 $\mathbb{R}^n$ 中的 n 维闭矩形 $[a_1,b_1]\times[a_2,b_2]\times\cdots\times[a_n,b_n]$ 的测度为

$$(b_1-a_1)(b_2-a_2)\cdots(b_n-a_n).$$

其次, 像 $\mathbb{R}^2$ 上那样定义 n 维空间中有界集 Ω 的内体积 $m_*\Omega$ 和外体积 $m^*\Omega$, 当两者相等时, 我们称该有界集是可测的, 进而定义 $m(\Omega)=m^*(\Omega)$ 为 Ω 的测度.

定义 12.1.3 设 Ω 为 $\mathbb{R}^n$ 上的可测的闭区域, 函数 $u=f(\boldsymbol{x})$ 在 Ω 上有界. 分割 T 将 Ω 分成 m 个可测子区域 $\Omega_1,\Omega_2,\cdots,\Omega_m$. 记 Ω_i 的测度为 ΔV_i, 所有的小区域 Ω_i 的最大直径为 $\|T\|$, 即 $\|T\|=\max\limits_{1\leqslant i\leqslant m}\{\text{diam}(\Omega_i)\}$, 在每个 Ω_i 上任取一点 $\boldsymbol{x}_i$, 若 $\|T\|$ 趋于零时, 和式

$$\sum_{i=1}^{m}f(\boldsymbol{x}_i)\Delta V_i$$

的极限存在, 且与区域 Ω 的分法和点 $\boldsymbol{x}_i$ 在 Ω_i 里的取法无关, 则称 $f(\boldsymbol{x})$ 在 Ω 上**可积**, 并称此极限为 $f(\boldsymbol{x})$ 在 Ω 上的n **重积分** (n-tuple integral), 记为

$$\lim_{\|T\|\to 0}\sum_{i=1}^{m}f(\boldsymbol{x}_i)\Delta V_i=\int_{\Omega}f\mathrm{d}V,\ \text{或}\ \underbrace{\int\cdots\int}_{\Omega}f(x_1,x_2,\cdots,x_n)\mathrm{d}x_1\mathrm{d}x_2\cdots\mathrm{d}x_n. \tag{12.1.10}$$

称 $f(\boldsymbol{x})$ 为**被积函数**, Ω 为**积分区域**, $\boldsymbol{x}$ 为**积分变量**, $\mathrm{d}V$ 为**体积微元**.

特别地, 三重积分通常记为 $\iiint\limits_{\Omega}f(x,y,z)\mathrm{d}x\mathrm{d}y\mathrm{d}z$.

类似于二维情形可知, 若 $f(\boldsymbol{x})$ 在可测的闭区域 Ω 上连续, 那么它在 Ω 上可积.

例 12.1.3 设 $\Omega\subset\mathbb{R}^3$ 为可求体积的物体, $f(x,y,z)$ 是 Ω 中 (x,y,z) 处的连续的密度函数. 求物体 Ω 的质心 $(\bar{x},\bar{y},\bar{z})$.

解 将 Ω 分成若干可求体积的小块 $\Omega_1,\Omega_2,\cdots,\Omega_m$, 在每个 Ω_i 内任取一点 (ξ_i,η_i,ζ_i), 那么 $f(\xi_i,\eta_i,\zeta_i)\Delta V_i$ 就近似于 Ω_i 的质量, 这里 ΔV_i 为 Ω_i 的体积, 于是 $\sum\limits_{i=1}^{m}f(\xi_i,\eta_i,\zeta_i)\Delta V_i$ 就近似地表示 Ω 的质量. 因此

$$\lim_{\|T\|\to 0}\sum_{i=1}^{m}f(\xi_i,\eta_i,\zeta_i)\Delta V_i=\iiint\limits_{\Omega}f(x,y,z)\mathrm{d}x\mathrm{d}y\mathrm{d}z$$

即为 Ω 的质量.

由物理学的知识可知, 如果空间上有 m 个质点, 它们的质量分别为 $M_1,M_2,\cdots,M_m$, 且分别位于点 $(x_1,y_1,z_1),(x_2,y_2,z_2),\cdots,(x_m,y_m,z_m)$ 处, 那么这个质点系的质心坐标为

$$\bar{x}=\frac{\sum\limits_{i=1}^{m}M_ix_i}{\sum\limits_{i=1}^{m}M_i},\quad \bar{y}=\frac{\sum\limits_{i=1}^{m}M_iy_i}{\sum\limits_{i=1}^{m}M_i},\quad \bar{z}=\frac{\sum\limits_{i=1}^{m}M_iz_i}{\sum\limits_{i=1}^{m}M_i}.$$

当 $\|T\|$ 充分小时, 将每个 Ω_i 看成质点, 那么 Ω 的质心坐标为

$$\bar{x} \approx \frac{\sum\limits_{i=1}^{m} \xi_i f(\xi_i, \eta_i, \zeta_i)\Delta V_i}{\sum\limits_{i=1}^{m} f(\xi_i, \eta_i, \zeta_i)\Delta V_i}, \quad \bar{y} \approx \frac{\sum\limits_{i=1}^{m} \eta_i f(\xi_i, \eta_i, \zeta_i)\Delta V_i}{\sum\limits_{i=1}^{m} f(\xi_i, \eta_i, \zeta_i)\Delta V_i}, \quad \bar{z} \approx \frac{\sum\limits_{i=1}^{m} \zeta_i f(\xi_i, \eta_i, \zeta_i)\Delta V_i}{\sum\limits_{i=1}^{m} f(\xi_i, \eta_i, \zeta_i)\Delta V_i}.$$

因此令 $\|T\| \to 0$ 趋于零就得到物体 Ω 的质心为

$$\bar{x} = \frac{\iiint\limits_{\Omega} x f(x,y,z)\mathrm{d}x\mathrm{d}y\mathrm{d}z}{\iiint\limits_{\Omega} f(x,y,z)\mathrm{d}x\mathrm{d}y\mathrm{d}z}, \quad \bar{y} = \frac{\iiint\limits_{\Omega} y f(x,y,z)\mathrm{d}x\mathrm{d}y\mathrm{d}z}{\iiint\limits_{\Omega} f(x,y,z)\mathrm{d}x\mathrm{d}y\mathrm{d}z}, \quad \bar{z} = \frac{\iiint\limits_{\Omega} z f(x,y,z)\mathrm{d}x\mathrm{d}y\mathrm{d}z}{\iiint\limits_{\Omega} f(x,y,z)\mathrm{d}x\mathrm{d}y\mathrm{d}z}. \tag{12.1.11}$$

接下来我们简单陈述重积分的性质, 其证明类似于定积分, 留给读者作为练习.

§12.1.4 重积分的性质

性质 12.1.2 重积分有如下性质:

(1) (**线性性**) 设 f 和 g 都在区域 Ω 上可积, α, β 为常数, 则 $\alpha f+\beta g$ 在 Ω 上也可积, 且

$$\int\limits_{\Omega} (\alpha f + \beta g)\mathrm{d}V = \alpha \int\limits_{\Omega} f\mathrm{d}V + \beta \int\limits_{\Omega} g\mathrm{d}V.$$

(2) (**区域可加性**) 设区域 Ω 被分成两个无公共内点的区域 Ω_1 和 Ω_2, 则 f 在 Ω 上可积当且仅当 f 在 Ω_1 和 Ω_2 上都可积, 并且

$$\int\limits_{\Omega} f\mathrm{d}V = \int\limits_{\Omega_1} f\mathrm{d}V + \int\limits_{\Omega_2} f\mathrm{d}V.$$

(3) 设被积函数 $f \equiv 1$,

$$\int\limits_{\Omega} \mathrm{d}V = \int\limits_{\Omega} 1\mathrm{d}V = m(\Omega),$$

其中, $m(\Omega)$ 表示 Ω 的测度.

(4) (**保序性**) 设 f 和 g 都在区域 Ω 上可积, 且满足 $f \leqslant g$, 则成立不等式

$$\int\limits_{\Omega} f\mathrm{d}V \leqslant \int\limits_{\Omega} g\mathrm{d}V.$$

若再设 f 和 g 都在区域 Ω 上连续, 且满足 $f \leqslant g$, 但 $f \not\equiv g$, 则成立严格不等式

$$\int\limits_{\Omega} f\mathrm{d}V < \int\limits_{\Omega} g\mathrm{d}V.$$

特别地, 设 f 在区域 Ω 上可积, M 与 m 分别为 f 在 Ω 上的一个上界和下界, 则成立

$$m m(\Omega) \leqslant \int\limits_{\Omega} f\mathrm{d}V \leqslant M m(\Omega).$$

(5) (**绝对可积性**) 设 f 在区域 Ω 上可积, 则 $|f|$ 也在 Ω 上可积, 且成立不等式

$$\left|\int\limits_{\Omega} f\mathrm{d}V\right| \leqslant \int\limits_{\Omega} |f|\mathrm{d}V.$$

(6) (**乘积可积性**) 设 f 和 g 都在区域 Ω 上可积, 则 $f\cdot g$ 也在 Ω 上可积.

(7) (**积分中值定理**) 设 f 和 g 都在区域 Ω 上可积, 且 g 在 Ω 上不变号. 若 M 和 m 分别为 f 在 Ω 上的上确界和下确界, 则存在常数 $\mu \in [m, M]$, 使得

$$\int\limits_{\Omega} f\cdot g\mathrm{d}V = \mu \int\limits_{\Omega} g\mathrm{d}V.$$

特别地, 如果 f 在 Ω 上连续, 则存在 $\xi \in \Omega$, 使得

$$\int\limits_{\Omega} f\cdot g\mathrm{d}V = f(\xi)\int\limits_{\Omega} g\mathrm{d}V.$$

习题 12.1

A1. 设 Q 是平面上单位正方形 $[0,1]\times[0,1]$ 中一切有理点 (即两坐标都为有理数) 的集合, 证明: Q 是不可求 (Jordan) 面积的.

A2. 用直线网 $x=\dfrac{i}{n}, y=\dfrac{j}{n}$ $(i,j=1,2,\cdots,n-1)$ 分割正方形 $D=[0,1]\times[0,1]$, 并用定义计算重积分 $\iint\limits_{D} xy\mathrm{d}\sigma$.

A3. 若 $f(x,y)$ 在有界闭区域 D 上连续, 且对 D 内任一子区域 $D'\subset D$, 有 $\iint\limits_{D'} f(x,y)\mathrm{d}\sigma=0$, 则在 D 上 $f(x,y)\equiv 0$.

A4. 计算二重积分 $\iint\limits_{D} \operatorname{sgn}(x^2+y^2-2)\mathrm{d}\sigma$, 其中 $D, x^2+y^2\leqslant 5$.

A5. 设一元函数 $y=f(x)$ 在 $[a,b]$ 上可积, 令 $D=[a,b]\times[c,d]$ 为一矩形, 视 f 为 D 上的二元函数, 则 f 在 D 上可积, 且

$$\iint\limits_{D} f(x)\mathrm{d}x\mathrm{d}y = (d-c)\int_a^b f(x)\mathrm{d}x.$$

A6. 设 $D=[0,1]\times[0,1]$, 证明: 函数

$$f(x,y)=\begin{cases} 1, & (x,y)\text{ 为 } D \text{ 内有理点 (即 } x,y \text{ 皆为有理数)}, \\ 0, & (x,y)\text{ 为 } D \text{ 内非有理点} \end{cases}$$

在 D 上不可积.

A7. 判别下列积分的符号:

(1) $\iint\limits_{|x|+|y|\leqslant 1} \ln(1+x^2+y^2)\mathrm{d}x\mathrm{d}y$; (2) $\iint\limits_{\substack{|x|\leqslant 1\\ |y|\leqslant 1}} (x+y^2)\mathrm{d}x\mathrm{d}y$.

A8. 证明不等式:

$$1.96 \leqslant \iint\limits_{|x|+|y|\leqslant 10} \frac{\mathrm{d}\sigma}{100+\cos^2 x+\cos^2 y} \leqslant 2.$$

A9. 设 Ω 为立方体 $[0,1]\times[0,1]\times[0,1]$, 证明:

$$1 \leqslant \iiint\limits_{\Omega} (\cos(xyz)+\sin(xyz))\mathrm{d}V \leqslant \sqrt{2}.$$

B10. 证明 n 重积分的绝对连续性: 设 f 在区域 Ω 上可积, 则当 $\Lambda \subset \Omega$ 的测度 $m(\Lambda) \to 0$ 时, 积分 $\int\limits_{\Lambda} f\mathrm{d}V \to 0$.

§12.2　重积分的计算——化为累次积分

本节考虑重积分计算的最基本方法——化为**累次积分** (iterated integral). 重积分计算的另一重要方法——变量代换见 §12.3.

§12.2.1　矩形区域上重积分的计算

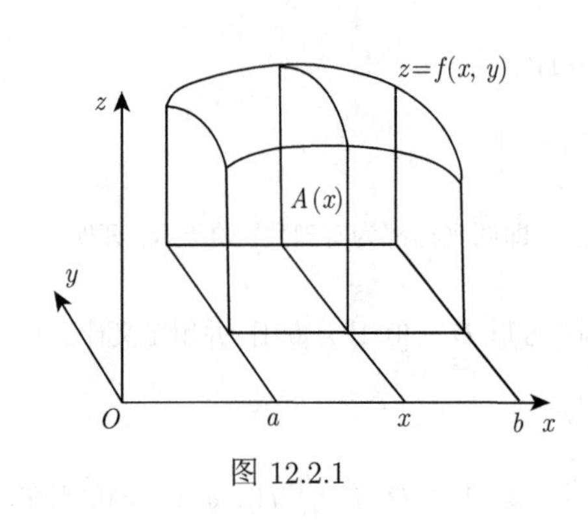

图 12.2.1

设 $z = f(x,y)$ 是闭矩形 $D = [a,b]\times[c,d] \subset \mathbb{R}^2$ 上的非负连续函数, 由二重积分的定义知, 以 D 为底、以曲面 $z = f(x,y)$ 为顶的曲顶柱体的体积 V 正是二重积分 $\iint\limits_{D} f(x,y)\mathrm{d}x\mathrm{d}y$. 现在考虑用切片法来计算该体积.

用过点 $(x,0,0)(a \leqslant x \leqslant b)$, 且与 yOz 平面平行的平面去切这个曲顶柱体, 所得的截面是一曲边梯形 (见图 12.2.1), 其面积为

$$A(x) = \int_c^d f(x,y)\mathrm{d}y,$$

再利用定积分中已知截面面积求体积的思想, 即知此曲顶柱体的体积为

$$V = \int_a^b A(x)\mathrm{d}x = \int_a^b \left(\int_c^d f(x,y)\mathrm{d}y\right)\mathrm{d}x.$$

上式右端称为先对 y, 再对 x 的**累次积分** (iterated integral) 或二次积分, 或写成 $\int_a^b \mathrm{d}x \int_c^d f(x,y)\mathrm{d}y$. 故有公式

$$\iint\limits_{D} f(x,y)\mathrm{d}x\mathrm{d}y = \int_a^b \mathrm{d}x \int_c^d f(x,y)\mathrm{d}y.$$

此即化二重积分为累次积分的方法. 下面在更一般的条件下叙述并严格证明这一结果.

定理 12.2.1　*设二元函数 $f(x,y)$ 在闭矩形 $D = [a,b] \times [c,d]$ 上可积, 且对于每个固定的 $x \in [a,b]$, $f(x,y)$ 关于 y 在 $[c,d]$ 上可积. 记*

$$F(x) = \int_c^d f(x,y)\mathrm{d}y, x \in [a,b],$$

则 $F(x)$ 在 $[a,b]$ 上可积, 并且二重积分可化为累次积分:

$$\iint\limits_{D} f(x,y)\mathrm{d}x\mathrm{d}y = \int_a^b F(x)\mathrm{d}x = \int_a^b \mathrm{d}x \int_c^d f(x,y)\mathrm{d}y. \tag{12.2.1}$$

证明 作 $[a,b]$ 的分割

$$T: a = x_0 < x_1 < \cdots < x_n = b,$$

只要证明

$$\lim_{\|T\|\to 0}\sum_{i=1}^{n} F(\xi_i)\Delta x_i = \iint\limits_D f(x,y)\mathrm{d}x\mathrm{d}y,$$

这里 ξ_i 为 $[x_{i-1},x_i]$ 中任意一点, $i=1,2,\cdots,n$. 再在 $[c,d]$ 中插入分点

$$c = y_0 < y_1 < \cdots < y_m = d,$$

并记 $\Delta y_j = y_j - y_{j-1}$, $j=1,2,\cdots,m$. 过 $[a,b]$ 和 $[c,d]$ 上的这些分点分别作平行于坐标轴的直线将 D 分成许多小矩形, 它们构成 D 的一个分割, 记为 P. 再记

$$D_{ij} = [x_{i-1},x_i]\times[y_{j-1},y_j], \quad i=1,2,\cdots,n; \quad j=1,2,\cdots,m,$$

$$m_{ij} = \inf_{(x,y)\in D_{ij}}\{f(x,y)\}, \quad M_{ij} = \sup_{(x,y)\in D_{ij}}\{f(x,y)\}.$$

由于 $\xi_i \in [x_{i-1},x_i]$, 所以

$$\sum_{j=1}^{m} m_{ij}\Delta y_j \leqslant F(\xi_i) = \sum_{j=1}^{m}\int_{y_{j-1}}^{y_j} f(\xi_i,y)\mathrm{d}y \leqslant \sum_{j=1}^{m} M_{ij}\Delta y_j, \quad i=1,2,\cdots,n.$$

将不等式两边分别乘以 Δx_i, 再把它们逐个加起来就得

$$\sum_{i=1}^{n}\sum_{j=1}^{m} m_{ij}\Delta x_i\Delta y_j \leqslant \sum_{i=1}^{n} F(\xi_i)\Delta x_i \leqslant \sum_{i=1}^{n}\sum_{j=1}^{m} M_{ij}\Delta x_i\Delta y_j.$$

注意到不等式的左、右两端分别是分割 P 的 Darboux 下和与 Darboux 上和, 而 $f(x,y)$ 在 D 上可积, 且当所有 $\Delta x_i, \Delta y_j$ 都趋于零时 $\|P\| \to 0$, 所以这个不等式两端都收敛于 $\iint\limits_D f(x,y)\mathrm{d}x\mathrm{d}xy$. 由极限的夹逼性, 即得到

$$\int_a^b F(x)\mathrm{d}x = \lim_{\|T\|\to 0}\sum_{i=1}^{n} F(\xi_i)\Delta x_i = \iint\limits_D f(x,y)\mathrm{d}x\mathrm{d}y. \qquad \square$$

同样, 若 $f(x,y)$ 在 $D=[a,b]\times[c,d]$ 上可积, 且对所有 $y\in[c,d]$, 积分 $\int_a^b f(x,y)\mathrm{d}x$ 都存在, 则 $f(x,y)$ 先对 x , 再对 y 的累次积分 $\int_c^d \mathrm{d}y\int_a^b f(x,y)\mathrm{d}x$ 也存在, 且成立

$$\iint\limits_D f(x,y)\mathrm{d}x\mathrm{d}y = \int_c^d \mathrm{d}y\int_a^b f(x,y)\mathrm{d}x. \tag{12.2.2}$$

特别地, 设一元函数 $f(x)$ 在闭区间 $[a,b]$ 上可积, $g(y)$ 在闭区间 $[c,d]$ 上可积, 则成立

$$\iint\limits_{[a,b]\times[c,d]} f(x)g(y)\mathrm{d}x\mathrm{d}y = \int_a^b\left(\int_c^d f(x)g(y)\mathrm{d}y\right)\mathrm{d}x = \int_a^b f(x)\mathrm{d}x\cdot\int_c^d g(y)\mathrm{d}y.$$

例 12.2.1 设 $z=f(x,y)=x\sin xy, D=[0,\frac{\pi}{2}]\times[0,1]$. 计算以 D 为底、曲面 $z=f(x,y)$ 为顶的曲顶柱体的体积 V.

解 根据二重积分的几何意义, 我们有

$$V=\iint\limits_{D} x\sin xy\mathrm{d}x\mathrm{d}y=\int_0^{\frac{\pi}{2}}\mathrm{d}x\int_0^1 x\sin xy\mathrm{d}y=\int_0^{\frac{\pi}{2}}(1-\cos x)\mathrm{d}x=\frac{\pi}{2}-1.$$

下面的定理把化二重积分为累次积分的结果推广到 n 维闭矩形上, 请读者自证.

定理 12.2.2 设 $f(x_1,x_2,\cdots,x_n)$ 在 n 维闭矩形 $\Omega=[a_1,b_1]\times[a_2,b_2]\times\cdots\times[a_n,b_n]$ 上可积. 记 $\Omega_*=[a_2,b_2]\times\cdots\times[a_n,b_n]$. 若积分

$$F(x_1)=\int\limits_{\Omega_*} f(x_1,x_2,\cdots,x_n)\mathrm{d}x_2\cdots\mathrm{d}x_n$$

对于每个 $x_1\in[a_1,b_1]$ 存在, 则 $F(x_1)$ 在 $[a_1,b_1]$ 上可积, 并成立

$$\int\limits_{\Omega} f(x_1,x_2,\cdots,x_n)\mathrm{d}x_1\cdots\mathrm{d}x_n=\int_{a_1}^{b_1}F(x_1)\mathrm{d}x_1=\int_{a_1}^{b_1}\mathrm{d}x_1\int\limits_{\Omega_*} f(x_1,x_2,\cdots,x_n)\mathrm{d}x_2\cdots\mathrm{d}x_n.$$

推论 12.2.1 设 $f(x_1,x_2,\cdots,x_n)$ 在 n 维闭矩形 $\Omega=[a_1,b_1]\times[a_2,b_2]\times\cdots\times[a_n,b_n]$ 上连续, 则

$$\begin{aligned}&\int\limits_{\Omega} f(x_1,x_2,\cdots,x_n)\mathrm{d}x_1\mathrm{d}x_2\cdots\mathrm{d}x_n\\=&\int_{a_1}^{b_1}\mathrm{d}x_1\int_{a_2}^{b_2}\mathrm{d}x_2\cdots\int_{a_{n-1}}^{b_{n-1}}\mathrm{d}x_{n-1}\int_{a_n}^{b_n}f(x_1,x_2,\cdots,x_n)\mathrm{d}x_n.\end{aligned}$$

注 12.2.1 在 $n>2$ 时, n 重积分也可以化为先对某个变量作定积分, 再对其余 $n-1$ 个变量作重积分的累次积分.

特别地, 如果 $f(x,y,z)$ 在 $\Omega=[a,b]\times[c,d]\times[e,f]$ 可积, 并且对于每个 $(y,z)\in\Omega_*=[c,d]\times[e,f]$, 积分 $\int_a^b f(x,y,z)\mathrm{d}x$ 都存在, 那么

$$\iiint\limits_{\Omega} f(x,y,z)\mathrm{d}x\mathrm{d}y\mathrm{d}z=\iint\limits_{\Omega_*}\left(\int_a^b f(x,y,z)\mathrm{d}x\right)\mathrm{d}y\mathrm{d}z=\iint\limits_{\Omega_*}\mathrm{d}y\mathrm{d}z\int_a^b f(x,y,z)\mathrm{d}x.\quad(12.2.3)$$

然后, 可以再把关于 y,z 的重积分化为累次积分.

§12.2.2 一般区域上重积分的计算

1. 二重积分化为累次积分

现在考虑一般的平面区域

$$D=\{(x,y)|\varphi_1(x)\leqslant y\leqslant\varphi_2(x),\ a\leqslant x\leqslant b\},\tag{12.2.4}$$

其中 $\varphi_1(x)$, $\varphi_2(x)$ 为 $[a,b]$ 上的一元连续函数.

设 $f(x,y)$ 在 D 上连续, 欲将 $f(x,y)$ 在 D 上的积分转化为矩形区域上的积分, 为此令 $c=\min\limits_{a\leqslant x\leqslant b}\varphi_1(x), d=\max\limits_{a\leqslant x\leqslant b}\varphi_2(x)$, 作闭矩形 $\tilde{D}=[a,b]\times[c,d]\supset D$. 再令

$$\tilde{f}(x,y)=\begin{cases}f(x,y), & (x,y)\in D,\\ 0, & (x,y)\in\tilde{D}\backslash D,\end{cases}$$

易证明 $\tilde{f}(x,y)$ 在 $\tilde{D}$ 上也可积. 注意到 $\tilde{f}(x,y)$ 在 D 外为零, 就得到

$$\begin{aligned}\int_c^d \tilde{f}(x,y)\mathrm{d}y &= \int_c^{\varphi_1(x)} \tilde{f}(x,y)\mathrm{d}y + \int_{\varphi_1(x)}^{\varphi_2(x)} \tilde{f}(x,y)\mathrm{d}y + \int_{\varphi_2(x)}^{d} \tilde{f}(x,y)\mathrm{d}y \\ &= \int_{\varphi_1(x)}^{\varphi_2(x)} \tilde{f}(x,y)\mathrm{d}y = \int_{\varphi_1(x)}^{\varphi_2(x)} f(x,y)\mathrm{d}y\ .\end{aligned}$$

由于 f 在 D 上连续, 对每个 $x\in[a,b]$, 以上积分总存在. 因此

$$\iint\limits_D f(x,y)\mathrm{d}x\mathrm{d}y = \iint\limits_D \tilde{f}(x,y)\mathrm{d}x\mathrm{d}y = \int_a^b \mathrm{d}x\int_c^d \tilde{f}(x,y)\mathrm{d}y = \int_a^b \mathrm{d}x\int_{\varphi_1(x)}^{\varphi_2(x)} f(x,y)\mathrm{d}y. \tag{12.2.5}$$

此公式的几何直观参见图 12.2.2.

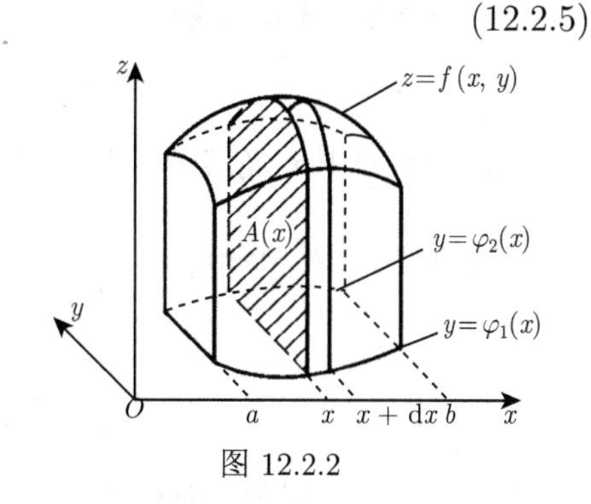

图 12.2.2

公式 (12.2.4) 表示的那样的区域 D 为 x-型区域, 见图 12.2.3. 而称形如

$$D=\{(x,y)|x_1(y)\leqslant x\leqslant x_2(y), c\leqslant y\leqslant d\} \tag{12.2.6}$$

为 y-型区域, 如图 12.2.4. 在 y-型区域上, 我们类似地有累次积分公式:

$$\iint\limits_D f(x,y)\mathrm{d}x\mathrm{d}y = \int_c^d \mathrm{d}y\int_{x_1(y)}^{x_2(y)} f(x,y)\mathrm{d}x. \tag{12.2.7}$$

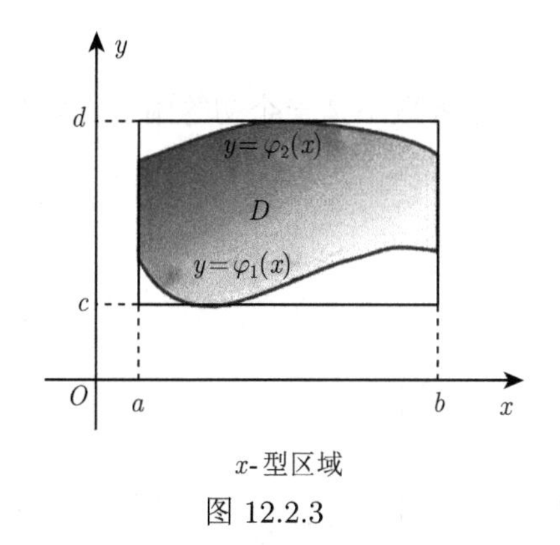

图 12.2.3

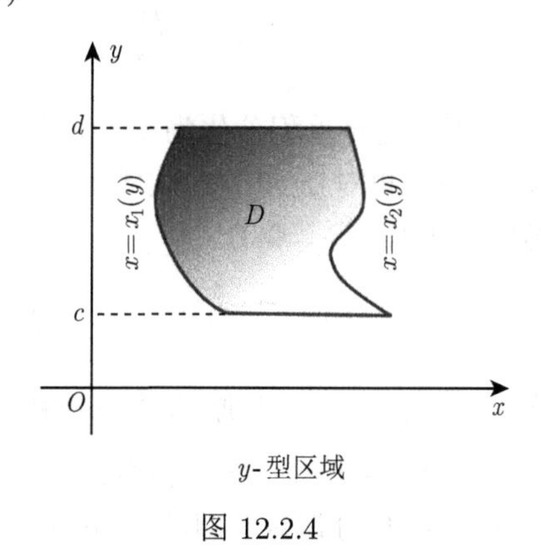

图 12.2.4

例 12.2.2 计算二重积分 $\iint\limits_D y\mathrm{d}x\mathrm{d}y$, 其中 D 是由直线 $x=-2, y=0, y=2$ 以及曲线 $x+\sqrt{2y-y^2}=0$ 所围成.

解 如图 12.2.5, 按 y-型区域来计算.

$$\iint\limits_D y\mathrm{d}x\mathrm{d}y = \int_0^2 y\mathrm{d}y\int_{-2}^{-\sqrt{2y-y^2}}\mathrm{d}x = \int_0^2 y(2-\sqrt{2y-y^2})\mathrm{d}y = 4-\frac{\pi}{2}.$$

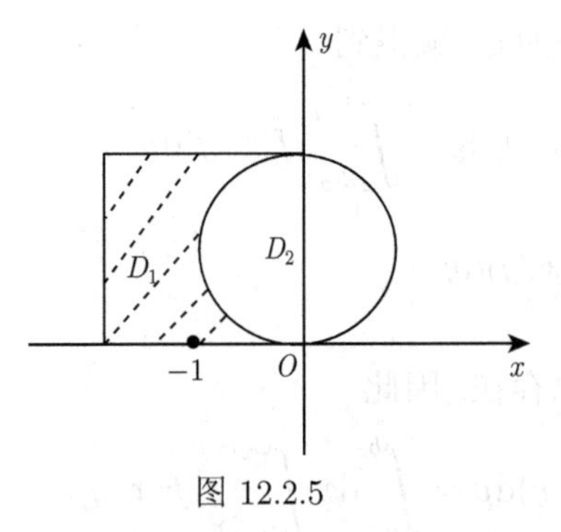

图 12.2.5

若按 x-型区域来计算, 记 D_1 为图 12.2.5 中第二象限的正方形, D_2 为 D_1 中的半圆, 则

$$\begin{aligned}\iint_D y\mathrm{d}x\mathrm{d}y &= \iint_{D_1} y\mathrm{d}x\mathrm{d}y - \iint_{D_2} y\mathrm{d}x\mathrm{d}y\\ &= \int_{-2}^0 \mathrm{d}x\int_0^2 y\mathrm{d}y - \int_{-1}^0 \mathrm{d}x\int_{1-\sqrt{1-x^2}}^{1+\sqrt{1-x^2}} y\mathrm{d}y\\ &= 4-2\int_{-1}^0\sqrt{1-x^2}\mathrm{d}x = 4-\frac{\pi}{2}.\end{aligned}$$

例 12.2.3 计算二重积分 $\iint_D \mathrm{e}^{\max\{x^2,y^2\}}\mathrm{d}x\mathrm{d}y$, 其中 $D=\{(x,y)|\,0\leqslant x,y\leqslant 1\}$ 为一矩形区域.

解 将 D 按对角线分为两个部分, 利用可加性得

$$\begin{aligned}\iint_D \mathrm{e}^{\max\{x^2,y^2\}}\mathrm{d}x\mathrm{d}y &= \iint_{0\leqslant x\leqslant y\leqslant 1}\mathrm{e}^{y^2}\mathrm{d}x\mathrm{d}y + \iint_{0\leqslant y\leqslant x\leqslant 1}\mathrm{e}^{x^2}\mathrm{d}x\mathrm{d}y = 2\iint_{0\leqslant y\leqslant x\leqslant 1}\mathrm{e}^{x^2}\mathrm{d}x\mathrm{d}y\\ &= 2\int_0^1\mathrm{d}x\int_0^x \mathrm{e}^{x^2}\mathrm{d}y = 2\int_0^1 x\mathrm{e}^{x^2}\mathrm{d}x = \frac{1}{2}(\mathrm{e}-1).\end{aligned}$$

注意, 第二个等式用到了对称性:

$$\iint_{0\leqslant x\leqslant y\leqslant 1}\mathrm{e}^{y^2}\mathrm{d}x\mathrm{d}y = \iint_{0\leqslant y\leqslant x\leqslant 1}\mathrm{e}^{x^2}\mathrm{d}x\mathrm{d}y,$$

而第三个等式是将重积分化为累次积分. 但由于 e^{x^2} 的原函数不是一个初等函数, 故只能选择先对 y 积分再对 x 积分的顺序.

例 12.2.4 计算积分

$$I=\int_0^1\mathrm{d}x\int_x^{\sqrt{x}}\frac{\sin y}{y}\mathrm{d}y.$$

解 由于 $\dfrac{\sin y}{y}$ 的原函数不是初等函数, 因此我们不能直接计算该累次积分. 本题的解题思路是交换累次积分次序, 即改为先对 x 积分再对 y 积分. 为此先还原出这个累次积分所对应的二重积分, 关键是找出该二重积分的积分区域, 如图 12.2.6. 因此有

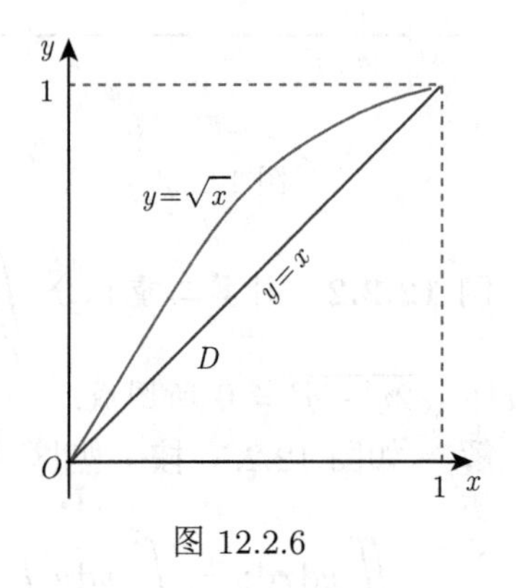

图 12.2.6

$$\begin{aligned}I &= \int_0^1\mathrm{d}x\int_x^{\sqrt{x}}\frac{\sin y}{y}\mathrm{d}y = \int_0^1\mathrm{d}y\int_{y^2}^{y}\frac{\sin y}{y}\mathrm{d}x\\ &= \int_0^1(\sin y - y\sin y)\mathrm{d}y = 1-\sin 1.\end{aligned}$$

2. 三重积分化为累次积分

设积分区域为

$$\Omega=\{(x,y,z)|z_1(x,y)\leqslant z\leqslant z_2(x,y),\ (x,y)\in D,\ a\leqslant x\leqslant b\},$$

其中, D 是区域 Ω 在 xOy 平面上的投影. 如图 12.2.7. 则类似于二重积分, 有下面的化三重积分为累次积分的公式

$$\iiint\limits_{\Omega} f(x,y,z)\mathrm{d}x\mathrm{d}y\mathrm{d}z=\iint\limits_{D}\mathrm{d}x\mathrm{d}y\int_{z_1(x,y)}^{z_2(x,y)} f(x,y,z)\mathrm{d}z. \tag{12.2.8}$$

这种化三重积分为累次积分的方法称为投影法 (projection method), 或细棒法, 或先一后二法.

例 12.2.5　求三重积分 $I=\iiint\limits_{\Omega}\dfrac{\mathrm{d}x\mathrm{d}y\mathrm{d}z}{(1+x+y+z)^3}\mathrm{d}x\mathrm{d}y\mathrm{d}z$, 其中 Ω 是四面体

$$\Omega=\{(x,y,z)\in\mathbb{R}^3,x,y,z\geqslant 0,x+y+z\leqslant 1\}.$$

解　用投影法. 令 D 表示 Ω 在 xOy 平面上的投影, 即

$$D=\{(x,y)\in\mathbb{R}^2:x,y\geqslant 0,x+y\leqslant 1\},$$

参见图 12.2.8, 则

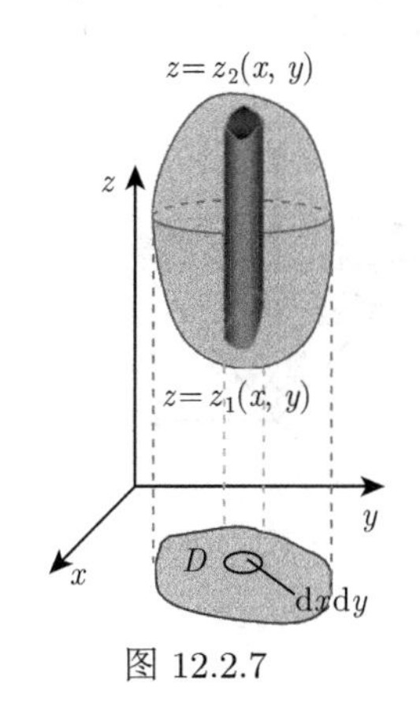

图 12.2.7

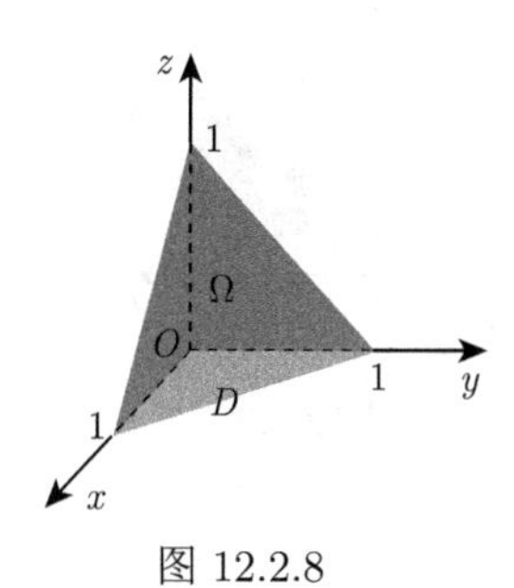

图 12.2.8

$$\begin{aligned}I&=\iiint\limits_{\Omega}\frac{\mathrm{d}x\mathrm{d}y\mathrm{d}z}{(1+x+y+z)^3}\mathrm{d}x\mathrm{d}y\mathrm{d}z\\&=\iint\limits_{D}\mathrm{d}x\mathrm{d}y\int_0^{1-x-y}\frac{\mathrm{d}z}{(1+x+y+z)^3}=-\frac{1}{2}\iint\limits_{D}\mathrm{d}x\mathrm{d}y\left[\frac{1}{4}-\frac{1}{(1+x+y)^2}\right].\end{aligned}$$

再将 D 上的二重积分化为累次积分, 因此有

$$\begin{aligned}I&=-\frac{1}{2}\int_0^1\mathrm{d}x\int_0^{1-x}\left[\frac{1}{4}-\frac{1}{(1+x+y)^2}\right]\mathrm{d}y\\&=\frac{1}{2}\int_0^1\left(\frac{1}{1+x}+\frac{x}{4}-\frac{3}{4}\right)\mathrm{d}x=\frac{1}{2}\left(\ln 2-\frac{5}{8}\right).\end{aligned}$$

化三重积分为累次积分的另一种计算方法类似于在定积分中已知截面面积函数求体积的方法, 称为切片法, 或先二后一法, 即有

$$\iiint\limits_{\Omega} f(x,y,z)\mathrm{d}x\mathrm{d}y\mathrm{d}z = \int_e^f \mathrm{d}z \iint\limits_{\Omega_z} f(x,y,z)\mathrm{d}x\mathrm{d}y, \tag{12.2.9}$$

如图 12.2.9. 其中 Ω_z 表示用平面 $z=z$ 去切 Ω 时的切片区域. 在有些情况下使用这种算法特别简单. 例如, 当被积函数只是 z 的函数时. 而当被积函数只是 x 的函数时, 我们可用 $x=x$ 的平面去切积分区域, 等等.

例 12.2.6 求三重积分 $I=\iiint\limits_{\Omega} z^2\mathrm{d}x\mathrm{d}y\mathrm{d}z$, 其中 Ω 是由锥面 $z^2=\dfrac{h^2}{R^2}(x^2+y^2)$ 与平面 $z=h$ 所围成的区域.

解 本题用切片法比较简单. 参见图 12.2.10. 对每个 z, 用平面 $z=z$ 切 Ω 得切片

$$\Omega_z: x^2+y^2 \leqslant \frac{R^2}{h^2}z^2, \quad z=z,$$

其面积为 $\pi\dfrac{R^2}{h^2}z^2$. 于是,

$$I=\int_0^h \mathrm{d}z \iint\limits_{\Omega_z} z^2\mathrm{d}x\mathrm{d}y = \int_0^h z^2\mathrm{d}z \iint\limits_{\Omega_z} \mathrm{d}x\mathrm{d}y = \int_0^h \pi\frac{R^2}{h^2}z^4\mathrm{d}z = \frac{\pi R^2h^3}{5}.$$

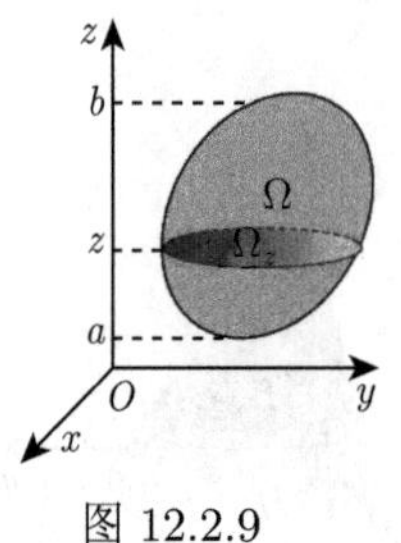

图 12.2.9

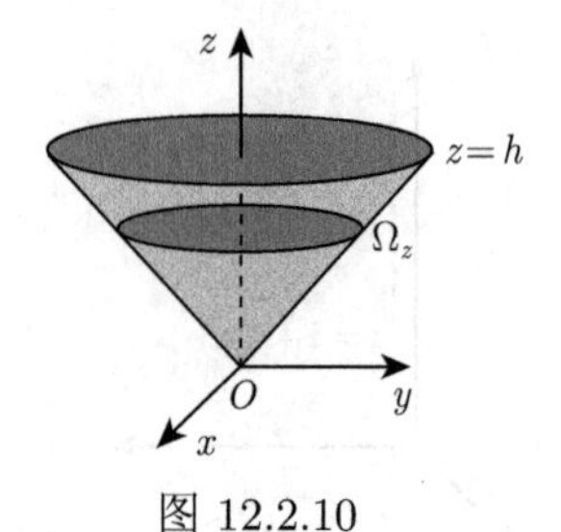

图 12.2.10

习题 12.2

A1. 计算下列二重积分:

(1) $\iint\limits_{[0,\frac{\pi}{2}]\times[0,2]} x^2y\sin(xy^2)\mathrm{d}x\mathrm{d}y$;

(2) $\iint\limits_{[0,1]\times[0,1]} \dfrac{x\mathrm{d}x\mathrm{d}y}{(1+x^2+y^2)^2}$;

(3) $\iint\limits_{[0,2]\times[0,2]} [x+y]\mathrm{d}x\mathrm{d}y$;

(4) $\iint\limits_{[0,1]\times[0,1]} (x+y)\mathrm{sgn}(x-y)\mathrm{d}x\mathrm{d}y$.

A2. 设 f 在区域 D 上连续, 将二重积分 $\iint\limits_{D} f(x,y)\mathrm{d}\sigma$ 化为不同顺序的累次积分:

(1) D 由不等式 $y\leqslant x, y\geqslant a, x\leqslant b(0<a<b)$ 所确定的区域;

(2) D 由抛物线 $y^2=x$ 和直线 $y=x-2$ 所围成的区域;

(3) D 由直线 $x+y=1, y-x=1$ 及 $y=\dfrac{1}{2}$ 围成的区域;

(4) $D=\{(x,y)|x^2+y^2\leqslant 2ax\}, a>0$.

A3. 改变下列累次积分的顺序:

(1) $\int_0^{2a} dx \int_{\sqrt{2ax-x^2}}^{\sqrt{2ax}} f(x,y)dy\ (a>0)$;

(2) $\int_0^1 dx \int_0^{x^2} f(x,y)dy + \int_1^3 dx \int_0^{\frac{1}{2}(3-x)} f(x,y)dy$;

(3) $\int_0^{\sqrt{2}} dx \int_0^{x^2} f(x,y)dy + \int_{\sqrt{2}}^{\sqrt{6}} dx \int_0^{\sqrt{6-x^2}} f(x,y)dy$;

(4) $\int_0^{\frac{1}{4}} dy \int_y^{\sqrt{y}} f(x,y)dx + \int_{\frac{1}{4}}^{\frac{1}{2}} dy \int_y^{\frac{1}{2}} f(x,y)dx$.

A4. 计算下列二重积分:

(1) $\iint\limits_D y d\sigma$, 其中 D 由 x 轴与曲线 $y=\sin x(0\leqslant x\leqslant \pi)$ 所围成的区域;

(2) $\iint\limits_D (x^2+y)d\sigma$, 其中 D 由 $y=x^2$ 和 $y^2=x$ 所围成的区域;

(3) $\iint\limits_D e^{\frac{x}{y}} d\sigma$, 其中 D 由 $y^2=x, x=0$ 及 $y=1$ 所围成;

(4) $\iint\limits_D |xy| dxdy$, 其中 $D: x^2+y^2\leqslant 1$;

(5) $\iint\limits_D (xy+\sin x+\cos y)dxdy$, 其中 $D: |x|+|y|\leqslant 1$;

(6) $\iint\limits_D |y-x^2| dxdy$, 其中, $D=\{(x,y)| -1\leqslant x\leqslant 1, 0\leqslant y\leqslant 1\}$;

(7) $\iint\limits_D y^2 d\sigma$, 其中 D 是摆线的一拱 $x=a(t-\sin t), y=a(1-\cos t)(0\leqslant t\leqslant 2\pi, a>0)$ 与 x 轴所围成的区域;

(8) $\iint\limits_D \mathrm{sgn}(x^2-y^2+3)d\sigma$, 其中 $D: x^2+y^2\leqslant 5$.

A5. 计算下列累次积分:

(1) $\int_0^1 dy \int_y^1 \frac{y}{\sqrt{1+x^3}}dx$; (2) $\int_0^{\pi} dx \int_x^{\pi} \frac{\sin y}{y}dy$; (3) $\int_0^1 dy \int_y^1 (\frac{e^{x^2}}{x}-e^{y^2})dx$.

A6. 设 $f(x)$ 连续, $F(t)=\int_1^t dy \int_y^t f(x,y)dx$, 求 $F'(t)$.

A7. 计算下列三重积分:

(1) $\iiint\limits_V (xy+z^2)dxdydz$, 其中 $V=[-2,2]\times[-3,5]\times[0,1]$;

(2) $\iiint\limits_{1\leqslant x,y,z\leqslant 2} \frac{dxdydz}{(x+y+z)^3}$;

(3) $\iiint\limits_V x\cos(y+z)dxdydz$, 其中 V 是由 $x=\sqrt{y}, x=0, z=0$ 及 $y+z=\frac{\pi}{2}$ 所围成的区域;

(4) $\iiint\limits_V (x+y+z)dxdydz$, 其中 V 是柱体 $x^2+y^2\leqslant 1, 0\leqslant z\leqslant 1$;

(5) $\iiint\limits_V y\sqrt{1-x^2}dxdydz$, 其中 V 由 $y=-\sqrt{1-x^2-z^2}, x^2+z^2=1$ 及 $y=1$ 围成;

(6) $\iiint\limits_V (|x|+|y|+|z|)dxdydz$, 其中 V 是 $|x|+|y|+|z|\leqslant 1$;

(7) $\iiint\limits_V z^2\mathrm{d}x\mathrm{d}y\mathrm{d}z$, 其中 V 由 $x^2+y^2+z^2\leqslant r^2$ 及 $x^2+y^2+z^2\leqslant 2rz$ 所确定;

(8) $\iiint\limits_V (\frac{x^2}{a^2}+\frac{y^2}{b^2}+\frac{z^2}{c^2})\mathrm{d}x\mathrm{d}y\mathrm{d}z$, 其中 V 是椭球体 $\frac{x^2}{a^2}+\frac{y^2}{b^2}+\frac{z^2}{c^2}\leqslant 1$.

B8. 证明: $\lim\limits_{n\to\infty}\frac{1}{n^4}\iiint\limits_{r\leqslant n}[r]\mathrm{d}V=\pi$, 其中, $r=\sqrt{x^2+y^2+z^2}$.

§12.3 重积分的变量代换

我们知道, 定积分中的变量代换 (换元法) 是计算定积分的最重要方法之一. 通过换元, 往往被积函数变得易于求出原函数. 我们要把这一结果推广到重积分的情况. 此时的目标不仅要简化被积函数, 还要形变积分区域, 使得易于计算其上的重积分.

§12.3.1 二重积分的变量代换

再看定积分换元公式. 设函数 φ 在区间 $[\alpha,\beta]$ 上连续可导, $\varphi'(t)>0$, $\varphi(\alpha)=a,\varphi(\beta)=b$, 作代换 $x=\varphi(t)$, $t\in[\alpha,\beta]$, 则

$$\int_a^b f(x)\mathrm{d}x=\int_\alpha^\beta f(\varphi(t))\varphi'(t)\mathrm{d}t,$$

其中, $\mathrm{d}x=\varphi'(t)\mathrm{d}t$, 微元 $\mathrm{d}x$ 比 $\mathrm{d}t$ 拉长了导数 $\varphi'(t)$ 倍. 对 $\varphi'(t)<0$ 的情况类似讨论, 但这时 $\alpha>\beta$. 如果统一规定 $\alpha<\beta$, 则定积分换元公式可记为

$$\int_a^b f(x)\mathrm{d}x=\int_\alpha^\beta f(x(t))|\varphi'(t)|\mathrm{d}t.$$

现在设 uv 平面上的区域 U, 在可逆变换

$$T:\begin{cases} x=x(u,v),\\ y=y(u,v)\end{cases}\tag{12.3.1}$$

下映为 xy 平面上的区域 V. 由多元函数微分学的知识, 自然假定 Jacobi 行列式 $J=\frac{\partial(x,y)}{\partial(u,v)}\neq 0$. 此时, J 就相当于导数 $\varphi'(t)$, 于是猜测 $\mathrm{d}\sigma=|J|\mathrm{d}\sigma'$. 这里 $\mathrm{d}\sigma',\mathrm{d}\sigma$ 分别为变换前后的面积微元. 由连续性可知 $\frac{\partial(x,y)}{\partial(u,v)}$ 在 U 上不变号. 因此, 对 U 中任意具有分段光滑边界的有界闭区域 D', 记它的像为 $D=T(D')\subset V$, 则 D' 的内点和边界分别被映为 D 的内点和边界, 同时, 再由连续映射保连通性知, D 也是具有分段光滑边界的有界闭区域. 如图 12.3.1.

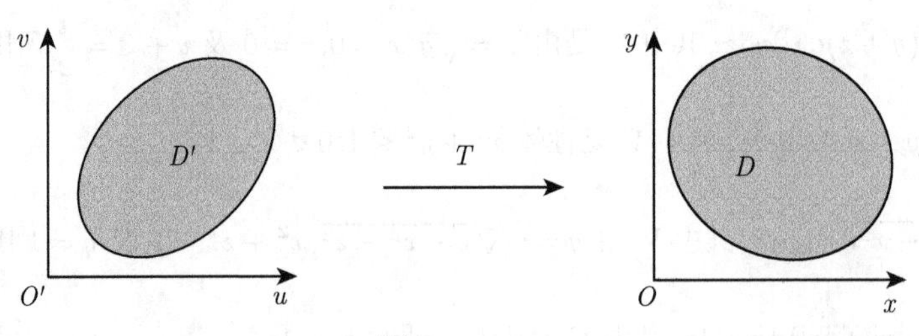

图 12.3.1

但是, 这些事实的严格证明较为烦琐, 本书将略去, 有兴趣的读者可参见《数学分析》(陈纪修等, 2004; 华东师范大学数学系, 2001). 此处我们列出二重积分的变量代换公式.

定理 12.3.1 (二重积分的变量代换 (double integral variable substitution)) 映射 T 和区域 D, D' 如上假设. 如果二元函数 $f(x,y)$ 在 D 上连续, 则

$$\iint\limits_{D} f(x,y)\mathrm{d}x\mathrm{d}y = \iint\limits_{D'} f(x(u,v),y(u,v))\left|\frac{\partial(x,y)}{\partial(u,v)}\right|\mathrm{d}u\mathrm{d}v. \tag{12.3.2}$$

注 12.3.1 特别地, 对极坐标变换 (polar coordinate transformation)

$$\begin{cases} x = r\cos\theta, \\ y = r\sin\theta \end{cases} \tag{12.3.3}$$

有 $J = r$, 所以公式 (12.3.2) 变为

$$\iint\limits_{D} f(x,y)\mathrm{d}x\mathrm{d}y = \iint\limits_{D'} f(r\cos\theta, r\sin\theta)r\mathrm{d}r\mathrm{d}\theta. \tag{12.3.4}$$

又若应用微元法也易得 $\mathrm{d}\sigma = r\mathrm{d}r\mathrm{d}\theta$, 从而也可以直接得到极坐标变量代换公式 (12.3.4).

例 12.3.1 计算下列积分

$$I = \iint\limits_{D} \mathrm{e}^{-(x^2+y^2)}\mathrm{d}x\mathrm{d}y,$$

其中, $D = \{(x,y) : x^2+y^2 \leqslant R^2\}$.

解 由于 e^{-x^2} 的原函数不是初等函数, 因此无法直接用化为累次积分的方法求出此积分. 下面用极坐标变换 (12.3.3). 由变量代换公式 (12.3.4) 得

$$I = \iint\limits_{D'} \mathrm{e}^{-r^2} r\mathrm{d}r\mathrm{d}\theta = \int_0^{2\pi}\mathrm{d}\theta\int_0^R r\mathrm{e}^{-r^2}\mathrm{d}r = \pi(1-\mathrm{e}^{-R^2}).$$

注 12.3.2 请注意, 极坐标变换在原点的 Jacobi 行列式 $J = r = 0$, 因此严格来说, 我们不能直接应用上述的二重积分的变量代换定理. 事实上, 极坐标变换在原点与正实轴上不是一对一的. 但是, 公式 (12.3.4) 仍然是对的. 在应用变量代换公式时, 我们可先去掉原点与正实轴后, 再应用变量代换. 参见图 12.3.2 及《数学分析》(陈纪修等, 2004).

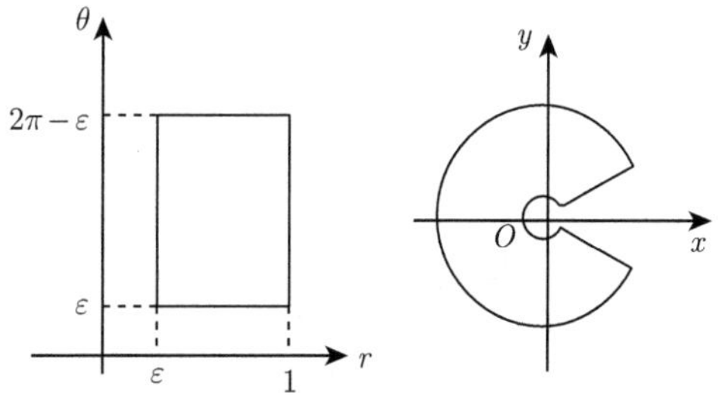

图 12.3.2

一般来说, 如果被积函数是 x^2+y^2 的函数, 积分区域 D' 是圆域或其一部分, 我们可以考虑用极坐标变换. 下面再看如何将 D' 上的二重积分化为累次积分.

(1) 若原点在区域 D' 外, 如图 12.3.3(a)(b), 可设

$$D' : \varphi_1(\theta) \leqslant r \leqslant \varphi_2(\theta), \theta_1 \leqslant \theta \leqslant \theta_2,$$

则公式 (12.3.4) 右端可化为如下的累次积分

$$\iint_{D'} f(r\cos\theta, r\sin\theta)r\mathrm{d}r\mathrm{d}\theta = \int_{\theta_1}^{\theta_2}\mathrm{d}\theta\int_{\varphi_1(\theta)}^{\varphi_2(\theta)} f(r\cos\theta, r\sin\theta)r\mathrm{d}r.$$

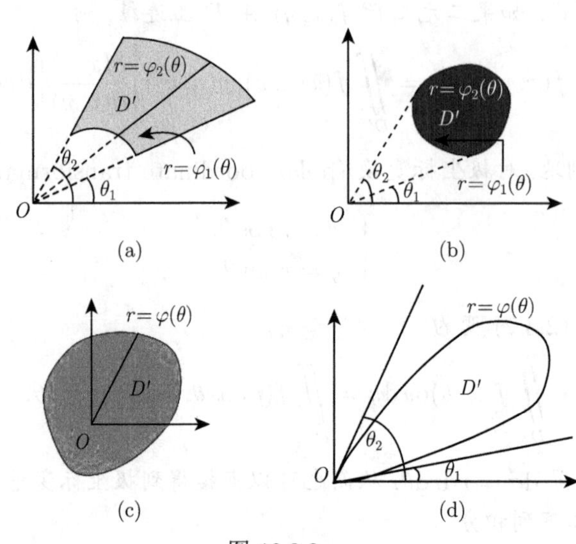

图 12.3.3

(2) 若坐标原点含在积分区域中, 如图 12.3.3(c), 或坐标原点在积分区域的边界上, 如图 12.3.3(d), 此时,

$$D': 0 \leqslant r \leqslant \varphi(\theta), 0 \leqslant \theta \leqslant 2\pi,\ \text{或}\ D': 0 \leqslant r \leqslant \varphi(\theta), \theta_1 \leqslant \theta \leqslant \theta_2,$$

则

$$\iint_{D'} f(r\cos\theta, r\sin\theta)r\mathrm{d}r\mathrm{d}\theta = \int_0^{2\pi}\mathrm{d}\theta\int_0^{\varphi(\theta)} f(r\cos\theta, r\sin\theta)r\mathrm{d}r,$$

或

$$\iint_{D'} f(r\cos\theta, r\sin\theta)r\mathrm{d}r\mathrm{d}\theta = \int_{\theta_1}^{\theta_2}\mathrm{d}\theta\int_0^{\varphi(\theta)} f(r\cos\theta, r\sin\theta)r\mathrm{d}r.$$

例 12.3.2　计算二重积分

$$I = \iint_D \sqrt{x^2+y^2}\mathrm{d}x\mathrm{d}y,$$

其中, D 是由圆 $x^2+y^2=y, x^2+y^2=2y$, 以及直线 $y=x, y=\sqrt{3}x$ 所围成的区域.

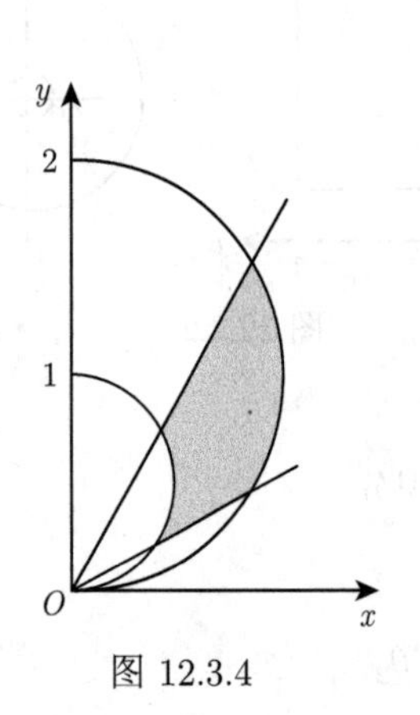

图 12.3.4

解　如图 12.3.4. 两个圆的极坐标方程分别为

$$r=\sin\theta,\quad r=2\sin\theta,$$

而直线方程分别为

$$\theta=\frac{\pi}{4},\quad \theta=\frac{\pi}{3}.$$

因此

$$I=\int_{\frac{\pi}{4}}^{\frac{\pi}{3}}\mathrm{d}\theta\int_{\sin\theta}^{2\sin\theta}r^2\mathrm{d}r=\frac{77(2\sqrt{2}-1)}{72}.$$

例 12.3.3　计算二重积分

$$I=\iint\limits_D xy\mathrm{d}x\mathrm{d}y,$$

其中, D 是由抛物线 $y^2=x,y^2=4x,x^2=y,x^2=4y$ 所围成的区域.

解　如图 12.3.5 所示, 作变换

$$T^{-1}:u=\frac{y^2}{x},v=\frac{x^2}{y},$$

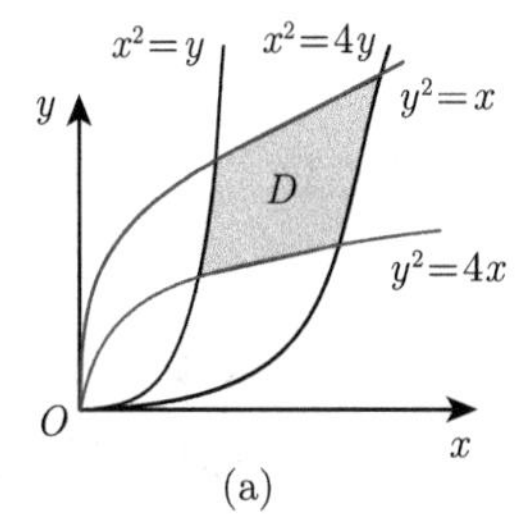

(a)

(b)

图 12.3.5

则

$$\frac{\partial(u,v)}{\partial(x,y)}=-3,$$

且 T^{-1} 将区域 D 变为 $D'=\{(u,v):1\leqslant u,v\leqslant 4\}$. 所以

$$|J|=\left|\frac{\partial(x,y)}{\partial(u,v)}\right|=\frac{1}{3},$$

$$I=\iint\limits_{D'}\frac{1}{3}uv\mathrm{d}u\mathrm{d}v=\frac{1}{3}\int_1^4u\mathrm{d}u\int_1^4v\mathrm{d}v=\frac{75}{4}.$$

§12.3.2　n 重积分的变量代换

设 U 为 $\mathbb{R}^n(n>2)$ 上的开集, 映射

$$T:y_1=y_1(x_1,\cdots,x_n),\cdots,y_n=y_n(x_1,\cdots,x_n),$$

将 U 一一对应地映到 $V\subset\mathbb{R}^n$ 上. 进一步假设

$$y_1=y_1(x_1,\cdots,x_n),\cdots,y_n=y_n(x_1,\cdots,x_n)$$

都具有连续偏导数, 而且这个映射的 Jacobi 行列式不等于零.

设 Ω 为 U 中具有分片光滑边界的有界闭区域, 则与二维情形相类似, 我们有下列的积分变量代换公式.

定理 12.3.2 映射 T 和区域 Ω 如上所设. 若 $f(\boldsymbol{y})$ 是 $T(\Omega)$ 上的连续函数, 那么变量代换公式

$$\int\limits_{T(\Omega)} f(y_1,\cdots,y_n)\mathrm{d}y_1\cdots\mathrm{d}y_n = \int\limits_{\Omega} f(y_1(\boldsymbol{x}),\cdots,y_n(\boldsymbol{x}))\left|\frac{\partial(y_1,\cdots,y_n)}{\partial(x_1,\cdots,x_n)}\right|\mathrm{d}x_1\cdots\mathrm{d}x_n \tag{12.3.5}$$

成立, 其中, $\boldsymbol{x}=(x_1,\cdots,x_n),\boldsymbol{y}=(y_1,\cdots,y_n)$.

下面主要看三重积分的变量代换, 特别是柱面坐标 (cylindrical coordinates) 变换和球面坐标 (spherical coordinates) 变换.

先看柱面坐标变换.

设 $M(x,y,z)$ 为空间任意一点, 它在 xOy 平面上的投影为 $(x,y,0)$. 又设 (x,y) 的极坐标为 (r,θ), 则 M 点又可对应三元数组 (r,θ,z), 即有

$$\begin{cases} x=r\cos\theta, \\ y=r\sin\theta, \quad (r,\theta,z)\in\Omega, \\ z=z, \end{cases} \tag{12.3.6}$$

其中, $\Omega=\{(r,\theta,z):0\leqslant r<+\infty,0\leqslant\theta\leqslant 2\pi,-\infty<z<+\infty\}$.

(r,θ,z) 即是空间的柱面坐标系, 见图 12.3.6(a). 柱面坐标系的三组坐标面分别为

$r=$ 常数, 即以 z 轴为对称轴的圆柱面;

$\theta=$ 常数, 即以 z 轴为边界的半平面;

$z=$ 常数, 即与 xOy 平面平行的平面.

式 (12.3.6) 也称为柱面坐标变换 (cylindrical coordinate transformation), 它将 Ω 映为整个空间 $\mathbb{R}^3$, 且变换的 Jacobi 行列式为

$$J=\left|\frac{\partial(x,y,z)}{\partial(r,\theta,z)}\right|=r,$$

所以体积微元的关系为

$$\mathrm{d}x\mathrm{d}y\mathrm{d}z=r\mathrm{d}r\mathrm{d}\theta\mathrm{d}z,$$

这一结果也可以从图 12.3.6(b) 看出.

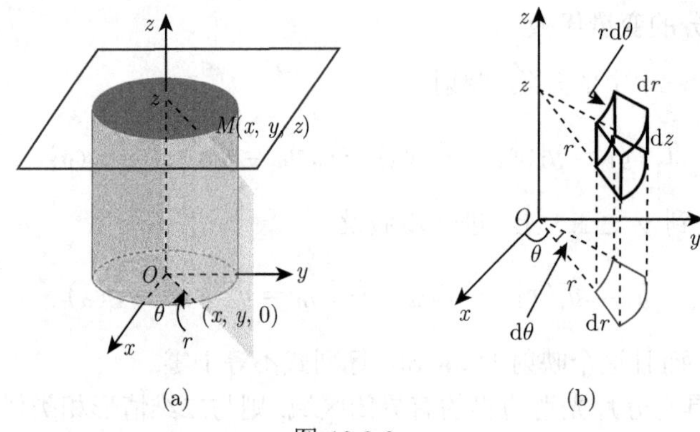

图 12.3.6

再看球面坐标变换. 先看球面坐标系, 见图 12.3.7(a).

设 $P(x,y,z)$ 为空间任意一点, 只要它不是原点, 它就可以用三个数 (ρ,φ,θ) 唯一表示, 其中 $\rho\in(0,+\infty)$ 表示 P 到原点的距离, $\varphi\in[0,\pi]$ 为有向线段 $\overrightarrow{OP}$ 与 z 轴正向所成的夹角, $\theta\in[0,2\pi)$ 表示 xOy 平面上 x 轴逆时针方向转到向量 OP' 所成的角, 其中, P' 为 P 在 xOy 平面上的投影. (ρ,φ,θ) 即为球面坐标系, 它与直角坐标 (x,y,z) 的关系是

$$\begin{cases} x=\rho\sin\varphi\cos\theta,\\ y=\rho\sin\varphi\sin\theta,\\ z=\rho\cos\varphi. \end{cases} \tag{12.3.7}$$

参见图 12.3.7 (a).

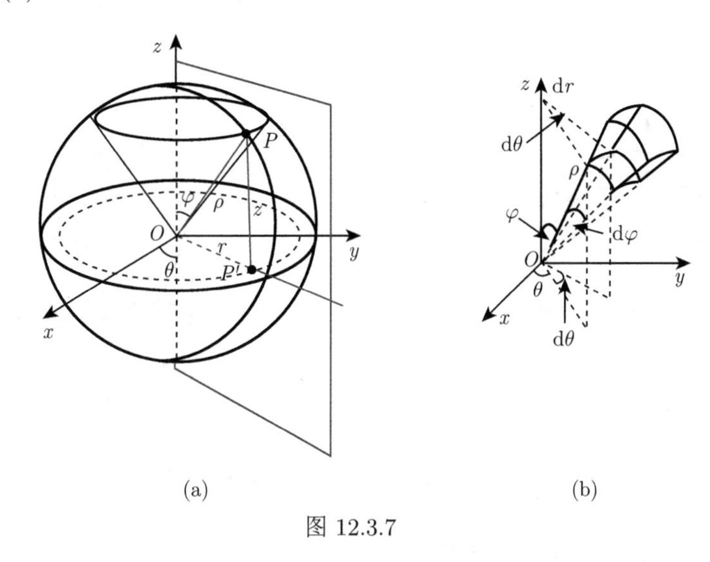

(a) (b)

图 12.3.7

球面坐标系的三组坐标面分别为

$\rho=c$ 为常数, 即 $x^2+y^2+z^2=c^2$, 该坐标面是以原点为心的球面;

$\varphi=c$ 为常数, 即 $x^2+y^2=\tan^2 cz^2$, 该坐标面是以原点为顶点、z 轴为对称轴的圆锥面;

$\theta=c$ 为常数, 即 $y=x\tan c$, 该坐标面是以 z 轴为边界的半平面.

式 (12.3.7) 也称为球面坐标变换 (spherical coordinate transformation), 其 Jacobi 行列式为

$$J=\left|\frac{\partial(x,y,z)}{\partial(r,\varphi,\theta)}\right|=\rho^2\sin\varphi.$$

所以体积微元的关系为

$$\mathrm{d}x\mathrm{d}y\mathrm{d}z=\rho^2\sin\varphi\mathrm{d}\rho\mathrm{d}\varphi\mathrm{d}\theta.$$

这一结果也可以从图 12.3.7(b) 看出.

例 12.3.4 计算三重积分 $I=\displaystyle\iiint_{\Omega}(x+z)\mathrm{d}V$, 其中 Ω 是由曲面 $z=\sqrt{x^2+y^2}$ 与 $z=\sqrt{1-x^2-y^2}$ 所围城的区域.

解　如图 12.3.8. 根据对称性, $\iiint\limits_{\Omega} x\mathrm{d}V = 0$.

下面求 $I = \iiint\limits_{\Omega} z\mathrm{d}V$.

可直接化为累次积分求得 I, 请读者自己完成. 而应用柱面坐标变换可得

$$I = \iiint\limits_{\Omega} z\mathrm{d}V = \int_0^{2\pi} \mathrm{d}\theta \int_0^{\frac{\sqrt{2}}{2}} r\mathrm{d}r \int_r^{\sqrt{1-r^2}} z\mathrm{d}z = \frac{\pi}{8}.$$

又若用球面坐标变换可得

$$I = \iiint\limits_{\Omega} z\mathrm{d}V = \int_0^{2\pi} \mathrm{d}\theta \int_0^{\frac{\pi}{4}} \mathrm{d}\varphi \int_0^1 \rho\cos\varphi\rho^2\sin\varphi\mathrm{d}\rho = \frac{\pi}{8}.$$

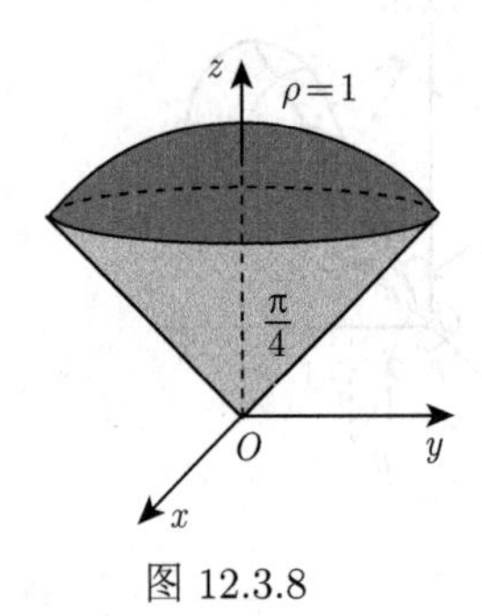

图 12.3.8

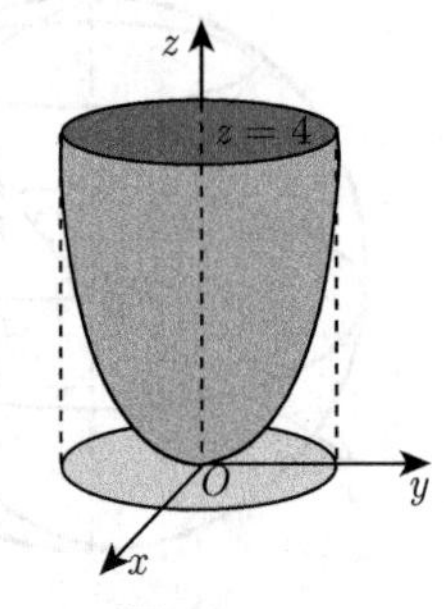

图 12.3.9

例 12.3.5　求 $\iiint\limits_{\Omega}(x^2+y^2+z)\mathrm{d}V$, 其中 Ω 是由曲线 $\begin{cases} y^2 = 2z, \\ x = 0 \end{cases}$ 绕 z 轴旋转一周而成的曲面与平面 $z = 4$ 所围城的立体.

解　旋转曲面方程为 $x^2+y^2=2z$, 如图 12.3.9. 选用柱面坐标变换可得

$$\iiint\limits_{\Omega}(x^2+y^2+z)\mathrm{d}V = \int_0^{2\pi} \mathrm{d}\theta \int_0^{2\sqrt{2}} r\mathrm{d}r \int_{\frac{r^2}{2}}^{4} (r^2+z)\mathrm{d}z = 2\pi \int_0^{2\sqrt{2}} \left(4r^3+8r-\frac{5}{8}r^5\right)\mathrm{d}r = \frac{256}{3}\pi.$$

例 12.3.6　求椭球体 $\Omega = \left\{(x,y,z)\left|\frac{x^2}{a^2}+\frac{y^2}{b^2}+\frac{z^2}{c^2} \leqslant 1\right.\right\}$ 的体积.

解　引入广义球面坐标变换 (generalized spherical coordinate transformation),

$$x = a\rho\sin\varphi\cos\theta, \quad y = b\rho\sin\varphi\sin\theta, \quad z = c\rho\cos\varphi,$$

Ω 对应于区域 $\Omega_1 = \{(\rho,\varphi,\theta)|0 \leqslant \theta \leqslant 2\pi, 0 \leqslant \varphi \leqslant \pi, 0 \leqslant \rho \leqslant 1\}$. 此变换的 Jacobi 行列式为

$$\frac{\partial(x,y,z)}{\partial(\rho,\varphi,\theta)} = abc\rho^2\sin\varphi.$$

因此椭球的体积为

$$\iiint\limits_{\Omega} \mathrm{d}x\mathrm{d}y\mathrm{d}z = \iiint\limits_{\Omega_1} abc\rho^2\sin\varphi\mathrm{d}\rho\mathrm{d}\varphi\mathrm{d}\theta = abc\int_0^1 \rho^2\mathrm{d}\rho \int_0^2 \pi\mathrm{d}\theta \int_0^{\pi} \sin\varphi\mathrm{d}\varphi = \frac{4\pi}{3}abc.$$

例 12.3.7 求 n 维单纯形

$$T_n: x_1 \geqslant 0, x_2 \geqslant 0, \cdots, x_n \geqslant 0, x_1 + x_2 + \cdots + x_n \leqslant a$$

的体积 ΔT_n.

解

$$\Delta T_n = \overbrace{\int \cdots \int}^{n}_{T_n} \mathrm{d}x_1 \mathrm{d}x_2 \cdots \mathrm{d}x_n.$$

可以直接化为累次积分,

$$\Delta T_n = \int_0^a \mathrm{d}x_1 \int_0^{a-x_1} \mathrm{d}x_2 \cdots \int_0^{a-x_1-x_2-\cdots-x_{n-1}} \mathrm{d}x_n.$$

但计算有点麻烦. 下面用变量代换. 令

$$\begin{cases} y_n &= x_1 + x_2 + \cdots + x_n, \\ y_{n-1} &= x_1 + x_2 + \cdots + x_{n-1}. \\ \vdots & \\ y_2 &= x_1 + x_2, \\ y_1 &= x_1. \end{cases}$$

则 $J = 1$, 且

$$\begin{aligned} \Delta T_n &= \int_0^a \mathrm{d}y_1 \int_{y_1}^a \mathrm{d}y_2 \cdots \int_{y_{n-1}}^a \mathrm{d}y_n, \\ &= \int_0^a \mathrm{d}y_1 \int_{y_1}^a \mathrm{d}y_2 \cdots \int_{y_{n-2}}^a (a - y_{n-1}) \mathrm{d}y_{n-1}, \\ &= \vdots \\ &= \frac{1}{(n-1)!} \int_0^a (a - y_1)^{n-1} \mathrm{d}y_1, \\ &= \frac{a^n}{n!}. \end{aligned}$$

也可用数学归纳法得到 $\Delta T_n = \dfrac{a^n}{n!}$.

例 12.3.8 求 n 维球体 $V_n: x_1^2 + x_2^2 + \cdots + x_n^2 \leqslant a^2$ 的体积 ΔV_n.

解 引入 n 重球面坐标变换来求解. 设

$$\begin{cases} x_1 &= r \cos \varphi_1, \\ x_2 &= r \sin \varphi_1 \cos \varphi_2, \\ x_3 &= r \sin \varphi_1 \sin \varphi_2 \cos \varphi_3, \\ \vdots & \\ x_{n-1} &= r \sin \varphi_1 \sin \varphi_2 \cdots \sin \varphi_{n-2} \cos \varphi_{n-1}, \\ x_n &= r \sin \varphi_1 \sin \varphi_2 \cdots \sin \varphi_{n-2} \sin \varphi_{n-1}. \end{cases}$$

容易求得

$$J=\frac{\partial(x_1,x_2,\cdots,x_n)}{\partial(r,\varphi_1,\cdots,\varphi_{n-1})}=r^{n-1}\sin^{n-2}\varphi_1\sin^{n-3}\varphi_2\cdots\sin\varphi_{n-2}.$$

在该球面坐标变换下, V_n 变为

$$V_n'=\{(r,\varphi_1,\varphi_2,\cdots,\varphi_{n-1}):r\in[0,a],\varphi_i\in[0,\pi],1\leqslant i\leqslant n-2,\varphi_{n-1}\in[0,2\pi]\}.$$

因此,

$$\begin{aligned}\Delta V_n&=\overbrace{\int\cdots\int_{V_n}}^{n}\mathrm{d}x_1\mathrm{d}x_2\cdots\mathrm{d}x_n=\overbrace{\int\cdots\int_{V_n'}}^{n}J\mathrm{d}r\mathrm{d}\varphi_1\mathrm{d}\varphi_2\cdots\mathrm{d}\varphi_{n-1}\\&=\int_0^a r^{n-1}\mathrm{d}r\int_0^\pi\sin^{n-2}\varphi_1\mathrm{d}\varphi_1\cdots\int_0^\pi\sin\varphi_{n-2}\mathrm{d}\varphi_{n-2}\int_0^{2\pi}\mathrm{d}\varphi_{n-1}.\end{aligned}$$

再由定积分的分部积分法和数学归纳法可得

$$\Delta V_n=\begin{cases}\dfrac{a^{2m}}{m!}\pi^m, & n=2m,\\[2ex]\dfrac{2^{m+1}a^{2m+1}}{(2m+1)!!}\pi^m, & n=2m+1.\end{cases}$$

习题 12.3

A1. 计算下列二重积分:

(1) $\displaystyle\iint_D \mathrm{e}^{-(x^2+y^2-\pi)}\cos(x^2+y^2)\mathrm{d}x\mathrm{d}y$, 其中 $D=\{(x,y)|x^2+y^2\leqslant\pi\}$;

(2) $\displaystyle\iint_D\frac{\sin\sqrt{x^2+y^2}}{\sqrt{x^2+y^2}}\mathrm{d}x\mathrm{d}y$, 其中 $D=\{(x,y)|1\leqslant x^2+y^2\leqslant 4\}$;

(3) $\displaystyle\iint_D(x+y)\mathrm{d}\sigma$, 其中 $D=\{(x,y)|x^2+y^2\leqslant x+y\}$;

(4) $\displaystyle\iint_D\sqrt{x^2+y^2}\mathrm{d}x\mathrm{d}y$, 其中 D 是由两个圆 $x^2+y^2=a^2$ 和 $x^2-2ax+y^2=0$ 所围成的凸区域;

(5) $\displaystyle\iint_D xy\mathrm{d}x\mathrm{d}y$, 其中 D 由两个半圆 $y=\sqrt{1-x^2}, x=\sqrt{2y-y^2}$ 及 y 轴围的右上方部分;

(6) $\displaystyle\iint_D xy\mathrm{d}x\mathrm{d}y$, 其中, $D:y\geqslant 0,1\leqslant x^2+y^2\leqslant 2x$.

A2. 用极坐标变换将二重积分 $\displaystyle\iint_D f(x,y)\mathrm{d}x\mathrm{d}y$ 化为累次积分 $(0<a<b)$:

(1) $D=\{(x,y):a^2\leqslant x^2+y^2\leqslant b^2\}$;

(2) $D=\{(x,y):x^2+y^2\leqslant 2ax\}$;

(3) $D=\{(x,y):x^2+y^2\leqslant x+y\}$;

(4) $D=\{((x,y):0\leqslant x+y\leqslant 1,0\leqslant x\leqslant 1\}$.

A3. 试交换极坐标下累次积分的次序, 并求在直角坐标下的两个累次积分表示:

(1) $\displaystyle\int_{-\frac{\pi}{2}}^{\frac{\pi}{2}}\mathrm{d}\theta\int_0^{a\cos\theta}f(r\cos\theta,r\sin\theta)r\mathrm{d}r$;

(2) $\int_{-\frac{\pi}{4}}^{\frac{\pi}{2}}\mathrm{d}\theta\int_0^{2a\cos\theta}f(r\cos\theta,r\sin\theta)r\mathrm{d}r$.

A4. 计算二重积分:

(1) $\iint\limits_D\sqrt{1-\dfrac{x^2}{a^2}-\dfrac{y^2}{b^2}}\mathrm{d}x\mathrm{d}y$, 其中 $D:\dfrac{x^2}{a^2}+\dfrac{y^2}{b^2}\leqslant 1$;

(2) $\iint\limits_D\dfrac{y}{x+y}\mathrm{e}^{(x+y)^2}\mathrm{d}x\mathrm{d}y$, 其中 $D:x+y\leqslant 1,x,y\geqslant 0$;

(3) $\iint\limits_D(x+y)\mathrm{d}\sigma$, 其中 D 是由曲线 $2y=x^2,x+y=4$ 和 $x+y=12$ 所围成的闭区域;

(4) $\iint\limits_D\dfrac{(x+y)\ln(1+\dfrac{y}{x})}{\sqrt{1-x-y}}\mathrm{d}x\mathrm{d}y$, 其中 D 是由直线 $x+y=1$ 与两坐标轴所围成的区域.

A5. 将二重积分 $\iint\limits_D f(x+y)\mathrm{d}\sigma$ 化为定积分, 其中 f 在 $[-1,1]$ 上连续, $D:|x|+|y|\leqslant 1$.

A6. 计算三重积分:

(1) $\iiint\limits_\Omega(x+y+z)^2\mathrm{d}V$, 其中 $\Omega:x^2+y^2\leqslant 1,|z|\leqslant 1$;

(2) $\iiint\limits_\Omega(x^2+y^2)^2\mathrm{d}V$, 其中 Ω 由 $z=x^2+y^2,z=1,z=2$ 围成;

(3) $\iiint\limits_\Omega(\sqrt{x^2+y^2+z^2})^5\mathrm{d}V$, 其中 $\Omega:x^2+y^2+z^2\leqslant 2z$;

(4) $\iiint\limits_\Omega xyz\mathrm{d}V$, 其中 Ω 为单位球在第一卦限的部分;

(5) $\iiint\limits_\Omega(x+z)\mathrm{e}^{-(x^2+y^2+z^2)}\mathrm{d}V$, 其中 Ω 为球壳 $1\leqslant x^2+y^2+z^2\leqslant 4$ 在第一卦限的部分;

(6) $\iiint\limits_\Omega z^2\mathrm{d}V$, 其中 Ω 是两个球体 $x^2+y^2+z^2\leqslant R^2$ 与 $x^2+y^2+z^2\leqslant 2Rz$ 的公共部分;

(7) $\iiint\limits_\Omega(x^3+y^3+z^3)\mathrm{d}V$, 其中 Ω 是由半球面 $x^2+y^2+z^2=2z(z\geqslant 1)$ 与锥面 $z=\sqrt{x^2+y^2}$ 围成;

(8) $\iiint\limits_\Omega(ax^2+by^2+cz^2)\mathrm{d}V$, 其中 $\Omega:x^2+y^2+z^2\leqslant R^2,a,b,c$ 为常数.

B7. 给定柱坐标系下的累次积分 $I=\int_0^{2\pi}\mathrm{d}\theta\int_0^{\sqrt{2}}\mathrm{d}r\int_r^{\sqrt{4-r^2}}f(r\cos\theta,r\sin\theta,z)r\mathrm{d}z$.

(1) 将 I 在直角坐标系下化为某累次积分;

(2) 将 I 在球面坐标系下化为某累次积分.

B8. 设 $f(u)$ 连续, $\Omega_t:x^2+y^2\leqslant t^2,0\leqslant z\leqslant a,t>0$. 令 $F(t)=\iiint\limits_{\Omega_t}(f(x^2+y^2)+z^2)\mathrm{d}V$, 求 $F'(t)$ 和 $\lim\limits_{t\to 0+}\dfrac{F(t)}{t^2}$.

B9. 设 $f(x)$ 在 $x=0$ 点可导, 且 $f(0)=0$, $\Omega_t:x^2+y^2+z^2\leqslant t^2,t>0$. 求极限

$$\lim_{t\to 0+}\frac{1}{t^4}\iiint\limits_{\Omega_t}f(\sqrt{x^2+y^2+z^2})\mathrm{d}V.$$

§12.4 重积分的应用

前面已经看到, 重积分可以用于计算二维区域的面积、三维区域的体积、物体的质量与质心等. 下面我们再介绍重积分在几何与物理上的其他几个应用.

§12.4.1 曲面面积

本章第一节, 我们已经给出过一般平面图形的面积的概念, 借助定积分和二重积分可以计算平面图形的面积. 借助定积分还可以计算旋转曲面的面积. 本小节研究一般曲面面积的概念, 并借助二重积分给出其计算公式.

1. 曲面面积定义

回忆曲线弧长的定义, 我们把内接折线长度之和的极限定义成弧长. 那么, 曲面面积可以依此类推吗? 例如, 圆柱面的侧面积能否用内接多边形的面积之和来逼近? Schwartz 曾说明这样的方法不行, 原因是这个内接多边形的面积之和的极限可以趋向无穷大! 参见《微积分学教程》(菲赫金哥尔茨, 1978). 后来人们发现, 改用每一点处的切平面的一小块面积近似代替, 然后再求和逼近, 是个很好的想法. 下面我们具体来介绍此方法.

设曲面 Σ:

$$x = x(u,v), y = y(u,v), z = z(u,v), (u,v) \in D,$$

用向量形式记为

$$\boldsymbol{r}(u,v) = (x(u,v), y(u,v), z(u,v)), (u,v) \in D.$$

这里 D 为具有光滑或分段光滑边界的有界闭区域, $\boldsymbol{r}: D \to \Sigma$ 一一对应, 且 x, y, z 对 u, v 有连续偏导数, 对应的 Jacobi 矩阵

$$\boldsymbol{J} = \begin{pmatrix} \dfrac{\partial x}{\partial u} & \dfrac{\partial x}{\partial v} \\ \dfrac{\partial y}{\partial u} & \dfrac{\partial y}{\partial v} \\ \dfrac{\partial z}{\partial u} & \dfrac{\partial z}{\partial v} \end{pmatrix} \tag{12.4.1}$$

满秩. 用曲线网 $u = u_0$ 和 $v = v_0$ 把曲面 Σ 分割成若干小块, 其中的任意一小块可以看作是 D 中的矩形 $P_1P_2P_3P_4$ 在变换 $\boldsymbol{r}$ 下的像. 具体来说, 设 D 中小矩形 σ 的四个顶点为

$$P_1(u_0, v_0),\ P_2(u_0 + \Delta u, v_0), P_3(u_0 + \Delta u, v_0 + \Delta v), P_4(u_0, v_0 + \Delta v).$$

在该变换下对应小曲面 $\tilde{\sigma}$ 上四个点 $Q_i = \boldsymbol{r}(P_i), i = 1, 2, 3, 4$, 如图 12.4.1.

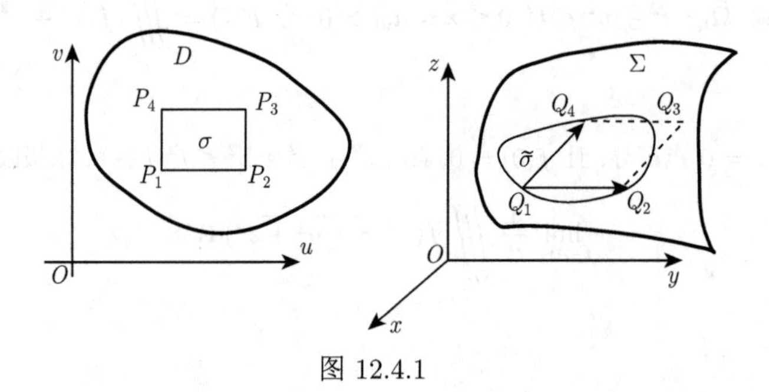

图 12.4.1

于是,

$$\overrightarrow{Q_1Q_2} = \boldsymbol{r}(u_0+\Delta u, v_0) - \boldsymbol{r}(u_0, v_0) = \boldsymbol{r}_u(u_0, v_0)\Delta u + o(\Delta u),$$
$$\overrightarrow{Q_1Q_4} = \boldsymbol{r}(u_0, v_0+\Delta v) - \boldsymbol{r}(u_0, v_0) = \boldsymbol{r}_v(u_0, v_0)\Delta v + o(\Delta v),$$

忽略高阶无穷小, $\tilde{\sigma}$ 的面积 ΔS 近似于由切向量 $\boldsymbol{r}_u(u_0,v_0)\Delta u$ 和 $\boldsymbol{r}_v(u_0,v_0)\Delta v$ 张成的平行四边形面积. 由于 $\boldsymbol{J}$ 满秩, 所以 $\boldsymbol{r}_u(u_0,v_0)$ 和 $\boldsymbol{r}_v(u_0,v_0)$ 线性无关, 而由式 (11.5.19) 知, $\boldsymbol{r}_u(u_0,v_0)\times\boldsymbol{r}_v(u_0,v_0)$ 表示过该点的切平面的法向量. 用外积记号可表示为

$$\Delta S \approx \|\boldsymbol{r}_u(u_0,v_0)\times\boldsymbol{r}_v(u_0,v_0)\|\Delta u\Delta v, \tag{12.4.2}$$

而数值 $\|\boldsymbol{r}_u\times\boldsymbol{r}_v\|$ 表示在变换 $\boldsymbol{r}(u,v)$ 下矩形 σ 面积的伸缩率, 即变换后的面积微元 $\mathrm{d}S$ 与原来的矩形面积微元 $\mathrm{d}u\mathrm{d}v$ 的比率, 亦即

$$\frac{\mathrm{d}S}{\mathrm{d}u\mathrm{d}v} = \|\boldsymbol{r}_u\times\boldsymbol{r}_v\|. \tag{12.4.3}$$

由此得光滑曲面的面积的定义:

$$S = \iint\limits_D \|\boldsymbol{r}_u\times\boldsymbol{r}_v\|\mathrm{d}u\mathrm{d}v. \tag{12.4.4}$$

2. 曲面面积的计算

根据上面的分析, 我们有以下的曲面面积计算公式

定理 12.4.1 对满足上述假设条件的曲面 Σ, 它的面积为

$$S = \iint\limits_D \sqrt{EG-F^2}\mathrm{d}u\mathrm{d}v. \tag{12.4.5}$$

其中,

$$\begin{aligned} E &= \boldsymbol{r}_u\cdot\boldsymbol{r}_u = x_u^2+y_u^2+z_u^2, \\ F &= \boldsymbol{r}_u\cdot\boldsymbol{r}_v = x_ux_v+y_uy_v+z_uz_v, \\ G &= \boldsymbol{r}_v\cdot\boldsymbol{r}_v = x_v^2+y_v^2+z_v^2, \end{aligned} \tag{12.4.6}$$

称为曲面的 Gauss 系数, 或第一基本量.

证明 由于

$$\boldsymbol{r}_u = x_u\boldsymbol{i}+y_u\boldsymbol{j}+z_u\boldsymbol{k},$$
$$\boldsymbol{r}_v = x_v\boldsymbol{i}+y_v\boldsymbol{j}+z_v\boldsymbol{k}.$$

则

$$\begin{aligned} \boldsymbol{r}_u\times\boldsymbol{r}_v &= (x_u\boldsymbol{i}+y_u\boldsymbol{j}+z_u\boldsymbol{k})\times(x_v\boldsymbol{i}+y_v\boldsymbol{j}+z_v\boldsymbol{k}) \\ &= \frac{\partial(y,z)}{\partial(u,v)}\boldsymbol{i}+\frac{\partial(z,x)}{\partial(u,v)}\boldsymbol{j}+\frac{\partial(x,y)}{\partial(u,v)}\boldsymbol{k}, \end{aligned} \tag{12.4.7}$$

所以

$$\|\boldsymbol{r}_u\times\boldsymbol{r}_v\|^2 = \left[\frac{\partial(y,z)}{\partial(u,v)}\right]^2+\left[\frac{\partial(z,x)}{\partial(u,v)}\right]^2+\left[\frac{\partial(x,y)}{\partial(u,v)}\right]^2. \tag{12.4.8}$$

直接计算就得知

$$EG-F^2 = \left[\frac{\partial(y,z)}{\partial(u,v)}\right]^2+\left[\frac{\partial(z,x)}{\partial(u,v)}\right]^2+\left[\frac{\partial(x,y)}{\partial(u,v)}\right]^2. \tag{12.4.9}$$

因此

$$\mathrm{d}S = \|\boldsymbol{r}_u(u,v) \times \boldsymbol{r}_v(u,v)\| \,\mathrm{d}u\mathrm{d}v = \sqrt{EG-F^2}\mathrm{d}u\mathrm{d}v,$$

$$S = \iint\limits_D \sqrt{EG-F^2}\mathrm{d}u\mathrm{d}v. \qquad \square$$

注 12.4.1　现在看两种特殊情况:

(1) 设曲面 Σ 的方程为 $z=f(x,y),(x,y)\in D$, 则用参数式表示为

$$\boldsymbol{r} = x\boldsymbol{i} + y\boldsymbol{j} + f(x,y)\boldsymbol{k},$$

因此,

$$\boldsymbol{r}_x = \boldsymbol{i} + f_x(x,y)\boldsymbol{k}, \quad \boldsymbol{r}_y = \boldsymbol{j} + f_y(x,y)\boldsymbol{k}.$$

$$E = |\boldsymbol{r}_x|^2 = 1+f_x^2, \quad G = 1+f_y^2, \quad F = f_xf_y, \quad EG-F^2 = 1+f_x^2+f_y^2.$$

故曲面 Σ 的面积为

$$S = \iint\limits_D \sqrt{1+f_x^2+f_y^2}\mathrm{d}x\mathrm{d}y. \tag{12.4.10}$$

公式 (12.4.10) 也可按照微元法的思想直接推得, 我们把它作为练习留给读者.

(2) 设曲面 Σ 的方程为 $H(x,y,z)=0$, H 具有一阶连续偏导数, 且 $H_z\neq 0$, Σ 在 xy 平面的投影为 D. 这时由隐函数定理知道, 可确定 z 为 $(x,y)\in D$ 的函数 $z=f(x,y)$, 且

$$f_x = -\frac{H_x}{H_z}, f_y = -\frac{H_y}{H_z},$$

应用 (1) 的结论得曲面 Σ 的面积为

$$S = \iint\limits_D \frac{\|\mathrm{grad}H\|}{|H_z|}\mathrm{d}x\mathrm{d}y. \tag{12.4.11}$$

注意, 在这个公式中需要利用曲面方程 $H(x,y,z)=0$ 将被积函数化为 x,y 的函数.

例 12.4.1　计算球面 $x^2+y^2+z^2=a^2$ 被柱面 $x^2+y^2\leqslant ax$ 所截出的曲面的面积.

解　由对称性, 只需求出上半球面所对应的面积, 即 $z\geqslant 0$, 再 2 倍即可. 而且还可以只考虑在第一卦限的部分, 即 $y\geqslant 0$. 记这部分曲面在 xOy 平面上的投影为 D, 如图 12.4.2.

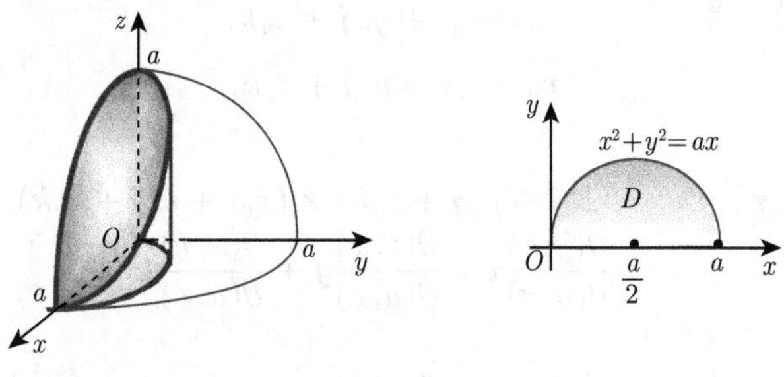

图 12.4.2

在第一卦限, 球面可用显函数 $z=\sqrt{a^2-x^2-y^2}$ 表示, 因此可直接代入公式 (12.4.10) 进行计算. 细节留给读者. 下面我们利用公式 (12.4.11). 球面的方程为 $H(x,y,z)=x^2+y^2+z^2-a^2=0$. 这时

$$H_x = 2x, \quad H_y = 2y, \quad H_z = 2z, \quad \|\mathrm{grad}H\| = 2\sqrt{x^2+y^2+z^2} = 2a.$$

由于 Σ 在平面的投影为 $D = \left\{(x,y)\middle|(x-\frac{a}{2})^2 + y^2 \leqslant \frac{1}{4}a^2, y \geqslant 0\right\}$，所以 Σ 的面积为

$$S = 4\iint\limits_D \frac{2a}{|2z|}\mathrm{d}x\mathrm{d}y = 4a\iint\limits_D \frac{1}{\sqrt{a^2-(x^2+y^2)}}\mathrm{d}x\mathrm{d}y$$
$$= 4a\int_0^{\frac{\pi}{2}}\mathrm{d}\theta\int_0^{a\cos\theta}\frac{r\mathrm{d}r}{\sqrt{a^2-r^2}} = 4a^2(\frac{\pi}{2}-1).$$

例 12.4.2 计算球面 $x^2+y^2+z^2=a^2$ 上两条纬线和两条经线之间部分的面积, 如图 12.4.3.

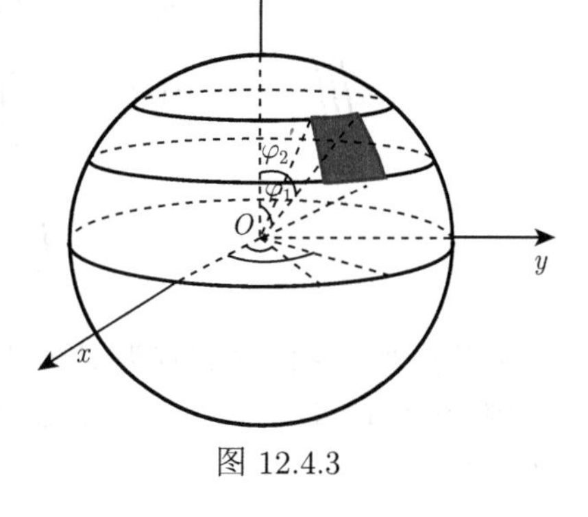

图 12.4.3

解 球面的参数方程是

$$\begin{cases} x = a\sin\varphi\cos\theta, \\ y = a\sin\varphi\sin\theta, \\ z = a\cos\varphi, \end{cases} \tag{12.4.12}$$

且容易求得球面的面积微元

$$\mathrm{d}S = a^2\sin\varphi\mathrm{d}\varphi\mathrm{d}\theta,$$

所求部分相当于限制 $(\varphi,\theta) \in D = \{(\varphi,\theta) : \varphi_1 \leqslant \varphi \leqslant \varphi_2, \theta_1 \leqslant \theta \leqslant \theta_2\}$, 因此所求面积为

$$S = \iint\limits_D a^2\sin\varphi\mathrm{d}\varphi\mathrm{d}\theta = a^2(\theta_2-\theta_1)(\cos\varphi_1-\cos\varphi_2).$$

§12.4.2 重积分的物理应用

本小节只考虑重积分在求物体的质心、转动惯量以及引力三个方面的应用.

1. 质心

前面已经讨论过质量与质心, 例如, 公式 (12.1.11) 即为三维空间立体的质心公式, 当然我们类似可得 n 维区域的质心公式.

例 12.4.3 求位于两圆 $r=a\cos\theta$ 和 $r=b\cos\theta(0<a<b)$ 之间部分 D 的均匀薄片的质心, 如图 12.4.4.

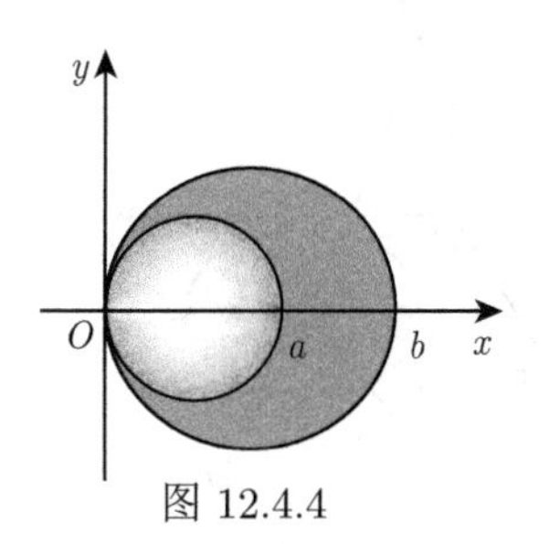

图 12.4.4

解 由对称性, $\bar{y}=0$. 而 $\bar{x} = \dfrac{\iint\limits_D x\mathrm{d}\sigma}{A}$, 其中 A 是 D 的面积. 易见 $A = \dfrac{\pi}{4}(b^2-a^2)$, 而应用二重积分的极坐标变换可得

$$\iint\limits_D x\mathrm{d}\sigma = 2\int_0^{\frac{\pi}{2}}\mathrm{d}\theta\int_{a\cos\theta}^{b\cos\theta} r^2\cos\theta\mathrm{d}r = \frac{\pi}{8}(b^3-a^3).$$

于是, $\bar{x} = \dfrac{a^2+ab+b^2}{2(a+b)}$, 质心为 $(\dfrac{a^2+ab+b^2}{2(a+b)}, 0)$.

2. 转动惯量

因质点系的转动惯量等于各质点转动惯量之和, 故连续体的转动惯量可用积分计算.

设物体占有三维空间区域 Ω, 有连续分布的密度函数 $\rho(x,y,z)$. 该物体位于 (x,y,z) 处的微元对 z 轴的转动惯量是

$$\mathrm{d}I_z=(x^2+y^2)\rho(x,y,z)\mathrm{d}V.$$

因此物体对 z 轴的转动惯量为

$$I_z=\iiint\limits_{\Omega}(x^2+y^2)\rho(x,y,z)\mathrm{d}V. \tag{12.4.13}$$

类似可得: 物体对 x 轴、y 轴以及原点的转动惯量分别为

$$I_x=\iiint\limits_{\Omega}(y^2+z^2)\rho(x,y,z)\mathrm{d}V,\quad I_y=\iiint\limits_{\Omega}(x^2+z^2)\rho(x,y,z)\mathrm{d}V, \tag{12.4.14}$$

$$I=\iiint\limits_{\Omega}(x^2+y^2+z^2)\rho(x,y,z)\mathrm{d}V. \tag{12.4.15}$$

对二维及其他维空间区域有类似结果.

例 12.4.4 设一均匀的直角三角形薄板, 两直角边长分别为 a,b. 求这三角形对任一直角边的转动惯量.

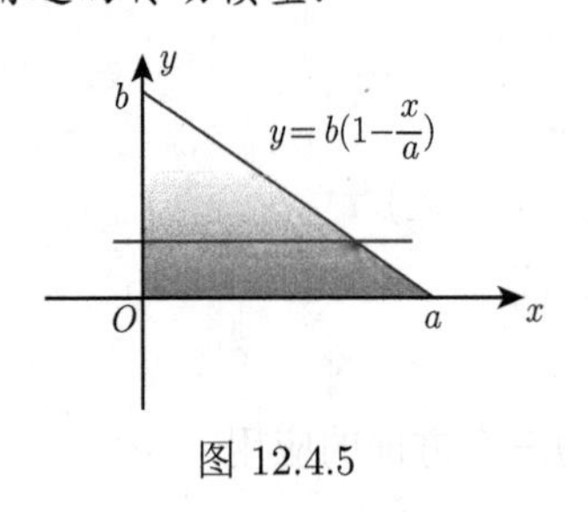

图 12.4.5

解 设三角形 D 的两直角边分别在 x 轴和 y 轴上, 如图 12.4.5. 不妨设密度为 1. 于是对 y 轴的转动惯量为

$$I_y=\iint\limits_{D}x^2\mathrm{d}x\mathrm{d}y=\int_0^b\mathrm{d}y\int_0^{a(1-\frac{y}{b})}x^2\mathrm{d}x=\frac{1}{12}a^3b.$$

同理可得对 x 轴的转动惯量为

$$I_x=\iint\limits_{D}y^2\mathrm{d}x\mathrm{d}y=\frac{1}{12}ab^3.$$

3. 引力

分别考虑二维与三维的情况.

1) 平面薄片对质点的引力

设有一平面薄片, 占有 xOy 平面上的闭区域 D, 在点 (x,y) 处的面密度为 $\mu(x,y)$. 假定 $\mu(x,y)$ 在 D 上连续, 计算该平面薄片对位于 z 轴上的点 $(0,0,a)$ 处的单位质点的引力. 如图 12.4.6.

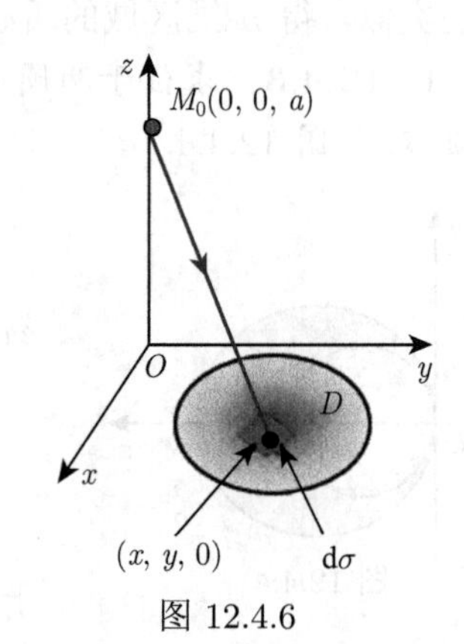

图 12.4.6

用微元法. 记所求引力为 $F(x,y,z)=(F_1(x,y,z),F_2(x,y,z),F_3(x,y,z))$, 薄片中 $\mathrm{d}\sigma$ 的部分对质点的引力大小近似为

$$\mathrm{d}F=\frac{k\cdot 1\mu(x,y)\mathrm{d}\sigma}{r^2},$$

其中, k 为引力常数, $r=\sqrt{x^2+y^2+a^2}$, 单位引力方向为 $(\frac{x}{r},\frac{y}{r},\frac{-a}{r})$. 于是,

$$\mathrm{d}F_1=\frac{kx\mu(x,y)\mathrm{d}\sigma}{r^3},\ \mathrm{d}F_2=\frac{ky\mu(x,y)\mathrm{d}\sigma}{r^3},\ \mathrm{d}F_3=-\frac{ka\mu(x,y)\mathrm{d}\sigma}{r^3}.$$

$$F_1=k\iint_D\frac{x\mu(x,y)\mathrm{d}\sigma}{(x^2+y^2+a^2)^{\frac{3}{2}}},\ F_2=k\iint_D\frac{y\mu(x,y)\mathrm{d}\sigma}{(x^2+y^2+a^2)^{\frac{3}{2}}},\ F_3=-ak\iint_D\frac{\mu(x,y)\mathrm{d}\sigma}{(x^2+y^2+a^2)^{\frac{3}{2}}}.$$

例 12.4.5 设 $D:z=0,\ x^2+y^2\leqslant R^2$, 面密度 μ 为常数, 质点位于 $(0,0,a)$, 求上述薄板对于该质量的引力, 见图 12.4.7.

解 由对称性, $F_1=F_2=0$. 由上面的讨论知,

$$F_3=-ak\mu\iint_D\frac{\mathrm{d}\sigma}{(x^2+y^2+a^2)^{\frac{3}{2}}}.$$

应用极坐标变换可得

$$F_3=-2\pi ka\mu\left(\frac{1}{a}-\frac{1}{\sqrt{R^2+a^2}}\right).$$

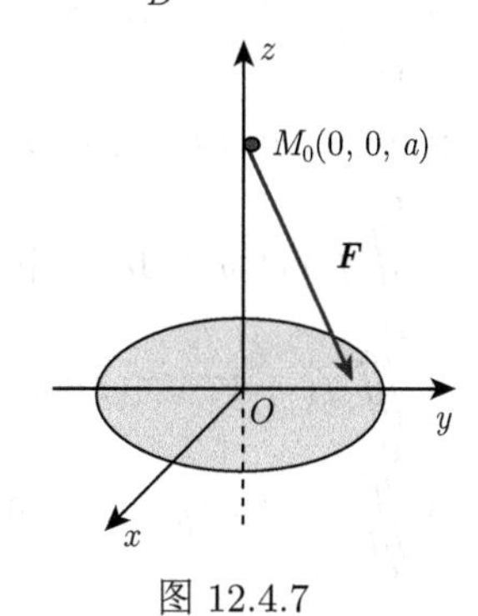

图 12.4.7

2) 空间物体对物体外一点的引力

设物体占有 n 维空间区域 $\Omega,\mu(x_1,x_2,\cdots,x_n)$ 是其上连续分布的密度, 则类似于上面的分析可求得该物体对物体外一点 $P(a_1,a_2,\cdots,a_n)$ 的引力为 $F=(F_1,F_2,\cdots,F_n)$, 其中,

$$F_i=k\int_\Omega\frac{\mu(x_1,x_2,\cdots,x_n)(x_i-a_i)}{r^3}\mathrm{d}V,\ i=1,2,\cdots,n,\quad r=\left(\sum_{i=1}^n(x_i-a_i)^2\right)^{\frac{1}{2}}.$$

习题 12.4

A1. 计算球体 $x^2+y^2+z^2\leqslant a^2$ 被柱体 $x^2+y^2\leqslant ax$ 所截出的立体的体积.

A2. 求旋转抛物面 $z=x^2+y^2$ 与圆锥面 $z=\sqrt{x^2+y^2}$ 所围成的立体体积.

A3. 求下列曲面的面积:

(1) 球冠即 $x^2+y^2+z^2=a^2$ 的 $z\geqslant b(b\in(0,a))$ 的部分;

(2) 曲面 $z=1-x^2-y^2$ 在 xOy 平面上方的部分;

(3) 球面 $x^2+y^2+z^2=4z$ 包含在锥面 $z=\sqrt{3(x^2+y^2)}$ 内的部分的面积;

(4) 螺旋曲面

$$\begin{cases}x=r\cos\theta,\\ y=r\sin\theta,\\ z=b\theta,\end{cases}\quad\begin{matrix}0\leqslant r\leqslant a,\\ 0\leqslant\theta\leqslant 2\pi.\end{matrix}$$

A4. 设物体的密度函数 $\mu(x,y,z)=x+y+z$, 求占有单位体积 $\Omega=[0,1]\times[0,1]\times[0,1]$ 的物体质量.

A5. 设球体 $x^2+y^2+z^2\leqslant 2x$ 上各点的密度等于该点到坐标原点的距离, 求这球体的质量.

A6. 设 $A(t)$ 为变动的平面薄片, 它由曲线 $y=\sqrt{2px},y=0$ 以及 $x=t$ 所围成. 求其质心所在的曲线方程.

A7. 设球在各点处的密度与该点到球心的距离成正比, 求该球体关于其直径的转动惯量.

A8. 求密度 μ 为常数的半圆环: $a^2\leqslant x^2+y^2\leqslant b^2,\ y\geqslant 0$ 对位于原点处一单位质点的引力.

B9. 证明抛物面 $\sum:z=x^2+y^2+1$ 上任一点的切平面与另一抛物面 $z=x^2+y^2$ 所围成的立体的体积是常数.

B10. 求密度为 1 的均匀圆柱体 $x^2+y^2\leqslant a^2,\ |z|\leqslant h$ 对直线 $L:x=y=z$ 的转动惯量.

第 12 章总练习题

1. 设 $D=\{(x,y):2y\leqslant x^2+y^2\leqslant 4y,x\geqslant 0\}$. 将连续函数 f 在 D 上的二重积分 $I=\iint\limits_D f(x,y)\mathrm{d}x\mathrm{d}y$ 分别在直角坐标系和极坐标系下化为所有的累次积分.

2. 试将下列重积分化为定积分:

(1) $\iint\limits_{[0,1]\times[0,1]}(xy)^{xy}\mathrm{d}x\mathrm{d}y$;

(2) $\iint\limits_D f(xy)\mathrm{d}x\mathrm{d}y$, 其中 $D:x\leqslant y\leqslant 4y,1\leqslant xy\leqslant 2$, f 为连续函数;

(3) $\iint\limits_D f(x)f(y)\mathrm{d}x\mathrm{d}y$, 其中 D 是由 y 轴, $y=a$, $y=x$ 所围成的三角形区域, $f(x)$ 在 $[0,1]$ 上连续;

(4) $\iiint\limits_\Omega f(z)\mathrm{d}V$, 其中 Ω 为单位球 $x^2+y^2+z^2\leqslant 1$, f 为连续函数;

(5) $\iiint\limits_\Omega f(ax+by+cz)\mathrm{d}x\mathrm{d}y\mathrm{d}z$, 其中, f 连续, $\Omega:x^2+y^2+z^2\leqslant 1$;

(6) $\iiint\limits_\Omega\cos(ax+by+cz)\mathrm{d}V$, 其中 a,b,c 不全为 0, 而 Ω 为单位球.

3. 计算积分:

(1) $I=\int_2^4\mathrm{d}x\int_{\frac{4}{x}}^{\frac{4x-20}{x-8}}(y-4)\mathrm{d}y$;

(2) $I=\int_0^1\mathrm{d}x\int_0^{x^2}\frac{y\mathrm{e}^y}{1-\sqrt{y}}\mathrm{d}y$;

(3) $I=\iint\limits_D\frac{3x}{y^2+xy^3}\mathrm{d}x\mathrm{d}y$, 其中 D 由 $xy=1,xy=3,y^2=x,y^2=3x$ 围成;

(4) $I=\iint\limits_D xyf(x^2+y^2)\mathrm{d}x\mathrm{d}y$, 其中 D 由 $y=x^3$, $y=1$, $x=-1$ 围城, $f(x)$ 连续;

(5) $\int_0^{\sqrt{2}}\mathrm{d}y\int_y^{\sqrt{4-y^2}}\frac{1}{\sqrt{1+x^2+y^2}}\mathrm{d}x$;

(6) $I=\iiint\limits_\Omega\frac{z-a}{(x^2+y^2+(z-a)^2)^{\frac{3}{2}}}\mathrm{d}V$, 其中 $a\neq 0,\Omega:x^2+y^2+z^2\leqslant R^2$;

(7) $\iiint\limits_\Omega(y^2+2x^2y\cos y^3)\mathrm{d}V$, 其中 Ω 是由 $z=\frac{1}{2}(x^2+y^2)$, $z=1$, $z=2$ 所围成的区域.

4. 求由四条直线 $x+y=p$, $x+y=q$, $y=ax$, $y=bx(0<p<q,\ 0<a<b)$ 所围成的图形面积.

5. 设 $H(x)=\sum\limits_{i,j=1}^{3}a_{i,j}x_ix_j$, 其中, $\boldsymbol{A}=(a_{i,j})$ 是三阶正定对称矩阵, 求

$$I=\iiint\limits_{H(x)\leqslant 1}\mathrm{e}^{\sqrt{H(x)}}\mathrm{d}x_1\mathrm{d}x_2\mathrm{d}x_3.$$

6. 证明 Poincaré 不等式: 设 f,f_y 在区域 $D:a\leqslant x\leqslant b,\varphi_1(x)\leqslant y\leqslant\varphi_2(x)$ 上连续, 其中 φ_1,φ_2 在 $[a,b]$ 上连续, 且 $f(x,\varphi_1(x))=0$. 则存在正常数 C, 使得

$$\iint\limits_D f^2(x,y)\mathrm{d}x\mathrm{d}y\leqslant C\iint\limits_D f_y^2(x,y)\mathrm{d}x\mathrm{d}y.$$

7. 设一元函数 $f(x)$ 在 $[a,b]$ 上具有连续导数, 且满足 $f(x)>0$, 求曲线 $y=f(x)$ 绕轴旋转一周所成的旋转曲面的面积 S.

8. 设有一高度为 $h(t)$ 的雪堆在融化过程中, 其侧面满足方程 $z=h(t)-\dfrac{2(x^2+y^2)}{h(t)}$, 其中 t 表示时间, 单位为 h, 长度单位为 cm. 已知体积减小的速率与侧面积成正比 (比例系数 0.9), 问高度为 130 cm 的雪堆全部融化需要多少小时?

第 13 章　曲线积分、曲面积分与场论初步

上一章, 我们已经研究过重积分, 包括二重积分、三重积分以及一般的 n 重积分, 它们都是定积分的推广, 即将积分范围从区间分别推广到了平面区域、三维区域以及一般的 n 维 Euclid 空间中的区域. 事实上, 积分范围还可以进一步推广到更一般的所谓**流形**, 包括曲线段与曲面片. 这正是本章要研究的线积分 (line integral) 与面积分 (surface integral). 线积分与面积分又都分为第一型与第二型. 第一型积分是分别关于曲线的弧长与曲面的面积的积分, 与曲线和曲面的定向无关, 第二型则是关于坐标的积分, 与曲线和曲面的定向有关, 它们也都有很强的物理背景. 进一步, 我们还将研究这些积分之间的相互关系, 并将得到类似于定积分中的微积分基本定理那样的深刻结果, 分别称之为 Green 公式、Gauss 公式和 Stokes 公式. 它们构成了本章的核心内容. 本章最后一部分内容是场论, 它是多元函数积分学在物理上的完美应用.

§13.1　第一型曲线积分与第一型曲面积分

§13.1.1　第一型曲线积分

1. 背景: 求曲线形细长构件的质量

在定积分中, 我们会计算直线状物体, 例如, 金属丝的质量. 现在要计算曲线型细长 (不计粗细) 构件的质量. 如果构件的线密度 (单位长度的质量) 为常数, 则其质量等于密度与弧长的乘积. 但是, 当线密度并非常数时, 则可以应用积分的基本思想来解决.

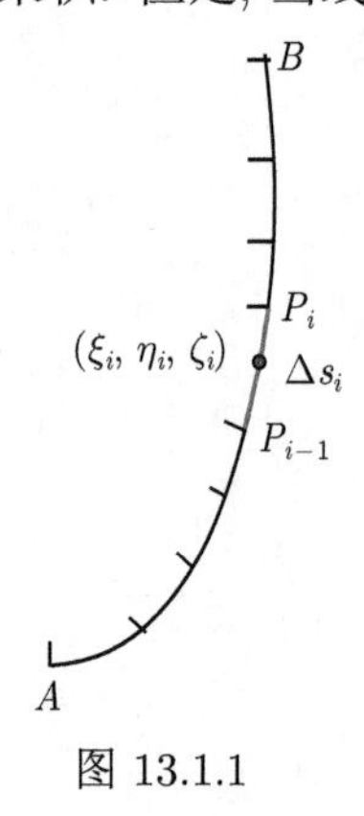

图 13.1.1

如图 13.1.1, 设空间曲线型构件 L 上任一点 (x,y,z) 处的线密度为 $\rho(x,y,z)$, 将 L 分成 n 个小曲线段 $L_i = \overset{\frown}{P_{i-1}P_i}, (i=1,2,\cdots,n)$, 并在 L_i 上任取一点 (ξ_i,η_i,ζ_i), 那么当每个 L_i 的长度 Δs_i 都很小时, L_i 的质量就近似地等于 $\rho(\xi_i,\eta_i,\zeta_i)\Delta s_i$, 于是整条构件的质量就近似等于 $\sum\limits_{i=1}^{n}\rho(\xi_i,\eta_i,\zeta_i)\Delta s_i$. 并且当 L 的分割越来越细时, 这个近似值就趋于 L 的质量, 于是取极限即得到曲线形细长构件的质量. 这又是一种和式的极限, 我们将称之为第一型曲线积分.

2. 第一型曲线积分的定义

定义 13.1.1　设 L 是空间 $\mathbb{R}^3$ 内一条可求长的连续曲线, 其端点为 A 和 B (如图 13.1.1), 函数 $f(x,y,z)$ 在 L 上有界. 在 L 上从 A 到 B 顺序地插入分点 $P_1,P_2,\cdots,P_{n-1}$, 称为 L 的一个分割, 记为 T, 即

$$T: A = P_0 \to P_1 \to P_2 \to \cdots \to P_{n-1} \to P_n = B,$$

分别在每个小弧段 $\widehat{P_{i-1}P_i}$ 上任取一点 (ξ_i,η_i,ζ_i), 并记第 i 个小弧段 $\widehat{P_{i-1}P_i}$ 的长度为 $\Delta s_i(i=1,2,\cdots,n)$, 作和式

$$\sum_{i=1}^{n} f(\xi_i,\eta_i,\zeta_i)\Delta s_i. \tag{13.1.1}$$

记 $\|T\|=\max\{\Delta s_i,i=1,2,\cdots,n\}$, 称为分割 T 的模. 如果 $\|T\|$ 趋于零时, 这个和式存在极限, 记为 J, 即

$$J=\lim_{\|T\|\to 0}\sum_{i=1}^{n} f(\xi_i,\eta_i,\zeta_i)\Delta s_i, \tag{13.1.2}$$

且 J 与分点 $\{P_i\}$ 的取法及弧段 $\widehat{P_iP_{i+1}}$ 上的点 (ξ_i,η_i,ζ_i) 的取法都无关, 则称 J 为函数 $f(x,y,z)$ 在曲线 L 上的**第一型曲线积分** (first type curve integral), 或称为关于弧长的积分 (integral with respect to arc length), 记为

$$J=\int_L f(x,y,z)\mathrm{d}s,\ 或\ J=\int_L f(P)\mathrm{d}s,$$

亦即

$$\int_L f(x,y,z)\mathrm{d}s=\lim_{\|T\|\to 0}\sum_{i=1}^{n} f(\xi_i,\eta_i,\zeta_i)\Delta s_i, \tag{13.1.3}$$

其中, $f(x,y,z)$ 称为**被积函数**, L 称为**积分路径**. 而记号 $\oint_L f(x,y,z)\mathrm{d}s$ 则表示曲线 L 为封闭路径时的第一型曲线积分.

这样, 本节一开始所要求的曲线形细长构件 L 的质量就可以看作第一型曲线积分的物理意义, 表示为 $M=\int_L \rho(x,y,z)\mathrm{d}s$.

对平面曲线情形可类似定义第一型曲线积分, 函数 $f(x,y)$ 在平面曲线 L 上的第一型曲线积分记为 $\int_L f(x,y)\mathrm{d}s$.

3. 第一型曲线积分的性质

由于第一型曲线积分也是一类和式的极限, 因此它具有类似于定积分与重积分的一些性质, 我们不加证明地给出下面的两条性质, 而把证明留给读者作为练习.

性质 13.1.1 (线性性) 如果函数 f,g 在 L 上的第一型曲线积分都存在, 则对于任何常数 α,β, 函数 $\alpha f+\beta g$ 在 L 上的第一型曲线积分也存在, 且成立

$$\int_L(\alpha f+\beta g)\mathrm{d}s=\alpha\int_L f\mathrm{d}s+\beta\int_L g\mathrm{d}s.$$

性质 13.1.2 (路径可加性) 设曲线 L 分成了首尾相连的两段 L_1,L_2, 则函数 f 在 L 上的第一型曲线积分存在当且仅当它在 L_1 和 L_2 上的第一型曲线积分都存在, 并且此时成立

$$\int_L f\mathrm{d}s=\int_{L_1} f\mathrm{d}s+\int_{L_2} f\mathrm{d}s.$$

4. 第一型曲线积分的计算

设 L 为逐段光滑曲线, 其方程为

$$x=x(t),\quad y=y(t),\quad z=z(t),\quad \alpha\leqslant t\leqslant\beta,$$

根据 §7.4 定积分的应用可知, L 是可求长的, 且曲线的弧长为

$$s=\int_{\alpha}^{\beta}\sqrt{x'^2(t)+y'^2(t)+z'^2(t)}\mathrm{d}t,$$

而弧微分为

$$\mathrm{d}s=\sqrt{x'^2(t)+y'^2(t)+z'^2(t)}\mathrm{d}t.$$

借此我们可将第一型曲线积分转化为定积分, 得到以下的第一型曲线积分计算公式.

定理 13.1.1 设函数 f 在 L 上连续, 则它在逐段光滑曲线 L 上的第一型曲线积分存在, 且

$$\int_L f(x,y,z)\mathrm{d}s=\int_{\alpha}^{\beta}f(x(t),y(t),z(t))\sqrt{x'^2(t)+y'^2(t)+z'^2(t)}\mathrm{d}t. \tag{13.1.4}$$

证明 不妨假设 L 是光滑曲线. 先假设参数 t 恰为弧长 $s\in[0,l]$. 按定义 13.1.1, 设分割 T 各分点 P_i 所对应的参数为 s_i, $\widehat{P_{i-1}P_i}$ 的长度为 Δs_i. 又设 ξ_i,η_i,ζ_i 所对应的参数为 τ_i, 于是,

$$\sum_{i=1}^{n}f(\xi_i,\eta_i,\zeta_i)\Delta s_i=\sum_{i=1}^{n}f(x(\tau_i),y(\tau_i),z(\tau_i))\Delta s_i$$

为函数 $f(x(s),y(s),z(s))$ 在 $[0,l]$ 上的积分和. 由于 $f(x(s),y(s),z(s))$ 连续, 故上述和式当 $\|T\|\to 0$ 时有极限, 且

$$\int_L f(x,y,z)\mathrm{d}s=\int_0^l f(x(s),y(s),z(s))\mathrm{d}s. \tag{13.1.5}$$

对一般的参数 t, 它与弧长的关系为 $s=s(t)=\displaystyle\int_{\alpha}^{t}\sqrt{x'^2(\tau)+y'^2(\tau)+z'^2(\tau)}\mathrm{d}\tau$, 由于 $s'(t)=\sqrt{x'^2(t)+y'^2(t)+z'^2(t)}>0$, 故函数 $s=s(t)$ 严格单调递增, 它把 $[\alpha,\beta]$ 映为 $[0,l]$, 其反函数记为 $t=t(s)$. 对上面的式 (13.1.5) 右端做定积分的变量代换可得

$$\int_0^l f(x(s),y(s),z(s))\mathrm{d}s=\int_{\alpha}^{\beta}f(x(t),y(t),z(t))\sqrt{x'^2(t)+y'^2(t)+z'^2(t)}\mathrm{d}t,$$

因此定理得证. □

特别地, 如果平面光滑曲线 L 的方程为 $y=y(x),\quad a\leqslant x\leqslant b$, 则

$$\int_L f(x,y)\mathrm{d}s=\int_a^b f(x,y(x))\sqrt{1+y'^2(x)}\mathrm{d}x. \tag{13.1.6}$$

又如果曲线由极坐标方程 $r=r(t),t\in[\alpha,\beta]$ 表示, 则

$$\int_L f(x,y)\mathrm{d}s=\int_{\alpha}^{\beta}f(r(t)\cos t,r(t)\sin t)\sqrt{r^2(t)+r'^2(t)}\mathrm{d}t. \tag{13.1.7}$$

例 13.1.1 计算 $I=\int\limits_{L}\sin\sqrt{x^2+y^2}\mathrm{d}s$, 其中 L 为由圆周 $x^2+y^2=a^2$, 直线 $y=x$ 及 x 轴在第一象限所围图形的边界.

解 如图 13.1.2. 由路径可加性得

$$I=\int\limits_{\overline{OA}}\sin\sqrt{x^2+y^2}\mathrm{d}s+\int\limits_{\widehat{AB}}\sin\sqrt{x^2+y^2}\mathrm{d}s+\int\limits_{\overline{OB}}\sin\sqrt{x^2+y^2}\mathrm{d}s,$$

线段 $\overline{OA}$ 的方程为 $y=0,0\leqslant x\leqslant a$, 所以

$$\int\limits_{\overline{OA}}\sin\sqrt{x^2+y^2}\mathrm{d}s=\int_0^a\sin x\mathrm{d}x=1-\cos a.$$

在圆弧 $\widehat{AB}$ 上, $x^2+y^2=a^2$, 所以

$$\int\limits_{\widehat{AB}}\sin\sqrt{x^2+y^2}\mathrm{d}s=\int\limits_{\widehat{AB}}\sin a\mathrm{d}s=\frac{\pi}{4}a\sin a.$$

线段 $\overline{OB}$ 的方程为 $y=x,0\leqslant x\leqslant\dfrac{a}{\sqrt{2}}$, 所以

$$\int\limits_{\overline{OB}}\sin\sqrt{x^2+y^2}\mathrm{d}s=\int_0^{\frac{a}{\sqrt{2}}}\sin\sqrt{2}x\sqrt{2}\mathrm{d}x=1-\cos a.$$

因此

$$I=2(1-\cos a)+\frac{\pi}{4}a\sin a.$$

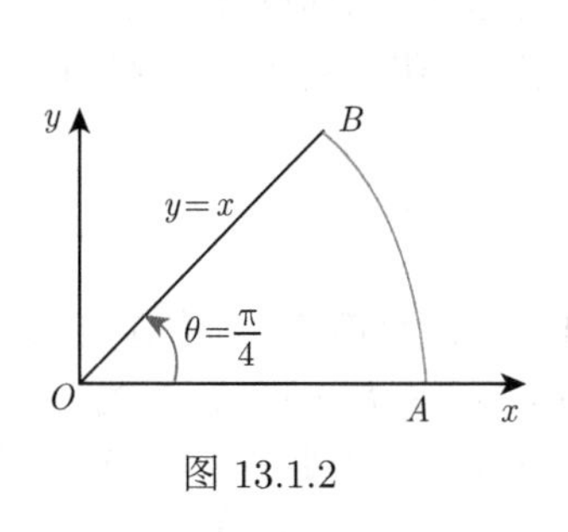

图 13.1.2

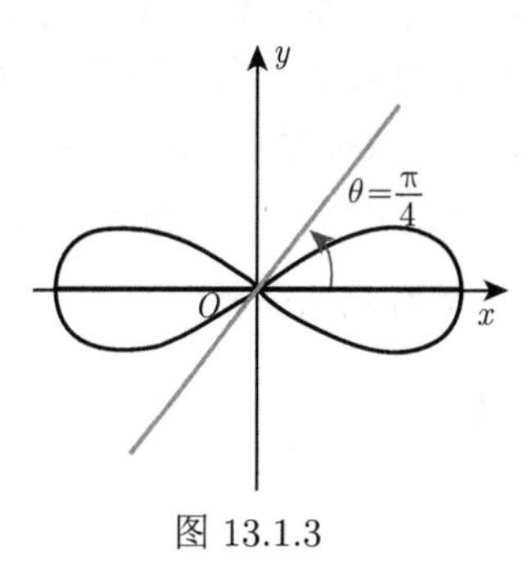

图 13.1.3

例 13.1.2 计算 $I=\int\limits_{L}|x|\mathrm{d}s$, 其中 L 为双纽线 $(x^2+y^2)^2=a^2(x^2-y^2)$.

解 如图 13.1.3. 双纽线的极坐标方程为 $r^2=a^2\cos 2\theta$, 它在第一象限的方程是 L_1 : $r=a\sqrt{\cos 2\theta}$. 利用对称性及公式 (13.1.7) 可得

$$I=4\int\limits_{L_1}x\mathrm{d}s=4\int_0^{\frac{\pi}{4}}r\cos\theta\sqrt{r^2(\theta)+r'^2(\theta)}\mathrm{d}\theta=4\int_0^{\frac{\pi}{4}}a^2\cos\theta\mathrm{d}\theta=2\sqrt{2}a^2.$$

例 13.1.3 计算积分 $I=\int\limits_{L}(x^2+2y+z)\mathrm{d}s$, 其中 $L:x^2+y^2+z^2=a^2,x+y+z=0$.

解　由于在曲线 L 的表达式中 x, y, z 的地位完全对等, 因此

$$\int_L x^2 \mathrm{d}s = \int_L y^2 \mathrm{d}s = \int_L z^2 \mathrm{d}s = \frac{1}{3}\int_L (x^2+y^2+z^2)\mathrm{d}s.$$

由于在 L 上成立 $x^2+y^2+z^2=a^2$, 且 L 是一个半径为 a 的圆周, 因此

$$\int_L (x^2+y^2+z^2)\mathrm{d}s = \int_L a^2 \mathrm{d}s = a^2\int_L \mathrm{d}s = 2\pi a^3.$$

于是

$$\int_L x^2 \mathrm{d}s = \frac{1}{3}\int_L (x^2+y^2+z^2)\mathrm{d}s = \frac{2}{3}\pi a^3.$$

同样,

$$\int_L x \mathrm{d}s = \int_L y \mathrm{d}s = \int_L z \mathrm{d}s = \frac{1}{3}\int_L (x+y+z)\mathrm{d}s = 0,$$

因此, $I = \dfrac{2}{3}\pi a^3$.

§13.1.2　第一型曲面积分

1. 背景: 求曲面型构件的质量

设空间 $\mathbb{R}^3$ 中一曲面型构件 Σ 上分布着质量, 其面密度 (单位面积上的质量) 由分布函数 $\rho(x,y,z)$ 确定, 问如何求出 Σ 的总质量?

这一问题与前面计算曲线型构件的总质量的情况是类似的, 可把曲面 Σ 分成若干小片, 在每一小片上视面密度为常数而求得质量的近似值, 并将这些近似值相加可得到曲面 Σ 质量的近似值, 再取极限 (令每一小片直径的最大值趋于零) 以获得精确值. 这同样是一种积分的概念. 由此引出第一型曲面积分的定义.

2. 第一型曲面积分的定义

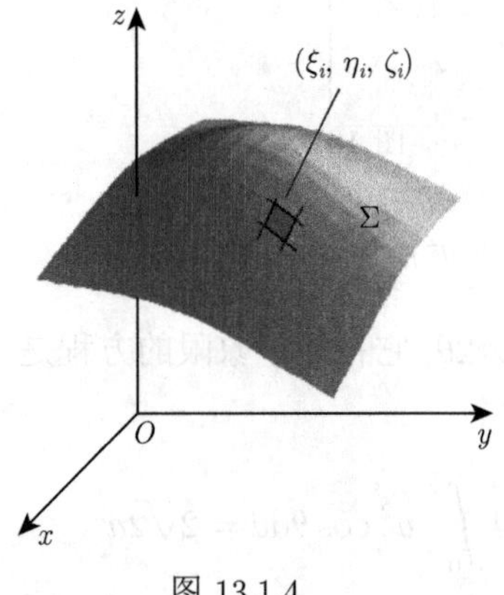

图 13.1.4

定义 13.1.2　设曲面 Σ 为有界光滑 (或分片光滑) 曲面, 函数 $u=f(x,y,z)$ 在 Σ 上有界. 分割 T 用一个光滑曲线网将曲面 Σ 分成 n 片小曲面 $\Sigma_1, \Sigma_2, \cdots, \Sigma_n$, 并记 Σ_i 的面积为 ΔS_i. 任取一点 $(\xi_i, \eta_i, \zeta_i) \in \Sigma_i$, 如图 13.1.4, 作和式

$$\sum_{i=1}^{n} f(\xi_i, \eta_i, \zeta_i)\Delta S_i. \tag{13.1.8}$$

记所有小曲面 $\Sigma_1, \Sigma_2, \cdots, \Sigma_n$ 的最大直径为 $\|T\|$, 称为分割的模. 如果当 $\|T\|$ 趋于零时, 这个和式的极限 J 存在, 且这个极限与小曲面的分法和点 (ξ_i, η_i, ζ_i) 的取法无关, 则称它为 $f(x,y,z)$ 在曲面 Σ 上的**第一型曲面积分** (first type surface integral), 或称为关于面积的积分 (integral with respect to area), 记为

$$J = \iint\limits_{\Sigma} f(x,y,z)\mathrm{d}S = \lim_{\|T\|\to 0}\sum_{i=1}^{n} f(\xi_i,\eta_i,\zeta_i)\Delta S_i, \tag{13.1.9}$$

其中 $f(x,y,z)$ 称为**被积函数**, Σ 称为**积分曲面**.

这样, 本小节开头处所要求的曲面 Σ 的质量就可表示为 $M = \iint\limits_{\Sigma} \rho(x,y,z)\mathrm{dS}$.

3. 第一型曲面积分的计算

仿造第一型曲线积分的计算公式可得到下面的第一型曲面积分的计算公式, 它把第一型曲面积分的计算转化为二重积分. 证明留给读者.

定理 13.1.2 (1) 设曲面 Σ 由参数方程 $\boldsymbol{r} = \boldsymbol{r}(u,v) = (x(u,v), y(u,v), z(u,v)), (u,v) \in D$ 给出, 这里, D 为 uv 平面上具有分段光滑边界的区域. 进一步假设映射 $\boldsymbol{r}(u,v)$ 是一一对应, 且满足上一章关于求曲面面积的定理 12.4.1 的条件, 则 Σ 上的任一连续函数 $f(x,y,z)$ 在 Σ 上的第一型曲面积分存在, 且成立以下计算公式

$$\iint\limits_{\Sigma} f(x,y,z)\mathrm{d}S = \iint\limits_{D} f(x(u,v),y(u,v),z(u,v))\sqrt{EG-F^2}\mathrm{d}u\mathrm{d}v,$$

其中, E,F,G 是定理 12.4.1 中的曲面的第一基本量：

$$\begin{aligned} E &= \boldsymbol{r}_u\cdot\boldsymbol{r}_u = x_u^2+y_u^2+z_u^2,\\ F &= \boldsymbol{r}_u\cdot\boldsymbol{r}_v = x_ux_v+y_uy_v+z_uz_v,\\ G &= \boldsymbol{r}_v\cdot\boldsymbol{r}_v = x_v^2+y_v^2+z_v^2. \end{aligned} \tag{13.1.10}$$

(2) 设曲面 Σ 由显式 $z = z(x,y)$ 给出, 这时第一型曲面积分的计算公式为

$$\iint\limits_{\Sigma} f(x,y,z)\mathrm{d}S = \iint\limits_{D} f(x,y,z(x,y))\sqrt{1+z_x^2+z_y^2}\mathrm{d}x\mathrm{d}y.$$

例 13.1.4 设 S 为锥面 $z=\sqrt{x^2+y^2}$ 被平面 $z=1$ 所截的下半部分, 求积分

$$I = \iint\limits_{S}(x^2+y^2-z^2+2x-1)\mathrm{d}S.$$

解 首先, 由于锥面关于 yOz 平面对称, 所以 $\iint\limits_{S} 2x\mathrm{d}S = 0$.

其次, 在锥面上, $x^2+y^2-z^2=0$, 所以

$$I = \iint\limits_{S}(x^2+y^2-z^2+2x-1)\mathrm{d}S = \iint\limits_{S}(-1)\mathrm{d}S.$$

又 S 的投影区域为 $D: x^2+y^2\leqslant 1, \mathrm{d}S = \sqrt{2}\mathrm{d}x\mathrm{d}y$, 所以

$$I = \iint\limits_{D}(-1)\sqrt{2}\mathrm{d}x\mathrm{d}y = -\sqrt{2}\pi.$$

下面再给出第一类曲面积分应用的例子.

例 13.1.5 求均匀球面 (密度为 1) 对球面外一单位质点 M 的引力.

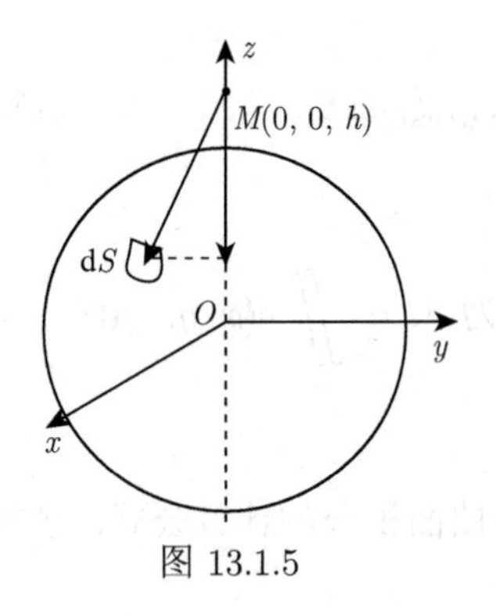

图 13.1.5

解 设球面方程为 $x^2+y^2+z^2=R^2$, 质点位于 z 轴上 $(0,0,h)$ 处, $h>0$, 参见图 13.1.5. 由对称性, 只要求引力 $\boldsymbol{F}$ 在 z 轴上的投影. 记 $\boldsymbol{r}_0$ 是连接球面上点 (x,y,z) 与 M 点的单位方向, 即 $\boldsymbol{r}_0=\dfrac{(x,y,z-h)}{r}$, 而 $r=\sqrt{x^2+y^2+(z-h)^2}$, 任取面积微元 $\mathrm{d}S$, 则它对质点 M 的引力为

$$\mathrm{d}\boldsymbol{F}=\frac{k\mathrm{d}S}{r^2}\boldsymbol{r}_0,$$

于是

$$\mathrm{d}F_z=\frac{k(z-h)}{r^3}\mathrm{d}S, \text{ 所以有 } F_z=\iint_S\frac{k(z-h)}{r^3}\mathrm{d}S.$$

用球面的参数方程可得 (参见例 12.4.2) $\mathrm{d}S=R^2\sin\varphi\mathrm{d}\varphi\mathrm{d}\theta$,

$$F_z=k\int_0^{2\pi}\mathrm{d}\theta\int_0^{\pi}\frac{(R\cos\varphi-h)R^2\sin\varphi\mathrm{d}\varphi}{(R^2-2Rh\cos\varphi+h^2)^{3/2}}=2kR^2\pi\int_0^{\pi}\frac{(R\cos\varphi-h)\sin\varphi\mathrm{d}\varphi}{(R^2-2Rh\cos\varphi+h^2)^{3/2}}.$$

令 $t=\cos\varphi$, 得

$$F_z=2kR^2\pi\int_{-1}^{1}\frac{(Rt-h)\mathrm{d}t}{(R^2+h^2-2Rht)^{3/2}}.$$

再令 $R^2+h^2-2Rht=u^2$, 可得

$$F_z=\frac{kR\pi}{h^2}\int_{|R-h|}^{R+h}\left(\frac{R^2-h^2}{u^2}-1\right)\mathrm{d}u=\frac{2kR^2\pi}{h^2}\left(\frac{R-h}{|R-h|}-1\right),$$

因此当 $h>R$ 时, 引力为 $-\dfrac{4\pi kR^2}{h^2}$, 而当 $h<R$ 时为 0.

此结果表明, 均匀球壳内的任一点所受的引力处于平衡状态, 而外面的点受的力等于把球壳的全部质量集中到球心时对该点的引力.

习题 13.1

A1. 计算下列第一型曲线积分:

(1) $\int_L xy\mathrm{d}s$, 其中 L 为正方形 $|x|+|y|=1$;

(2) $\int_L |y|\mathrm{d}s$, 其中 L 为 (a) 圆心在原点的右半单位圆周, (b) 双纽线 $(x^2+y^2)^2=x^2-y^2$;

(3) $\int_L y\mathrm{d}s$, 其中 L 是 (a) 由 $y^2=x$ 和 $x+y=2$ 所围的闭曲线, (b) $x^2+y^2+z^2=a^2$ 与 $x^2+y^2=ax$ 相交而成的曲线;

(4) $\int_L xyz\mathrm{d}s$, 其中 L 是连接点 $A(1,0,0)$, $B(0,0,2)$, $C(1,0,2)$, $D(1,3,2)$ 的折线段;

(5) $\int_L z\mathrm{d}s$, 其中 L 为圆锥螺线 $x=t\cos t, y=t\sin t, z=t, t\in[0,t_0]$;

(6) $\int_L xy\mathrm{d}s$, 其中 L 为单位球面 $x^2+y^2+z^2=1$ 与平面 $x+y+z=0$ 的交线.

A2. 求半圆周 $y=\sqrt{a^2-x^2}$ 的质量, 其线密度为 $\rho(x,y)=y$.

A3. 求曲线 $x=\mathrm{e}^{-t}\cos t,\ y=\mathrm{e}^{-t}\sin t, z=\mathrm{e}^{-t}(t\in[0,2\pi])$ 的质心, 其质量分布是均匀的.

A4. 证明第一型曲线积分的中值定理: 若函数 $f(x,y)$ 在光滑曲线 L: $x=x(t),y=y(t),t\in[\alpha,\beta]$ 上连续, 则存在点 $(x_0,y_0)\in L$ 使得

$$\int_L f(x,y)\mathrm{d}s=f(x_0,y_0)\Delta L,$$

其中, ΔL 为 L 的弧长.

A5. 计算下列第一型曲面积分:

(1) $\iint\limits_S (x+y+1)z\mathrm{d}S$, 其中 S 是上半球面 $x^2+y^2+z^2=a^2, z\geqslant 0$;

(2) $\iint\limits_S (x^2+y^2)\mathrm{d}S$, 其中 S 为锥体 $\sqrt{x^2+y^2}\leqslant z\leqslant 1$ 的边界曲面;

(3) $\iint\limits_S x^2y^2\mathrm{d}S$, 其中 S 为上半球面 $z=\sqrt{R^2-x^2-y^2}$;

(4) $\iint\limits_S \dfrac{\mathrm{d}S}{x^2+y^2}$, 其中 S 为柱面 $x^2+y^2=R^2$ 被平面 $z=-H, z=H$ 所截取的部分;

(5) $\iint\limits_S (ax^2+by^2+cz^2)\mathrm{d}S$, 其中 S 为球面 $x^2+y^2+z^2=1$;

(6) $\iint\limits_S (xy+yz+zx)\mathrm{d}S$, 其中 S 为锥面 $z=\sqrt{x^2+y^2}$ 被柱面 $x^2+y^2=2ax$ 所截部分 $(a>0)$.

A6. 求均匀曲面 $z=x^2+y^2, 0\leqslant z\leqslant 1$ 的质量与质心.

§13.2 第二型曲线积分与第二型曲面积分

前面由求分布在曲线型或曲面型构件上的质量问题, 分别引入了第一型曲线积分和第一型曲面积分, 而为了求在变力作用下沿某曲线运动所做的功和求流量与磁通量等物理量, 我们将分别引入第二型曲线积分和第二型曲面积分的概念.

§13.2.1 第二型曲线积分

1. 背景: 在变力作用下沿曲线做功问题

设 L 为空间中一条可求长的连续曲线, 起点为 A, 终点为 B, 确定了起点与终点的曲线称为**定向曲线**. 假定一个质点在力 $\boldsymbol{F}(x,y,z)=P(x,y,z)\boldsymbol{i}+Q(x,y,z)\boldsymbol{j}+R(x,y,z)\boldsymbol{k}$ 的作用下沿 L 从 A 移动到 B, 我们要计算 $\boldsymbol{F}$ 所做的功.

由于力的大小和方向都是改变的, 我们依然采用分割办法. 在曲线 L 上插入一些分点

$T: M_1(x_1,y_1,z_1),\ M_2(x_2,y_2,z_2),\ \cdots,\ M_{n-1}(x_{n-1},y_{n-1},z_{n-1})$,

并令 $M_0(x_0,y_0,z_0)=A,\ M_n(x_n,y_n,z_n)=B$, 并且这些点是从 A 到 B 计数的, 见图 13.2.1. 在小弧段 $\overset{\frown}{M_{i-1}M_i}$ 上任取一点 $N_i(\xi_i,\eta_i,\zeta_i)$, 曲线在 N_i 处的单位切向量为 $\boldsymbol{\tau}_i=\cos\alpha_i\boldsymbol{i}+\cos\beta_j\boldsymbol{i}+\cos\gamma_i\boldsymbol{k}$, 且它的方向与 L 的定向一致, 那么质点从 M_{i-1} 移动到 M_i 时 $\boldsymbol{F}$ 所做的功近似地等于

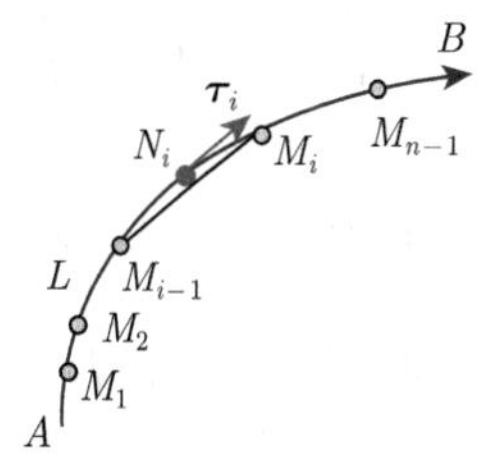

图 13.2.1

$$
\begin{aligned}
W_i &= \boldsymbol{F}(\xi_i,\eta_i,\zeta_i)\cdot\boldsymbol{\tau}_i\Delta s_i \\
&= [P(\xi_i,\eta_i,\zeta_i)\cos\alpha_i + Q(\xi_i,\eta_i,\zeta_i)\cos\beta_i \\
&\quad + R(\xi_i,\eta_i,\zeta_i)\cos\gamma_i]\Delta s_i,
\end{aligned}
$$

这里 Δs_i 是小弧段 $\widehat{M_{i-1}M_i}$ 的弧长. 因此, $\boldsymbol{F}$ 将质点沿 L 从 A 移动到 B 所做的功为

$$
\begin{aligned}
W &= \lim_{\|T\|\to 0}\sum_{i=1}^{n}\boldsymbol{F}(\xi_i,\eta_i,\zeta_i)\cdot\boldsymbol{\tau}_i\Delta s_i \\
&= \lim_{\|T\|\to 0}\sum_{i=1}^{n}[P(\xi_i,\eta_i,\zeta_i)\cos\alpha_i + Q(\xi_i,\eta_i,\zeta_i)\cos\beta_i + R(\xi_i,\eta_i,\zeta_i)\cos\gamma_i]\,\Delta s_i \\
&= \int_L [P(x,y,z)\cos\alpha + Q(x,y,z)\cos\beta + R(x,y,z)\cos\gamma]\,\mathrm{d}s,
\end{aligned}
$$

其中, $\|T\|$ 为所有的小弧段的最大长度, 而所得的积分是与曲线 L 的方向或切向量 $\boldsymbol{\tau} = (\cos\alpha,\cos\beta,\cos\gamma)$ 有关的第一型曲线积分, 我们称这样的积分为第二型曲线积分.

下面给出第二型曲线积分的定义.

2. 第二型曲线积分的定义

定义 13.2.1 设 L 为一条定向的可求长的连续曲线, 起点为 A, 终点为 B. 在 L 上每一点取单位切向量 $\boldsymbol{\tau} = (\cos\alpha,\cos\beta,\cos\gamma)$, 使它与 L 的定向相一致. 再设

$$
\boldsymbol{F}(x,y,z) = P(x,y,z)\boldsymbol{i} + Q(x,y,z)\boldsymbol{j} + R(x,y,z)\boldsymbol{k}
$$

是定义在 L 上的向量值函数, 则称

$$
\int_L \boldsymbol{F}\cdot\boldsymbol{\tau}\mathrm{d}s = \int_L (P(x,y,z)\cos\alpha + Q(x,y,z)\cos\beta + R(x,y,z)\cos\gamma)\mathrm{d}s \tag{13.2.1}
$$

为 (向量值) 函数 $\boldsymbol{F}$ 沿定向曲线 L 的**第二型曲线积分** (second type curve integral), 或者称为关于坐标的积分 (line integral with respect to coordinates).

记曲线 L 上任一点处的弧微分为 $\mathrm{d}s$, 向量 $\mathrm{d}\boldsymbol{s} = \boldsymbol{\tau}\mathrm{d}s$, 那么 $\mathrm{d}\boldsymbol{s}$ 在 x 轴上的投影是 $\cos\alpha\mathrm{d}s$, 记为 $\mathrm{d}x$, 即 $\mathrm{d}x = \cos\alpha\mathrm{d}s$. 同理记 $\mathrm{d}y = \cos\beta\mathrm{d}s, \mathrm{d}z = \cos\gamma\mathrm{d}s$. 于是,

$$
\mathrm{d}\boldsymbol{s} = \boldsymbol{\tau}\mathrm{d}s = (\mathrm{d}x,\mathrm{d}y,\mathrm{d}z),
$$

所以, 经常地把第二型曲线积分 (13.2.1) 记为

$$
\int_L \boldsymbol{F}\cdot\boldsymbol{\tau}\mathrm{d}s = \int_L \boldsymbol{F}\cdot\mathrm{d}\boldsymbol{s} = \int_L P(x,y,z)\mathrm{d}x + Q(x,y,z)\mathrm{d}y + R(x,y,z)\mathrm{d}z, \tag{13.2.2}
$$

它也称为一阶微分 $\omega = P\mathrm{d}x + Q\mathrm{d}y + R\mathrm{d}z$ 在 L 上的第二型曲线积分, 简记为 $\displaystyle\int_L \omega$.

特别地, 如果 L 为 xOy 平面上的定向光滑曲线段, 则第二型曲线积分的形式为

$$
\int_L P(x,y)\mathrm{d}x + Q(x,y)\mathrm{d}y = \int_L [P(x,y)\cos\alpha + Q(x,y)\sin\alpha]\mathrm{d}s. \tag{13.2.3}
$$

其中, α 为定向曲线 L 的切向量与 x 轴正向的夹角.

3. 第二型曲线积分的性质

设 L 为定向的分段光滑曲线, 则容易证明第二型曲线积分的如下性质成立.

性质 13.2.1 (方向性) 设向量值函数 $\boldsymbol{F}=(P,Q,R)$ 在 L 上的第二型曲线积分存在. 记 $-L$ 是曲线 L 的反向曲线, 则

$$\int_L P\mathrm{d}x+Q\mathrm{d}y+R\mathrm{d}z=-\int_{-L} P\mathrm{d}x+Q\mathrm{d}y+R\mathrm{d}z. \tag{13.2.4}$$

证明 记 $\boldsymbol{\tau}'$ 表示 $-L$ 的方向, 故 $\boldsymbol{\tau}'=-\boldsymbol{\tau}$, 因此

$$\int_L \boldsymbol{F}\cdot\boldsymbol{\tau}\mathrm{d}s=-\int_{-L}\boldsymbol{F}\cdot\boldsymbol{\tau}'\mathrm{d}s.$$

按定义即知式 (13.2.4) 成立. □

请特别注意, 第二型曲线积分与方向有关.

性质 13.2.2 (路径可加性) 设 L 分成了首尾相连的两段 L_1, L_2, 则 L 上的第二型曲线积分 $\int_L P\mathrm{d}x+Q\mathrm{d}y+R\mathrm{d}z$ 存在当且仅当 L_1 和 L_2 上的第二型曲线积分 $\int_{L_i} P\mathrm{d}x+Q\mathrm{d}y+R\mathrm{d}z$ 都存在, 其中, $i=1,2$, 且此时成立

$$\int_L P\mathrm{d}x+Q\mathrm{d}y+R\mathrm{d}z=\int_{L_1} P\mathrm{d}x+Q\mathrm{d}y+R\mathrm{d}z+\int_{L_2} P\mathrm{d}x+Q\mathrm{d}y+R\mathrm{d}z.$$

性质 13.2.3 (线性性) 设第二型曲线积分 $\int_L P_i\mathrm{d}x+Q_i\mathrm{d}y+R_i\mathrm{d}z, i=1,2$ 都存在, 则对任何常数 c_1,c_2, 第二型曲线积分

$$\int_L (c_1P_1+c_2P_2)\mathrm{d}x+(c_1Q_1+c_2Q_2)\mathrm{d}y+(c_1R_1+c_2R_2)\mathrm{d}z$$

也存在, 且成立

$$\begin{aligned}&\int_L (c_1P_1+c_2P_2)\mathrm{d}x+(c_1Q_1+c_2Q_2)\mathrm{d}y+(c_1R_1+c_2R_2)\mathrm{d}z\\ =\ &c_1\int_L P_1\mathrm{d}x+Q_1\mathrm{d}y+R_1\mathrm{d}z+c_2\int_L P_2\mathrm{d}x+Q_2\mathrm{d}y+R_2\mathrm{d}z.\end{aligned}$$

4. 第二型曲线积分的计算

现在讨论如何计算第二型曲线积分. 设光滑的定向曲线 L 的方程为

$$x=x(t),\quad y=y(t),\quad z=z(t),\quad t\in]a,b[,$$

这里, $]a,b[$ 表示 a 对应起点, b 对应终点, 但 a 未必小于 b . 这时曲线 L 是可求长的, 并且单位切向量为

$$\boldsymbol{\tau}=(\cos\alpha,\cos\beta,\cos\gamma)=\frac{1}{\sqrt{x'^2(t)+y'^2(t)+z'^2(t)}}(x'(t),y'(t),z'(t)).$$

若向量值函数 $\boldsymbol{F}(x,y,z)=P(x,y,z)\boldsymbol{i}+Q(x,y,z)\boldsymbol{j}+R(x,y,z)\boldsymbol{k}$ 在 L 上连续, 那么由定理 13.1.1得到第二型曲线积分的计算公式

$$\begin{aligned}&\int_L P(x,y,z)\mathrm{d}x+Q(x,y,z)\mathrm{d}y+R(x,y,z)\mathrm{d}z\\=&\int_L [P(x,y,z)\cos\alpha+Q(x,y,z)\cos\beta+R(x,y,z)\cos\gamma]\,\mathrm{d}s\\=&\int_a^b [P(x(t),y(t),z(t))x'(t)+Q(x(t),y(t),z(t))y'(t)+R(x(t),y(t),z(t))z'(t)]\,\mathrm{d}t.\end{aligned}\tag{13.2.5}$$

如果 L 为平面 xOy 上光滑曲线, 其方程为 $x=x(t),y=y(t),t\in]a,b[$, 则

$$\int_L P(x,y)\mathrm{d}x+Q(x,y)\mathrm{d}y=\int_a^b [P(x(t),y(t))x'(t)+Q(x(t),y(t))y'(t)]\,\mathrm{d}t.\tag{13.2.6}$$

特别地, 对应平面曲线 $L:y=y(x),x\in]a,b[$,

$$\int_L P(x,y)\mathrm{d}x+Q(x,y)\mathrm{d}y=\int_a^b [P(x,y(x))+Q(x,y(x))y'(x)]\,\mathrm{d}x.\tag{13.2.7}$$

例 13.2.1 计算曲线积分 $\int_L 2xy\mathrm{d}x+x^2\mathrm{d}y$, 其中 L 为以 $O(0,0)$ 为起点、$B(1,1)$ 为终点的曲线段, 具体路径分别为

(1) 抛物线 $y=x^2$; (2) 抛物线 $x=y^2$; (3) 折线段 $\overrightarrow{OA}+\overrightarrow{AB}$, 其中, $A(1,0)$.

解 如图 13.2.2 所示.

(1) $\displaystyle\int_L 2xy\mathrm{d}x+x^2\mathrm{d}y=\int_0^1(2x\cdot x^2+x^2\cdot 2x)\mathrm{d}x=4\int_0^1 x^3\mathrm{d}x=1$;

(2) $\displaystyle\int_L 2xy\mathrm{d}x+x^2\mathrm{d}y=\int_0^1(2y^2y\cdot 2y+y^4)\mathrm{d}y=5\int_0^1 y^4\mathrm{d}y=1$;

(3) $\displaystyle\int_L 2xy\mathrm{d}x+x^2\mathrm{d}y=\int_{OA}+\int_{AB}2xy\mathrm{d}x+x^2\mathrm{d}y=\int_0^1(2y\cdot 0+1)\mathrm{d}y=1.$

注 13.2.1 本题中积分沿三条不同的路径, 但结果相同. 这不是偶然的. 这种现象的本质我们将在下一节专门讨论.

例 13.2.2 计算曲线积分

$$I=\oint_C(z-y)\mathrm{d}x+(x-z)\mathrm{d}y+(x-y)\mathrm{d}z,$$

其中, C 是曲线 $\begin{cases}x^2+y^2=1,\\x-y+z=2\end{cases}$ 从 z 轴正向往 z 轴负向看, C 的方向是顺时针的, 如图 13.2.3.

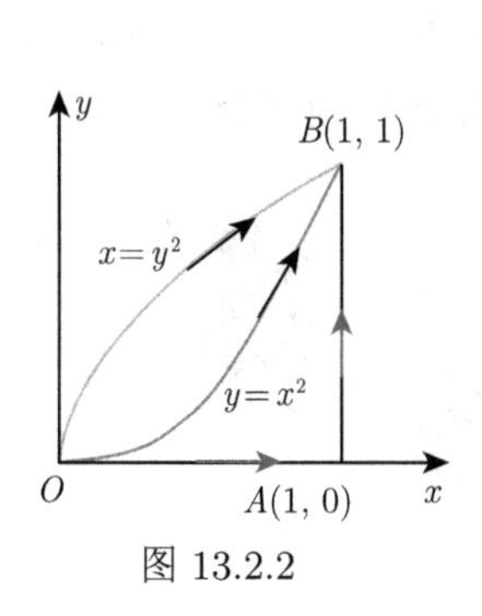

图 13.2.2

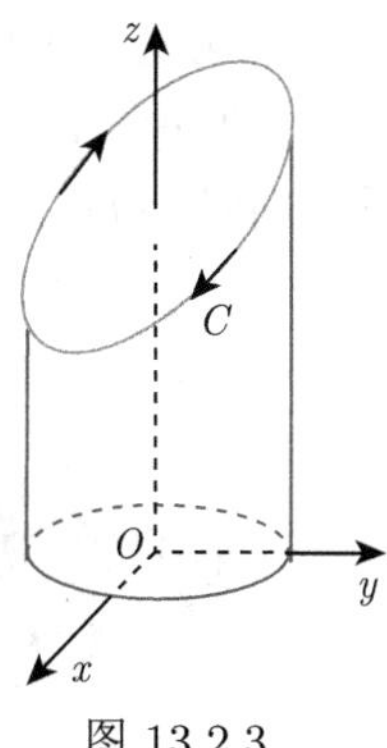

图 13.2.3

解 由于曲线 C 是圆柱面与平面的交线, 所以可令 $x=\cos\theta, y=\sin\theta$, 进而得 $z=2-\cos\theta+\sin\theta, \theta\in[2\pi,0]$, 因此,

$$\begin{aligned}I&=\oint_C(z-y)\mathrm{d}x+(x-z)\mathrm{d}y+(x-y)\mathrm{d}z,\\&=\int_{2\pi}^{0}[(2-\cos\theta+\sin\theta-\sin\theta)(-\sin\theta)+(\cos\theta-(2-\cos\theta+\sin\theta)\cos\theta\\&\quad+(\cos\theta-\sin\theta)(\sin\theta-\cos\theta)]\mathrm{d}\theta\\&=-2\pi.\end{aligned}$$

例 13.2.3 求在力 $\boldsymbol{F}=(y,-x,x+y+z)$ 的作用下, 质点由 $A(a,0,0)$ 移动到 $B(a,0,2\pi b)$ 所做的功. 如图 13.2.4 所示.

(1) $\widehat{AB}$ 是螺旋线 $L_1: x=a\cos t, y=a\sin t, z=bt, 0\leqslant t\leqslant 2\pi$;

(2) $\overrightarrow{AB}$ 是有向直线段.

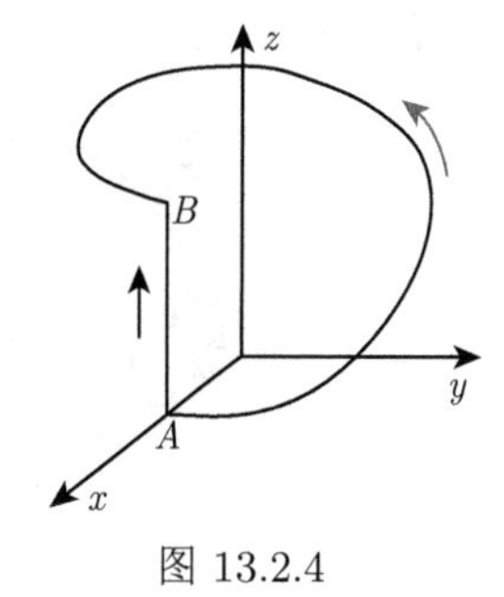

图 13.2.4

解 (1) $W=\int_{L_1}y\mathrm{d}x-x\mathrm{d}y+(x+y+z)\mathrm{d}z$

$$=\int_0^{2\pi}(-a^2\sin^2t-a^2\cos^2t+(a\cos t+a\sin t+bt)b)\mathrm{d}t$$
$$=2\pi(\pi b^2-a^2).$$

(2) AB 的方程为 $x=a, y=0, z=z, 0\leqslant z\leqslant 2\pi b$. 于是

$$W=\int_{\widehat{AB}}y\mathrm{d}x-x\mathrm{d}y+(x+y+z)\mathrm{d}z=\int_0^{2\pi b}(a+z)\mathrm{d}z=2\pi b(a+\pi b).$$

§13.2.2 第二型曲面积分概念

1. 流量问题

已知不可压缩流体 (即密度与压力无关. 不妨设其密度为 1) 的稳定流体 (即流速与时间无关) 以流速 $\boldsymbol{v}=P(x,y,z)\boldsymbol{i}+Q(x,y,z)\boldsymbol{j}+R(x,y,z)\boldsymbol{k}$ 在空间区域 Ω 内流动, 我们来计

算单位时间内由曲面 $\Sigma \subset \Omega$ 的一侧流向另一侧的流量.

如图 13.2.5. 首先看出流量与曲面所谓“侧”的概念有关, 或者说与曲面的法向有关, 当法向选择相反方向时, 流量随之变号, 所以下面先介绍曲面侧的概念.

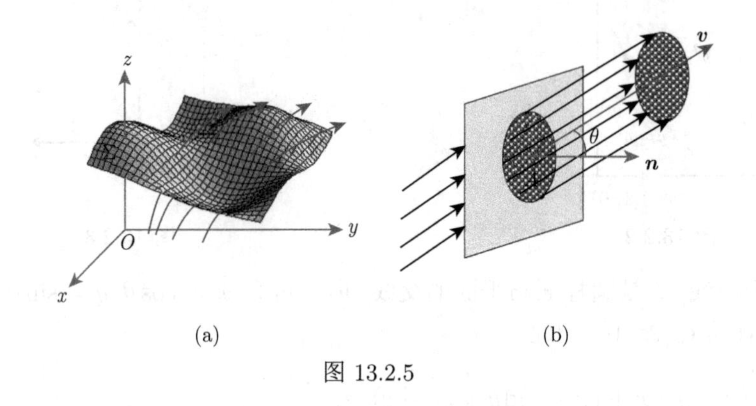

(a)　　(b)

图 13.2.5

2. 曲面的侧

常见的曲面都有两侧, 这样的曲面称为双侧曲面. 例如, 曲面 $z=f(x,y)$ 通常有上侧与下侧 (见图 13.2.6(a)). 上侧, 即指曲面上每一点的法向与 z 轴夹角为锐角的那个方向. 而对封闭曲面, 有外侧与内侧之分 (见图 13.2.6(b)).

但是, 并非所有曲面都是双侧的. 最典型的就是 **Möbius 带** (见图 13.2.6(c)). 它可以这样来做成. 把长方形纸条扭转一次再首尾相黏, 就做成了所谓的 Möbius 带. 而若不扭转直接首尾相黏就得到一个柱面.

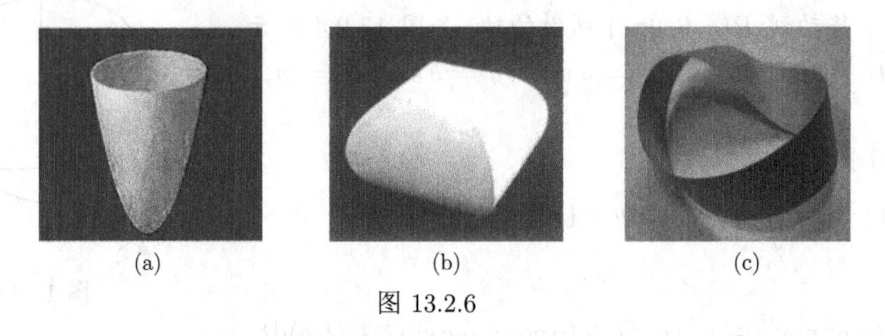

(a)　　(b)　　(c)

图 13.2.6

Möbius 带有这样的特点: 如果从曲面上某一点开始, 用刷子在 Möbius 带上连续地涂色, 并不越过边界, 当第一次回到起始点时, 涂的已经是反面了. 继续下去, 最后就会涂满整条带子. 这样的曲面叫作**单侧曲面**. 而柱面则不可能发生这样的事情. 我们称柱面这样的曲面为**双侧曲面**. 曲面积分只针对双侧曲面.

对双侧曲面, 在曲面上每一点都可以作出互为反向的两个法向量. 说指定曲面的侧, 就是取定了它的一个法向, 并且只要指定了一点 P 的法向量, 其余点的法向量都可由 P 点的法向量经过连续变动而获得. 双侧曲面的定义如下.

定义 13.2.2　设 Σ 是一张光滑曲面, P 为 Σ 上任一点, 并在这点处引一法线, 这法线有两种可能的方向, 我们指定其中的一个方向. 又设 Γ_P 是过点 P 且不越过曲面边界的任意一条闭曲线. 让点 P 沿 Γ_P 连续移动, 并在其经过的各个位置上给予法线一个方向, 这些

方向就是由起点 P 处所选定的那个法线方向连续地转变来的. 如果当它再回到点 P 时, 法向量的指向仍与原选的方向相同, 则称 Σ 为**双侧曲面**, 而如果相反, 则称 Σ 为**单侧曲面**. 指定了侧, 或法向的双侧曲面称为**定向曲面**.

关于曲面侧的比较详细的讨论, 可参见《数学分析新讲》(张筑生, 1991).

3. 单位法向量的表示

设双侧曲面 Σ 的参数方程为 $x=x(u,v), y=y(u,v), z=z(u,v), (u,v)\in D$, 这里 D 为 uv 平面上具有分段光滑边界的区域. 进一步假设 x,y,z 对 u 和 v 有连续偏导数, 且相应的 Jacobi 矩阵

$$\boldsymbol{J}=\begin{pmatrix}\dfrac{\partial x}{\partial u} & \dfrac{\partial x}{\partial v}\\ \dfrac{\partial y}{\partial u} & \dfrac{\partial y}{\partial v}\\ \dfrac{\partial z}{\partial u} & \dfrac{\partial z}{\partial v}\end{pmatrix}$$

总是满秩的. 这时曲面 Σ 是光滑的.

根据多元函数微分学 (参见 §11.5.2 和 §12.4.1), 曲面的法向量可表示为

$$\pm\boldsymbol{r}_u\times\boldsymbol{r}_v=\pm\left(\frac{\partial(y,z)}{\partial(u,v)},\frac{\partial(z,x)}{\partial(u,v)},\frac{\partial(x,y)}{\partial(u,v)}\right),$$

其中, “$\pm$ ”表示曲面上每个点 $(x(u,v),y(u,v),z(u,v))$ 都有方向相反的两个法向量. 于是在这点的单位法向量为

$$\boldsymbol{n}=(\cos\alpha,\cos\beta,\cos\gamma)=\frac{1}{\pm\sqrt{EG-F^2}}\left(\frac{\partial(y,z)}{\partial(u,v)},\frac{\partial(z,x)}{\partial(u,v)},\frac{\partial(x,y)}{\partial(u,v)}\right). \tag{13.2.8}$$

这里

$$EG-F^2=\|\boldsymbol{r}_u\times\boldsymbol{r}_v\|^2=\left[\frac{\partial(y,z)}{\partial(u,v)}\right]^2+\left[\frac{\partial(z,x)}{\partial(u,v)}\right]^2+\left[\frac{\partial(x,y)}{\partial(u,v)}\right]^2.$$

在根号前取定一个符号后, 曲面对每一点 $(x(u,v),y(u,v),z(u,v))$ 就确定了一个单位法向量. 又单位法向量是连续变动的, 所以只要在某点处取定了根号前的一个符号, 也就确定了整个曲面的侧. 例如, 对显式方程表示的光滑曲面

$$z=z(x,y),\ (x,y)\in D,$$

$$\boldsymbol{n}=(\cos\alpha,\cos\beta,\cos\gamma)=\frac{1}{\pm\sqrt{1+z_x^2+z_y^2}}(-z_x,-z_y,1), \tag{13.2.9}$$

取 $+$ 号, 表示 $\cos\gamma>0$, 对应曲面的上侧.

4. 流量的计算

回到流量问题. 设分割 T 将 Σ 分成 n 片小曲面 $\Sigma_1,\Sigma_2,\cdots,\Sigma_n$, 在每个 Σ_i 上面任取一点 $M_i(\xi_i,\eta_i,\zeta_i)$, 那么在这点的流速为 $\boldsymbol{v}_i=P(\xi_i,\eta_i,\zeta_i)\boldsymbol{i}+Q(\xi_i,\eta_i,\zeta_i)\boldsymbol{j}+R(\xi_i,\eta_i,\zeta_i)\boldsymbol{k}$(参见图 13.2.5(b)). 记 ΔS_i 为 Σ_i 的面积, 点 M_i 的单位法向量为 $\boldsymbol{n}_i=\cos\alpha_i\boldsymbol{i}+\cos\beta_i\boldsymbol{j}+\cos\gamma_i\boldsymbol{k}$, 那么单位时间内流过 Σ_i 的流量就近似地为

$$\boldsymbol{v}_i\cdot\boldsymbol{n}_i\Delta S_i=[P(\xi_i,\eta_i,\zeta_i)\cos\alpha_i+Q(\xi_i,\eta_i,\zeta_i)\cos\beta_i+R(\xi_i,\eta_i,\zeta_i)\cos\gamma_i]\Delta S_i,$$

因此单位时间内通过 Σ 的 (质量) 流量为

$$\begin{aligned}\Phi&=\lim_{\|T\|\to0}\sum_{i=1}^{n}\boldsymbol{v}_i\cdot\boldsymbol{n}_i\Delta S_i\\&=\lim_{\|T\|\to0}\sum_{i=1}^{n}[P(\xi_i,\eta_i,\zeta_i)\cos\alpha_i+Q(\xi_i,\eta_i,\zeta_i)\cos\beta_i+R(\xi_i,\eta_i,\zeta_i)\cos\gamma_i]\Delta S_i\\&=\iint_{\Sigma}[P(x,y,z)\cos\alpha+Q(x,y,z)\cos\beta+R(x,y,z)\cos\gamma]\mathrm{d}S,\end{aligned}$$

其中, $\|T\|$ 是所有小曲面片 Σ_i 的最大直径. 我们把这种与法向量的方向有关的第一型曲面积分称为第二型曲面积分.

5. 第二型曲面积分的定义及性质

定义 13.2.3 设 Σ 为定向的光滑曲面, $\boldsymbol{n}=(\cos\alpha,\cos\beta,\cos\gamma)$ 为其上每一点 (x,y,z) 处指定的单位法向量. 设 $\boldsymbol{F}(x,y,z)=P(x,y,z)\boldsymbol{i}+Q(x,y,z)\boldsymbol{j}+R(x,y,z)\boldsymbol{k}$ 是定义在 Σ 上的向量值函数, 则称

$$\iint_{\Sigma}\boldsymbol{F}\cdot\boldsymbol{n}\mathrm{d}S\doteq\iint_{\Sigma}(P\cos\alpha+Q\cos\beta+R\cos\gamma)\mathrm{d}S \tag{13.2.10}$$

为在 Σ 上的**第二型曲面积分** (second type surface integral), 或称为关于坐标的曲面积分 (surface integral with respect to coordinates).

记 $\mathrm{d}S$ 为 Σ 上的任一面积微元, $\mathrm{d}\boldsymbol{S}=\boldsymbol{n}\mathrm{d}S$ 表示定向曲面微元, 再记 $\mathrm{d}S$ 在平面 xOy 上的投影的面积为 $\mathrm{d}\sigma$, 而 $\mathrm{d}\boldsymbol{S}$ 在平面 xOy 上的有向投影面积为 $\mathrm{d}x\mathrm{d}y$, 即

$$\mathrm{d}x\mathrm{d}y=\begin{cases}\mathrm{d}\sigma, & 当\cos\gamma>0时,\\-\mathrm{d}\sigma, & 当\cos\gamma<0时,\\0, & 当\cos\gamma=0时,\end{cases}$$

那么, $\mathrm{d}x\mathrm{d}y=\cos\gamma\mathrm{d}S$.

类似地有 $\mathrm{d}y\mathrm{d}z=\cos\alpha\mathrm{d}S,\quad \mathrm{d}z\mathrm{d}x=\cos\beta\mathrm{d}S.$

于是, 第二型曲面积分通常表示为

$$\iint_{\Sigma}\boldsymbol{F}\cdot\mathrm{d}\boldsymbol{S}=\iint_{\Sigma}P(x,y,z)\mathrm{d}y\mathrm{d}z+Q(x,y,z)\mathrm{d}z\mathrm{d}x+R(x,y,z)\mathrm{d}x\mathrm{d}y. \tag{13.2.11}$$

第二型曲面积分有与第二型曲线积分类似的性质, 下面只列出结果, 证明留给读者.

性质 13.2.4 (方向性) 设向量值函数 $\boldsymbol{F}=(P,Q,R)$ 在定向的分片光滑曲面 Σ 上的第二型曲面积分存在. 记 $-\Sigma$ 是曲面 Σ 的反向曲面, 则

$$\iint_{\Sigma}P\mathrm{d}y\mathrm{d}z+Q\mathrm{d}z\mathrm{d}x+R\mathrm{d}x\mathrm{d}y=-\iint_{-\Sigma}P\mathrm{d}y\mathrm{d}z+Q\mathrm{d}z\mathrm{d}x+R\mathrm{d}x\mathrm{d}y. \tag{13.2.12}$$

性质 13.2.5 (可加性) 设 Σ 分成了两片 Σ_1 和 Σ_2, 它们与 Σ 的取向一致, 则向量值函数 $\boldsymbol{F}$ 在 Σ 上的第二型曲面积分存在的充要条件是它在 Σ_1 和 Σ_2 上的第二型曲面积分都存在, 并且此时成立

$$\begin{aligned}&\iint_{\Sigma} P\mathrm{d}y\mathrm{d}z+Q\mathrm{d}z\mathrm{d}x+R\mathrm{d}x\mathrm{d}y\\=&\iint_{\Sigma_1} P\mathrm{d}y\mathrm{d}z+Q\mathrm{d}z\mathrm{d}x+R\mathrm{d}x\mathrm{d}y+\iint_{\Sigma_2} P\mathrm{d}y\mathrm{d}z+Q\mathrm{d}z\mathrm{d}x+R\mathrm{d}x\mathrm{d}y.\end{aligned}$$

性质 13.2.6 (线性性) 设第二型曲面积分 $\iint\limits_{\Sigma} P_i\mathrm{d}y\mathrm{d}z+Q_i\mathrm{d}z\mathrm{d}x+R_i\mathrm{d}x\mathrm{d}y, i=1,2$, 都存在, 则对任何常数 c_1,c_2, 第二型曲面积分

$$\iint_{\Sigma}(c_1P_1+c_2P_2)\mathrm{d}y\mathrm{d}z+(c_1Q_1+c_2Q_2)\mathrm{d}z\mathrm{d}x+(c_1R_1+c_2R_2)\mathrm{d}x\mathrm{d}y$$

也存在, 且成立

$$\begin{aligned}&\iint_{\Sigma}(c_1P_1+c_2P_2)\mathrm{d}y\mathrm{d}z+(c_1Q_1+c_2Q_2)\mathrm{d}z\mathrm{d}x+(c_1R_1+c_2R_2)\mathrm{d}x\mathrm{d}y\\=\ &c_1\iint_{\Sigma} P_1\mathrm{d}y\mathrm{d}z+Q_1\mathrm{d}z\mathrm{d}x+R_1\mathrm{d}x\mathrm{d}y+c_2\iint_{\Sigma} P_2\mathrm{d}y\mathrm{d}z+Q_2\mathrm{d}z\mathrm{d}x+R_2\mathrm{d}x\mathrm{d}y.\end{aligned}$$

根据可加性, 我们就可以把第二型曲面积分的定义推广到分片光滑的曲面上去.

6. 第二型曲面积分的计算

给定光滑曲面 Σ 的参数方程: $x=x(u,v), y=y(u,v), z=z(u,v), (u,v)\in D$, 其中 D 为 uv 平面上有分段光滑边界的有界区域. $\boldsymbol{F}=(P,Q,R)$ 为 Σ 上的连续函数. 则由第一型曲面积分的计算公式可得如下的第二型曲面积分计算公式:

$$\begin{aligned}&\iint_{\Sigma} P(x,y,z)\mathrm{d}y\mathrm{d}z+Q(x,y,z)\mathrm{d}z\mathrm{d}x+R(x,y,z)\mathrm{d}x\mathrm{d}y\\=&\iint_{\Sigma}[P(x,y,z)\cos\alpha+Q(x,y,z)\cos\beta+R(x,y,z)\cos\gamma]\mathrm{d}S\\=&\pm\iint_{D}\left[P(x(u,v),y(u,v),z(u,v))\frac{\partial(y,z)}{\partial(u,v)}+Q(x(u,v),y(u,v),z(u,v))\frac{\partial(z,x)}{\partial(u,v)}\right.\\&\left.+R(x(u,v),y(u,v),z(u,v))\ \frac{\partial(x,y)}{\partial(u,v)}\right]\mathrm{d}u\mathrm{d}v.\end{aligned}\tag{13.2.13}$$

式中符号由曲面的侧, 即方向余弦 (或单位法向量) 的计算公式中所取符号决定.

特别地, 如果定向的光滑曲面的方程为 $z=z(x,y)$, $(x,y)\in D_{xy}$, 其中 D_{xy} 为 xOy 平面上具有分段光滑边界的有界闭区域, 则由式 (13.2.9) 得

$$\iint_{\Sigma} R(x,y,z)\mathrm{d}x\mathrm{d}y=\pm\iint_{D_{xy}} R(x,y,z(x,y))\mathrm{d}x\mathrm{d}y,\tag{13.2.14}$$

等式右端是二重积分, 当曲面的定向为上侧时, 积分号前取“+ ”; 当曲面的定向为下侧时, 积分号前取“− ”.

而若计算 $\iint\limits_{\Sigma} P(x,y,z)\mathrm{d}y\mathrm{d}z$, 通常有两种选择. 当 Σ 的方程易于表示为 $x=x(y,z)$, $(y,z)\in D_{yz}$ 时, 则有类似于公式 (13.2.13) , 即化为 yOz 平面上的二重积分:

$$\iint\limits_{\Sigma} P(x,y,z)\mathrm{d}y\mathrm{d}z = \pm\iint\limits_{D_{yz}} P(x(y,z),y,z))\mathrm{d}y\mathrm{d}z, \tag{13.2.15}$$

当曲面的定向为前侧时, 积分号前取“+ ”; 当曲面的定向为后侧时, 积分号前取“− ”.

而若 Σ 的方程为 $z=z(x,y)$, 则根据 $\mathrm{d}y\mathrm{d}z=\cos\alpha\mathrm{d}S=\cos\gamma\mathrm{d}S\cdot\dfrac{\cos\alpha}{\cos\gamma}$ 以及 $\dfrac{\cos\alpha}{\cos\gamma}=-z_x$ 有

$$\iint\limits_{\Sigma} P\mathrm{d}y\mathrm{d}z = \iint\limits_{\Sigma} P(x,y,z)(-z_x)\mathrm{d}x\mathrm{d}y = \mp\iint\limits_{D_{xy}} P(x,y,z(x,y))z_x\mathrm{d}x\mathrm{d}y, \tag{13.2.16}$$

符号要根据曲面的侧来定, 上侧为负号, 下侧为正号.

例 13.2.4 计算曲面积分 $I=\iint\limits_{\Sigma} xyz\mathrm{d}x\mathrm{d}y$, 其中 Σ 为球面 $x^2+y^2+z^2=1$ 的外侧在第一、五卦限的部分.

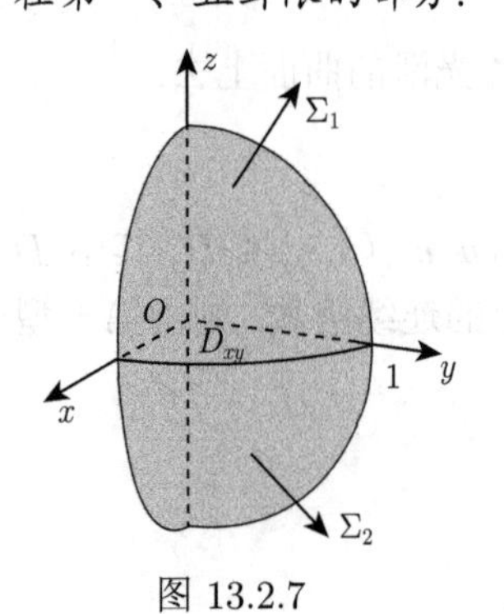

图 13.2.7

解 如图 13.2.7. 将曲面分为上下两个部分:

$$\Sigma_1: z=\sqrt{1-x^2-y^2},\quad \Sigma_2: z=-\sqrt{1-x^2-y^2}, (x,y)\in D,$$

其中, D 为 xOy 平面上的单位圆盘在第一象限的部分: $x^2+y^2\leqslant 1, x,y\geqslant 0$, 而 Σ_1,Σ_2 分别取上侧和下侧. 于是,

$$\begin{aligned} I &= \iint\limits_{\Sigma} xyz\mathrm{d}x\mathrm{d}y = \iint\limits_{D} xy\sqrt{1-x^2-y^2}\mathrm{d}x\mathrm{d}y \\ &\quad - \iint\limits_{D} xy(-\sqrt{1-x^2-y^2})\mathrm{d}x\mathrm{d}y \\ &= 2\iint\limits_{D} xy\sqrt{1-x^2-y^2}\mathrm{d}x\mathrm{d}y = \frac{2}{15}. \end{aligned}$$

注 13.2.2 应该注意的是, 尽管 Σ_2 与 Σ_1 关于 xOy 平面对称, 且被积函数关于 z 是奇函数, 但是 $I\neq 0$. 事实上, 在计算 Σ_2 上的积分时, 既要注意 z 的符号为“−”, 又要注意, 正因为 Σ_2 是下侧, 所以化为二重积分时要加“−”号. 因此, 在计算第二型曲面积分时不能像第一型曲面积分或重积分那样应用对称性.

例 13.2.5 求 $I=\iint\limits_{S} x\mathrm{d}y\mathrm{d}z+y\mathrm{d}z\mathrm{d}x+z\mathrm{d}x\mathrm{d}y$, 其中 S 是椭球面 $\dfrac{x^2}{a^2}+\dfrac{y^2}{b^2}+\dfrac{z^2}{c^2}=1$ 的外侧.

解 利用广义球面坐标, 就可得椭球面的参数方程为

$$x=a\sin\varphi\cos\theta,\quad y=b\sin\varphi\sin\theta,\quad z=c\cos\varphi, (\varphi,\theta)\in D,$$

其中, $D=\{(\varphi,\theta): 0\leqslant\theta\leqslant 2\pi, 0\leqslant\varphi\leqslant\pi\}$. 由于

$$\frac{\partial(y,z)}{\partial(\varphi,\theta)}=bc\sin^2\varphi\cos\theta,\quad \frac{\partial(z,x)}{\partial(\varphi,\theta)}=ac\sin^2\varphi\sin\theta,\quad \frac{\partial(x,y)}{\partial(\varphi,\theta)}=ab\sin\varphi\cos\varphi,$$

因此

$$\begin{aligned}&\iint\limits_S x\mathrm{d}y\mathrm{d}z+y\mathrm{d}z\mathrm{d}x+z\mathrm{d}x\mathrm{d}y\\&=\iint\limits_D(abc\sin^3\varphi\cos^2\theta+bac\sin^3\varphi\sin^2\theta+cab\sin\varphi\cos^2\varphi)\mathrm{d}\varphi\mathrm{d}\theta\\&=abc\int_0^{\pi}\mathrm{d}\varphi\int_0^{2\pi}\sin\varphi\mathrm{d}\theta=4\pi abc.\end{aligned}$$

这里积分号前取“+ ”, 是因为曲面的定向为外侧, 所以在 Σ 上侧时, 方向余弦 $\cos\gamma>0$ (除去在边界上), 而由方向余弦的计算公式,

$$\cos\gamma=\pm\frac{1}{\sqrt{EG-F^2}}\frac{\partial\ (x,y)}{\partial\ (\varphi,\theta)}=\pm\frac{ab\sin\varphi\cos\varphi}{\sqrt{EG-F^2}},$$

等式成立必须取“+ ”号.

注 13.2.3 由上例表明, I 是椭球体的体积的 3 倍, 即

$$\frac{1}{3}\iint\limits_S x\mathrm{d}y\mathrm{d}z+y\mathrm{d}z\mathrm{d}x+z\mathrm{d}x\mathrm{d}y=V.$$

在此先指出, 这一结果对一般封闭曲面也是对的, 这将是下一节 Gauss 公式的简单推论.

例 13.2.6 计算 $\iint\limits_S(z^2+x)\mathrm{d}y\mathrm{d}z+\sqrt{z}\mathrm{d}x\mathrm{d}y$, 其中 S 为抛物面 $z=\dfrac{1}{2}(x^2+y^2)$ 在 $z=0$ 和 $z=2$ 之间的部分, 定向取下侧 (如图 13.2.8).

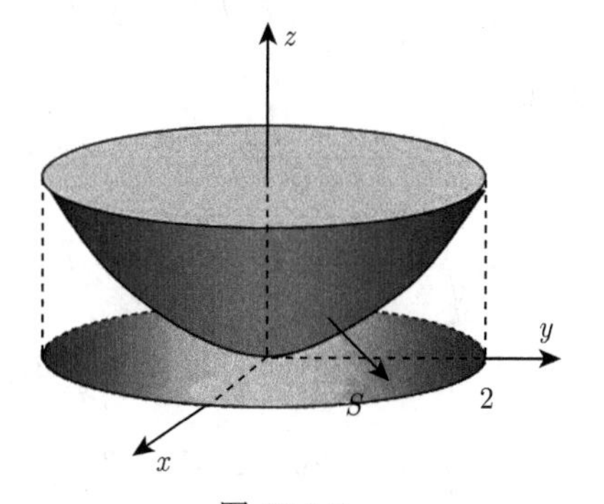

图 13.2.8

解 由于积分曲面 S 易于表示为 $z=z(x,y)$ 的形式, 所以把积分 $\iint\limits_S(z^2+x)\mathrm{d}y\mathrm{d}z$ 向 xOy 平面投影. 由式 (13.2.16) 得

$$\iint\limits_S(z^2+x)\mathrm{d}y\mathrm{d}z=\iint\limits_S(z^2+x)(-x)\mathrm{d}x\mathrm{d}y.$$

由于 S 定向为下侧, 且 Σ 在平面的投影区域为 $D=\{(x,y)|x^2+y^2\leqslant 4\}$, 于是有

$$\begin{aligned}&\iint\limits_S(z^2+x)\mathrm{d}y\mathrm{d}z+\sqrt{z}\mathrm{d}x\mathrm{d}y\\&=\iint\limits_S[(z^2+x)(-x)+\sqrt{z}]\mathrm{d}x\mathrm{d}y\\&=-\iint\limits_D\left[\left(\left(\frac{1}{2}(x^2+y^2)\right)^2+x\right)(-x)+\sqrt{\frac{1}{2}(x^2+y^2)}\right]\mathrm{d}x\mathrm{d}y\end{aligned}$$

$$=-\int_0^{2\pi}\mathrm{d}\theta\int_0^2\left(-\frac{1}{4}r^5\cos\theta-r^2\cos^2\theta+\sqrt{\frac{1}{2}\,r}\right)r\mathrm{d}r$$
$$=\left(4-\frac{8}{3}\sqrt{2}\right)\pi.$$

注意, 对积分 $\iint\limits_S(z^2+x)\mathrm{d}y\mathrm{d}z$ 也可以向 yOz 平面投影. 由于 S 关于 yOz 平面对称, 所以 $\iint\limits_S z^2\mathrm{d}y\mathrm{d}z=0$, 并且,

$$\iint\limits_S x\mathrm{d}y\mathrm{d}z=2\iint\limits_{S_1}\sqrt{2z-y^2}\mathrm{d}y\mathrm{d}z=2\iint\limits_{D_{yz}}\sqrt{2z-y^2}\mathrm{d}y\mathrm{d}z,$$

其中, S_1 为 S 的前侧, D_{yz} 为 S 在 yOz 平面上的投影: $\frac{1}{2}y^2\leqslant z\leqslant 2, |y|\leqslant 2$. 因此,

$$\iint\limits_{D_{yz}}\sqrt{2z-y^2}\mathrm{d}y\mathrm{d}z=\int_{-2}^2\mathrm{d}y\int_{\frac{y^2}{2}}^2\sqrt{2z-y^2}\mathrm{d}z=\frac{2}{3}\int_0^2(4-y^2)^{\frac{3}{2}}dy=\frac{32}{3}\int_0^{\frac{\pi}{2}}\cos^4\theta\mathrm{d}\theta=2\pi.$$

习题 13.2

A1. 计算第二型曲线积分:

(1) $\int\limits_L y\mathrm{d}x-2a\mathrm{d}y$, 其中 L 为摆线 $x=a(t-\sin t), y=a(1-\cos t), 0\leqslant t\leqslant\pi$, 沿 t 增加方向;

(2) $\oint\limits_L\frac{\mathrm{d}x+\mathrm{d}y}{|x|+|y|}$, L 为从顶点 $A(1,0)$ 出发, 经过顶点 $B(0,1), C(-1,0), D(0,-1)$ 回到 A 的正方形路线;

(3) $\oint\limits_L\frac{-y\mathrm{d}x+x\mathrm{d}y}{x^2+y^2}$, 其中 L 为圆周 $x^2+y^2=a^2$, 依逆时针方向;

(4) $\int\limits_L x\mathrm{d}x+y\mathrm{d}y+z\mathrm{d}z$, 其中 L 为从 (1, 1, 1) 到 (3, 4, 5) 的直线段;

(5) $\int\limits_L(y^2-z^2)\mathrm{d}x+2yz\mathrm{d}y-x^2\mathrm{d}z$, L 为曲线 $x=t, y=t^2, z=t^3$ $(0\leqslant t\leqslant 1)$, 沿 t 增加的方向;

(6) $\int\limits_L(y^2-z^2)\mathrm{d}x+(z^2-x^2)\mathrm{d}y+(x^2-y^2)\mathrm{d}z$, 其中 L 为球面 $x^2+y^2+z^2=1$ 在第一卦限部分的边界曲线 $ABCA, A(1,0,0), B(0,1,0), C(0,0,1)$;

(7) $\int\limits_L xyz\mathrm{d}z$, 其中 L 是 $x^2+2y^2+3z^2=1$ 与 $y=z$ 相交的圆, 其方向按曲线依次经过 1, 2, 7, 8 卦限;

(8) $\int\limits_L y^2\mathrm{d}x+z^2\mathrm{d}y+x^2\mathrm{d}z$, 其中 L 为球面 $x^2+y^2+z^2=a^2$ 与柱面 $x^2+y^2=ax(z\geqslant 0, a>0)$ 的交线, 从 Ox 轴正向看去为逆时针方向.

A2. 设质点受力 $\boldsymbol{F}$ 作用, 沿圆周 $x^2+y^2=a^2$ 逆时针运动. 力 $\boldsymbol{F}$ 的大小为 $F=k\sqrt{x^2+y^2}$, 求质点运动一周所做的功:

(1) $\boldsymbol{F}$ 的方向为切方向; (2) $\boldsymbol{F}$ 的方向为法方向.

A3. 设一质点受力作用, 力的方向指向原点, 大小与质点到 xOy 平面的距离成反比, 若质点沿直线 $x=at, y=bt, z=ct(c\neq 0)$ 从 $M(a,b,c)$ 到 $N(2a,2b,2c)$, 求力所做的功.

A4. 证明曲线积分的估计式:

$$\left|\int_{AB} P\mathrm{d}x + Q\mathrm{d}y\right| \leqslant LM,$$

其中, L 为 AB 的弧长, $M = \max\limits_{(x,y)\in AB} \sqrt{P^2+Q^2}$. 利用上述不等式估计积分

$$I_R = \int_{x^2+y^2=R^2} \frac{y\mathrm{d}x - x\mathrm{d}y}{(x^2+xy+y^2)^2},$$

并证明 $\lim\limits_{R\to+\infty} I_R = 0$.

A5. 计算下列第二型曲面积分:

(1) $\iint\limits_S xyz\mathrm{d}x\mathrm{d}y$, 其中 S 为球面 $x^2+y^2+z^2=1$ 的外侧在第一卦限的部分;

(2) $\iint\limits_S (x+y)\mathrm{d}y\mathrm{d}z + (y+z)\mathrm{d}z\mathrm{d}x + (z+x)\mathrm{d}x\mathrm{d}y$, 其中 S 是以原点为中心, 边长为 2 的立方体表面并取外侧;

(3) $\iint\limits_S (x+y+z)\mathrm{d}x\mathrm{d}y + (y-z)\mathrm{d}y\mathrm{d}z$, 其中 S 为三个坐标平面与三个平面 $x=1, y=1, z=1$ 所围成的正方体的表面的外侧;

(4) $\iint\limits_S x^2\mathrm{d}y\mathrm{d}z + y^2\mathrm{d}z\mathrm{d}x + z^2\mathrm{d}x\mathrm{d}y$, 其中 S 是球面 $(x-a)^2+(y-b)^2+(z-c)^2=R^2$ 外侧;

(5) $\iint\limits_S (y^2+x)\mathrm{d}y\mathrm{d}z - z\mathrm{d}x\mathrm{d}y$, 其中 S 为抛物面 $z=\frac{1}{2}(x^2+y^2)$ 介于 $z=2$ 下方部分下侧.

A6. 设某流体的流速为 $\boldsymbol{v}=(0,0,x+y+z^2)$, 求单位时间内从球面 $x^2+y^2+z^2=4$ 的内部流过球面的流量.

A7. 位于原点、电量为 q 的点电荷产生的电场为 $\boldsymbol{E}=\frac{q}{r^3}\boldsymbol{r}$, $\boldsymbol{r}=(x,y,z)$, $r=\|\boldsymbol{r}\|=\sqrt{x^2+y^2+z^2}$. 求 $\boldsymbol{E}$ 通过单位球面外侧的电通量.

A8. 计算第二型曲面积分

$$I = \iint\limits_S f(x)\mathrm{d}y\mathrm{d}z + g(y)\mathrm{d}z\mathrm{d}x + h(z)\mathrm{d}x\mathrm{d}y,$$

S 是平行六面体 $(0\leqslant x\leqslant a, 0\leqslant y\leqslant b, 0\leqslant z\leqslant c)$ 表面外侧, $f(x), g(y), h(z)$ 为 S 上连续函数.

§13.3 Green 公式、Gauss 公式和 Stokess 公式

Newton–Leibniz 公式是微积分基本公式, 它把计算区间上的积分转化为原函数在区间端点, 即边界的函数值之差, 这表明定积分只与原函数在积分区间的边界的值有关.

本节将把这一结果推广到高维空间, 即某些几何体上的积分也只与几何体的边界有关, 或一般地, 几何体上的积分可转化为沿几何体边界的积分. 针对几何体的不同类型, 这些结果分别称为 Green 公式、Gauss 公式和 Stokes 公式, 也被称为多元函数积分学的三大公式, 是曲线、曲面积分的核心内容.

§13.3.1 Green 公式

Green 公式将平面区域 D 上的二重积分与其边界 ∂D 的第二型曲线积分联系起来. 下面我们需要关于曲线与区域的一些预备知识.

1. Jordan 曲线

设 $L: x=x(t), y=y(t)\,(\alpha \leqslant t \leqslant \beta)$ 为平面上的一条曲线, 如果 $(x(\alpha), y(\alpha))=(x(\beta), y(\beta))$, 即曲线是封闭的, 而且不自交, 或称无重点, 即当 $t_1, t_2 \in(\alpha, \beta), t_1 \neq t_2$ 时 $(x(t_1), y(t_1)) \neq(x(t_2), y(t_2))$, 则称 L 为**简单闭曲线**, 或 **Jordan 曲线** (Jordan curve).

2. 单连通区域与复连通区域

设 D 为平面上的一个区域. 如果 D 内的任意一条封闭曲线都可以不经过 D 外的点而连续地收缩成 D 中一点, 那么 D 称为**单连通区域** (simply connected region). 否则称为**复连通区域** (complex connected region).

如图 13.3.1 (a) 是单连通区域, 而图 13.3.1 (b) 阴影部分 D 是复连通区域.

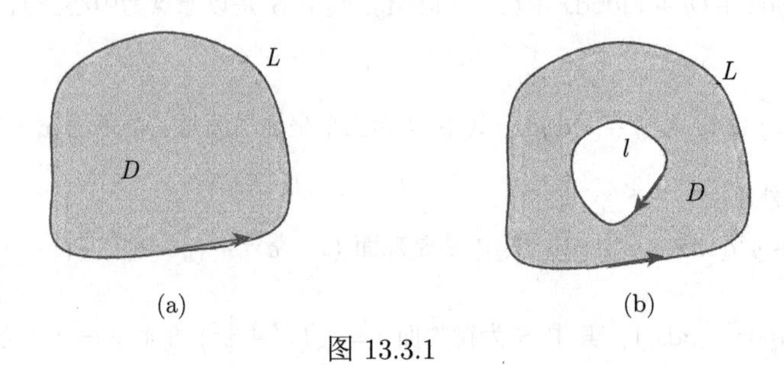

图 13.3.1

特别地, 圆盘 $\{(x, y) | x^2+y^2<r^2\}$ 是单连通区域, 而圆环 $\{(x, y) | r_1^2<x^2+y^2<r^2\}$, 其中 $0<r_1<r$, 以及去心圆 $\{(x, y) | 0<x^2+y^2<r^2\}$ 都是复连通区域.

单连通区域 D 也可以这样叙述: D 内的任何一条封闭曲线所围成的区域集仍含于 D. 因此, 通俗地说, 单连通区域之中不含有“洞”, 而复连通区域之中会有“洞”.

3. 边界的正向

对于平面区域 D, 其边界是平面曲线, 自然有两个方向. 现给它的边界 ∂D 规定一个正向: 如果一个人沿 ∂D 的这个方向行走时, D 总是在他左边, 这个方向就称为边界的正向. 这个定向也称为 D 的诱导定向, 带有这样定向的边界 ∂D 称为 D 的正向边界. 例如, 如图 13.3.1(b) 所示的复连通区域 D 由 L 与 l 所围成, 那么在我们规定的正向下, L 的正向为逆时针方向, 而 l 的正向为顺时针方向.

4. Green 公式

定理 13.3.1 (Green 公式 (Green formula))　设 D 为 xOy 平面上由有限条光滑或分段光滑的简单闭曲线所围成的区域. 如果函数 $P(x, y), Q(x, y)$ 在 D 上具有连续偏导数, ∂D 取正向, 则有

$$\int_{\partial D} P \mathrm{d} x+Q \mathrm{d} y=\iint_D\left(\frac{\partial Q}{\partial x}-\frac{\partial P}{\partial y}\right) \mathrm{d} x \mathrm{d} y. \tag{13.3.1}$$

证明　(1) 设 D 为标准区域, 即既是 x-型区域, 又是 y-型区域, 如图 13.3.2(a).

因为 D 是 x-型区域, 即 $D=\{(x, y) |\ y_1(x) \leqslant y \leqslant y_2(x),\ a \leqslant x \leqslant b\}$, 所以

$$\iint_D \frac{\partial P}{\partial y}\mathrm{d}x\mathrm{d}y=\int_a^b \mathrm{d}x\int_{y_1(x)}^{y_2(x)}\frac{\partial P}{\partial y}\mathrm{d}y=\int_a^b [P(x,y_2(x))-P(x,y_1(x))]\,\mathrm{d}x$$

$$=-\int_a^b P(x,y_1(x))\mathrm{d}x-\int_b^a P(x,y_2(x))\mathrm{d}x=-\int_{\partial D} P(x,y)\mathrm{d}x.$$

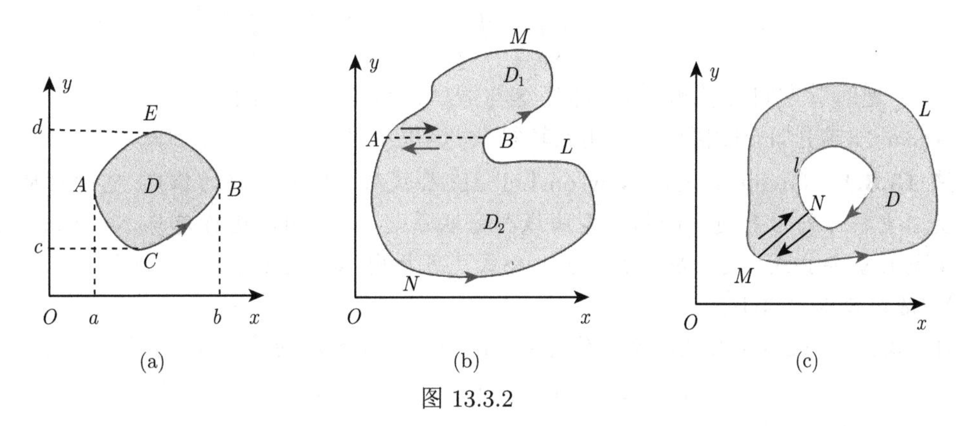

图 13.3.2

又因为 D 又是 y-型区域, 即 $D=\{(x,y)|\ x_1(y)\leqslant x\leqslant x_2(y),\ c\leqslant y\leqslant d\}$, 所以

$$\iint_D \frac{\partial Q}{\partial x}\mathrm{d}x\mathrm{d}y=\int_c^d \mathrm{d}y\int_{x_1(y)}^{x_2(y)}\frac{\partial Q}{\partial x}\mathrm{d}x=\int_c^d [Q(x_2(y),y)-Q(x_1(y),y)]\,\mathrm{d}y$$

$$=\int_c^d Q(x_2(y),y)\mathrm{d}y+\int_d^c Q(x_1(y),y)\mathrm{d}x=\int_{\partial D} Q(x,y)\mathrm{d}y.$$

即当 D 为标准区域时, Green 公式成立.

(2) 设区域 D 可分成有限块标准区域. 在这种区域上, 平行于坐标轴的直线与 D 的边界的交点可能会多于两个. 如图 13.3.2(b) 所示. 用光滑曲线 AB 将 D 分割成两个标准区域 D_1 与 D_2 (D_1 的边界为曲线 $ABMA$, D_2 的边界为曲线 $ANBA$). 因此应用 Green 公式得

$$\int_{\partial D_1} P\mathrm{d}x+Q\mathrm{d}y=\iint_{D_1}\left(\frac{\partial Q}{\partial x}-\frac{\partial P}{\partial y}\right)\mathrm{d}x\mathrm{d}y,$$

$$\int_{\partial D_2} P\mathrm{d}x+Q\mathrm{d}y=\iint_{D_2}\left(\frac{\partial Q}{\partial x}-\frac{\partial P}{\partial y}\right)\mathrm{d}x\mathrm{d}y.$$

注意 D_1 与 D_2 的公共边界 AB, 其方向相对于 ∂D_1 而言是从 A 到 B, 相对于 ∂D_2 而言是从 B 到 A, 两者方向正好相反, 所以将上面的两式相加便得

$$\int_{\partial D} P\mathrm{d}x+Q\mathrm{d}y=\iint_D\left(\frac{\partial Q}{\partial x}-\frac{\partial P}{\partial y}\right)\mathrm{d}x\mathrm{d}y.$$

(3) 有有限个“洞”的复连通区域. 以只有一个洞为例, 如图 13.3.2(c) 所示, 此时平面区域是由两条简单闭曲线围成. 用光滑曲线连接其外边界 L 上一点 M 与内边界 l 上一点

N, 将 D 割为单连通区域. 由 (1) 得到

$$\iint\limits_{D}\left(\frac{\partial Q}{\partial x}-\frac{\partial P}{\partial y}\right)\mathrm{d}x\mathrm{d}y=\left(\int\limits_{L}+\int\limits_{MN}+\int\limits_{l}+\int\limits_{NM}\right)P\mathrm{d}x+Q\mathrm{d}y$$

$$=\left(\int\limits_{L}+\int\limits_{l}\right)P\mathrm{d}x+Q\mathrm{d}y=\int\limits_{\partial D}P\mathrm{d}x+Q\mathrm{d}y.$$

其中, L 为逆时针方向, l 为顺时针方向, 这与 ∂D 的诱导定向相同.

Green 公式更加一般情形的证明比较复杂, 这里从略. □

注 13.3.1 Green 公式是 Newton-Leibniz 公式从一维到二维的推广, 它把区域 D 上的某类二重积分与沿其边界的第二型曲线积分联系起来了, 因此堪称是与 Newton-Leibniz 公式媲美的重要公式. 进一步, 由 Green 公式还可推出 Newton-Leibniz 公式. 参见《数学分析》(陈纪修等, 2004).

注 13.3.2 Green 公式还有其他形式. 记 ∂D 正向的切向量为 $\boldsymbol{\tau}$, 外法向量为 $\boldsymbol{n}$, 则

$$\cos(\boldsymbol{n},y)=-\cos(\boldsymbol{\tau},x),\cos(\boldsymbol{n},x)=\sin(\boldsymbol{\tau},x),$$

如图 13.3.3. 于是,

$$\int\limits_{\partial D}[F\cos(\boldsymbol{n},x)+G\cos(\boldsymbol{n},y)]\mathrm{d}s=\int\limits_{\partial D}[F\sin(\boldsymbol{\tau},x)-G\cos(\boldsymbol{\tau},x)]\mathrm{d}s=\iint\limits_{D}(F_x+G_y)\mathrm{d}x\mathrm{d}y.$$

注 13.3.3 第二型曲线积分可以用来计算封闭曲线所围成的平面图形的面积. 事实上, 设 D 为平面有界区域, 其边界为分段光滑的简单闭曲线, 则由 Green 公式可得

$$\Delta D=\int\limits_{\partial D}x\mathrm{d}y=-\int\limits_{\partial D}y\mathrm{d}x=\frac{1}{2}\int\limits_{\partial D}x\mathrm{d}y-y\mathrm{d}x. \tag{13.3.2}$$

例 13.3.1 求星形线 $x=a\cos^3 t,\ y=b\sin^3 t(0\leqslant t\leqslant 2\pi)$ 所围区域的面积 (如图 13.3.4).

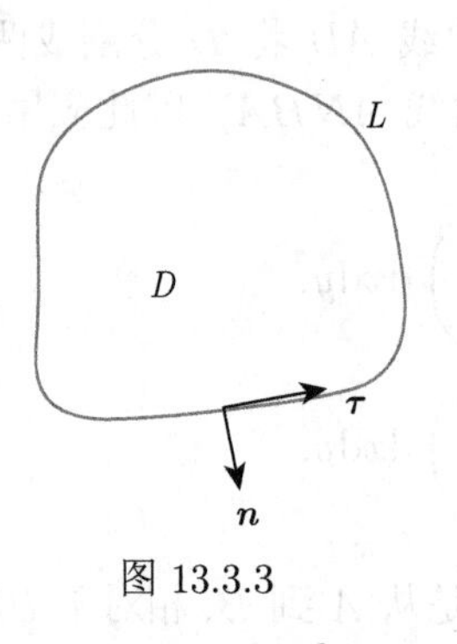

图 13.3.3

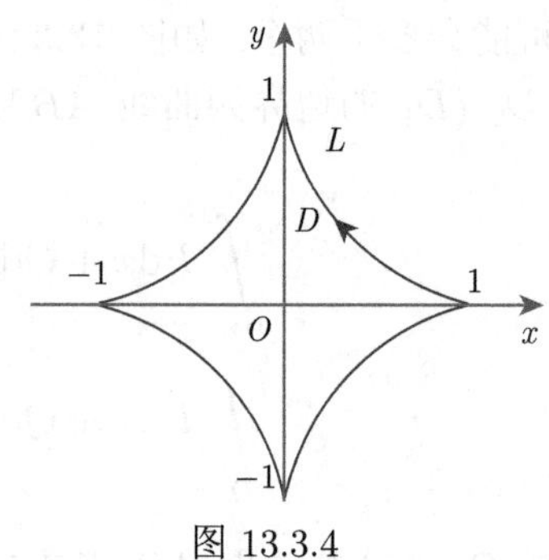

图 13.3.4

解
$$\Delta D=\frac{1}{2}\int\limits_{\partial D}x\mathrm{d}y-y\mathrm{d}x$$

$$=\frac{1}{2}\int_0^{2\pi}[a\cos^3 t\cdot 3b\sin^2 t\cos t+b\sin^3 t\cdot 3a\cos^2 t\sin t]\mathrm{d}t$$

$$=\frac{3}{2}ab\int_0^{2\pi}\sin^2 t\cos^2 t\mathrm{d}t=\frac{3}{8}\pi ab.$$

例 13.3.2 求 $I=\int\limits_{L}(\mathrm{e}^x\sin y-b(x+y))\mathrm{d}x+(\mathrm{e}^x\cos y-ax)\mathrm{d}y$, 其中 a,b 为正常数, L 为从点 $A(2a,0)$ 沿曲线 $y=\sqrt{2ax-x^2}$ 到点 $O(0,0)$ 的弧.

解 如图 13.3.5. 如果直接应用公式 (13.2.7) 把第二型曲线积分化为定积分, 则计算会很麻烦, 而用 Green 公式则可简化计算. 为此连接从点 $O(0,0)$ 到点 $A(2a,0)$ 的有向直线段 L_1, 且设 L,L_1 所围成的区域为 D. 再令 $P(x,y)=\mathrm{e}^x\sin y-b(x+y),Q(x,y)=\mathrm{e}^x\cos y-ax$, 则

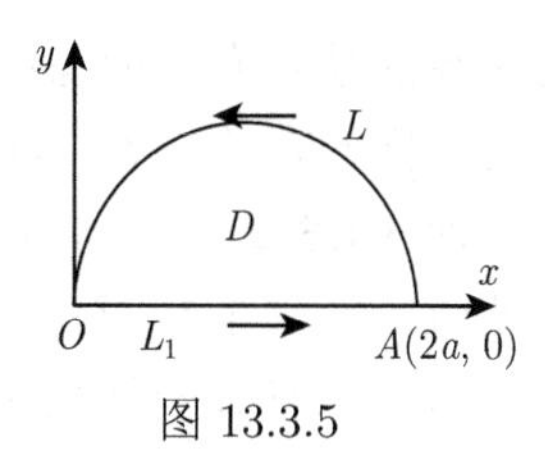

图 13.3.5

$$\frac{\partial Q}{\partial x}=\mathrm{e}^x\cos y-a,\quad \frac{\partial P}{\partial y}=\mathrm{e}^x\cos y-b,$$

由 Green 公式可得

$$\begin{aligned}I=&\int\limits_{L+L_1}(\mathrm{e}^x\sin y-b(x+y))\mathrm{d}x+(\mathrm{e}^x\cos y-ax)\mathrm{d}y\\&-\int\limits_{L_1}(\mathrm{e}^x\sin y-b(x+y))\mathrm{d}x+(\mathrm{e}^x\cos y-ax)\mathrm{d}y\\=&\iint\limits_{D}((\mathrm{e}^x\cos y-a)-(\mathrm{e}^x\cos y-b))\mathrm{d}x\mathrm{d}y-\int_0^{2a}-bx\mathrm{d}x\\=&\left(\frac{\pi}{2}+2\right)a^2b-\frac{\pi}{2}a^3.\end{aligned}$$

注 13.3.4 上例表明, 用 Green 公式可以简化某些第二型曲线积分的计算.

例 13.3.3 计算曲线积分

$$I=\oint\limits_{L}\frac{(yx^3+\mathrm{e}^y)\mathrm{d}x+(xy^3+x\mathrm{e}^y-2y)\mathrm{d}y}{9x^2+4y^2},$$

其中, L 是椭圆 $\frac{x^2}{4}+\frac{y^2}{9}=1$, 且沿顺时针方向.

解 本题中, 尽管积分路径是封闭的, 但不能直接用 Green 公式, 因为在积分路径所围的区域内有使 P,Q 无定义的点, 甚至 P,Q 在此区域内无界. 但注意到在 L 上 $\frac{x^2}{4}+\frac{y^2}{9}=1$, 可将积分先化简:

$$I=\oint\limits_{L}\frac{(yx^3+\mathrm{e}^y)\mathrm{d}x+(xy^3+x\mathrm{e}^y-2y)\mathrm{d}y}{9x^2+4y^2}=\frac{1}{36}\oint\limits_{L}(yx^3+\mathrm{e}^y)\mathrm{d}x+(xy^3+x\mathrm{e}^y-2y)\mathrm{d}y.$$

现在的积分可以用 Green 公式了. 设椭圆 L 构成的区域为 D, 这时再令

$$P=yx^3+\mathrm{e}^y,\quad Q=xy^3+x\mathrm{e}^y-2y,$$

则

$$\frac{\partial P}{\partial y}=x^3+\mathrm{e}^y,\quad \frac{\partial Q}{\partial x}=y^3+\mathrm{e}^y.$$

于是由 Green 公式得

$$I=\frac{1}{36}\oint\limits_{L}(yx^3+\mathrm{e}^y)\mathrm{d}x+(xy^3+x\mathrm{e}^y-2y)\mathrm{d}y=-\frac{1}{36}\iint\limits_{D}(y^3-x^3)\mathrm{d}x\mathrm{d}y=0.$$

§13.3.2 曲线积分与路径无关的条件

一般而言, 一个函数沿着以 A, B 为端点的路径 L 的积分, 不仅会随端点改变而改变, 还会随路径的不同而不同. 但上一节中曾指出, 也有一些曲线积分的值, 如重力所做的功, 仅与路径的端点有关而与路径无关. 这种现象称为曲线积分与路径的无关性. 下面的定理就是对这样的无关性条件的刻画.

定理 13.3.2 (Green 定理) 设 D 是平面上单连通区域, 函数 $P(x,y), Q(x,y)$ 在 D 上有连续的一阶偏导数, 则以下四条等价:

(1) 沿 D 内任一按段光滑**封闭曲线**L, 有

$$\oint_L P\mathrm{d}x + Q\mathrm{d}y = 0;$$

(2) 对 D 内任一按段光滑曲线 L, 曲线积分

$$\int_L P\mathrm{d}x + Q\mathrm{d}y$$

与路径无关, 只与 L 的起点及终点有关;

(3) $P\mathrm{d}x + Q\mathrm{d}y$ 是 D 上某一函数的全微分, 即存在 D 上的连续可微函数 $U(x,y)$, 使得 $\mathrm{d}U = P\mathrm{d}x + Q\mathrm{d}y$, 这时称 $U(x,y)$ 为微分形式 $P\mathrm{d}x + Q\mathrm{d}y$ 的原函数;

(4) 在 D 内处处成立

$$\frac{\partial Q}{\partial x} = \frac{\partial P}{\partial y}. \tag{13.3.3}$$

证明 (1) $\Longrightarrow$ (2) 如图 13.3.6(a). 设 A, B 为 D 内任意两点, L_1 和 L_2 是 D 中从 A 到 B 的任意两条路径, 则 $C = L_1 - L_2$ 就是 D 中的一条闭曲线. 因此由

$$\begin{aligned}0 = \int_C P\mathrm{d}x + Q\mathrm{d}y &= \Big(\int_{L_1} + \int_{-L_2}\Big) P\mathrm{d}x + Q\mathrm{d}y \\ &= \int_{L_1} P\mathrm{d}x + Q\mathrm{d}y - \int_{L_2} P\mathrm{d}x + Q\mathrm{d}y\end{aligned}$$

得

$$\int_{L_1} P\mathrm{d}x + Q\mathrm{d}y = \int_{L_2} P\mathrm{d}x + Q\mathrm{d}y,$$

即曲线积分与路径无关.

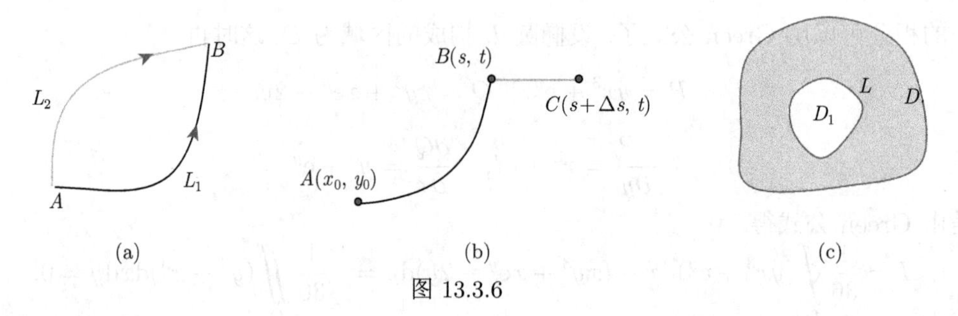

图 13.3.6

(2) $\Longrightarrow$ (3) 任取定一点 $(x_0,y_0)\in D$，由于当起点固定后曲线积分只与终点有关, 所以积分 $\int_{(x_0,y_0)}^{(s,t)} P\mathrm{d}x+Q\mathrm{d}y$ 由 (s,t) 唯一确定, 因此是 (s,t) 的函数, 记为

$$U(s,t)=\int_{(x_0,y_0)}^{(s,t)} P\mathrm{d}x+Q\mathrm{d}y. \tag{13.3.4}$$

特别地, 取如图 13.3.6(b) 所示的积分路径时, 就成立

$$\begin{aligned}\Delta U &= U(s+\Delta s,t)-U(s,t)=\int_{(x_0,y_0)}^{(s+\Delta s,t)} P\mathrm{d}x+Q\mathrm{d}y-\int_{(x_0,y_0)}^{(s,t)} P\mathrm{d}x+Q\mathrm{d}y\\ &=\int_{(s,t)}^{(s+\Delta s,t)} P\mathrm{d}x+Q\mathrm{d}y=\int_s^{s+\Delta s} P(x,t)\mathrm{d}x=P(\xi,t)\Delta s,\end{aligned}$$

其中, ξ 在 s 与 $s+\Delta s$ 之间 (这里利用了积分中值定理). 因此

$$\frac{\partial U}{\partial s}=\lim_{\Delta s\to 0}\frac{\Delta U}{\Delta s}=\lim_{\Delta s\to 0}P(\xi,t)=P(s,t).$$

同理可证 $\frac{\partial U}{\partial t}=Q(s,t)$. 由 P,Q 的连续性可知, U 在 D 内可微, 且成立

$$\mathrm{d}U(s,t)=P(s,t)\mathrm{d}s+Q(s,t)\mathrm{d}t.$$

仍将 (s,t) 换为 (x,y) 即知 (3) 成立.

(3) $\Longrightarrow$ (4) 由条件存在连续可微函数 U, 使 $\mathrm{d}U=P\mathrm{d}x+Q\mathrm{d}y,(x,y)\in D$, 由可微定义得

$$\frac{\partial U}{\partial x}=P(x,y),\quad \frac{\partial U}{\partial y}=Q(x,y).$$

又由于函数 $P(x,y)$ 和 $Q(x,y)$ 在 D 内具有连续偏导数, 根据混合偏导数与顺序无关性得

$$\frac{\partial P}{\partial y}=\frac{\partial^2 U}{\partial y\partial x}=\frac{\partial^2 U}{\partial x\partial y}=\frac{\partial Q}{\partial x}.$$

(4) $\Longrightarrow$ (1) 设 L 是 D 内任一光滑 (或分段光滑) 的闭曲线, 记它包围的图形是 D_1, 则 $D_1\subset D$. 如图 13.3.6(c). 那么由 Green 公式就得到

$$\int_L P\mathrm{d}x+Q\mathrm{d}y=\iint_{D_1}(\frac{\partial Q}{\partial x}-\frac{\partial P}{\partial y})\mathrm{d}x\mathrm{d}y=0. \qquad \square$$

注 13.3.5 “单连通”的条件只在“(4) $\Longrightarrow$ (1)”时用到. 容易证明, 即使在复连通的情况下, (1)(2)(3) 也等价, 因此, 没有单连通, (4) 只是 (1) $\sim$ (3) 成立的必要而非充分条件.

进一步, 检查上面的证明过程可知, 只要 P,Q 在 D 上连续, 即可得到 (1)(2)(3) 也是等价的. 事实上, 假设 D 内曲线积分 $\int_L P\mathrm{d}x+Q\mathrm{d}y$ 与路径无关, 则 $P\mathrm{d}x+Q\mathrm{d}y$ 在 D 上必存在原函数, 且原函数可按式 (13.3.4) 构造, 并且通常可取如下的折线路径: ANB, 或 AMB. 如图 13.3.7.

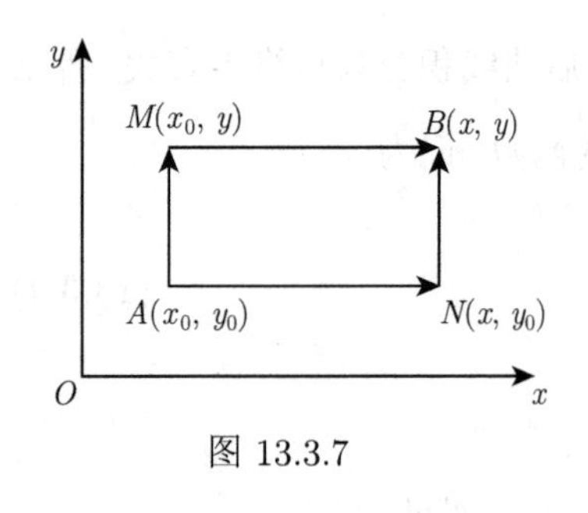

图 13.3.7

例如, 若积分路径取 ANB , 则

$$\begin{aligned}U(x,y)&=\int\limits_{AN} P\mathrm{d}x+Q\mathrm{d}y+\int\limits_{NB} P\mathrm{d}x+Q\mathrm{d}y\\&=\int_{x_0}^{x} P(x,y_0)\mathrm{d}x+\int_{y_0}^{y} Q(x,y)\mathrm{d}y.\end{aligned}\tag{13.3.5}$$

当然, 原函数可以相差一个任意常数. 如果积分路径取 AMB , 同样可以得到

$$U(x,y)=\int_{y_0}^{y} Q(x_0,y)\mathrm{d}y+\int_{x_0}^{x} P(x,y)\mathrm{d}x+c,\tag{13.3.6}$$

其中, c 为一常数.

反之, 如果 $P\mathrm{d}x+Q\mathrm{d}y$ 在 D 上存在原函数 $u(x,y)$, 则 D 内曲线积分 $\int\limits_{L} P\mathrm{d}x+Q\mathrm{d}y$ 与路径无关. 任取一条从 A 到 B 的路径 (不妨假设它是光滑的)

$$L: x=x(t), y=y(t), a\leqslant t\leqslant b,$$

使得 $x(a)=x_A, y(a)=y_A, x(b)=x_B, y(b)=y_B$, 那么

$$\begin{aligned}\int\limits_{L} P\mathrm{d}x+Q\mathrm{d}y&=\int_a^b [P(x(t),y(t))x'(t)+Q(x(t),y(t))y'(t)]\,\mathrm{d}t\\&=u(x(t),y(t))\Big|_a^b=u(x_B,y_B)-u(x_A,y_A).\end{aligned}\tag{13.3.7}$$

公式 (13.3.7) 不仅证明了曲线积分与路径的无关性, 而且在已知原函数的情况下给出了曲线积分的简单计算公式.

例 13.3.4　求积分 $I=\displaystyle\int_{(1,0)}^{(6,8)}\frac{x\mathrm{d}x+y\mathrm{d}y}{\sqrt{x^2+y^2}}$.

解　由于 $\dfrac{\partial P}{\partial y}=\dfrac{xy}{(x^2+y^2)^{\frac{3}{2}}}=\dfrac{\partial Q}{\partial x}$, 所以 $P\mathrm{d}x+Q\mathrm{d}y$ 存在原函数, 并且由观察直接得原函数 $U(x,y)=\sqrt{x^2+y^2}$, 故由公式 (13.3.7) 可得 $I=U(6,8)-U(1,0)=9$.

例 13.3.5　证明在整个平面上, $\omega=(\mathrm{e}^x\sin y-my)\mathrm{d}x+(\mathrm{e}^x\cos y-mx)\mathrm{d}y$ 是某个函数的全微分, 求这样一个函数, 并由此计算积分 $I=\int\limits_{L}\omega$, 其中 L 是从 $(0,0)$ 到 $(1,1)$ 的任意一条道路.

解　令 $P(x,y)=\mathrm{e}^x\sin y-my, Q(x,y)=\mathrm{e}^x\cos y-mx$, 于是恒成立

$$\frac{\partial P}{\partial y}=\mathrm{e}^x\cos y-m=\frac{\partial Q}{\partial x}.$$

由定理 13.3.2知, ω 是某个函数的全微分. 根据公式 (13.3.5) 可得

$$\begin{aligned}U(x,y)&=\int_{(0,0)}^{(x,y)}(\mathrm{e}^x\sin y-my)\mathrm{d}x+(\mathrm{e}^x\cos y-mx)\mathrm{d}y\\&=\int_0^x 0\mathrm{d}x+\int_0^y(\mathrm{e}^x\cos y-mx)\mathrm{d}y=\mathrm{e}^x\sin y-mxy.\end{aligned}$$

于是由公式 (13.3.7) 得到

$$I=\int_L(\mathrm{e}^x\sin y-my)\mathrm{d}x+(\mathrm{e}^x\cos y-mx)\mathrm{d}y=U(1,1)-U(0,0)=\mathrm{e}\sin 1-m.$$

例 13.3.6 计算曲线积分 $I=\oint_L\dfrac{x\mathrm{d}y-y\mathrm{d}x}{4x^2+y^2}$, 其中 L 是以点 $(1,0)$ 为中心, R 为半径的圆周 $(R\neq 1)$, 且取逆时针方向.

解 当 $R<1$ 时, L 所围的区域内不含原点, 可以直接应用 Green 公式. 如图 13.3.8(a). 设 L 围成的区域为 D, 则

$$I=\iint_D\frac{(4x^2+y^2-8x^2)+(4x^2+y^2-2y^2)}{(4x^2+y^2)^2}\mathrm{d}x\mathrm{d}y=0.$$

而当 $R>1$ 时, L 内包含原点, P,Q 在原点无意义.

为此, 我们选用合适的围线 C 将原点隔开. 例如, 取 C 为椭圆: $4x^2+y^2=\delta^2$, 方向取顺时针, 在两条曲线所的区域内用 Green 公式. 如图 13.3.8(b).

$$\begin{aligned}I&=\oint_{L+C}\frac{x\mathrm{d}y-y\mathrm{d}x}{4x^2+y^2}-\oint_C\frac{x\mathrm{d}y-y\mathrm{d}x}{4x^2+y^2}\\&=0+\int_0^{2\pi}\frac{\delta^2\dfrac{1}{2}\cos\theta\cos\theta+\delta^2\sin\theta\dfrac{1}{2}\sin\theta}{\delta^2}\mathrm{d}\theta=\pi.\end{aligned}$$

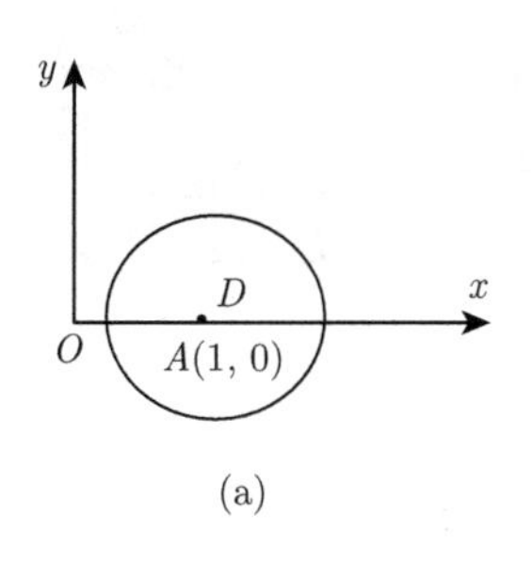

(a)

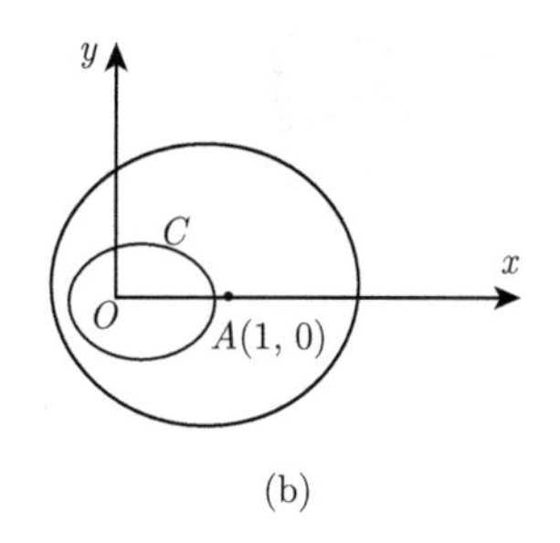

(b)

图 13.3.8

注 13.3.6 根据曲线积分与路径无关性可简化曲线积分的计算.

例 13.3.7 设 L 为由点 $A(\dfrac{\pi}{2},0)$ 沿曲线 $y=\dfrac{\pi}{2}\cos x$ 到点 $B(0,\dfrac{\pi}{2})$ 的弧段, 求积分

$$I=\int_L\frac{(3y-x)\mathrm{d}x+(y-3x)\mathrm{d}y}{(x+y)^3}.$$

解 不宜直接化为定积分. 注意到在除去直线 $x+y=0$ 的区域内

$$\frac{\partial Q}{\partial x}=\frac{\partial P}{\partial y}=\frac{6(x-y)}{(x+y)^4},$$

因此曲线积分与路径无关. 取积分路径为 $L_1:x+y=\dfrac{\pi}{2}$, 由 A 到 B, 如图 13.3.9. 于是

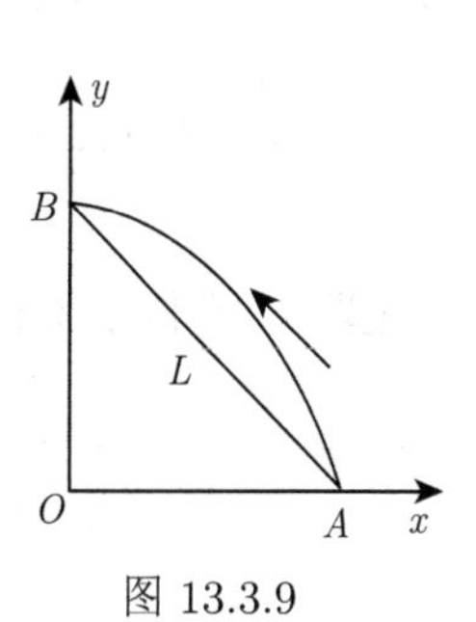

图 13.3.9

$$I=\int_0^{\frac{\pi}{2}}\frac{(4y-\frac{\pi}{2})\mathrm{d}\left(\frac{\pi}{2}-y\right)+(4y-3\frac{\pi}{2})\mathrm{d}y}{\left(\frac{\pi}{2}\right)^3}=-\frac{4}{\pi}.$$

例 13.3.8 求空间中一质量为 m 的物体沿某一平面光滑曲线 L 从 A 移动到 B 点时重力所做的功.

解 设 $A(x_A,y_A),B(x_B,y_B)$, $\boldsymbol{F}=(0,-mg)$, 所以功 $W=\int_L -mg\mathrm{d}y$. 易见, 曲线积分与路径无关, 所以, 可选连接 A,B 的直线, 从而易得 $W=-mg(y_B-y_A)$.

§13.3.3 Gauss 公式

Gauss 公式是 Green 公式从二维到三维的直接推广, 它把三维区域上的三重积分与其边界上的第二型曲面积分联系起来. 该定理在证明中涉及所谓二维单连通区域的概念.

1. 二维单连通区域

设 Ω 为空间上的一个区域. 如果 Ω 内的任何一张封闭曲面所围成的立体仍含于 Ω 内, 那么称 Ω 为**二维单连通区域** (two-dimensional simply connected region), 否则称 Ω 为**二维复连通区域**. 通俗地说, 二维单连通区域之中不含有“洞”, 而二维复连通区域之中含有“洞”. 如图 13.3.10 (a) 是球体, 是二维单连通区域, 图 13.3.10 (b) 是环面所围成的区域, 也是二维单连通区域, 而图 13.3.10 (c) 是长方体内挖掉一个小球, 这是二维复连通区域.

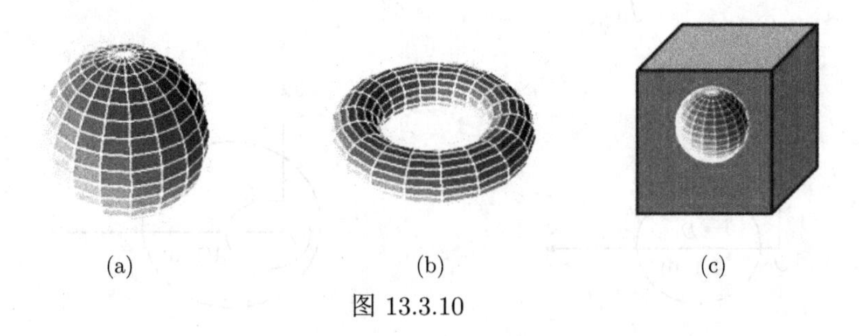

(a) (b) (c)

图 13.3.10

2. Gauss 公式

定理 13.3.3 (Gauss 公式 (Gauss formula)) 设空间区域 V 是由分片光滑的双侧封闭曲面 S 所围成的二维单连通区域, 或有有限个“洞”的二维复连通区域, $S=\partial V$ 取外侧. 若函数 $P(x,y,z),Q(x,y,z)$, $R(x,y,z)$ 在 V 上有连续的一阶偏导数, 则

$$\iint_S P\mathrm{d}y\mathrm{d}z+Q\mathrm{d}z\mathrm{d}x+R\mathrm{d}x\mathrm{d}y=\iiint_V\left(\frac{\partial P}{\partial x}+\frac{\partial Q}{\partial y}+\frac{\partial R}{\partial z}\right)\mathrm{d}x\mathrm{d}y\mathrm{d}z. \tag{13.3.8}$$

证明 类似于 Green 公式的证明, 先考虑标准区域, 即 V 可同时用以下三种形式

$$\begin{aligned}V&=\{(x,y,z)|\ z_1(x,y)\leqslant z\leqslant z_2(x,y),\quad (x,y)\in D_{xy}\}\\&=\{(x,y,z)|\ y_1(z,x)\leqslant y\leqslant y_2(z,x),\quad (z,x)\in D_{zx}\}\\&=\{(x,y,z)|\ x_1(y,z)\leqslant x\leqslant x_2(y,z),\quad (y,z)\in D_{yz}\}\end{aligned}$$

来表示, 其中 D_{xy}, D_{yz} 和 D_{zx} 分别为 V 在平面 xOy, yOz 和 zOx 的投影. 如图 13.3.11(a). 设 Σ_1 为曲面 $z=z_1(x,y),(x,y)\in D_{xy}$, Σ_2 为曲面 $z=z_2(x,y),(x,y)\in D_{xy}$, 按照所规定的定向, Σ_1 的定向为下侧; Σ_2 的定向为上侧. 那么利用 V 的第一种表示就有

$$\begin{aligned}\iiint\limits_V \frac{\partial R}{\partial z}\mathrm{d}x\mathrm{d}y\mathrm{d}z &= \iint\limits_{D_{xy}} \mathrm{d}x\mathrm{d}y\int_{z_1(x,y)}^{z_2(x,y)}\frac{\partial R}{\partial z}\mathrm{d}z\\ &= \iint\limits_{D_{xy}}[R(x,y,z_2(x,y))-R(x,y,z_1(x,y))]\,\mathrm{d}x\mathrm{d}y\\ &= \iint\limits_{\Sigma_1}R(x,y,z)\mathrm{d}x\mathrm{d}y+\iint\limits_{\Sigma_2}R(x,y,z)\mathrm{d}x\mathrm{d}y\\ &= \iint\limits_S R(x,y,z)\mathrm{d}x\mathrm{d}y.\end{aligned}$$

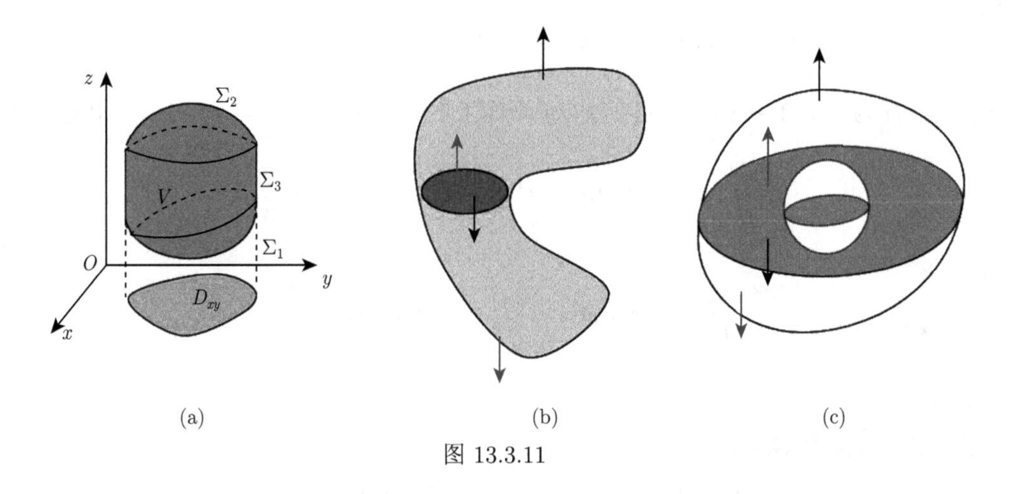

(a) (b) (c)

图 13.3.11

同理, 利用 V 的第二、第三种表示可证

$$\iiint\limits_V \frac{\partial Q}{\partial y}\mathrm{d}x\mathrm{d}y\mathrm{d}z=\iint\limits_S Q(x,y,z)\mathrm{d}z\mathrm{d}x,\quad \iiint\limits_V \frac{\partial P}{\partial x}\mathrm{d}x\mathrm{d}y\mathrm{d}z=\iint\limits_S P(x,y,z)\mathrm{d}y\mathrm{d}z.$$

三式相加就是 Gauss 公式.

当 V 可分成有限块标准区域时, 见图 13.3.11(b), 可添加辅助曲面将其分成若干块标准区域. 如同讨论 Green 公式的情形一样, 对每块标准区域应用 Gauss 公式, 再把它们加起来. 注意到如果一片曲面为两块不同标准区域的共同边界时, 会出现沿它不同侧面的两个曲面积分, 在相加时它们就会互相抵消, 最后只留下的是沿 S 的曲面积分.

Gauss 公式对具有有限个“洞”的二维复连通区域也成立. 如图 13.3.11(c) 所示的是有一个“洞”的区域, 用适当的曲面将它分割成两个二维单连通区域后分别应用 Gauss 公式, 即可推出此情况下 Gauss 公式依然成立. 注意, 这时区域外面的边界还是取外侧, 但内部的边界却取内侧. 但相对于区域, 它们都是外侧. □

Gauss 公式说明了在一个三维区域 V 上的三重积分与沿其边界 ∂V 的曲面积分间的内在关系, 可视为 Green 公式的一个推广.

与 Green 公式一样, Gauss 公式的一个直接应用就是可用沿区域 V 的边界的曲面积分来计算 V 的体积, 具体地说就是

$$\begin{aligned} V &= \iiint\limits_V \mathrm{d}x\mathrm{d}y\mathrm{d}z = \iint\limits_{\partial V} x\mathrm{d}y\mathrm{d}z = \iint\limits_{\partial V} y\mathrm{d}z\mathrm{d}z = \iint\limits_{\partial V} z\mathrm{d}x\mathrm{d}y \\ &= \frac{1}{3}\iint\limits_{\partial V} x\mathrm{d}y\mathrm{d}z + y\mathrm{d}z\mathrm{d}z + z\mathrm{d}x\mathrm{d}y, \end{aligned} \tag{13.3.9}$$

其中 ∂V 取外侧.

例 13.3.9　计算 $I = \iint\limits_{\Sigma} (x+1)\mathrm{d}y\mathrm{d}z + (y+1)\mathrm{d}z\mathrm{d}x + (z+1)\mathrm{d}x\mathrm{d}y$, 其中, Σ 为平面 $x+y+z=1, x=0, y=0$ 和 $z=0$ 所为立体的表面的外侧.

解　**解法一**: 直接化为二重积分. 将曲面分为四片, 如图 13.3.12. 容易算得, $\forall i = 1,2,3$, 有

$$\iint\limits_{\Sigma_i} (x+1)\mathrm{d}y\mathrm{d}z + (y+1)\mathrm{d}z\mathrm{d}x + (z+1)\mathrm{d}x\mathrm{d}y = -\frac{1}{2}.$$

而 Σ_4 的方程为 $z = 1-x-y$, 它在 xOy 平面上的投影为 $D: 0 \leqslant y \leqslant 1-x, 0 \leqslant x \leqslant 1$, 因此

$$\iint\limits_{\Sigma_4} (z+1)\mathrm{d}x\mathrm{d}y = \iint\limits_D (2-x-y)\mathrm{d}x\mathrm{d}y = \frac{2}{3}.$$

同理,

$$\iint\limits_{\Sigma_4} (x+1)\mathrm{d}y\mathrm{d}z = \iint\limits_{\Sigma_4} (y+1)\mathrm{d}z\mathrm{d}x = \frac{2}{3}.$$

合知即得 $I = \frac{1}{2}$.

解法二: 直接用 Gauss 公式得

$$I = \iiint\limits_{\Omega} 3\mathrm{d}x\mathrm{d}y\mathrm{d}z = \frac{1}{2}(\text{锥体体积的三倍}).$$

例 13.3.10　求曲面积分 $I = \iint\limits_S yz\mathrm{d}z\mathrm{d}x + 2\mathrm{d}x\mathrm{d}y$, 其中 S 是球面 $x^2+y^2+z^2=4$ 外侧在 $z \geqslant 0$ 的部分, 即上半球面, 取上侧.

解　补平面 $S_1: x^2+y^2 \leqslant 4, z=0$, 取下侧, 并记 S_1 在 xOy 平面的投影区域为 D, 如图 13.3.13. 由 Gauss 公式:

$$\begin{aligned} I &= \iint\limits_{S+S_1} yz\mathrm{d}z\mathrm{d}x + 2\mathrm{d}x\mathrm{d}y - \iint\limits_{S_1} yz\mathrm{d}z\mathrm{d}x + 2\mathrm{d}x\mathrm{d}y \\ &= \iiint\limits_{\Omega} z\mathrm{d}x\mathrm{d}y\mathrm{d}z + \iint\limits_D 2\mathrm{d}x\mathrm{d}y \\ &= \int_0^{2\pi}\mathrm{d}\theta\int_0^{\frac{\pi}{2}}\mathrm{d}\varphi\int_0^2 r\cos\varphi r^2\sin\varphi\mathrm{d}r + 8\pi = 12\pi. \end{aligned}$$

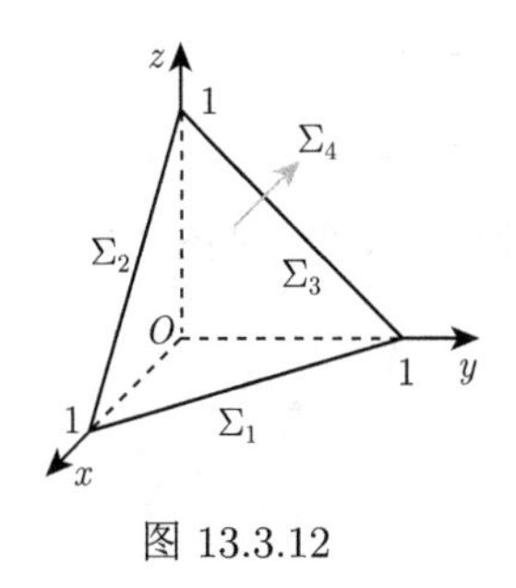

图 13.3.12

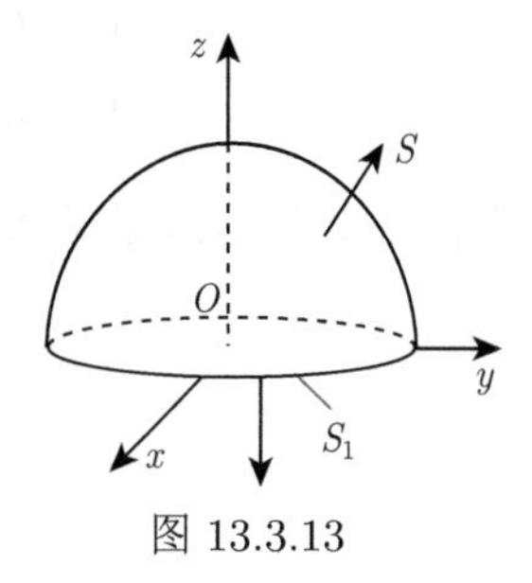

图 13.3.13

§13.3.4 Stokes 公式

首先给出 Stokes 公式, 然后讨论空间曲线积分与路径无关的条件.

1. Stokes 公式

Stokes 公式考虑的是展布在定向曲面上的第二型曲面积分与沿曲面边界曲线上的第二型曲线积分之间的联系. 我们首先需要对曲面的侧与边界曲线的方向做个协调.

设 Σ 为具有分段光滑边界的非封闭光滑双侧曲面. 选定曲面的一侧, 并如下规定 Σ 的边界 $\partial\Sigma$ 的一个正向: 设一个人站在曲面选定的一侧, 当他沿 $\partial\Sigma$ 的这个方向行走时, 如果曲面 Σ 总是在他左边, 则 $\partial\Sigma$ 的这个定向称为 Σ 的**诱导定向**, 或简称为曲面边界的正向, 这种定向方法称为**右手定则**. 参见图 13.3.14.

定理 13.3.4 (Stokes 公式 (Stokes formula)) 设 Σ 为光滑曲面, 其边界 $\partial\Sigma$ 为分段光滑闭曲线, 且取诱导定向, 若函数 $P(x,y,z)$, $Q(x,y,z)$, $R(x,y,z)$ 在 Σ 及其边界上具有连续偏导数, 则成立

$$\begin{aligned}&\int_{\partial\Sigma} P\mathrm{d}x+Q\mathrm{d}y+R\mathrm{d}z\\ =&\iint_{\Sigma}\left(\frac{\partial R}{\partial y}-\frac{\partial Q}{\partial z}\right)\mathrm{d}y\mathrm{d}z+\left(\frac{\partial P}{\partial z}-\frac{\partial R}{\partial x}\right)\mathrm{d}z\mathrm{d}x+\left(\frac{\partial Q}{\partial x}-\frac{\partial P}{\partial y}\right)\mathrm{d}x\mathrm{d}y\\ =&\iint_{\Sigma}\left[\left(\frac{\partial R}{\partial y}-\frac{\partial Q}{\partial z}\right)\cos\alpha+\left(\frac{\partial P}{\partial z}-\frac{\partial R}{\partial x}\right)\cos\beta+\left(\frac{\partial Q}{\partial x}-\frac{\partial P}{\partial y}\right)\cos\gamma\right]\mathrm{d}S.\end{aligned} \tag{13.3.10}$$

Stokes 公式可以简记为

$$\int_{\partial\Sigma} P\mathrm{d}x+Q\mathrm{d}y+R\mathrm{d}z=\iint_{\Sigma}\begin{vmatrix}\mathrm{d}y\mathrm{d}z & \mathrm{d}z\mathrm{d}x & \mathrm{d}x\mathrm{d}y\\ \dfrac{\partial}{\partial x} & \dfrac{\partial}{\partial y} & \dfrac{\partial}{\partial z}\\ P & Q & R\end{vmatrix}=\iint_{\Sigma}\begin{vmatrix}\cos\alpha & \cos\beta & \cos\gamma\\ \dfrac{\partial}{\partial x} & \dfrac{\partial}{\partial y} & \dfrac{\partial}{\partial z}\\ P & Q & R\end{vmatrix}\mathrm{d}S. \tag{13.3.11}$$

证明 像 Green 公式的证明那样, 只需要对 Σ 是"标准"曲面来证明. 此时 Σ 可同时表为以下三种形式:

$$\Sigma=\{(x,y,z)|z=z(x,y),\quad (x,y)\in\Sigma_{xy}\}$$

$$= \{(x,y,z)|y=y(z,x),\quad (z,x)\in\Sigma_{zx}\}$$
$$= \{(x,y,z)|x=x(y,z),\quad (y,z)\in\Sigma_{yz}\}.$$

其中, Σ_{xy}, Σ_{zx}, Σ_{yz} 分别为 Σ 在坐标平面 xOy, zOx, yOz 的投影, 见图 13.3.15.

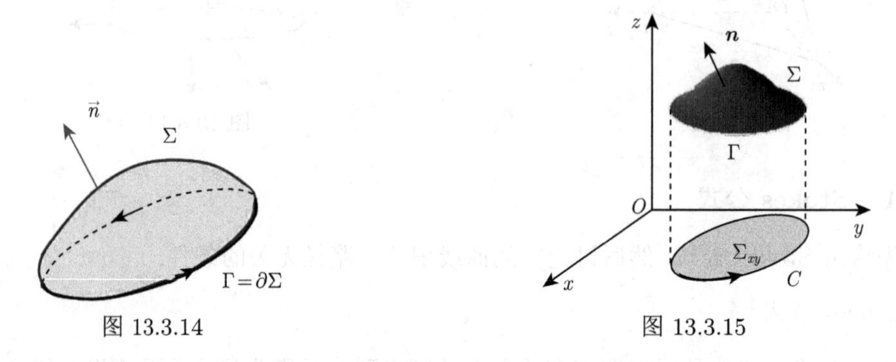

图 13.3.14　　　　图 13.3.15

不妨设 Σ 的定向为上侧. 由曲线积分的定义或计算公式及 Σ 的表示 $z=z(x,y)$ 可得

$$\int\limits_{\partial\Sigma} P(x,y,z)\mathrm{d}x = \int\limits_{\partial\Sigma_{xy}} P(x,y,z(x,y))\mathrm{d}x,$$

其中, $\partial\Sigma_{xy}$ 为 Σ_{xy} 的正向边界. 再对上式右端的第二型曲线积分应用 Green 公式可得

$$\begin{aligned}\int\limits_{\partial\Sigma_{xy}} P(x,y,z(x,y))\mathrm{d}x &= -\iint\limits_{\Sigma_{xy}} \frac{\partial}{\partial y}P(x,y,z(x,y))\mathrm{d}x\mathrm{d}y \\ &= -\iint\limits_{\Sigma_{xy}} \left[\frac{\partial}{\partial y}P(x,y,z(x,y)) + \frac{\partial}{\partial z}P(x,y,z(x,y))\cdot\frac{\partial z}{\partial y}\right]\mathrm{d}x\mathrm{d}y.\end{aligned}$$

注意到此时曲面取上侧, 因此 Σ 的单位法向量为

$$(\cos\alpha,\cos\beta,\cos\gamma) = \frac{1}{\sqrt{1+\left(\dfrac{\partial z}{\partial x}\right)^2+\left(\dfrac{\partial z}{\partial y}\right)^2}}\left(-\frac{\partial z}{\partial x},-\frac{\partial z}{\partial y},1\right),$$

由此得 $\dfrac{\partial z}{\partial y} = -\dfrac{\cos\beta}{\cos\gamma}$ 及

$$\begin{aligned}&\iint\limits_{\Sigma_{xy}} \left[\frac{\partial}{\partial y}P(x,y,z(x,y)) + \frac{\partial}{\partial z}P(x,y,z(x,y))\cdot\frac{\partial z}{\partial y}\right]\mathrm{d}x\mathrm{d}y \\ =& \iint\limits_{\Sigma}\frac{\partial P}{\partial y}\mathrm{d}x\mathrm{d}y + \iint\limits_{\Sigma}\frac{\partial P}{\partial z}\cdot\frac{\partial z}{\partial y}\mathrm{d}x\mathrm{d}y = \iint\limits_{\Sigma}\frac{\partial P}{\partial y}\mathrm{d}x\mathrm{d}y - \iint\limits_{\Sigma}\frac{\partial P}{\partial z}\mathrm{d}z\mathrm{d}x.\end{aligned}$$

结合上面这几个式子就得

$$\int\limits_{\partial\Sigma} P(x,y,z)\mathrm{d}x = \iint\limits_{\Sigma}\frac{\partial P}{\partial z}\mathrm{d}z\mathrm{d}x - \frac{\partial P}{\partial y}\mathrm{d}x\mathrm{d}y.$$

同理可得

$$\int\limits_{\partial\Sigma} Q(x,y,z)\mathrm{d}y = \iint\limits_{\Sigma} \frac{\partial Q}{\partial x}\mathrm{d}x\mathrm{d}y - \frac{\partial Q}{\partial z}\mathrm{d}y\mathrm{d}z, \quad \int\limits_{\partial\Sigma} R(x,y,z)\mathrm{d}z = \iint\limits_{\Sigma} \frac{\partial R}{\partial y}\mathrm{d}y\mathrm{d}z - \frac{\partial R}{\partial x}\mathrm{d}z\mathrm{d}x,$$

再将最后这三式相加即得到 Stokes 公式. □

例 13.3.11 计算

$$I = \int\limits_{L} z\mathrm{d}x + x\mathrm{d}y + y\mathrm{d}z,$$

其中, L 为平面 $x+y+z=1$ 被三个坐标面所截三角形 Σ 的边界, 若从 x 轴的正向看去, 定向为逆时针方向. 如图 13.3.16 所示.

解 由 Stokes 公式得到

$$I = \int\limits_{L} z\mathrm{d}x + x\mathrm{d}y + y\mathrm{d}z = \iint\limits_{\Sigma} \begin{vmatrix} \mathrm{d}y\mathrm{d}z & \mathrm{d}z\mathrm{d}x & \mathrm{d}x\mathrm{d}y \\ \dfrac{\partial}{\partial x} & \dfrac{\partial}{\partial y} & \dfrac{\partial}{\partial z} \\ z & x & y \end{vmatrix}$$

$$= \iint\limits_{\Sigma} \mathrm{d}y\mathrm{d}z + \mathrm{d}z\mathrm{d}x + \mathrm{d}x\mathrm{d}y = 3\iint\limits_{D} \mathrm{d}x\mathrm{d}y = \frac{3}{2}.$$

例 13.3.12 计算曲线积分

$$I = \oint\limits_{C} (z-y)\mathrm{d}x + (x-z)\mathrm{d}y + (x-y)\mathrm{d}z,$$

其中, C 是曲线 $\begin{cases} x^2+y^2=1, \\ x-y+z=2, \end{cases}$ 从 z 轴正向往 z 轴负向看, C 的方向是顺时针的, 参见图 13.2.3.

解 本题易于写出该直线的参数式方程, 因此便于直接化为定积分. 见例 13.2.2. 下面用 Stokes 公式来计算. 设 Σ 是平面 $x-y+z=2$ 上的以 C 为边界的有限部分, 取上侧. 记 D 为 Σ 在 xOy 平面上的投影, 则

$$I = -\iint\limits_{\Sigma} 2\mathrm{d}x\mathrm{d}y = -2\iint\limits_{D} \mathrm{d}x\mathrm{d}y = -2\pi.$$

例 13.3.13 计算

$$I = \int\limits_{L} y^2\mathrm{d}x + z^2\mathrm{d}y + x^2\mathrm{d}z,$$

其中, L 是上半球面 $x^2+y^2+z^2=a^2(z\geqslant 0, a>0)$ 与圆柱面 $x^2+y^2+ax=0$ 的交线, 从 z 轴正向看去, 是逆时针方向. 参见图 13.3.17.

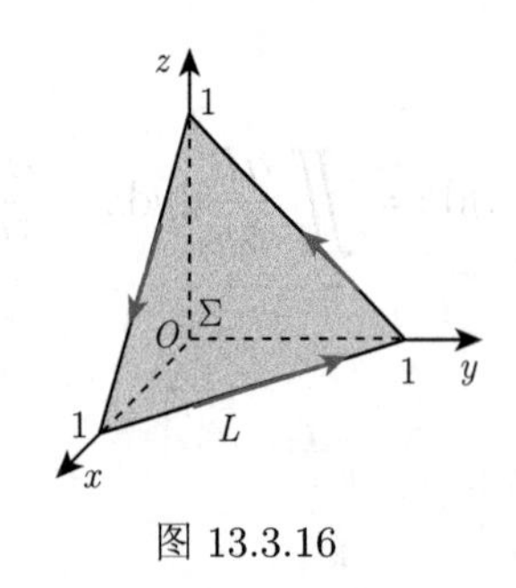

图 13.3.16

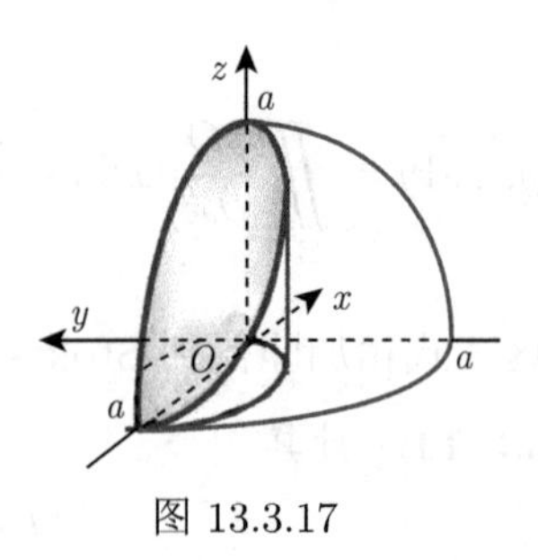

图 13.3.17

解 记在球面 $x^2+y^2+z^2=a^2$ 上由 L 所围的曲面为 Σ, 且取上侧, 所以其法向量的方向余弦为

$$\cos\alpha=\frac{x}{a},\quad \cos\beta=\frac{y}{a},\quad \cos\gamma=\frac{z}{a}.$$

由 Stokes 定理得到

$$\begin{aligned}I=&\iint\limits_{\Sigma}\begin{vmatrix}\cos\alpha & \cos\beta & \cos\gamma\\ \dfrac{\partial}{\partial x} & \dfrac{\partial}{\partial y} & \dfrac{\partial}{\partial z}\\ y^2 & z^2 & x^2\end{vmatrix}\mathrm{d}S\\ =&-2\iint\limits_{\Sigma}(z\cos\alpha+x\cos\beta+y\cos\gamma)\,\mathrm{d}S\\ =&-\frac{2}{a}\iint\limits_{\Sigma}(xz+xy+yz)\mathrm{d}S.\end{aligned}$$

由于曲面 Σ 关于 xOz 平面对称, 因此

$$\iint\limits_{\Sigma}xy\mathrm{d}S=\iint\limits_{\Sigma}zy\mathrm{d}S=0,$$

于是得到

$$I=-\frac{2}{a}\iint\limits_{\Sigma}xz\mathrm{d}S=-2\iint\limits_{D_{xy}}x\mathrm{d}x\mathrm{d}y=-\frac{\pi}{4}a^3,$$

其中, $D_{xy}=\left\{(x,y)\middle|:x^2+ax+y^2\leqslant 0\right\}$.

2. 空间曲线积分与路径无关性

在讨论 Gauss 公式时我们引入了二维单连通区域的概念. 而为了研究空间曲线积分与路径的无关性, 我们需要引入三维空间中单连通区域的概念, 这类似于研究平面曲线积分与路径无关性时需要平面区域的连通性是类似的.

称区域 $\Omega\subset\mathbb{R}^3$ 是单连通区域, 如果 Ω 内任一封闭曲线皆可以不经过 Ω 以外的点而连续收缩到 Ω 中某一点.

单连通区域与二维单连通区域是两个不同的概念. 例如, 空心球壳, 或图 13.3.10(c) 所示区域是单连通区域, 但不是二维单连通区域, 而环面所围成的区域 (参见图 13.3.10(b)) 是二维单连通区域, 但不是单连通区域.

与平面曲线积分相仿, 我们有下面的定理.

定理 13.3.5 设 $\Omega \subset \mathbb{R}^3$ 为空间单连通区域, 若函数 P, Q, R 在 Ω 上有一阶连续偏导数, 则以下四条等价:

(1) 沿 Ω 内任一按段光滑封闭曲线 L, 曲线积分为 0, 即

$$\oint_L P\mathrm{d}x + Q\mathrm{d}y + R\mathrm{d}z = 0;$$

(2) 对 Ω 内任一按段光滑曲线 L, 曲线积分

$$\int_L P\mathrm{d}x + Q\mathrm{d}y + R\mathrm{d}z$$

与路线无关, 只与 L 的起点及终点有关；

(3) 微分形式 $P\mathrm{d}x + Q\mathrm{d}y + R\mathrm{d}z$ 是 Ω 内某一函数 $U(x, y, z)$ 的全微分, 即在 Ω 内有 $\mathrm{d}U = P\mathrm{d}x + Q\mathrm{d}y + R\mathrm{d}z$, 这时称 $U(x, y, z)$ 为微分形式 $P\mathrm{d}x + Q\mathrm{d}y + R\mathrm{d}z$ 的一个原函数;

(4) 在 D 内处处成立

$$\frac{\partial R}{\partial y} = \frac{\partial Q}{\partial z}, \quad \frac{\partial P}{\partial z} = \frac{\partial R}{\partial x}, \quad \frac{\partial Q}{\partial x} = \frac{\partial P}{\partial y}. \tag{13.3.12}$$

例 13.3.14 验证曲线积分

$$\int_{(1,1,1)}^{(2,3,-4)} x\mathrm{d}x + y^2\mathrm{d}y - z^3\mathrm{d}z$$

与路径无关, 并计算其值.

解 $P = x, Q = y^2, R = -z^3$, 则

$$\frac{\partial R}{\partial y} = \frac{\partial Q}{\partial z} = \frac{\partial P}{\partial z} = \frac{\partial R}{\partial x} = \frac{\partial Q}{\partial x} = \frac{\partial P}{\partial y} = 0,$$

因此曲线积分

$$\int_{(1,1,1)}^{(2,3,-4)} x\mathrm{d}x + y^2\mathrm{d}y - z^3\mathrm{d}z$$

与路径无关, 并且容易求得原函数

$$U(x, y, z) = \frac{1}{2}x^2 + \frac{1}{3}y^3 - \frac{1}{4}z^4,$$

因此积分的值为

$$U(2, 3, -4) - U(1, 1, 1) = -53\frac{7}{12}.$$

习题 13.3

A1. 应用格林公式计算下列曲线积分:

(1) $\oint_L xy^2\mathrm{d}y - x^2y\mathrm{d}x$, 其中 L 是圆周 $x^2 + y^2 = a^2$, 方向取逆时针方向;

(2) $\oint_L (x + y)^2\mathrm{d}x + (x^2 - y^2)\mathrm{d}y$, 其中 L 是以 $A(1, 1), B(3, 2), C(3, 5)$ 为顶点的三角形, 方向取逆时针方向;

(3) $\int_{AO}(\mathrm{e}^x\sin y-my)\mathrm{d}x+(\mathrm{e}^x\cos y-m)\mathrm{d}y$, 其中 m 为常数, AO 为由 $(a,0)$ 到 $(0,0)$ 经过圆 $x^2+y^2=ax$ 上半部的路线;

(4) $\int_{\widehat{AB}}(x^2+y)\mathrm{d}x+(x-y^2)\mathrm{d}y$, 其中 $\widehat{AB}$ 为由点 $O(0,0)$ 至点 $A(1,1)$ 的曲线 $y^3=x^2$.

A2. 应用格林公式计算下列曲线所围的平面图形的面积:

(1) $x=2a\cos t-a\cos 2t,\ y=2a\sin t-a\sin 2t$;

(2) 双纽线: $(x^2+y^2)^2=a^2(x^2-y^2)$.

A3. 设 L 为平面上封闭曲线, $\boldsymbol{n}$ 为它的外法线方向, $\boldsymbol{l}$ 为任意方向向量, 证明:

$$\oint_L\cos(\boldsymbol{l},\boldsymbol{n})\mathrm{d}s=0.$$

A4. 求积分值 $I=\oint_L[x\cos(\boldsymbol{n},x)+y\cos(\boldsymbol{n},y)]\mathrm{d}s$, 其中 L 为包围有界区域的封闭曲线, $\boldsymbol{n}$ 为 L 的外法线方向.

A5. 验证下列一阶微分形式为全微分, 并求其原函数:

(1) $(x^2+2xy-y^2)\mathrm{d}x+(x^2-2xy-y^2)\mathrm{d}y$;

(2) $(2x\cos y-y^2\sin x)\mathrm{d}x+(2y\cos x-x^2\sin y)\mathrm{d}y$;

(3) $(1-\dfrac{y^2}{x^2}\cos\dfrac{y}{x})\mathrm{d}x+(\sin\dfrac{y}{x}+\dfrac{y}{x}\cos\dfrac{y}{x})\mathrm{d}y$;

(4) $(\mathrm{e}^{xy}+xy\mathrm{e}^{xy})\mathrm{d}x+x^2\mathrm{e}^{xy}\mathrm{d}y$;

(5) $f(\sqrt{x^2+y^2})x\mathrm{d}x+f(\sqrt{x^2+y^2})y\mathrm{d}y$, 其中 f 为连续函数.

A6. 验证下列积分与路线无关, 观察出其原函数, 并由此求积分的值:

(1) $\displaystyle\int_{(0,0)}^{(1,2)}(x-y)(\mathrm{d}x-\mathrm{d}y)$;

(2) $\displaystyle\int_{(2,1)}^{(3,5)}\frac{y\mathrm{d}x-x\mathrm{d}y}{x^2}$, 沿在右半平面的路线;

(3) $\displaystyle\int_{(1,0)}^{(3,4)}\frac{x\mathrm{d}x+y\mathrm{d}y}{\sqrt{x^2+y^2}}$, 沿不通过原点的路线;

(4) $\displaystyle\int_{(2,1)}^{(3,2)}\varphi(x)\mathrm{d}x+\psi(y)\mathrm{d}y$, 其中 $\varphi(x),\psi(y)$ 为连续函数.

A7. 求下列第二型曲线积分:

(1) $\int_L(4+x\mathrm{e}^{2y})\mathrm{d}x+(x^2\mathrm{e}^{2y}-y^2)\mathrm{d}y$, 其中 L 是圆周 $(x-2)^2+y^2=4$ 的上半部分, 按顺时针方向;

(2) $I=\displaystyle\int_L\frac{y\mathrm{d}x-x\mathrm{d}y}{x^2+y^2}$, 其中 L 为曲线 $x=\cos^3 t, y=\sin^3 t(0\leqslant t\leqslant\dfrac{\pi}{2})$ 的一段;

(3) $\int_L(x\mathrm{e}^x+3x^2y)\mathrm{d}x+(x^3+\sin y)\mathrm{d}y$, 其中 L 是沿曲线 $y=x^2-1$ 从点 $A(-1,0)$ 到点 $B(2,3)$ 的一段弧;

(4) $\int_L(y+3x)^2\mathrm{d}x+(3x^2-y^2\sin\sqrt{y})\mathrm{d}y$, 其中 L 为曲线 $y=x^2$ 上由 $A(-1,1)$ 到 $B(1,1)$ 的一段弧;

(5) $\displaystyle\oint_L\frac{-(y-\frac{1}{2})\mathrm{d}x+x\mathrm{d}y}{x^2+(y-\frac{1}{2})^2}$, 其中 L 为从 $A(1,0)$ 经上半单位圆周到 $B(-1,0)$, 再经直线段 BA 回到 A;

(6) $\int\limits_{AMB} [\varphi(y)\mathrm{e}^x - my]\mathrm{d}x + [\varphi'(y)\mathrm{e}^x - m]\mathrm{d}y$, 其中 $\varphi(y), \varphi'(y)$ 为连续函数, AMB 为连接点 $A(x_1, y_1)$ 和点 $B(x_2, y_2)$ 的任何路线, 但与直线段 AB 围成已知大小为 S 的面积.

A8. 设函数 $f(u)$ 具有一阶连续导数, 证明: 对任何光滑封闭曲线 L, 有

$$\oint_L f(xy)(y\mathrm{d}x + x\mathrm{d}y) = 0.$$

A9. 确定 λ 的值, 使积分

$$I = \int\limits_{AB} (x^4 + 4xy^\lambda)\mathrm{d}x + (6x^{\lambda-1}y^2 - 5y^4)\mathrm{d}y$$

与路径无关, 并求 $A = (0,0)$, $B = (1,2)$ 时的值.

A10. 确定 λ 的值, 使在与 x 轴不相交的区域内积分

$$I = \int\limits_{AB} \frac{x(x^2+y^2)^\lambda}{y}\mathrm{d}x - \frac{x^2(x^2+y^2)^\lambda}{y^2}\mathrm{d}y$$

与路径无关, 并求当 A, B 分别取 $(1,1)$ 和 $(0,2)$ 时积分 I 的值.

A11. 若函数 $u(x,y)$ 在由封闭光滑曲线 L 所围的平面区域 D 上具有二阶连续偏导数, 则

$$\iint_D \left(\frac{\partial^2 u}{\partial x^2} + \frac{\partial^2 u}{\partial y^2}\right)\mathrm{d}\sigma = \oint_L \frac{\partial u}{\partial \boldsymbol{n}}\mathrm{d}s,$$

其中, $\dfrac{\partial u}{\partial \boldsymbol{n}}$ 是沿 L 外法线方向 $\boldsymbol{n}$ 的方向导数.

A12. 计算下列曲面积分:

(1) $\iint\limits_S x^2\mathrm{d}y\mathrm{d}z + y^2\mathrm{d}z\mathrm{d}x + z^2\mathrm{d}x\mathrm{d}y$, 其中 S 是立方体 $0 \leqslant x, y, z \leqslant a$ 表面的外侧;

(2) $\iint\limits_S xz^2\mathrm{d}y\mathrm{d}z + (x^2y - z)\mathrm{d}z\mathrm{d}x + (2xy + y^2z)\mathrm{d}x\mathrm{d}y$, 其中 S 是上半球面 $z = \sqrt{a^2 - x^2 - y^2}$ 与平面 $z = 0$ 所围空间区域的表面, 方向取外侧, $(a > 0)$;

(3) $\iint\limits_S x^3\mathrm{d}y\mathrm{d}z + x^2y\mathrm{d}z\mathrm{d}x + x^2z\mathrm{d}x\mathrm{d}y$, 其中 S 是柱面 $x^2 + y^2 = a^2$ 在 $0 \leqslant z \leqslant H$ 一段外侧;

(4) $\iint\limits_S yz\mathrm{d}y\mathrm{d}z + zx\mathrm{d}z\mathrm{d}x + xy\mathrm{d}x\mathrm{d}y$, 其中 S 是任意一封闭曲面的外侧;

(5) $\iint\limits_S x\mathrm{d}y\mathrm{d}z + y\mathrm{d}z\mathrm{d}x + z\mathrm{d}x\mathrm{d}y$, 其中 S 是上半球面 $z = \sqrt{a^2 - x^2 - y^2}$ 的上侧 $(a > 0)$;

(6) $\iint\limits_S y(x - z)\mathrm{d}y\mathrm{d}z + x^2\mathrm{d}z\mathrm{d}x + (y^2 + xz)\mathrm{d}x\mathrm{d}y$, 其中 S 是曲面 $z = 5 - x^2 - y^2$ 上 $z \geqslant 1$ 的部分, 取上侧;

(7) $\iint\limits_S (x^2\cos\alpha + y^2\cos\beta + z^2\cos\gamma)\mathrm{d}S$, 其中 S 是由曲线段 $\begin{cases} x = 0, \\ z = y^2, \end{cases}$ $(1 \leqslant z \leqslant 4)$ 绕 z 轴旋转所成的旋转面, $\cos\alpha, \cos\beta, \cos\gamma$ 为 S 的内法线的方向余弦;

(8) $I = \iint\limits_S \dfrac{\mathrm{e}^{x^2+y^2}\mathrm{d}y\mathrm{d}z + yz\mathrm{d}z\mathrm{d}x + 2z\mathrm{d}x\mathrm{d}y}{\sqrt{x^2+y^2+z^2}}$, 其中 S 为曲面 $z = \sqrt{R^2 - x^2 - y^2}$, 取上侧;

(9) $I = \iint\limits_S [yf(x,y,z) + x]\mathrm{d}y\mathrm{d}z + [xf(x,y,z) + y]\mathrm{d}z\mathrm{d}x + [2xyf(x,y,z) + z]\mathrm{d}x\mathrm{d}y$, 其中 f 连续, S 为曲面 $z = \dfrac{1}{2}(x^2 + y^2)$ 介于 $z = 2$ 与 $z = 8$ 之间的部分, 取上侧;

(10) $I=\iint\limits_{\Sigma}\left[\frac{1}{y+2}f(\frac{x+1}{y+2})+3xy^2+\mathrm{e}^z\right]\mathrm{d}y\mathrm{d}z+\left[\frac{1}{x+1}f(\frac{x+1}{y+2})+3x^2y-y\right]\mathrm{d}z\mathrm{d}x+(z-x^2-y^2)\mathrm{d}x\mathrm{d}y$,
其中 f 具有连续导数, Σ 是曲面 $z=1+\sqrt{x^2+y^2}$ $(1\leqslant z\leqslant 3/2)$, 取下侧.

A13. 应用高斯公式计算三重积分

$$\iiint\limits_{V}(xy+yz+zx)\mathrm{d}x\mathrm{d}y\mathrm{d}z,$$

其中, V 是由 $x\geqslant 0, y\geqslant 0, 0\leqslant z\leqslant 1$ 与 $x^2+y^2\leqslant 1$ 所围成的空间区域.

A14. 应用斯托克斯公式计算下列曲线积分:

(1) $\oint\limits_{L}(z-y)\mathrm{d}x+(x-z)\mathrm{d}y+(y-x)\mathrm{d}z$, 其中 L 分别为

(a) 以 $A(a,0,0)$, $B(0,a,0)$, $C(0,0,a)$ 为顶点的三角形, 沿 $ABCA$ 的方向,

(b) 椭圆 $x^2+y^2=a^2$, $\frac{x}{a}+\frac{z}{b}=1(a,b>0)$, 若从原点向 x 轴正向看去, 此椭圆是顺时针方向;

(2) $\oint\limits_{L}(y^2+z^2)\mathrm{d}x+(x^2+z^2)\mathrm{d}y+(x^2+y^2)\mathrm{d}z$, 其中 L 为 $x+y+z=1$ 与三坐标面的交线, 它的走向使所围平面区域上侧在曲线的左侧;

(3) $\oint\limits_{L}(y^2-z^2)\mathrm{d}x+(2z^2-x^2)\mathrm{d}y+(3x^2-y^2)\mathrm{d}z$, 其中 L 是平面 $x+y+z=2$ 与柱面 $|x|+|y|=1$ 的交线, 从 z 轴正向看去, L 为逆时针方向;

(4) $\int\limits_{L}(x^2-yz)\mathrm{d}x+(y^2-xz)\mathrm{d}y+(z^2-xy)\mathrm{d}z$, 其中 L 是沿螺旋线 $x=a\cos t, y=a\sin t, z=\frac{h}{2\pi}t$, 从 $A(a,0,0)$ 到 $B(a,0,h)$;

(5) $\int\limits_{L}y^2\mathrm{d}x+z^2\mathrm{d}y+x^2\mathrm{d}z$, 其中 L 是曲线 $x^2+y^2+z^2=a^2, x^2+y^2=ax(z\geqslant 0, a>0)$, 若从 x 轴正向看去, 曲线是逆时针方向;

(6) $\int\limits_{L}(y^2+z^2)\mathrm{d}x+(z^2+x^2)\mathrm{d}y+(x^2+y^2)\mathrm{d}z$, 其中 L 是曲线 $x^2+y^2+z^2=2Rx, x^2+y^2=2rx(0<r<R, z>0)$, 方向确定如下: 由它所包围的在球 $x^2+y^2+z^2\leqslant 2Rx$ 外表面上的较小区域总在左方.

A15. 求下列全微分的原函数:

(1) $yz\mathrm{d}x+xz\mathrm{d}y+xy\mathrm{d}z$;　　(2) $(x^2-2yz)\mathrm{d}x+(y^2-2xz)\mathrm{d}y+(z^2-2xy)\mathrm{d}z$.

A16. 验证下列线积分与路径无关, 并计算其值:

(1) $\int_{(x_1,y_1,z_1)}^{(x_2,y_2,z_2)}\frac{x\mathrm{d}x+y\mathrm{d}y+z\mathrm{d}z}{\sqrt{x^2+y^2+z^2}}$, 其中 $(x_1,y_1,z_1),(x_2,y_2,z_2)$ 在球面 $x^2+y^2+z^2=a^2$ 上;

(2) $\int_{(1,1,0)}^{(x,y,z)}(\frac{z}{x^2y}-\frac{z}{x^2+z^2})\mathrm{d}x+\frac{z}{xy^2}\mathrm{d}y+(\frac{x}{x^2+z^2}-\frac{1}{xy})\mathrm{d}z$, 其中积分路径不通过 yOz 平面和 zOx 平面.

A17. 证明: 由曲面 S 所包围的立体 V 的体积 ΔV 为

$$\Delta V=\frac{1}{3}\iint\limits_{S}(x\cos\alpha+y\cos\beta+z\cos\gamma)\mathrm{d}S,$$

其中, $\cos\alpha,\cos\beta,\cos\gamma$ 为曲面 S 的外法线方向余弦.

A18. 若 S 为封闭曲面, $\boldsymbol{l}$ 为任何固定方向, $\boldsymbol{n}$ 为 S 的单位外法向量, 证明:

$$\iint\limits_{S}\cos(\boldsymbol{n},\boldsymbol{l})\mathrm{d}S=0.$$

A19. 证明公式:

$$\iiint\limits_{V}\frac{\mathrm{d}x\mathrm{d}y\mathrm{d}z}{r}=\frac{1}{2}\iint\limits_{S}\cos(\boldsymbol{n},\boldsymbol{r})\mathrm{d}S,$$

其中, V 不含原点, S 是 V 的边界, $\boldsymbol{n}$ 是 S 的单位外法向量, $\boldsymbol{r}=(x,y,z), r=\sqrt{x^2+y^2+z^2}$.

A20. 若 L 是平面 $x\cos\alpha+y\cos\beta+z\cos\gamma-p=0$ 上的闭曲线, $\boldsymbol{n}=(\cos\alpha,\cos\beta,\cos\gamma)$ 为与平面取定方向一致的单位向量, L 所包围区域的面积为 S, L 与 $\boldsymbol{n}$ 符合右手法则, 求

$$\oint_L \begin{vmatrix} \mathrm{d}x & \mathrm{d}y & \mathrm{d}z \\ \cos\alpha & \cos\beta & \cos\gamma \\ x & y & z \end{vmatrix}.$$

B21. 设 $f(x,y)$ 在闭单位圆 $D=\{(x,y): x^2+y^2\leqslant 1\}$ 上有一阶连续偏导数, 且在单位圆周 $C: x^2+y^2=1$ 上 $f(x,y)=0$. 试证明:

(1) $\displaystyle\iint_D [f(x,y)+yf_y(x,y)]\mathrm{d}x\mathrm{d}y=0, \iint_D [f(x,y)+xf_x(x,y)]\mathrm{d}x\mathrm{d}y=0$;

(2) $\displaystyle\left|\iint_D f(x,y)\mathrm{d}x\mathrm{d}y\right|\leqslant \frac{\pi}{3}\max_{(x,y)\in D}\sqrt{f_x^2(x,y)+f_y^2(x,y)}$.

B22. 设 L 是一条围绕原点的不自交的闭曲线, 证明曲线积分

$$I=\int_L \frac{\mathrm{e}^x}{x^2+y^2}[(x\sin y-y\cos y)\mathrm{d}x+(x\cos y+y\sin y)\mathrm{d}y]$$

为常值 (与路径无关), 并求出此值.

§13.4 场论初步

物理上场的概念, 对应数学上多元函数或向量值函数. 本节研究几类特殊的场, 包括梯度场、散度场和旋度场等, 并用这些概念解读 §13.3 中多元函数积分学的三大公式的物理含义.

§13.4.1 场的概念

物理学中, 我们已经熟知某些场, 如温度场、密度场、电场等. 其实这些**场** (field) 就是在空间区域上的分布和变化规律. 这些规律的表达通常就是空间上的函数.

所谓**数量场**, 或标量场 (scalar field), 就是对某空间区域 $\Omega\subset\mathbb{R}^3$ 而言, 在时刻 t, Ω 中的每一点 (x,y,z) 都对应一个确定的数值 $f(x,y,z,t)$.

而**向量场**, 或称**矢量场** (vector field), 则是对时刻 t 和点 $(x,y,z)\in\Omega$, 对应一个确定的向量值 $\boldsymbol{f}(x,y,z,t)$.

如果一个场不随时间的变化而变化, 就称该场为**稳定场**, 否则称为**不稳定场**.

于是, 温度场、密度场、电位场等都是数量场, 而速度场、力场、电场等都是向量场. 例如, 位于坐标原点的点电荷 q, 在其周围空间的任一点 $M(x,y,z)$ 处所产生的电位为

$$v=\frac{q}{r}=\frac{q}{\sqrt{x^2+y^2+z^2}},$$

而电场强度为

$$E=\frac{q}{r^3}\boldsymbol{r}=q\frac{(x,y,z)}{(x^2+y^2+z^2)^{\frac{3}{2}}}=P(x,y,z)\boldsymbol{i}+Q(x,y,z)\boldsymbol{j}+R(x,y,z)\boldsymbol{k},$$

其中, $P=\dfrac{qx}{r^3}, Q=\dfrac{qy}{r^3}, R=\dfrac{qz}{r^3}$ 都是三元函数.

一般来说, 稳定向量场都可以表示为

$$\boldsymbol{F}(x,y,z)=(P(x,y,z),Q(x,y,z),R(x,y,z))=P\boldsymbol{i}+Q\boldsymbol{j}+R\boldsymbol{k},\ (x,y,z)\in\Omega\subset\mathbb{R}^3.\quad(13.4.1)$$

稳定流动的流体中若质点的运动轨迹的切线方向与速度方向一致, 这种运动轨迹称为向量线, 或流线 (vector line).

定义 13.4.1 设 Γ 为 Ω 中的一条曲线. 若 Γ 上的每一点处的切线方向都与向量场 $\boldsymbol{F}(x,y,z)$ 一致, 则称 Γ 为向量场 $\boldsymbol{F}$ 的**向量线** (vector line), 或**流线**.

静电场中的向量线称为电力线, 而磁场中的向量线称为磁力线.

下面求流线方程.

设 $M(x,y,z)$ 为流线上任意一点, 该点的切方向为 $(\mathrm{d}x,\mathrm{d}y,\mathrm{d}z)$, 于是流线 Γ 满足的条件是一个微分方程

$$\frac{\mathrm{d}x}{P(x,y,z)}=\frac{\mathrm{d}y}{Q(x,y,z)}=\frac{\mathrm{d}z}{R(x,y,z)}.\qquad(13.4.2)$$

方程 (13.4.2) 称为向量线方程.

例如, 电力线应满足的方程为

$$\frac{\mathrm{d}x}{x}=\frac{\mathrm{d}y}{y}=\frac{\mathrm{d}z}{z}.$$

解得 $y=C_1x, z=C_2x$, 是一族从原点出发的半射线.

§13.4.2 数量场的等值面和梯度场

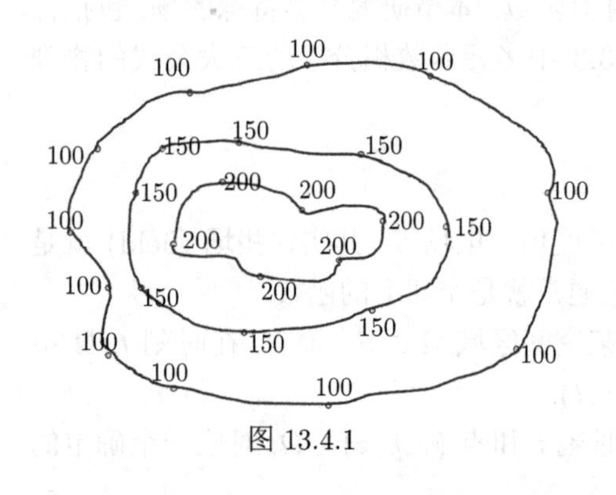

图 13.4.1

在日常生活中我们有等高线的概念. 在绘制地图时人们用等高线来标明地图上点的海拔, 见图 13.4.1.

一般地, Ω 上任何一个三元函数 $f(x,y,z)$, 都可以看成是 Ω 上的一个数量场, 而曲面

$$f(x,y,z)=c$$

(c 为常数) 称为 f 的等值面 (isosurface). 除等高线 (面) 外, 我们还有温度场中的等温面、电位场中的等位面等.

若 f 在 Ω 上具有连续偏导数, 我们得其梯度为 $\mathbf{grad}f=f_x\boldsymbol{i}+f_y\boldsymbol{j}+f_z\boldsymbol{k}$, 这是一个向量场, 称为**梯度场** (gradient field) .

下面来看这个向量场与原来的数量场 f 的关系. 我们知道, 沿任一给定的方向

$$\boldsymbol{l}=\cos(\boldsymbol{l},x)\boldsymbol{i}+\cos(\boldsymbol{l},y)\boldsymbol{j}+\cos(\boldsymbol{l},z)\boldsymbol{k}$$

的方向导数可以表示为

$$\frac{\partial f}{\partial \boldsymbol{l}}=\mathbf{grad}f\cdot\boldsymbol{l}=\|\mathbf{grad}f\|\cos\theta,$$

这里, θ 表示 $\boldsymbol{l}$ 与梯度方向的夹角. 假定 f_x,f_y,f_z 不同时为零, 那么等值面上的单位法向量即为 $\boldsymbol{n}=\dfrac{\mathbf{grad}f}{\|\mathbf{grad}f\|}$, 这说明, f 在一点的梯度方向与它的等值面在这点的一个法线方向相

同, 并且 $\dfrac{\partial f}{\partial \boldsymbol{n}}$ 恰好等于 $\|\mathbf{grad} f\|$, 并且 $\mathbf{grad} f=\dfrac{\partial f}{\partial \boldsymbol{n}}\boldsymbol{n}$. 这个法线方向就是方向导数取得最大值 $\|\mathbf{grad} f\|$ 的方向, 且从数值较低的等值面指向数值较高的等值面. 于是, 沿着与梯度方向相同的方向, 函数值增加得最快. 而沿负梯度方向, 函数值减少得最快. 见图 13.4.2.

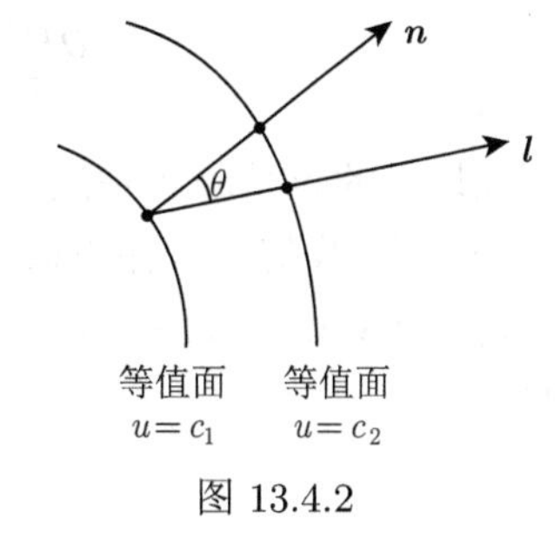

图 13.4.2

§13.4.3 向量场的通量与散度

在第二型曲面积分概念中我们曾经讨论过流量问题. 设 Ω 上稳定流动的不可压缩流体 (假定其密度为 1) 的速度场为 $\boldsymbol{v}=P(x,y,z)\boldsymbol{i}+Q(x,y,z)\boldsymbol{j}+R(x,y,z)\boldsymbol{k}$, 对 Ω 中的任一片定向曲面 Σ, 则单位时间内通过它流向指定侧的流量为

$$\Phi=\iint\limits_{\Sigma} P\mathrm{d}y\mathrm{d}z+Q\mathrm{d}z\mathrm{d}x+R\mathrm{d}x\mathrm{d}y=\iint\limits_{\Sigma}\boldsymbol{v}\cdot\boldsymbol{n}\mathrm{d}S=\iint\limits_{\Sigma}\boldsymbol{v}\cdot\mathrm{d}\boldsymbol{S}.$$

这里 $\boldsymbol{n}=\cos\alpha\boldsymbol{i}+\cos\beta\boldsymbol{j}+\cos\gamma\boldsymbol{k}$ 为 Σ 在 (x,y,z) 处的在指定侧的单位法向量.

当流体流出曲面时, 假定流速 $\boldsymbol{v}$ 与选定的法向量 $\boldsymbol{n}$ 成锐角 (参见图 13.2.5), 则流出的那一部分曲面上的积分为正, 而在流体流入曲面的那部分的曲面积分为负. 因此, $\Phi>0$ 说明了向指定侧穿过曲面的流量多于向相反方向穿过曲面的流量; $\Phi<0$ 或 $\Phi=0$ 分别说明了向指定侧穿过曲面的流量少于或等于向相反方向穿过曲面的流量. 如果 Σ 为一张封闭曲面, 定向为外侧. 那么当 $\Phi>0$ 时, 就说明了从曲面内的流出量大于流入量, 此时在 Σ 内必有产生流体的源头 (源); 当 $\Phi<0$ 时, 就说明了从曲面内的流出量小于流入量, 此时在 Σ 内必有排泄流体的漏洞 (汇).

上面的讨论是就整个曲面而言, 而要判断场中的一点 $M(x,y,z)$ 是否为源或者汇, 以及源的“强弱”或汇的“大小”, 可以作一张包含 M 的封闭曲面 Σ (定向为外侧), 考察 Σ 所围区域 V 收缩到 M 点时 (记为 $V\to M$), $\Phi=\iint\limits_{\Sigma}\boldsymbol{v}\cdot\mathrm{d}\boldsymbol{S}$ 的值. 但因为 $V\to M$ 时总有 $\Phi\to 0$, 直接用 Φ 将导致无效, 所以我们改为考虑

$$\lim_{V\to M}\frac{\Phi}{mV}=\lim_{V\to M}\frac{\iint\limits_{\Sigma}\boldsymbol{v}\cdot\mathrm{d}\boldsymbol{S}}{mV},$$

其中, mV 为 V 的体积. 显然, 这不改变其物理意义. 由 Gauss 公式和积分中值定理得

$$\begin{aligned}\Phi&=\iint\limits_{\Sigma}\boldsymbol{v}\cdot\mathrm{d}\boldsymbol{S}=\iint\limits_{\Sigma}P\mathrm{d}y\mathrm{d}z+Q\mathrm{d}z\mathrm{d}x+R\mathrm{d}x\mathrm{d}y\\&=\iiint\limits_{V}\left(\frac{\partial P}{\partial x}+\frac{\partial Q}{\partial y}+\frac{\partial R}{\partial z}\right)\mathrm{d}x\mathrm{d}y\mathrm{d}z=\left(\frac{\partial P}{\partial x}+\frac{\partial Q}{\partial y}+\frac{\partial R}{\partial z}\right)_{\tilde{M}}\cdot mV,\end{aligned}$$

其中, $\tilde{M}$ 为 V 上某一点. 因此当 $V\to M$ 时有

$$\lim_{V\to M}\frac{\Phi}{mV}=\lim_{\tilde{M}\to M}\left(\frac{\partial P}{\partial x}+\frac{\partial Q}{\partial y}+\frac{\partial R}{\partial z}\right)_{\tilde{M}}=\frac{\partial P(x,y,z)}{\partial x}+\frac{\partial Q(x,y,z)}{\partial y}+\frac{\partial R(x,y,z)}{\partial z}.$$

于是我们可以用

$$\frac{\partial P(x,y,z)}{\partial x}+\frac{\partial Q(x,y,z)}{\partial y}+\frac{\partial R(x,y,z)}{\partial z}$$

来判别场中的点是源还是汇, 以及源的“强弱”和汇的大小.

一般地, 我们引入如下概念.

定义 13.4.2 设式 (13.4.1) 定义的 $\boldsymbol{F}(x,y,z)$ 是一连续的向量场, Σ 为定向曲面, 则曲面积分

$$\Phi=\iint_{\Sigma}\boldsymbol{F}\cdot\boldsymbol{n}\mathrm{d}S$$

称为向量场 $\boldsymbol{F}$ 沿指定侧通过曲面 Σ 的**通量** (flux).

而当 $P(x,y,z),Q(x,y,z),R(x,y,z)$ 在 Ω 上具有连续偏导数时, 称

$$\frac{\partial P(x,y,z)}{\partial x}+\frac{\partial Q(x,y,z)}{\partial y}+\frac{\partial R(x,y,z)}{\partial z}\tag{13.4.3}$$

为 $\boldsymbol{F}$ 在点 M 处的**散度** (divergence), 记为 $\operatorname{div}(\boldsymbol{F})$. 而散度恒为 0 的场称为**无源场**.

于是由上面处理流体速度场的方法得出,

$$\lim_{V\to M}\frac{\iint\limits_{S}\boldsymbol{v}\cdot\boldsymbol{n}\mathrm{d}S}{mV}=P_x(M)+Q_y(M)+R_z(M)=\operatorname{div}(\boldsymbol{v})(M).$$

即散度就是穿出单位体积区域的边界的通量, 并且利用散度的记号, Gauss 公式可以写成

$$\iint_{\partial\Omega}\boldsymbol{F}\cdot\mathrm{d}\boldsymbol{S}=\iiint_{\Omega}\operatorname{div}(\boldsymbol{F})\mathrm{d}V.\tag{13.4.4}$$

容易证明, 散度有以下简单性质.

性质 13.4.1 (1) $\operatorname{div}(\boldsymbol{A}+\boldsymbol{B})=\operatorname{div}\boldsymbol{A}+\operatorname{div}\boldsymbol{B}$;

(2) $\operatorname{div}(C\boldsymbol{A})=C\operatorname{div}\boldsymbol{A}$, C 为常数 ;

(3) $\operatorname{div}(f\boldsymbol{A})=f\operatorname{div}\boldsymbol{A}+\operatorname{grad}f\cdot\boldsymbol{A}$.

§13.4.4　向量场的环量与旋度

设一刚体绕过原点 O 的某个轴转动, 其角速度为 $\boldsymbol{\omega}$, 刚体上每一点 M 处的线速度构成一个线速场

$$\boldsymbol{v}(x,y,z)=(P(x,y,z),Q(x,y,z),R(x,y,z)),(x,y,z)\in\Omega.$$

记向量 $\boldsymbol{r}=\overrightarrow{OM}$, 则由力学知识可知点 M 处的线速度为 $\boldsymbol{v}=\boldsymbol{\omega}\times\boldsymbol{r}$, 见图 13.4.3(a).

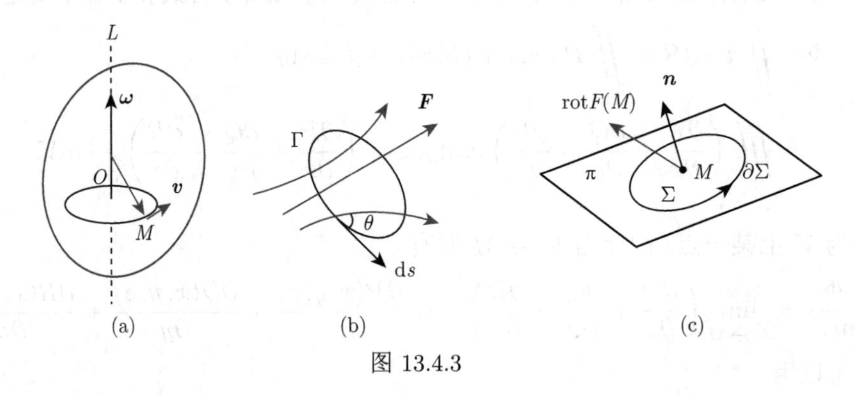

图 13.4.3

容易算出

$$2\boldsymbol{\omega}=\boldsymbol{B}\equiv\left(\frac{\partial R}{\partial y}-\frac{\partial Q}{\partial z},\frac{\partial P}{\partial z}-\frac{\partial R}{\partial x},\frac{\partial Q}{\partial x}-\frac{\partial P}{\partial y}\right),$$

因此, 用向量 $\boldsymbol{B}$ 同样可以描述刚体旋转的强度和方向, 但向量 $\boldsymbol{B}$ 是由速度场本身决定的, 我们将用它来刻画刚体旋转. 我们称 $\boldsymbol{B}$ 为速度场 $\boldsymbol{v}$ 的旋度, 记为 $\mathbf{rot}\boldsymbol{v}$. 用它同样也可以刻画流体的旋涡.

假定 Γ 为 Ω 中的一条定向闭曲线, 由 Stokes 公式知道,

$$\int_{\Gamma}\boldsymbol{v}\cdot\mathrm{d}\boldsymbol{s}=\iint_{\Sigma}\boldsymbol{B}\cdot\mathrm{d}\boldsymbol{S},$$

这里 Σ 是任意以 Γ 为边界的曲面, 定向与 Γ 符合右手定则. 见图 13.4.3(b). 由此可见, 曲线积分 $\int_{\Gamma}\boldsymbol{v}\cdot\mathrm{d}\boldsymbol{s}$ 也与流体的旋转状态有密切关系, 由此引入环量与旋度的概念.

定义 13.4.3 设 $\boldsymbol{F}$ 是由式 (13.4.1) 确定的一个向量场, 对场中的任一定向曲线 Γ, 曲线积分

$$\int_{\Gamma}\boldsymbol{F}\cdot\mathrm{d}\boldsymbol{s}\tag{13.4.5}$$

称为向量场 $\boldsymbol{F}$ 沿曲线 Γ 的**环量** (circulation).

若 P,Q,R 在 Ω 上具有连续偏导数, 对这个场中任一点 M, 称向量

$$\left.\begin{vmatrix}\boldsymbol{i}&\boldsymbol{j}&\boldsymbol{k}\\\dfrac{\partial}{\partial x}&\dfrac{\partial}{\partial y}&\dfrac{\partial}{\partial z}\\P&Q&R\end{vmatrix}\right|_M=\left.\left(\frac{\partial R}{\partial y}-\frac{\partial Q}{\partial z}\right)\right|_M\boldsymbol{i}+\left.\left(\frac{\partial P}{\partial z}-\frac{\partial R}{\partial x}\right)\right|_M\boldsymbol{j}+\left.\left(\frac{\partial Q}{\partial x}-\frac{\partial P}{\partial y}\right)\right|_M\boldsymbol{k}\tag{13.4.6}$$

为向量场 $\boldsymbol{F}$ 在点 M 的**旋度** (rotation, 或 curl), 记为 $\mathbf{rot}\boldsymbol{F}(M)$, 或 $\mathbf{curl}\boldsymbol{F}(M)$.

由向量场 $\boldsymbol{F}$ 产生的向量场 $\mathbf{rot}\boldsymbol{F}(M)$ 称为**旋度场**. 如果在场中每一点都成立 $\mathbf{rot}\boldsymbol{F}=\mathbf{0}$, 则称 $\boldsymbol{F}$ 为**无旋场**. 由此定义可知, Stokes 公式可写为

$$\iint_{\Sigma}\mathbf{rot}\boldsymbol{F}\cdot\mathrm{d}\boldsymbol{S}=\int_{\partial\Sigma}\boldsymbol{F}\cdot\mathrm{d}\boldsymbol{s}.\tag{13.4.7}$$

对旋度可以作类似于散度的解释. 在场中一点 M 处任取一个向量 $\boldsymbol{n}$, 以它为法向量, 过 M 点作小平面片 Σ, 并按右手定则取定 Σ 的方向, 见图 13.4.3(c). 再记 Σ 的面积为 $m\Sigma$. 如果当 Σ 收缩到点 M 时 (记为 $\Sigma\to M$), 极限

$$\lim_{\Sigma\to M}\frac{\int_{\partial\Sigma}\boldsymbol{F}\cdot\mathrm{d}\boldsymbol{s}}{m\Sigma}$$

存在, 则称此极限值为向量场 F 在 M 点沿方向 $\boldsymbol{n}$ 的**环量面密度**. 它是环量关于面积的变化率, 即沿平面上单位面积边缘的环量. 根据 Stokes 公式, 我们容易得到环量面密度与旋度的一个直接关系. 事实上,

$$\frac{\int_{\partial\Sigma}\boldsymbol{F}\cdot\mathrm{d}\boldsymbol{s}}{m\Sigma}=\frac{1}{m\Sigma}\iint_{\Sigma}\mathbf{rot}\boldsymbol{F}\cdot\mathrm{d}\boldsymbol{S}=\frac{1}{m\Sigma}\iint_{\Sigma}\mathbf{rot}\boldsymbol{F}\cdot\boldsymbol{n}\mathrm{d}S=(\mathbf{rot}\boldsymbol{F}\cdot\boldsymbol{n})_{\tilde{M}},$$

其中, $\tilde{M}$ 为 M 附近的一点, 因此,

$$(\mathbf{rot}\boldsymbol{F}\cdot\boldsymbol{n})_M=\lim_{\Sigma\to M}\frac{\int\limits_{\partial\Sigma}\boldsymbol{F}\cdot\mathrm{d}\boldsymbol{s}}{m\Sigma}. \tag{13.4.8}$$

式 (13.4.8) 左端表示 $\mathbf{rot}\boldsymbol{F}$ 在法向 $\boldsymbol{n}$ 上的投影, 因此它也就确定了 $\mathbf{rot}\boldsymbol{F}$.

最后, 我们给出旋度的简单性质, 请读者自己加以验证.

性质 13.4.2　(1) $\mathbf{rot}(\boldsymbol{A}+\boldsymbol{B})=\mathbf{rot}\boldsymbol{A}+\mathbf{rot}\boldsymbol{B}$;

(2) $\mathbf{rot}(C\boldsymbol{A})=C\,\mathbf{rot}\boldsymbol{A}, C$ 为常数;

(3) $\mathbf{rot}(f\boldsymbol{A})=f\,\mathbf{rot}\boldsymbol{A}+\mathbf{grad}f\times\boldsymbol{A}$, f 为数量场;

(4) $\mathbf{rot}(\mathbf{grad}f)=\mathbf{0}$.

§13.4.5　管量场与有势场

1. 管量场

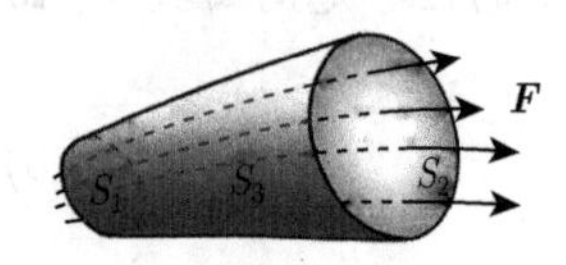

图 13.4.4

若一个向量场 $\boldsymbol{F}$ 的散度恒为 0, 即 $\boldsymbol{F}$ 为无源场, 则根据 Gauss 公式, $\boldsymbol{F}$ 沿封闭曲面的积分为 0. 特别地, 对任一向量管, 即用截面 S_1, S_2 截向量线围成的管状曲面 $S_1+S_2+S_3$, 取外侧, 如图 13.4.4, 则由

$$\iint\limits_{S_1+S_2+S_3}\boldsymbol{F}\cdot\mathrm{d}\boldsymbol{S}=0,\quad \iint\limits_{S_3}\boldsymbol{F}\cdot\mathrm{d}\boldsymbol{S}=0$$

知

$$\iint\limits_{S_1}\boldsymbol{F}\cdot\mathrm{d}\boldsymbol{S}+\iint\limits_{S_2}\boldsymbol{F}\cdot\mathrm{d}\boldsymbol{S}=0,$$

这里 S_1, S_2 都取外侧. 这说明流体通过向量管的任意截面的流量是相同的, 所以无源场也称为管量场.

2. 有势场与保守场

如果向量场 $\boldsymbol{F}$ 的旋度为 0, 即 $\boldsymbol{F}$ 为无旋场, 则由定理 13.3.5可知, 在单连通区域内曲线积分 $\int\limits_{\Sigma}\boldsymbol{F}\cdot\mathrm{d}\boldsymbol{s}$ 与路径无关, 且 $P\mathrm{d}x+Q\mathrm{d}y+R\mathrm{d}z$ 存在原函数. 由此引出如下定义.

定义 13.4.4　*设 $\boldsymbol{F}(x,y,z)$ 是连续的向量场.*

(1) *若存在函数 $U(x,y,z)$ 满足 $\boldsymbol{F}=\mathbf{grad}U$, 则称向量场 $\boldsymbol{F}$ 为***有势场** (potential field), *并称函数 $V=-U$ 为***势函数** (potential function).

(2) *若在向量场 $\boldsymbol{F}$ 中曲线积分与路径无关, 则称 $\boldsymbol{F}$ 为***保守场** (conservative fields).

从定义可知, 有势场是梯度场.

根据定理 13.3.5, 我们有关于保守场与有势场的关系的如下定理.

定理 13.4.1　*设 $\boldsymbol{F}(x,y,z)$ 是单连通区域 $\Omega\subset\mathbb{R}^3$ 上 C^1 的向量场 (即函数 P,Q,R 在区域 Ω 上有连续偏导数), 则以下三个命题等价:*

(1) *向量场 $\boldsymbol{F}$ 是保守的;*　(2) *向量场 $\boldsymbol{F}$ 是有势场;*　(3) *向量场 $\boldsymbol{F}$ 是无旋场.*

例 13.4.1 证明引力场是有势场.

证明 设在坐标原点处有一质量为 m 的质点. 根据万有引力定律, 质点的引力场可表为

$$\boldsymbol{F}=-\frac{Gmx}{r^3}\boldsymbol{i}-\frac{Gmy}{r^3}\boldsymbol{j}-\frac{Gmz}{r^3}\boldsymbol{k},$$

其中, $r=\sqrt{x^2+y^2+z^2}$, G 为引力常量.

容易验证 $U(x,y,z)=\dfrac{Gm}{r}$ 满足 $\mathbf{grad}U=\boldsymbol{F}$, 因此 $\boldsymbol{F}$ 为有势场, 它的一个势函数为 $V(x,y,z)=-\dfrac{Gm}{r}$.

考虑将单位质量的物体从 $A(x_A,y_A,z_A)$ 处沿路径 L 移动到 $B(x_B,y_B,z_B)$ 处, 此时引力所做的功为

$$W=\int_L \boldsymbol{F}\cdot \mathrm{d}\boldsymbol{r}=-Gm\int_L \frac{x}{r^3}\mathrm{d}x+\frac{y}{r^3}\mathrm{d}y+\frac{z}{r^3}\mathrm{d}z,$$

这里 $\mathrm{d}\boldsymbol{r}=\mathrm{d}x\ \boldsymbol{i}+\mathrm{d}y\ \boldsymbol{j}+\mathrm{d}z\ \boldsymbol{k}$. 于是

$$W=U(x_B,y_B,z_B)-U(x_A,y_A,z_A)=Gm\left\{\frac{1}{\sqrt{x_B^2+y_B^2+z_B^2}}-\frac{1}{\sqrt{x_A^2+y_A^2+z_A^2}}\right\}.$$

最后说一下势函数 $V(x,y,z)$ 的物理意义. 在这个力场中, 设质点在无穷远点的势能为 0, 那么一个单位质量的质点在点 $M(x,y,z)$ 的势能, 就是将它从无穷远点 ∞ 移到点 M 时, 克服引力所做的功, 即 $W_\infty=-\dfrac{Gm}{r}$, 这正是势函数 $V(x,y,z)$. □

§13.4.6 Hamilton 算子

为了便于运用场论中的各种公式, 下面介绍 Hamilton 引进的一个 "微分算子"

$$\nabla=\boldsymbol{i}\frac{\partial}{\partial x}+\boldsymbol{j}\frac{\partial}{\partial y}+\boldsymbol{k}\frac{\partial}{\partial z},$$

它的定义域是场. 具体含义如下: 对数量场 f,

$$\nabla f=\boldsymbol{i}\frac{\partial f}{\partial x}+\boldsymbol{j}\frac{\partial f}{\partial y}+\boldsymbol{k}\frac{\partial f}{\partial z}=\mathbf{grad}f,$$

而对向量场 $\boldsymbol{F}$, 分别定义

$$\nabla\cdot\boldsymbol{F}=(\boldsymbol{i}\frac{\partial}{\partial x}+\boldsymbol{j}\frac{\partial}{\partial y}+\boldsymbol{k}\frac{\partial}{\partial z})\cdot(P\boldsymbol{i}+Q\boldsymbol{j}+R\boldsymbol{k})=\frac{\partial P}{\partial x}+\frac{\partial Q}{\partial y}+\frac{\partial R}{\partial z}=\mathrm{div}(\boldsymbol{F}),$$

$$\nabla\times\boldsymbol{F}=(\boldsymbol{i}\frac{\partial}{\partial x}+\boldsymbol{j}\frac{\partial}{\partial y}+\boldsymbol{k}\frac{\partial}{\partial z})\times(P\boldsymbol{i}+Q\boldsymbol{j}+R\boldsymbol{k})=\begin{vmatrix}\boldsymbol{i}&\boldsymbol{j}&\boldsymbol{k}\\ \dfrac{\partial}{\partial x}&\dfrac{\partial}{\partial y}&\dfrac{\partial}{\partial z}\\ P&Q&R\end{vmatrix}=\mathbf{rot}\,\boldsymbol{F},$$

则

$$\nabla\cdot\nabla f=\nabla\cdot(\mathbf{grad}f)=\mathrm{div}(\mathbf{grad}f)=\Delta f,$$

这里记号

$$\Delta=\nabla\cdot\nabla=\frac{\partial^2}{\partial x^2}+\frac{\partial^2}{\partial y^2}+\frac{\partial^2}{\partial z^2}\tag{13.4.9}$$

称为 **Laplace 算子**, 满足 **Laplace 方程**

$$\Delta u = \frac{\partial^2 u}{\partial x^2} + \frac{\partial^2 u}{\partial y^2} + \frac{\partial^2 u}{\partial z^2} = 0$$

的函数 u 称为**调和函数**.

这样, Gauss 公式就可表示为

$$\iint\limits_{\partial\Omega} \boldsymbol{F} \cdot \mathrm{d}\boldsymbol{S} = \iiint\limits_{\Omega} \nabla \cdot \boldsymbol{F} \, \mathrm{d}V; \tag{13.4.10}$$

Stokes 公式就可表示为

$$\int\limits_{\partial\Sigma} \boldsymbol{F} \cdot \mathrm{d}\boldsymbol{s} = \iint\limits_{\Sigma} (\nabla \times \boldsymbol{F}) \cdot \mathrm{d}\boldsymbol{S}. \tag{13.4.11}$$

设函数 u, v 具有二阶连续偏导数, 则容易验证

$$\nabla \cdot (v\nabla u) = \nabla v \cdot \nabla u + v\Delta u.$$

如果设 $\boldsymbol{F} = v\ \nabla u$, 从 Gauss 公式就得到

$$\begin{aligned}\iiint\limits_{\Omega} (\nabla v \cdot \nabla u + v\Delta u) \, \mathrm{d}V &= \iiint\limits_{\Omega} \nabla \cdot (v\nabla u) \, \mathrm{d}V = \iint\limits_{\partial\Omega} v\nabla u \cdot \boldsymbol{n} \, \mathrm{d}S \\ &= \iint\limits_{\partial\Omega} v(\mathbf{grad} u \cdot \boldsymbol{n}) \, \mathrm{d}S = \iint\limits_{\partial\Omega} v\frac{\partial u}{\partial \boldsymbol{n}} \, \mathrm{d}S.\end{aligned}$$

同样设 $\boldsymbol{F} = u\ \nabla v$, 就得到

$$\iiint\limits_{\Omega} (\nabla u \cdot \nabla v + u\Delta v) \, \mathrm{d}V = \iint\limits_{\partial\Omega} u\frac{\partial v}{\partial \boldsymbol{n}} \, \mathrm{d}S. \tag{13.4.12}$$

这两式相减就得到

$$\iiint\limits_{\Omega} (u\Delta v - v\Delta u) \, \mathrm{d}V = \iint\limits_{\partial\Omega} (u\frac{\partial v}{\partial \boldsymbol{n}} - v\frac{\partial u}{\partial \boldsymbol{n}}) \, \mathrm{d}S. \tag{13.4.13}$$

公式 (13.4.12) 和公式 (13.4.13), 分别称为 Green 第一公式和第二公式, 在数学物理中有重要应用.

习题 13.4

A1. 求数量场 $u = x^2 + 2y^2 + 3z^2 + xy - 4x + 2y - 4z$ 在点 $A(1,1,1)$, $B(0,0,0)$ 和 $C(5,-3,\frac{2}{3})$ 处的梯度及沿方向 $l = (1,2,1)$ 的方向导数, 并求梯度为零之点.

A2. 若 $r = \sqrt{x^2 + y^2 + z^2}$, f 可微. 试计算:

(1) $\nabla r, \nabla r^2, \nabla r^n (n \geqslant 3), \nabla \frac{1}{r}, \nabla f(r)$;

(2) $\mathrm{div}(\mathbf{grad}) f(r)$. 又问: 在什么情况下 $\mathrm{div}(\mathbf{grad}) f(r) = 0$?

A3. 计算下列向量场 $\boldsymbol{A}$ 的散度与旋度:

(1) $\boldsymbol{A} = (y^2 + z^2, z^2 + x^2, x^2 + y^2)$;　(2) $\boldsymbol{A} = (x^2, xyz, yz^2)$;

(3) $\boldsymbol{A} = (x^2yz, xy^2z, xyz^2)$;　(4) $\boldsymbol{A} = (x^2, \sin(xy), \mathrm{e}^x yz)$.

A4. 求向量场 $\boldsymbol{A} = xyz(\boldsymbol{i} + \boldsymbol{j} + \boldsymbol{k})$ 在点 $M(1,3,2)$ 沿方向 $\boldsymbol{n} = \{1,2,3\}$ 的环量面密度.

A5. 求向量场 $\boldsymbol{A}=(y^2+z^2)\boldsymbol{i}+(z^2+x^2)\boldsymbol{j}+(x^2+y^2)\boldsymbol{k}$ 在点 $M(2,3,1)$ 处沿方向 $\boldsymbol{n}=(a,b,c)$ 的环量面密度以及 M 处最大环量面密度和取得最大环量面密度的方向.

A6. 证明性质 13.4.1和性质 13.4.2.

A7. 证明: $\boldsymbol{A}=(yz(2x+y+z),xz(x+2y+z),xy(x+y+2z))$ 是有势场并求其势函数.

A8. 证明: 如果 U_1,U_2 都是向量场 $\boldsymbol{F}$ 的位势函数, 则它们只差一个常数.

A9. 设 $P=x^2+5\lambda y+3yz, Q=5x+3\lambda xz-2, R=(\lambda+2)xy-4z$.

(1) 计算 $\int\limits_L P\mathrm{d}x+Q\mathrm{d}y+R\mathrm{d}z$, 其中 L 为螺旋线 $x=a\cos t, y=a\sin t, z=ct(0\leqslant t\leqslant 2\pi)$;

(2) 设 $\boldsymbol{A}=(P,Q,R)$, 求 $\mathbf{rot}\boldsymbol{A}$;

(3) 问在什么条件下 $\boldsymbol{A}$ 为有势场? 并求势函数.

A10. 设向量场 $\boldsymbol{A}=(x^3+3y^2z,6xyz,f(x,y,z))$ 为有势场, 函数 f 满足 $f_z(x,y,z)=0$, $f(0,0,z)=0$. 求 f 和场 $\boldsymbol{A}$ 的势函数, 并证明: 对这样的函数 f, $\boldsymbol{A}$ 不是无源场.

第 13 章总练习题

1. 计算积分 $I=\int\limits_L(x^2+2y^2+3z^2)\mathrm{d}s$, 其中 $L: x^2+y^2+z^2=a^2, x+y+z=0$.

2. 计算积分 $\iint\limits_S\frac{\mathrm{d}S}{z}$, 其中 S 是球面 $x^2+y^2+z^2=a^2$ 被平面 $z=h(0<h<a)$ 截得的球冠部分.

3. 求 $I=\int\limits_L\frac{(3y-x)\mathrm{d}x+(y-3x)\mathrm{d}y}{(x+y)^3}$, 其中 L 为由点 $A(\frac{\pi}{2},0)$ 沿曲线 $y=\frac{\pi}{2}\cos x$ 到点 $B(0,\frac{\pi}{2})$ 的弧段.

4. 计算第二型曲线积分 $I=\int\limits_C\frac{y\mathrm{d}x-x\mathrm{d}y}{x^2+9y^2}$, 其中 C 是以 $A(-1,0)$ 为起点, $B(1,0)$ 为终点的下半单位圆周 $y=-\sqrt{1-x^2}$.

5. 已知曲线积分 $\oint\limits_L\frac{x\mathrm{d}y-y\mathrm{d}x}{f(x)+y^2}=A$ 为非零常数, 其中 $f(x)$ 可微, 且 $f(1)=16, L$ 为任意包含原点的正向光滑曲线,

(1) 求函数 $f(x)$; (2) 求积分值.

6. 设 f 在 $[1,4]$ 上连续可微, 且 $f(1)=f(4)$, D 是由曲线 $y=x$, $y=4x$, $xy=1, xy=4$ 所围成的区域, 求积分 $\int\limits_{\partial D}\frac{f(xy)}{y}\mathrm{d}y$, 其中 ∂D 表示 D 的边界, 取正向.

7. 设对于半空间 $x>0$ 内任意的光滑有向封闭曲面 S 都有

$$\iint\limits_S xf(x)\mathrm{d}y\mathrm{d}z-xyf(x)\mathrm{d}z\mathrm{d}x-\mathrm{e}^{2x}z\mathrm{d}x\mathrm{d}y=0,$$

其中, 函数 $f(x)$ 在 $(0,+\infty)$ 内具有连续的一阶导数, 且 $\lim\limits_{x\to0^+}f(x)=1$. 求 $f(x)$.

8. 计算曲线积分 $I=\oint\limits_L(y^2-z^2)\mathrm{d}x+(z^2-x^2)\mathrm{d}y+(x^2-y^2)\mathrm{d}z$, 其中 L 是平面 $x+y+z=\frac{3}{2}a(a>0)$ 切立方体 $[0,a]\times[0,a]\times[0,a]$ 表面之切痕, 从 x 轴正向看去是逆时针方向.

9. 设点 $M(\xi,\eta,\zeta)$ 是椭球面 $\frac{x^2}{a^2}+\frac{y^2}{b^2}+\frac{z^2}{c^2}=1$ 上第一卦限的点, S 是该椭球面在点 M 处的切平面被三个坐标面所截得的三角形, 法向量与 z 轴正向的交角为锐角. 问 ξ,η,ζ 取何值时, 曲面积分

$$I=\iint\limits_S x\mathrm{d}y\mathrm{d}z+y\mathrm{d}z\mathrm{d}x+z\mathrm{d}x\mathrm{d}y$$

的值最小？并求出此最小值.

10. 设函数 $f(u)$ 连续可导, Σ 是 $z=1+\sqrt{x^2+y^2}, 1\leqslant z\leqslant 2$, 取外侧, 计算曲面积分

$$I=\iint_{\Sigma}[\frac{1}{y+2}f(\frac{x+1}{y+2})+3xy^2+\mathrm{e}^z]\mathrm{d}y\mathrm{d}z+[\frac{1}{x+1}f(\frac{x+1}{y+2})+3x^2y-y]\mathrm{d}z\mathrm{d}x+(z-x^2-y^2)\mathrm{d}x\mathrm{d}y.$$

11. 设 $A,C>0, AC-B^2>0$, $L: x^2+y^2=R^2$, 逆时针方向, 证明:

$$\oint_L \frac{x\mathrm{d}y-y\mathrm{d}x}{Ax^2+2Bxy+Cy^2}=\frac{2\pi}{\sqrt{AC-B^2}}.$$

12. 设 $u=u(x,y,z), v=v(x,y,z)$ 在光滑曲面 S 所包围的的区域 Ω 内二次连续可微, $\Delta u=u_{x^2}+u_{y^2}+u_{z^2}$ 表示 Laplace 算子, $\nabla u=(u_x,u_y,u_z)$ 为梯度算子, $\dfrac{\partial u}{\partial \boldsymbol{n}}$ 是沿曲面的外法线方向 $\boldsymbol{n}$ 的方向导数, 证明:

(1) (分部积分公式) $\displaystyle\iiint_{\Omega} v\frac{\partial u}{\partial x}\mathrm{d}V=\iint_{\partial\Omega} uv\mathrm{d}y\mathrm{d}z-\iiint_{\Omega} u\frac{\partial v}{\partial x}\mathrm{d}V$;

(2) $\displaystyle\iint_{\partial\Omega}\frac{\partial u}{\partial \boldsymbol{n}}\mathrm{d}S=\iiint_{\Omega}\Delta u\mathrm{d}V$;

(3) $\displaystyle\iiint_{\Omega} v\Delta u\mathrm{d}V=\iint_{S} v\frac{\partial u}{\partial \boldsymbol{n}}\mathrm{d}S-\iiint_{\Omega}\nabla u\cdot\nabla v\mathrm{d}V.$

13. 为了使曲线积分 $\displaystyle\int_L F(x,y)(y\mathrm{d}x+x\mathrm{d}y)$ 与积分路线无关, 可微函数 $F(x,y)$ 应满足怎样的条件? 方程 $F(x,y)=0$ 能否在 $(1,2)$ 附近确定函数 $y=f(x)$? 如果能, 请求出该函数.

14. 方程 $P(x,y)\mathrm{d}x+Q(x,y)\mathrm{d}y=0$ 称为恰当方程, 如果 $P(x,y)\mathrm{d}x+Q(x,y)\mathrm{d}y$ 是某一函数 φ 的全微分. 证明: 对任意任意常数 C, 由方程 $\varphi(x,y)=C$ 确定的隐函数就是恰当方程的通解. 由此求出 $(x+y+1)\mathrm{d}x+(x-y^2+3)\mathrm{d}y=0$ 的通解.

第 14 章　数项级数

级数问题可以追溯到古希腊时期 (公元前 800 年 $\sim$ 公元前 146 年). 先哲 Aristoteles(亚里士多德) 就知道公比小于 1(大于零) 的几何级数可以求出和数; Archimedes(阿基米德) 也求出了公比为 $\dfrac{1}{4}$ 的几何级数的和.

在中国, 级数概念的萌芽也很早. 大约在战国时期 (公元前 300 多年), 《庄子 · 杂篇 · 天下》中就有“一尺之棰, 日取其半, 万世不竭”的记载, 其本质就是将 1 分解为无穷多个数的和:

$$1=\frac{1}{2}+\frac{1}{2^2}+\cdots+\frac{1}{2^n}+\cdots.$$

古希腊哲学家、数学家 Zeno(芝诺) 与庄子几乎是同时代人. 他的四个著名的悖论即 Zeno 悖论一度给古希腊的数学造成了危机, 构成了对于常理的一种挑战. 这些悖论被记录在 Aristoteles 的《物理学》一书中, 其中最著名的悖论之一是“Achilles 追不上乌龟”.

Achilles (阿基里斯) 是古希腊神话中跑得快的英雄, 他和乌龟赛跑时, 让乌龟在前面跑, 他在后面追, 但他却永远不可能追上乌龟! 其推理是这样的:

在竞赛中, Achilles 要想追到乌龟必须首先到达被追者乌龟的出发点, 而当 Achilles 追到乌龟的出发点时, 乌龟已经又向前爬了一段距离, Achilles 必须要再追过这一段距离, 而当他追到乌龟新的起点时, 乌龟又已经向前爬了一段, Achilles 只能再追向那个更新的起点. 于是乌龟制造出无穷个起点, Achilles 要追过这无穷段距离, 不管这个距离多小, 但只要乌龟不停地向前爬, Achilles 就永远也追不上乌龟!

Aristoteles 的《物理学》一书中写道:“跑得最慢的物体不会被跑得最快的物体追上. 由于追赶者首先应该达到被追者出发之点, 此时被追者已经往前走了一段距离. 因此被追者总是在追赶者前面.”结果显然与事实相悖，但推理似乎无懈可击. 这就是悖论!

下面我们从数学上来剖析“Achilles 追不上乌龟”的悖论.

假设乌龟的速度为 v, Achilles 的速度为 $av(a>1)$, 再设最初 Achilles 与乌龟相距 S_1, 他跑完 S_1 所需要的时间为 τ, 则在这段时间里, 乌龟跑了 $S_2=v\tau$, 而 Achilles 跑完 S_2 所需要的时间为 $\dfrac{\tau}{a}$, 在这段时间里, 乌龟又跑了 $S_3=v\dfrac{\tau}{a}$, Achilles 跑完 S_3 所需要的时间为 $\dfrac{\tau}{a^2}$, 依次类推, 得到 Achilles 追赶乌龟所用的总时间为

$$\tau+\frac{\tau}{a}+\frac{\tau}{a^2}+\cdots,$$

而乌龟跑的总路程为

$$S_2+S_3+\cdots=v\tau+v\frac{\tau}{a}+v\frac{\tau}{a^2}+\cdots.$$

Zeno 悖论的要害是, 在思考这个追赶进程时把有限的时间段或路程段人为地分成了无限个部分, 而且巧妙地把总时间或总路程“隐藏”起来. 实际上, 通过和的极限, 即级数的计算可知, 虽然上面的时间或路程都被分为无限多个部分, 但它们的“和”是有限的! 它们分别

不超过 $\dfrac{a\tau}{a-1}$ 和 $v\dfrac{a\tau}{a-1}$(见下面的例 14.1.1).

上述事例涉及**无穷和**的问题, 这是一个全新的概念, 必须十分小心. 事实上, 并非所有的无穷项相加都有意义, 或都有“和”. 来看下面的例子.

考虑无穷个 1 和 -1 相加:

$$1+(-1)+1+(-1)+\cdots, \tag{14.0.1}$$

若它是有“和”的, 记为 S. 由于

$$S=(1-1)+(1-1)+\cdots, \tag{14.0.2}$$

所以 $S=0$; 而另一方面又有

$$S=1-(1-1)-(1-1)-\cdots, \tag{14.0.3}$$

则又得到 $S=1$; 又因为,

$$S=1-(1-1+1-1+\cdots)=1-S, \tag{14.0.4}$$

因此又有 $S=\dfrac{1}{2}$.

那么到底哪一个是对的? 我们不免产生疑惑: 无穷个数一定能相加吗? 一定有“和”吗? 再进一步, 有限和的运算法则, 如加法交换律. 结合律等在无穷和时一定成立吗?

级数概念的起源很早, 但直到微积分发明的时代, 人们才把级数作为一个独立的概念明确地提出来并加以研究. 本章主要讨论无穷多个数相加的意义、性质及收敛 (有和) 的判别, 这些内容统称为**数项级数**, 它除了自身理论的重要性以外, 也为接下来学习的函数项级数做好准备. 我们将分别在第 15 章和 16 章讨论一般的函数项级数, 以及两种特殊的函数项级数, 即幂级数和 Fourier 级数.

§14.1 数项级数的收敛性

§14.1.1 数项级数的概念

设 $\{x_n\}$ 为一个数列, 将它的各项依次用“+”连接起来构成的形式和

$$x_1+x_2+\cdots+x_n+\cdots \tag{14.1.1}$$

称为**无穷级数** (infinite series), 或**数项级数** (numerical series), 简记为 $\sum\limits_{n=1}^{\infty}x_n$, 并称 x_n 为级数的**通项** (general term). 又记

$$S_n=x_1+x_2+\cdots+x_n, \quad n=1,2,\cdots, \tag{14.1.2}$$

称为级数 $\sum\limits_{n=1}^{\infty}x_n$ 的前 n 项**部分和** (partial sums), 简称为部分和.

定义 14.1.1 若级数 $\sum\limits_{n=1}^{\infty}x_n$ 的部分和数列 $\{S_n\}$ 收敛于有限数 S, 则称级数 $\sum\limits_{n=1}^{\infty}x_n$ **收敛** (convergent), 且称它的（无穷）和为 S, 记为 $S=\sum\limits_{n=1}^{\infty}x_n$; 若部分和数列 $\{S_n\}$ **发散**, 则称级数 $\sum\limits_{n=1}^{\infty}x_n$ **发散** (divergence).

例 14.1.1 等比级数 (或几何级数 (geometric series))

$$a + aq + aq^2 + \cdots + aq^n + \cdots \quad (q \neq 1)$$

的部分和

$$S_n = \sum_{k=1}^{n} aq^{k-1} = a\frac{1-q^n}{1-q}.$$

所以当 $|q| < 1$ 时等比级数是收敛的, 且其和 $S = \lim\limits_{n\to\infty} S_n = \dfrac{a}{1-q}$; 当 $|q| > 1$ 时是发散的. 易见, $q = \pm 1$ 时级数也发散.

例 14.1.2 (Mengoli) 级数

$$\frac{1}{1\cdot 2} + \frac{1}{2\cdot 3} + \cdots + \frac{1}{n(n+1)} + \cdots$$

的部分和

$$S_n = \left(1 - \frac{1}{2}\right) + \left(\frac{1}{2} - \frac{1}{3}\right) + \cdots + \left(\frac{1}{n} - \frac{1}{n+1}\right) = 1 - \frac{1}{n+1}.$$

显然 $\lim\limits_{n\to\infty} S_n$ 存在, 即该级数收敛, 且 $S = \lim\limits_{n\to\infty} S_n = 1$.

例 14.1.3 级数

$$\sum_{n=1}^{\infty} \ln\left(1 + \frac{1}{n}\right)$$

的通项为

$$x_n = \ln\left(1 + \frac{1}{n}\right) = \ln(n+1) - \ln n,$$

其部分和数列的通项为

$$S_n = \ln 2 + (\ln 3 - \ln 2) + \cdots + (\ln(n+1) - \ln n) = \ln(n+1).$$

由 $\lim\limits_{n\to\infty} S_n = +\infty$ 知级数 $\sum\limits_{n=1}^{\infty} \ln\left(1 + \dfrac{1}{n}\right)$ 发散到 $+\infty$.

注 14.1.1 (1) 依据定义, 仅当无穷级数收敛时, 无穷和才有意义. 我们再来考虑本章开头提到的例子, 即级数 (14.0.1), 用和号记为

$$\sum_{n=1}^{\infty} (-1)^{n-1} = 1 - 1 + 1 - 1 + 1 + \cdots,$$

由于它的部分和数列的通项为

$$S_n = \begin{cases} 0, & n\text{为偶数}, \\ 1, & n\text{为奇数}, \end{cases}$$

显然, $\{S_n\}$ 是发散的, 所以 $\sum\limits_{n=1}^{\infty} (-1)^{n-1}$ 是发散的. 正因为如此, 才会出现式 (14.0.2)~式 (14.0.4) 那样的矛盾. 因此我们说, 发散的无穷和 (14.0.1) 是没有意义的. 对一个级数, 我们首先要关心的是它是否收敛.

(2) 级数的收敛是通过数列（部分和数列 $\{S_n\}$）的收敛性来定义的. 同时, 任意数列 $\{a_n\}$ 的收敛性可以通过级数 $\sum\limits_{n=1}^{\infty} x_n$ 收敛性来定义, 其中,

$$x_n = a_n - a_{n-1}, \quad a_0 = 0, \quad n = 1, 2, \cdots.$$

即数列 $\{a_n\}$ 的收敛性与级数 $\sum\limits_{n=1}^{\infty}(a_n - a_{n-1})$ 的收敛性是等价的.

前面的例 14.1.1～ 例 14.1.3 中, 部分和 S_n 都能计算出来, 因此, 对应级数的收敛性就比较容易判断. 但一般来说, 由于级数的部分和 S_n 作为和式并不总是容易计算出来, 所以要通过 S_n 来讨论级数的敛散性往往很困难, 为此我们将介绍判断级数收敛与否的方法, 这些方法将主要根据通项 $\{x_n\}$ 来判断级数的敛散性, 这正是级数理论的主要内容.

§14.1.2 收敛级数的性质

由于级数 $\sum\limits_{n=1}^{\infty} x_n$ 的收敛性是由其部分和数列 $\{S_n\}$ 的收敛性来定义的, 因此可将有关数列收敛的结果移植到级数上来. 首先, 由数列敛散的 Cauchy 收敛准则可得到级数收敛的 Cauchy 收敛准则.

定理 14.1.1 (Cauchy 收敛准则 (Cauchy convergence criterion)) 级数 $\sum\limits_{n=1}^{\infty} x_n$ 收敛当且仅当对任意的 $\varepsilon > 0$, 存在正整数 N, 使得当 $m > n > N$ 时, 有

$$\left|\sum_{k=n+1}^{m} x_k\right| < \varepsilon. \tag{14.1.3}$$

证明 易见:

$$\sum_{n=1}^{\infty} x_n \text{ 收敛} \iff \lim_{n\to\infty} S_n \text{ 存在}$$

$$\iff \forall\varepsilon > 0, \text{存在正整数}N, \text{当}m > n > N\text{时, 有}|S_m - S_n| < \varepsilon,$$

而 $S_m - S_n = \sum\limits_{k=n+1}^{m} x_k$, 因此定理获证. □

换个说法, 级数 $\sum\limits_{n=1}^{\infty} x_n$ 收敛当且仅当对任意的 $\varepsilon > 0$, 存在正整数 N, 使得对任意 $n > N$, 以及任意自然数 p, 有

$$|x_{n+1} + x_{n+2} + \cdots + x_{n+p}| = \left|\sum_{k=1}^{p} x_{n+k}\right| < \varepsilon. \tag{14.1.4}$$

例 14.1.4 应用 Cauchy 收敛原理判别下列级数的敛散性:

(1) $\sum\limits_{n=1}^{\infty} \dfrac{\sin 2^n}{2^n}$; (2) $\sum\limits_{n=1}^{\infty} \dfrac{1}{n}$; (3) $\sum\limits_{n=1}^{\infty} \dfrac{(-1)^{n-1}}{n}$.

解 (1) 因为

$$\begin{aligned}|x_{n+1} + x_{n+2} + \cdots + x_{n+p}| &\leqslant |x_{n+1}| + |x_{n+2}| + \cdots + |x_{n+p}|\\ &\leqslant \sum_{k=1}^{p} \frac{1}{2^{n+k}} = \frac{1}{2^n}(1 - \frac{1}{2^p}) < \frac{1}{2^n},\end{aligned}$$

所以 $\forall\varepsilon>0$, 不妨设 $\varepsilon<1$, 取 $N=\left[\log_2\dfrac{1}{\varepsilon}\right]$, 则对一切 $n>N$ 与一切正整数 p, 有

$$|x_{n+1}+x_{n+2}+\cdots+x_{n+p}|<\varepsilon,$$

故由 Cauchy 收敛准则知 $\sum\limits_{n=1}^{\infty}\dfrac{\sin 2^n}{2^n}$ 收敛.

(2) 对任给的自然数 n, 取 $m=2n$, 则

$$|x_{n+1}+x_{n+2}+\cdots+x_{n+n}|=\frac{1}{n+1}+\frac{1}{n+2}+\cdots+\frac{1}{n+n}>\frac{n}{n+n}=\frac{1}{2},$$

故由 Cauchy 收敛准则知该级数发散. 这个级数称为**调和级数** (harmonic series).

(3) 当 p 为奇数时

$$|x_{n+1}+x_{n+2}+\cdots+x_{n+p}|=\left|\frac{1}{n+1}-\frac{1}{n+2}+\frac{1}{n+3}-\cdots-\frac{1}{n+p-1}+\frac{1}{n+p}\right|$$
$$=\left(\frac{1}{n+1}-\frac{1}{n+2}\right)+\left(\frac{1}{n+3}-\frac{1}{n+4}\right)+\cdots+\left(\frac{1}{n+p-2}-\frac{1}{n+p-1}\right)+\frac{1}{n+p}>0,$$

同时

$$\begin{aligned}&\frac{1}{n+1}-\frac{1}{n+2}+\frac{1}{n+3}-\cdots-\frac{1}{n+p-1}+\frac{1}{n+p}\\=&\frac{1}{n+1}-\left(\frac{1}{n+2}-\frac{1}{n+3}\right)-\cdots-\left(\frac{1}{n+p-1}-\frac{1}{n+p}\right)<\frac{1}{n+1};\end{aligned}$$

当 p 为偶数时,

$$|x_{n+1}+x_{n+2}+\cdots+x_{n+p}|=\left|\frac{1}{n+1}-\frac{1}{n+2}+\frac{1}{n+3}-\cdots+\frac{1}{n+p-1}-\frac{1}{n+p}\right|$$
$$=\left(\frac{1}{n+1}-\frac{1}{n+2}\right)+\left(\frac{1}{n+3}-\frac{1}{n+4}\right)+\cdots+\left(\frac{1}{n+p-1}-\frac{1}{n+p}\right)>0,$$

同时

$$\begin{aligned}&\frac{1}{n+1}-\frac{1}{n+2}+\frac{1}{n+3}-\cdots+\frac{1}{n+p-1}-\frac{1}{n+p}\\=&\frac{1}{n+1}-\left(\frac{1}{n+2}-\frac{1}{n+3}\right)-\cdots-\left(\frac{1}{n+p-2}-\frac{1}{n+p-1}\right)-\frac{1}{n+p}<\frac{1}{n+1}.\end{aligned}$$

因此, 对任意 p, 成立

$$\left|\sum_{k=1}^{p}(-1)^{n+k-1}\frac{1}{n+k}\right|<\frac{1}{n+1}.$$

于是由 Cauchy 收敛准则知该级数收敛.

在定理 14.1.1中令 $m=n+1$, 得下面的定理.

定理 14.1.2 (级数收敛的必要条件) 设级数 $\sum\limits_{n=1}^{\infty}x_n$ 收敛, 则其通项所构成的数列 $\{x_n\}$ 是无穷小数列, 即

$$\lim_{n\to\infty}x_n=0. \tag{14.1.5}$$

注 14.1.2 (1) 定理 14.1.2 表明, 级数 $\sum\limits_{n=1}^{\infty} x_n$ 收敛的必要条件是通项 x_n 趋于 0. 因此如果由通项组成的数列 $\{x_n\}$ 不是无穷小, 则级数发散. 该结论常用来判断级数发散. 例如下列级数

$$\sum_{n=1}^{\infty} n^2, \quad \sum_{n=1}^{\infty} \frac{n}{n+1}, \quad \sum_{n=1}^{\infty} (-1)^{n+1}, \quad \sum_{n=1}^{\infty} \frac{-n}{2n+3}$$

均是发散的.

(2) 但通项趋于 0 并非级数收敛的充分条件. 例如级数 $\sum\limits_{n=1}^{\infty} \frac{1}{n}$ 是发散的, 尽管通项 $\frac{1}{n}$ 当 $n \to \infty$ 时趋于 0.

记

$$r_n = x_{n+1} + x_{n+2} + \cdots = \sum_{k=n+1}^{\infty} x_k, \tag{14.1.6}$$

称 r_n 为级数 $\sum\limits_{n=1}^{\infty} x_n$ 的**第n 个余项** (n-th remainder), 简称为余项.

定理 14.1.3 级数 $\sum\limits_{n=1}^{\infty} x_n$ 收敛的充分必要条件是数列 $\{r_n\}$ 收敛.

证明 $\forall m > n$, 由于 $r_n - r_m = x_{n+1} + x_{n+2} + \cdots + x_m$, 所以由数列收敛的 Cauchy 收敛原理与级数收敛的 Cauchy 原理即知定理获证. □

显然, 当 $\sum\limits_{n=1}^{\infty} x_n$ 收敛于 S 时, $r_n = S - S_n \to 0$, 它刻画了部分和 S_n 与和 S 的误差.

定理 14.1.4 (线性性) 设级数 $\sum\limits_{n=1}^{\infty} a_n$ 和级数 $\sum\limits_{n=1}^{\infty} b_n$ 都收敛, 则 $\forall \alpha, \beta \in \mathbb{R}$, 级数 $\sum\limits_{n=1}^{\infty} (\alpha a_n + \beta b_n)$ 也收敛, 且若 $\sum\limits_{n=1}^{\infty} a_n = A, \sum\limits_{n=1}^{\infty} b_n = B$, 则

$$\sum_{n=1}^{\infty} (\alpha a_n + \beta b_n) = \alpha A + \beta B. \tag{14.1.7}$$

证明 设级数 $\sum\limits_{n=1}^{\infty} a_n$, $\sum\limits_{n=1}^{\infty} b_n$ 和 $\sum\limits_{n=1}^{\infty} (\alpha a_n + \beta b_n)$ 的部分和数列分别为 $\{S_n^{(1)}\}$, $\{S_n^{(2)}\}$ 和 $\{S_n\}$, 则

$$S_n = \alpha S_n^{(1)} + \beta S_n^{(2)}.$$

于是由数列极限的线性性质知, $\{S_n^{(1)}\}$ 和 $\{S_n^{(2)}\}$ 收敛蕴含 $\{S_n\}$ 收敛, 且

$$\lim_{n\to\infty} S_n = \alpha \lim_{n\to\infty} S_n^{(1)} + \beta \lim_{n\to\infty} S_n^{(2)} = \alpha A + \beta B. \qquad \square$$

定理 14.1.4说明, 对收敛的级数可以进行加法和数乘运算.

例 14.1.5 求级数 $\sum\limits_{n=1}^{\infty} \frac{3^{n-1} - 1}{6^{n-1}}$ 的值.

解 因为几何级数 $\sum\limits_{n=0}^{\infty} (\frac{1}{2})^n$ 与 $\sum\limits_{n=0}^{\infty} (\frac{1}{6})^n$ 都收敛, 所以有

$$\sum_{n=1}^{\infty} \frac{3^{n-1} - 1}{6^{n-1}} = \sum_{n=1}^{\infty} \left(\frac{1}{2}\right)^{n-1} - \sum_{n=1}^{\infty} \left(\frac{1}{6}\right)^{n-1} = \frac{1}{1-\frac{1}{2}} - \frac{1}{1-\frac{1}{6}} = \frac{4}{5}.$$

定理 14.1.5 (加法结合律) 设级数 $\sum\limits_{n=1}^{\infty} x_n$ 收敛, 则在它的求和表达式中任意添加括号 (即任意分组先加但不改变其先后的次序) 后所得的级数仍然收敛, 且和不变.

证明 设 $\sum\limits_{n=1}^{\infty} x_n$ 添加括号后表示为

$$\begin{aligned}(x_1+x_2+\cdots+x_{n_1})+&(x_{n_1+1}+x_{n_1+2}+\cdots+x_{n_2})+\cdots\\&+(x_{n_{k-1}+1}+x_{n_{k-1}+2}+\cdots+x_{n_k})+\cdots,\end{aligned}$$

令

$$y_k=x_{n_{k-1}+1}+x_{n_{k-1}+2}+\cdots+x_{n_k},\quad k=1,2,\cdots,$$

则 $\sum\limits_{n=1}^{\infty} x_n$ 按上面方式添加括号后所得的级数为 $\sum\limits_{n=1}^{\infty} y_n$. 分别令 $\sum\limits_{n=1}^{\infty} x_n$ 的部分和数列为 $\{S_n\}$, $\sum\limits_{n=1}^{\infty} y_n$ 的部分和数列为 $\{T_n\}$, 则

$$T_1=S_{n_1},\quad T_2=S_{n_2},\quad \cdots,\quad T_k=S_{n_k},\quad \cdots$$

显然 $\{T_n\}$ 是 $\{S_n\}$ 的一个子列, 于是由 $\{S_n\}$ 的收敛性即得到 $\{T_n\}$ 的收敛性, 且极限相同. □

注 14.1.3 定理 14.1.5 表明, 收敛级数满足加法结合律. 但是定理 14.1.5 的逆命题不成立, 即添加了括号后得到的级数收敛并不能保证原来的级数收敛. 如级数 $\sum\limits_{n=1}^{\infty}(-1)^{n-1}$ 发散, 但若对其加括号为

$$(1-1)+(1-1)+\cdots+(1-1)+\cdots,$$

即添加了括号的级数收敛于 0. 甚至还可以加括号得到级数收敛到不同的值, 如

$$1+(-1+1)+(-1+1)+\cdots+(-1+1)+\cdots=1.$$

当然, 若添加了括号后的级数发散则原来的级数一定发散, 这个性质可以作为级数发散的一个判定方法.

我们知道, 改变一个数列中的有限项或者增 (删) 有限项均不会改变数列的敛散性, 那么对级数我们有下面的定理.

定理 14.1.6 在级数 $\sum\limits_{n=1}^{\infty} x_n$ 中去掉有限项或加上有限项或改变有限项的值, 均不改变级数的敛散性 (但在收敛时可能改变它的和).

证明 由 Cauchy 收敛准则立得其证明. □

例 14.1.6 计算二进制无限循环小数 $(101.101\,101\cdots)_2$ 的值.

解 $(101.101\,101\cdots)_2=2^2+2^0+\dfrac{1}{2}+\dfrac{1}{2^3}+\dfrac{1}{2^4}+\dfrac{1}{2^6}+\dfrac{1}{2^7}+\dfrac{1}{2^9}+\cdots$ 的部分和

$$S_{2n}=\sum_{k=1}^{n}\left(\frac{1}{2^{3k-5}}+\frac{1}{2^{3k-3}}\right)=3\frac{3}{7}\left[1-(\frac{1}{8})^n\right],$$

$$S_{2n+1}=S_{2n}+\frac{1}{2^{3n-2}},$$

令 $n \to \infty$ 得

$$\lim_{n\to\infty} S_n = 3\frac{3}{7},$$

即二进制无限循环小数 $(101.101\,101\cdots)_2$ 的值为 $3\frac{3}{7}$.

例 14.1.7 计算级数 $\sum\limits_{n=1}^{\infty}\frac{2n-1}{2^n}$ 的和.

解 设级数的部分和数列为 S_n, 则

$$\begin{aligned}S_n &= 2S_n - S_n = 2\sum_{k=1}^{n}\frac{2k-1}{2^k} - \sum_{k=1}^{n}\frac{2k-1}{2^k} = \sum_{k=1}^{n}\frac{2k-1}{2^{k-1}} - \sum_{k=1}^{n}\frac{2k-1}{2^k}\\ &= \sum_{k=0}^{n-1}\frac{2k+1}{2^k} - \sum_{k=1}^{n}\frac{2k-1}{2^k} = 1 + \sum_{k=1}^{n-1}\left(\frac{2k+1}{2^k} - \frac{2k-1}{2^k}\right) - \frac{2n-1}{2^n}\\ &= 1 + \sum_{k=1}^{n-1}\frac{1}{2^{k-1}} - \frac{2n-1}{2^n},\end{aligned}$$

于是

$$\lim_{n\to\infty} S_n = 1 + \sum_{k=0}^{\infty}\frac{1}{2^k} = 3.$$

类似可以算得 $\sum\limits_{n=1}^{\infty}\frac{an+b}{2^n}$ 的和为 $2a+b$.

习题 14.1

A1. 证明下列级数的收敛性, 并求其和:

(1) $\sum\limits_{n=1}^{\infty}\frac{1}{(4n-3)\cdot(4n+1)}$; (2) $\sum\limits_{n=1}^{\infty}\frac{2n-1}{5^n}$;

(3) $\sum\limits_{n=1}^{\infty}\left(\frac{1}{3^n}-\frac{1}{5^n}\right)$; (4) $\sum\limits_{n=1}^{\infty}\frac{1}{n(n+1)(n+2)}$;

(5) $\sum\limits_{n=1}^{\infty}(\sqrt{n+2}-2\sqrt{n+1}+\sqrt{n})$; (6) $\sum\limits_{n=1}^{\infty}\frac{1}{\sqrt{n(n+1)}(\sqrt{n+1}+\sqrt{n})}$;

(7) $\sum\limits_{n=1}^{\infty}\frac{1}{(b+n-1)(b+n)}\ (b>0)$; (8) $\sum\limits_{n=1}^{\infty}(-1)^{n+1}\frac{2n+1}{n(n+1)}$.

A2. 设级数 $\sum\limits_{n=1}^{\infty}u_n$ 收敛, 级数 $\sum\limits_{n=1}^{\infty}v_n$ 发散, 证明: 级数 $\sum\limits_{n=1}^{\infty}(u_n+v_n)$ 必发散.

A3. 若级数 $\sum\limits_{n=1}^{\infty}u_n$ 发散, $c\neq 0$, 证明: 级数 $\sum\limits_{n=1}^{\infty}cu_n$ 也发散.

A4. 应用柯西准则判别下列级数的敛散性:

(1) $\sum\limits_{n=1}^{\infty}\frac{1}{n^2}$; (2) $\sum\limits_{n=1}^{\infty}\frac{(-1)^{n-1}n^2}{3n^2+1}$; (3) $\sum\limits_{n=1}^{\infty}\frac{\sin 3^n}{2^n}$; (4) $\sum\limits_{n=1}^{\infty}\frac{1}{\sqrt{n+n^2}}$.

B5. 求下列级数的和:

(1) $\sum\limits_{n=1}^{\infty}\frac{2n+1}{(n^2+1)[(n+1)^2+1]}$; (2) $\sum\limits_{n=1}^{\infty}q^n\sin nx\quad(|q|<1)$.

B6. 应用柯西准则判别下列级数的敛散性:

(1) $1+\frac{1}{2}-\frac{1}{3}+\frac{1}{4}+\frac{1}{5}-\frac{1}{6}+\frac{1}{7}+\frac{1}{8}-\frac{1}{9}+\cdots$;

(2) $1-\frac{1}{2}+\frac{1}{3}+\frac{1}{4}-\frac{1}{5}+\frac{1}{6}+\frac{1}{7}-\frac{1}{8}+\frac{1}{9}+\cdots$.

B7. 设正数列 $\{x_n\}$ 单调递减, 级数 $\sum\limits_{n=1}^{\infty} x_n$ 收敛, 用 Cauchy 收敛准则证明: $\lim_{n\to\infty} nx_n = 0$.

B8. 判断下列级数的敛散性:

$$\frac{1}{\sqrt{2}-1}-\frac{1}{\sqrt{2}+1}+\frac{1}{\sqrt{3}-1}-\frac{1}{\sqrt{3}+1}+\cdots+\frac{1}{\sqrt{n}-1}-\frac{1}{\sqrt{n}+1}+\cdots.$$

B9. 证明: 任一个无限循环小数都是分数, 即有理数, 反之亦然.

B10. 设级数 $\sum\limits_{n=1}^{\infty} u_n$ 满足: 加括号后级数 $\sum\limits_{k=1}^{\infty}(u_{n_k+1}+\cdots+u_{n_{k+1}})$ 收敛 $(n_1=0)$, 且在同一括号中的 $u_{n_k+1}, u_{n_k+2}, \cdots, u_{n_{k+1}}$ 符号相同, 证明: $\sum\limits_{n=1}^{\infty} u_n$ 亦收敛.

C11. (1) 若级数 $\sum\limits_{n=1}^{\infty} u_n$ 和 $\sum\limits_{n=1}^{\infty} v_n$ 发散, 问级数 $\sum\limits_{n=1}^{\infty}(u_n+v_n)$ 是否一定发散? 又若对一切 $n\in\mathbb{N}$, u_n, v_n 都是非负的, 结论又如何?

(2) 若级数 $\sum\limits_{n=1}^{\infty} u_n$ 和 $\sum\limits_{n=1}^{\infty} v_n$ 都收敛, 问级数 $\sum\limits_{n=1}^{\infty} u_nv_n$ 是否一定收敛?

C12. 若对每个固定的 p, 都有 $\lim\limits_{n\to\infty}(x_{n+1}+\cdots+x_{n+p})=0$, 是否必有 $\sum\limits_{n=1}^{\infty} x_n$ 收敛?

§14.2 正 项 级 数

本节讨论一类特殊的级数, 即正项级数, 它的收敛性的判断相对容易, 并且正项级数的讨论对后面一般项级数的讨论也是有帮助的. 在学习这部分内容时可以和 §8.2 的非负函数的反常积分作比较.

§14.2.1 正项级数的概念及其收敛原理

定义 14.2.1 如果级数 $\sum\limits_{n=1}^{\infty} x_n$ 的各项都是非负实数, 即

$$x_n \geqslant 0, \quad n=1,2,\cdots,$$

则称此级数为**正项级数** (series with positive terms).

正项级数 $\sum\limits_{n=1}^{\infty} x_n$ 有一个显著特点, 就是它的部分和数列 $\{S_n\}$ 是单调递增的:

$$S_n=\sum_{k=1}^{n} x_k \leqslant \sum_{k=1}^{n+1} x_k = S_{n+1}, \quad n=1,2,\cdots,$$

于是根据单调数列的性质, 立刻可以得到下面的定理.

定理 14.2.1 (正项级数收敛原理 (convergence principle of positive series)) 正项级数收敛的充要条件是它的部分和数列有上界.

若正项级数的部分和数列无上界, 则其必发散到 $+\infty$.

据此定理我们来讨论正项级数敛散性的判断方法.

§14.2.2 比较判别法

定理 14.2.2 (比较判别法 (comparison test)) 设 $\sum\limits_{n=1}^{\infty} x_n$ 与 $\sum\limits_{n=1}^{\infty} y_n$ 是两个正项级数, 若存在常数 $M>0$, 使得

$$x_n \leqslant My_n, \quad n=1,2,\cdots, \tag{14.2.1}$$

则 (1) 当 $\sum\limits_{n=1}^{\infty} y_n$ 收敛时, $\sum\limits_{n=1}^{\infty} x_n$ 也收敛; (2) 当 $\sum\limits_{n=1}^{\infty} x_n$ 发散时, $\sum\limits_{n=1}^{\infty} y_n$ 也发散.

证明 设级数 $\sum\limits_{n=1}^{\infty} x_n$ 的部分和数列为 $\{S_n\}$, 级数 $\sum\limits_{n=1}^{\infty} y_n$ 的部分和数列为 $\{T_n\}$, 则显然有

$$S_n \leqslant MT_n, \quad n = 1, 2, \cdots.$$

于是当 $\{T_n\}$ 有上界时, $\{S_n\}$ 也有上界, 而当 $\{S_n\}$ 无上界时, $\{T_n\}$ 必定无上界. 由定理 14.2.1 即得结论. □

注 14.2.1 由于改变级数有限个项的数值, 并不会改变它的敛散性, 所以定理的条件可以放宽为:"存在自然数 N 与常数 $M > 0$, 使得 $x_n \leqslant My_n$ 对一切 $n > N$ 成立".

例 14.2.1 (1) 对于例 14.1.4 中的调和级数 $\sum\limits_{n=1}^{\infty} \frac{1}{n}$, 由于

$$0 < \ln\left(1 + \frac{1}{n}\right) \leqslant \frac{1}{n} \quad (n \geqslant 1),$$

所以由例 14.1.3 知调和级数 $\sum\limits_{n=1}^{\infty} \frac{1}{n}$ 发散.

(2) 对于级数 $\sum\limits_{n=1}^{\infty} \frac{1}{n^2}$, 由于

$$\frac{1}{n^2} \leqslant \frac{1}{n(n-1)} \quad (n \geqslant 2),$$

所以由例 14.1.2 知 $\sum\limits_{n=1}^{\infty} \frac{1}{n^2}$ 收敛.

(3) 级数 $\sum\limits_{n=1}^{\infty} \frac{1}{n^p}$ 称为 p-级数, 也称广义调和级数. 由于

$$\frac{1}{n^p} \geqslant \frac{1}{n} \ (0 < p \leqslant 1); \quad \frac{1}{n^p} \leqslant \frac{1}{n^2} \ (p \geqslant 2),$$

所以 p-级数 $\sum\limits_{n=1}^{\infty} \frac{1}{n^p}$ 当 $0 < p \leqslant 1$ 时发散, 当 $p \geqslant 2$ 时收敛.

当 $1 < p < 2$ 时, p-级数也是收敛的, 见例 14.2.7.

例 14.2.2 判断级数 $\sum\limits_{n=1}^{\infty} \frac{[2+(-1)^n]^n}{2^{2n+1}}$ 的敛散性.

解 由

$$0 \leqslant \frac{[2+(-1)^n]^n}{2^{2n+1}} \leqslant \frac{3^n}{2 \cdot 4^n} < \left(\frac{3}{4}\right)^n$$

及 $\sum\limits_{n=1}^{\infty} (\frac{3}{4})^n$ 收敛可知, $\sum\limits_{n=1}^{\infty} \frac{[2+(-1)^n]^n}{2^{2n+1}}$ 收敛.

应用比较判别法, 即定理 14.2.2, 需要找到常数 $M > 0$, 使不等式 (14.2.1) 对充分大的 n 都成立, 这往往有些困难. 而下面的比较判别法的极限形式常常用起来更方便.

定理 14.2.3 (比较判别法的极限形式 (limit comparison test)) 设 $\sum\limits_{n=1}^{\infty} x_n$ 与 $\sum\limits_{n=1}^{\infty} y_n$ 是两个正项级数, 且存在 (广义) 极限

$$\lim_{n\to\infty} \frac{x_n}{y_n} = l \quad (0 \leqslant l \leqslant +\infty), \tag{14.2.2}$$

(1) 若 $0 \leqslant l < +\infty$, 则当 $\sum\limits_{n=1}^{\infty} y_n$ 收敛时, $\sum\limits_{n=1}^{\infty} x_n$ 也收敛;

(2) 若 $0<l\leqslant+\infty$, 则当 $\sum\limits_{n=1}^{\infty} y_n$ 发散时, $\sum\limits_{n=1}^{\infty} x_n$ 也发散;

(3) 若 $0<l<+\infty$, 特别地, 当 $l=1$, 即 x_n 与 y_n 是等价的无穷小时, $\sum\limits_{n=1}^{\infty} x_n$ 与 $\sum\limits_{n=1}^{\infty} y_n$ 同时收敛或同时发散.

证明 下面只给出 (1) 的证明, (2) 的证明类似.

由于 $\lim\limits_{n\to\infty}\dfrac{x_n}{y_n}=l<+\infty$, 由极限的性质知, 存在正整数 N, 当 $n>N$ 时, $\dfrac{x_n}{y_n}<l+1$, 因此 $x_n<(l+1)y_n$. 由定理 14.2.2即得所需结论. □

例 14.2.3 判断下列级数的敛散性:

(1) $\sum\limits_{n=1}^{\infty}\dfrac{1}{2^n-n}$; (2) $\sum\limits_{n=1}^{\infty}\sin\dfrac{\pi}{n}$.

解 (1) 由于 $\lim\limits_{n\to\infty}\dfrac{2^n}{2^n-n}=1$, 由 $\sum\limits_{n=1}^{\infty}\dfrac{1}{2^n}$ 的收敛性可知, $\sum\limits_{n=1}^{\infty}\dfrac{1}{2^n-n}$ 收敛.

(2) 由 $\lim\limits_{n\to\infty}\dfrac{\sin\frac{\pi}{n}}{\frac{1}{n}}=\pi$ 及 $\sum\limits_{n=1}^{\infty}\dfrac{1}{n}$ 发散可知, $\sum\limits_{n=1}^{\infty}\sin\dfrac{\pi}{n}$ 发散.

例 14.2.4 判断下列级数的敛散性.

(1) $\sum\limits_{n=1}^{\infty}(e^{\frac{1}{n^2}}-1)$; (2) $\sum\limits_{n=1}^{\infty}\left(1-\cos\dfrac{\pi}{n}\right)$; (3) $\sum\limits_{n=1}^{\infty}\left(e^{\frac{1}{n^2}}-\cos\dfrac{\pi}{n}\right)$.

解 (1) 由于 $e^{\frac{1}{n^2}}-1\sim\dfrac{1}{n^2}\quad(n\to\infty)$, 由 $\sum\limits_{n=1}^{\infty}\dfrac{1}{n^2}$ 的收敛，可知 $\sum\limits_{n=1}^{\infty}(e^{\frac{1}{n^2}}-1)$ 收敛.

(2) 由于 $1-\cos\dfrac{\pi}{n}\sim\dfrac{\pi^2}{2}\cdot\dfrac{1}{n^2}\quad(n\to\infty)$, 由 $\sum\limits_{n=1}^{\infty}\dfrac{1}{n^2}$ 的收敛，可知 $\sum\limits_{n=1}^{\infty}(e^{\frac{1}{n^2}}-1)$ 收敛.

(3) 由 $e^{\frac{1}{n^2}}-\cos\dfrac{\pi}{n}=(e^{\frac{1}{n^2}}-1)+\left(1-\cos\dfrac{\pi}{n}\right)$ 以及 (1)(2) 的结论知 $\sum\limits_{n=1}^{\infty}\left(e^{\frac{1}{n^2}}-\cos\dfrac{\pi}{n}\right)$ 收敛.

§14.2.3 Cauchy 判别法与 D'Alembert 判别法

应用比较判别法的关键是要找到合适的比较级数. 若选定的比较级数为等比级数, 即可得本小节的根式判别法与比式判别法, 而当选定的级数是 p-级数时即得 Raabe 判别法.

1. Cauchy 判别法 (或根式判别法 (root test))

定理 14.2.4 (Cauchy 判别法) 设 $\sum\limits_{n=1}^{\infty} x_n$ 是正项级数,

$$r=\lim_{n\to\infty}\sqrt[n]{x_n} \tag{14.2.3}$$

存在, 则 (1) 当 $r<1$ 时, 级数 $\sum\limits_{n=1}^{\infty} x_n$ 收敛; (2) 当 $r>1$ 时, 级数 $\sum\limits_{n=1}^{\infty} x_n$ 发散; (3) 当 $r=1$ 时, 判别法失效, 即级数可能收敛, 也可能发散.

证明 当 $r<1$ 时, 取 q 满足 $r<q<1$, 则存在正整数 N, 使得对一切 $n>N$, 成立 $\sqrt[n]{x_n}<q$, 从而 $x_n<q^n$, $0<q<1$, 由比较判别法可知, $\sum\limits_{n=1}^{\infty} x_n$ 收敛.

当 $r>1$ 时, 数列 $\{x_n\}$ 不是无穷小量, 从而 $\sum\limits_{n=1}^{\infty} x_n$ 发散.

当 $r=1$ 时, 判别法失效. 例如, 级数 $\sum\limits_{n=1}^{\infty}\dfrac{1}{n^2}$ 收敛, $\sum\limits_{n=1}^{\infty}\dfrac{1}{n}$ 发散, 但它们对应的 r 都是 1. □

2. D'Alembert 判别法 (或比式判别法 (ratio test))

定理 14.2.5 (D'Alembert 判别法) 设 $\sum\limits_{n=1}^{\infty} x_n \ (x_n \neq 0)$ 是正项级数,

$$r = \lim_{n\to\infty} \frac{x_{n+1}}{x_n} \tag{14.2.4}$$

存在, 则 (1) 当 $r<1$ 时, 级数 $\sum\limits_{n=1}^{\infty} x_n$ 收敛; (2) 当 $r>1$ 时, 级数 $\sum\limits_{n=1}^{\infty} x_n$ 发散; (3) 当 $r=1$ 时, 判别法失效, 即级数可能收敛, 也可能发散.

证明 类似 Cauchy 判别法的证明, 当 $r<1$ 时, 取 q 满足 $r<q<1$, 则存在正整数 N_0, 使得对一切 $n \geqslant N_0$, 成立 $x_{n+1} < q x_n$, 于是对任意正整数 n 可得 $x_{n+N_0} < q^n x_{N_0}$, 由比较判别法知 $\sum\limits_{n=1}^{\infty} x_n$ 收敛. 对 $r>1$ 类似可证. □

例 14.2.5 判断下列级数的敛散性:

(1) $\sum\limits_{n=1}^{\infty} \dfrac{2^n}{n^2}$; (2) $\sum\limits_{n=1}^{\infty} 2^n \tan\dfrac{\pi}{3^n}$; (3) $\sum\limits_{n=1}^{\infty} \dfrac{2^n n!}{n^n}$.

解 (1) 由

$$\lim_{n\to\infty} \sqrt[n]{\frac{2^n}{n^2}} = 2 > 1,$$

知级数 $\sum\limits_{n=1}^{\infty} \dfrac{2^n}{n^2}$ 发散.

(2) 因为

$$\lim_{n\to\infty} \frac{x_{n+1}}{x_n} = \lim_{n\to\infty} \frac{2^{n+1}\tan\frac{\pi}{3^{n+1}}}{2^n \tan\frac{\pi}{3^n}} = \lim_{n\to\infty} \frac{2\cdot\frac{\pi}{3^{n+1}}}{\frac{\pi}{3^n}} = \frac{2}{3} < 1,$$

所以级数 $\sum\limits_{n=1}^{\infty} 2^n \tan\dfrac{\pi}{3^n}$ 收敛.

(3) 因为

$$\lim_{n\to\infty} \frac{x_{n+1}}{x_n} = \lim_{n\to\infty} \frac{2^{n+1}(n+1)!}{(n+1)^{n+1}} \cdot \frac{n^n}{2^n n!} = \lim_{n\to\infty} 2\cdot\left(\frac{n}{n+1}\right)^n = \frac{2}{\mathrm{e}} < 1,$$

所以级数 $\sum\limits_{n=1}^{\infty} \dfrac{2^n n!}{n^n}$ 收敛.

注 14.2.2 (1) 考察级数 $\sum\limits_{n=1}^{\infty} \dfrac{1}{n^2}$ 和 $\sum\limits_{n=1}^{\infty} \dfrac{1}{n}$ 可知, $r=1$ 时, 比式判别法失效.

(2) 可以证明, 若 $\lim\limits_{n\to\infty} \dfrac{x_{n+1}}{x_n} = r$, 则 $\lim\limits_{n\to\infty} \sqrt[n]{x_n} = r$, 因此, 若一个正项级数的敛散性能用比式判别法判定, 则一定能用根式判别法判定. 但反之不真. 而比式判别法也有其优点: 使用简单, 如上例.

例 14.2.6 证明 $\lim\limits_{n\to\infty} \dfrac{n^n}{(n!)^2} = 0$.

证明 先考虑级数 $\sum\limits_{n=1}^{\infty} \dfrac{n^n}{(n!)^2}$ 的敛散性. 因为

$$\lim_{n\to\infty} \frac{x_{n+1}}{x_n} = \lim_{n\to\infty} \frac{1}{n+1}\cdot\left(1+\frac{1}{n}\right)^n = 0 < 1,$$

所以级数 $\sum\limits_{n=1}^{\infty}\dfrac{n^n}{(n!)^2}$ 收敛, 由级数收敛的必要条件得 $\lim\limits_{n\to\infty}\dfrac{n^n}{(n!)^2}=0$. □

由于根式判别法和比式判别法对 p-级数的敛散性判别是失效的, 下面介绍其他判别法来弥补根式判别法和比式判别法的不足.

§14.2.4 积分判别法和 Raabe 判别法

1. 积分判别法 (integral test)

设非负函数 $f(x)$ 在任意有限区间 $[a,A]$ 上 Riemann 可积. 取一单调递增且趋于 $+\infty$ 的数列 $\{a_n\}$, $0<a=a_1<a_2<a_3<\cdots<a_n<\cdots\to+\infty$, 并记

$$u_n=\int_{a_n}^{a_{n+1}}f(x)\mathrm{d}x.$$

定理 14.2.6 (积分判别法 (integral test)) 反常积分 $\int_a^{+\infty}f(x)\mathrm{d}x$ 与正项级数 $\sum\limits_{n=1}^{\infty}u_n$ 同时收敛或同时发散于 $+\infty$, 且

$$\int_a^{+\infty}f(x)\mathrm{d}x=\sum_{n=1}^{\infty}u_n=\sum_{n=1}^{\infty}\int_{a_n}^{a_{n+1}}f(x)\mathrm{d}x.$$

特别地, 当 $f(x)$ 单调递减时, 反常积分 $\int_a^{+\infty}f(x)\mathrm{d}x$ 与正项级数 $\sum\limits_{n=N}^{\infty}f(n)$ 同时收敛或同时发散, 其中, $N=[a]+1$.

证明 设正项级数 $\sum\limits_{n=1}^{\infty}u_n$ 的部分和数列为 $\{S_n\}$, 则对任意 $A>a$, 存在正整数 n, 成立 $a_n\leqslant A<a_{n+1}$, 于是

$$S_{n-1}\leqslant\int_a^A f(x)\mathrm{d}x\leqslant S_n.$$

当 $\{S_n\}$ 有界, 即 $\sum\limits_{n=1}^{\infty}u_n$ 收敛时, 则有 $\lim\limits_{A\to\infty}\int_a^A f(x)\mathrm{d}x$ 收敛, 且根据极限的夹逼性, 它们收敛于相同的极限; 当 $\{S_n\}$ 无界, 即 $\sum\limits_{n=1}^{\infty}u_n$ 发散于 $+\infty$ 时, 则同样有 $\lim\limits_{A\to\infty}\int_a^A f(x)\mathrm{d}x=+\infty$. 由此得到下述关系

$$\int_a^{+\infty}f(x)\mathrm{d}x=\sum_{n=1}^{\infty}u_n=\sum_{n=1}^{\infty}\int_{a_n}^{a_{n+1}}f(x)\mathrm{d}x.$$

特别地, 当 $f(x)$ 单调递减时, 取 $a_n=n$, 则当 $n\geqslant N=[a]+1$,

$$f(n+1)\leqslant u_n=\int_n^{n+1}f(x)\mathrm{d}x\leqslant f(n),$$

由比较判别法可知, $\sum\limits_{n=N}^{\infty}f(n)$ 与 $\sum\limits_{n=N}^{\infty}u_n$ 同时收敛或同时发散, 从而与 $\int_a^{+\infty}f(x)\mathrm{d}x$ 同时收敛或同时发散. □

例 14.2.7 我们知道 p-积分 $\int_1^{+\infty}\frac{1}{x^p}\mathrm{d}x$ 当 $p\leqslant 1$ 时发散, 当 $p>1$ 时收敛, 由积分判别法, 可知 p-级数 $\sum\limits_{n=1}^{\infty}\frac{1}{n^p}$ 当 $p\leqslant 1$ 时发散, 当 $p>1$ 时收敛.

例 14.2.8 证明: 级数 $\sum\limits_{n=2}^{\infty}\frac{1}{n\ln^p n}$ 当 $p>1$ 时收敛, $p\leqslant 1$ 时发散.

证明 取 $f(x)=\frac{1}{x\ln^p x}$, 则在 $[2,+\infty)$ 上, $f(x)$ 单调递减, $f(x)>0$, 且

$$\sum_{n=2}^{\infty}f(n)=\sum_{n=2}^{\infty}\frac{1}{n\ln^p n},$$

由

$$\int_2^A f(x)\mathrm{d}x=\begin{cases}\dfrac{1}{-p+1}\ln^{-p+1}A-\dfrac{1}{-p+1}\ln^{-p+1}2, & p\neq 1,\\ \ln\,\ln A-\ln\,\ln 2, & p=1,\end{cases}$$

令 $A\to+\infty$, 可知积分 $\int_2^{+\infty}f(x)\mathrm{d}x$ 在 $p>1$ 时收敛, 在 $p\leqslant 1$ 时发散, 由此得到 $\sum\limits_{n=2}^{\infty}\frac{1}{n\ln^p n}$ 在 $p>1$ 时收敛, $p\leqslant 1$ 时发散. □

前面已经提到, 比式或根式判别法是通过与几何级数相比较而得到的, 当我们选择比几何级数收敛得慢的 p-级数作为比较尺度时, 则可得比比式判别法更细的 Raabe 判别法.

2. Raabe 判别法

定理 14.2.7 (Raabe 判别法 (Raabe test)) 设 $\sum\limits_{n=1}^{\infty}x_n\ (x_n>0)$ 是正项级数,

$$r=\lim_{n\to\infty}n\Big(\frac{x_n}{x_{n+1}}-1\Big) \tag{14.2.5}$$

存在, 则当 $r>1$ 时, 级数 $\sum\limits_{n=1}^{\infty}x_n$ 收敛; 当 $r<1$ 时, 级数 $\sum\limits_{n=1}^{\infty}x_n$ 发散.

证明参见《数学分析讲义 (第三册)》§15.2.4(张福保等, 2019).

例 14.2.9 判断级数 $\sum\limits_{n=1}^{\infty}\frac{\sqrt{n!}}{(2+1)(2+\sqrt{2})\cdots(2+\sqrt{n})}$ 的敛散性.

解 设 $x_n=\frac{\sqrt{n!}}{(2+1)(2+\sqrt{2})\cdots(2+\sqrt{n})}$, 则

$$\lim_{n\to\infty}\frac{x_{n+1}}{x_n}=\lim_{n\to\infty}\frac{\sqrt{n+1}}{2+\sqrt{n+1}}=1,$$

也就是说, 此时 Cauchy 判别法与 D'Alembert 判别法都不适用 (见注 14.2.2(2)), 但可用 Raabe 判别法. 由

$$\lim_{n\to\infty}n\Big(\frac{x_n}{x_{n+1}}-1\Big)=\lim_{n\to\infty}\frac{2n}{\sqrt{n+1}}=+\infty$$

知级数 $\sum\limits_{n=1}^{\infty}\frac{\sqrt{n!}}{(2+1)(2+\sqrt{2})\cdots(2+\sqrt{n})}$ 收敛. □

注 14.2.3 当 $\lim\limits_{n\to\infty} n\Big(\dfrac{x_n}{x_{n+1}}-1\Big)=1$ 时, Raabe 判别法仍失效, 即级数可能收敛, 也可能发散. 例如级数 $\sum\limits_{n=2}^{\infty}\dfrac{1}{n\ln^p n}$ 成立

$$\lim_{n\to\infty} n\Big(\frac{x_n}{x_{n+1}}-1\Big)=1.$$

但由上面的例 14.2.8, 我们知道级数 $\sum\limits_{n=2}^{\infty}\dfrac{1}{n\ln^p n}$ 当 $p>1$ 时收敛, $p\leqslant 1$ 时发散.

我们还可以得到其他更细致的判别法, 这里就不一一列出了. 事实上, 我们也无法穷尽这些判别法, 即没有最精确的判别法. 可以证明, 对每个收敛的正项级数, 总存在比它收敛得更慢的级数. 例如: 设正项级数 $\sum\limits_{n=1}^{\infty} x_n$ 收敛, 其余项记为 r_n, 再令 $y_n=\sqrt{r_{n-1}}-\sqrt{r_n}$, 则级数 $\sum\limits_{n=1}^{\infty} y_n$ 收敛, 其余项 $r'_n=\sqrt{r_n}\to 0$, 并且该级数比 $\sum\limits_{n=1}^{\infty} x_n$ 收敛的要慢, 因为

$$\frac{x_n}{y_n}=\frac{r_{n-1}-r_n}{\sqrt{r_{n-1}}-\sqrt{r_n}}=\sqrt{r_{n-1}}+\sqrt{r_n}\to 0(n\to\infty).$$

习题 14.2

A1. 判别下列级数的敛散性:

(1) $\sum\limits_{n=1}^{\infty}\dfrac{2^n n!}{n^n}$;　　(2) $\sum\limits_{n=1}^{\infty}\dfrac{n^{n-1}}{(n+1)^{n+1}}$;

(3) $\sum\limits_{n=1}^{\infty} 2^{-n-(-1)^n}$;　　(4) $\sum\limits_{n=1}^{\infty} 2^n\sin\dfrac{x}{3^n}\ (x>0)$;

(5) $\sum\limits_{n=1}^{\infty}(1-\cos\sqrt{\dfrac{\pi}{n}})$;　　(6) $\sum\limits_{n=1}^{\infty}\dfrac{1}{1+p^n}\ (p>0)$;

(7) $\sum\limits_{n=1}^{\infty}(\dfrac{n}{2n+1})^n$;　　(8) $\sum\limits_{n=1}^{\infty}\dfrac{a^n}{(1+a)(1+a^2)\cdots(1+a^n)}\ (a>0)$.

A2. 判别下列级数的敛散性:

(1) $\sum\limits_{n=2}^{\infty}\dfrac{1}{\sqrt{n}}\ln\dfrac{n+1}{n-1}$;　　(2) $\sum\limits_{n=2}^{\infty}\dfrac{1!+2!+\cdots+n!}{(2n)!}$;

(3) $\sum\limits_{n=1}^{\infty}\Big(\dfrac{1}{n}-\ln\dfrac{n+1}{n}\Big)$;　　(4) $\sum\limits_{n=1}^{\infty}\dfrac{\ln n}{n^{3/2}}$;

(5) $\sum\limits_{n=1}^{\infty}\Big(1-\dfrac{x_n}{x_{n-1}}\Big)$,$\{x_n\}$为有界递增正数列;　　(6) $\sum\limits_{n=2}^{\infty}\dfrac{1}{(\ln n)^{\ln n}}$;

(7) $\sum\limits_{n=1}^{\infty}\dfrac{1}{3^{\ln n}}$;　　(8) $\sum\limits_{n=1}^{\infty}\dfrac{1}{2^{\ln n}}$.

A3. 判别下列级数的敛散性:

(1) $\sum\limits_{n=3}^{\infty}\dfrac{1}{(\ln n)^{\ln\ln n}}$;　　(2) $\sum\limits_{n=1}^{\infty}(1-\dfrac{\ln n}{n})^n$;

(3) $\sum\limits_{n=2}^{\infty}(\sqrt{n+1}-\sqrt{n})^s\ln\dfrac{n-1}{n+1}$;　　(4) $\sum\limits_{n=1}^{\infty}(\sqrt[n]{n}-1)$;

(5) $\sum\limits_{n=1}^{\infty}(a^{\frac{1}{2n-1}}-a^{\frac{1}{2n}}),(a>0)$;　　(6) $\sum\limits_{n=1}^{\infty}\left[\dfrac{(2n-1)!!}{(2n)!!}\right]^p,\ p=1,2,3$;

(7) $\sum\limits_{n=1}^{\infty}\dfrac{(2n-1)!!}{(2n)!!}\dfrac{1}{2n+1}$;　　(8) $\sum\limits_{n=1}^{\infty}\dfrac{n!}{(1+a)(2+a)\cdots(n+a)}(a>0)$;

(9) $\sum\limits_{n=3}^{\infty}\dfrac{1}{n\ln n(\ln\ln n)^p}$;　　(10) $\sum\limits_{n=1}^{\infty}\dfrac{1}{n(\ln n)^p(\ln\ln n)^q}$.

A4. 若正项级数 $\sum\limits_{n=1}^{\infty} a_n$ 收敛, 证明下列级数均收敛:

(1) $\sum\limits_{n=1}^{\infty} a_n^2$;　(2) $\sum\limits_{n=1}^{\infty} \dfrac{\sqrt{a_n}}{n}$;　(3) $\sum\limits_{n=1}^{\infty} \dfrac{a_n}{1+a_n}$;　(4) $\sum\limits_{n=1}^{\infty}\left(\sum\limits_{m=1}^{\infty} \dfrac{a_n}{m^2+n^2}\right)$.

A5. 设 $\dfrac{a_{n+1}}{a_n} \leqslant \dfrac{b_{n+1}}{b_n}, (a_n>0, b_n>0,\ n=1,2,\cdots)$, 求证:

(1) 若 $\sum\limits_{n=1}^{\infty} b_n$ 收敛, 则 $\sum\limits_{n=1}^{\infty} a_n$ 收敛;　　(2) 若 $\sum\limits_{n=1}^{\infty} a_n$ 发散, 则 $\sum\limits_{n=1}^{\infty} b_n$ 发散.

A6. 设 $a_1=2, a_{n+1}=\dfrac{1}{2}(a_n+\dfrac{1}{a_n})(n=1,2,\cdots)$, 证明:

(1) $\lim\limits_{n\to\infty} a_n$ 存在;　　(2) $\sum\limits_{n=1}^{\infty}\left(\dfrac{a_n}{a_{n+1}}-1\right)$ 收敛.

A7. 利用级数收敛的必要条件, 证明下列极限:

(1) $\lim\limits_{n\to\infty} \dfrac{(2n)!}{a^{n!}}=0\ \ (a>1)$;　　(2) $\lim\limits_{n\to\infty} \dfrac{(a+1)(2a+1)\cdots(na+1)}{(b+1)(2b+1)\cdots(nb+1)}=0,\ \ (b>a>0)$.

B8. 设 $a_n=\displaystyle\int_0^{\frac{\pi}{4}} \tan^n x \mathrm{d}x$,

(1) 求 $\sum\limits_{n=1}^{\infty} \dfrac{1}{n}(a_n+a_{n+2})$ 的值;　　(2) 证明: 对任何正常数 λ, $\sum\limits_{n=1}^{\infty} \dfrac{a_n}{n^\lambda}$ 收敛.

B9. 设 $x_n>0, \dfrac{x_{n+1}}{x_n}>1-\dfrac{1}{n}$, 证明: $\sum\limits_{n=1}^{\infty} x_n$ 发散.

B10. 设 $u_1=1, u_2=2$, 当 $n\geqslant 3$ 时, $u_n=u_{n-2}+u_{n-1}$, 判别 $\sum\limits_{n=1}^{\infty} \dfrac{1}{u_n}$ 的收敛性.

B11. 设正项级数 $\sum\limits_{n=1}^{\infty} x_n$ 发散, $S_n=x_1+x_2+\cdots+x_n$, 证明: $\sum\limits_{n=1}^{\infty} \dfrac{x_n}{S_n^2}$ 收敛.

B12. 设 $\{a_n\}$ 为递减正项数列, 且级数 $\sum\limits_{n=1}^{\infty} a_n$ 发散, 证明: $\lim\limits_{n\to\infty} \dfrac{a_1+a_3+\cdots+a_{2n-1}}{a_2+a_4+\cdots+a_{2n}}=1$.

B13. 设 $\{a_n\}$ 为递减正项数列, 证明: 级数 $\sum\limits_{n=1}^{\infty} a_n$ 与 $\sum\limits_{m=1}^{\infty} 2^m a_{2^m}$ 同时收敛或同时发散.

§14.3　任意项级数

本节讨论任意项级数, 即通项未必都是正或都是负的情况. 当然, 一个级数, 如果只有有限个正项或有限个负项, 则可以归结为正项级数, 因为改变或去掉级数的有限项不影响级数的敛散性. 因此, 不能归结为正项级数的级数其通项必有无穷个正项和无穷个负项, 可称为变号级数.

先看一种特殊的变号级数——交错级数.

§14.3.1　交错级数与 Leibniz 判别法

定义 14.3.1　设 $u_n\geqslant 0, n=1,2,\cdots$, 形如 $\sum\limits_{n=1}^{\infty}(-1)^{n+1}u_n$ 的级数称为**交错级数** (alternating series).

定理 14.3.1 (Leibniz 判别法 ((Leibniz test))　交错级数 $\sum\limits_{n=1}^{\infty}(-1)^{n+1}u_n$ 如果满足下列两个条件则必收敛:

(1) $\lim\limits_{n\to\infty} u_n=0$;　(2) $\{u_n\}$ 单调递减,

这样的交错级数称为 **Leibniz 级数** (Leibniz series).

证明　设 $\sum\limits_{n=1}^{\infty}(-1)^{n+1}u_n$ 的部分和数列为 $\{S_n\}$, 因为 $\{u_n\}$ 单调递减, 所以

$$S_{2n}=S_{2n-2}+u_{2n-1}-u_{2n}\geqslant S_{2n-2}, \tag{14.3.1}$$

$$S_{2n+1}=S_{2n-1}-u_{2n}+u_{2n+1}\leqslant S_{2n-1}. \tag{14.3.2}$$

即 $\{S_{2n}\}$ 单增, $\{S_{2n+1}\}$ 单减, 且

$$S_{2n}=S_{2n-1}-u_{2n}\leqslant S_{2n-1}\leqslant S_{2n-3}\leqslant\cdots\leqslant S_1=u_1,\tag{14.3.3}$$

$$S_{2n+1}=S_{2n}+u_{2n+1}>S_{2n}\geqslant S_2=u_2-u_1\geqslant 0.\tag{14.3.4}$$

于是由单调有界原理知 $\{S_{2n}\}$ 与 $\{S_{2n+1}\}$ 的极限均存在, 设

$$\lim_{n\to\infty}S_{2n}=a,\quad \lim_{n\to\infty}S_{2n+1}=b.$$

则由式 (14.3.4) 知, $a,b\geqslant 0$, 且

$$b-a=\lim_{n\to\infty}(S_{2n+1}-S_{2n})=\lim_{n\to\infty}u_{2n+1}=0,$$

即 $\sum\limits_{n=1}^{\infty}(-1)^{n+1}u_n$ 的和为 $S=a=b$. □

注 14.3.1 (1) 据 $\{S_{2n}\}$ 和 $\{S_{2n+1}\}$ 的单调性知,

$$0\leqslant u_1-u_2\leqslant S_{2n}\leqslant S\leqslant S_{2n+1}\leqslant u_1.\tag{14.3.5}$$

再由

$$0\leqslant S-S_{2n}\leqslant S_{2n+1}-S_{2n}=u_{2n+1},$$

$$0\leqslant S_{2n+1}-S\leqslant S_{2n+1}-S_{2n+2}=u_{2n+2},$$

得

$$|r_n|=|S-S_n|\leqslant u_{n+1},\tag{14.3.6}$$

即 Leibniz 级数的第 n 个余项 r_n 的绝对值不超过第 $n+1$ 项的绝对值.

(2) 定理中条件 (1) 是必要的, 而条件 (2) 是非必要的, 参见习题.

例 14.3.1 证明下列交错级数收敛：

(1) $\sum\limits_{n=1}^{\infty}(-1)^{n-1}\dfrac{1}{n}$; (2) $\sum\limits_{n=1}^{\infty}(-1)^{n+1}\dfrac{n}{10^n}$; (3) $\sum\limits_{n=2}^{\infty}(-1)^{n}\dfrac{\ln n}{n}$.

证明 (1) 和 (2) 两级数显然是 Leibniz 级数, 故收敛. 下面仅证明 (3) 收敛.

要证 (3), 显然只要证 $u_n=\dfrac{\ln n}{n}$ 单调递减. 令 $f(x)=\dfrac{\ln x}{x}$, 则 $f'(x)=\dfrac{1-\ln x}{x^2}<0,\forall x\in(\mathrm{e},+\infty)$, 因此从第 3 项开始, u_n 单调递减. □

例 14.3.2 证明: 级数 $\sum\limits_{n=1}^{\infty}\sin(\sqrt{n^2+1}\pi)$ 收敛.

证明 易知

$$\sin(\sqrt{n^2+1}\pi)=(-1)^n\sin(\sqrt{n^2+1}-n)\pi=(-1)^n\sin\frac{\pi}{\sqrt{n^2+1}+n}.$$

显然 $\{\sin\dfrac{\pi}{\sqrt{n^2+1}+n}\}$ 是单调递减数列, 且

$$\lim_{n\to\infty}\sin\frac{\pi}{\sqrt{n^2+1}+n}=0,$$

所以 $\sum\limits_{n=1}^{\infty}\sin(\sqrt{n^2+1}\pi)$ 是 Leibniz 级数, 由定理 14.3.1可知它是收敛的. □

§14.3.2 Abel 判别法与 Dirichlet 判别法

类似于反常积分的 A-D 判别法, 本小节针对形如 $\sum\limits_{n=1}^{\infty} a_n b_n$ 的级数, 简要介绍 Abel 判别法与 Dirichlet 判别法, 其基本想法是利用级数 $\sum\limits_{n=1}^{\infty} a_n$ 和 $\sum\limits_{n=1}^{\infty} b_n$ 的性质来判断级数 $\sum\limits_{n=1}^{\infty} a_n b_n$ 的收敛性. 证明见定理 17.4.1.

定理 14.3.2 (级数的 A-D 判别法 (A-D test)) 若下列两个条件之一满足, 则级数 $\sum\limits_{n=1}^{\infty} a_n b_n$ 收敛:

(1) (Abel 判别法 (Abel test)) $\{a_n\}$ 单调有界, $\sum\limits_{n=1}^{\infty} b_n$ 收敛;

(2) (Dirichlet 判别法 (Dirichlet test)) $\{a_n\}$ 单调趋于 0, 部分和数列 $\{\sum\limits_{i=1}^{n} b_i\}$ 有界.

注 14.3.2 (1) Leibniz 判别法与 Abel 判别法都可由 Dirichlet 判别法推出. 请读者自证.

(2) 若 $\sum\limits_{n=1}^{\infty} b_n$ 收敛, 则 $\sum\limits_{n=1}^{\infty} \dfrac{b_n}{n^p}(p \geqslant 0)$, $\sum\limits_{n=1}^{\infty} \dfrac{n}{n+1} b_n$ 和 $\sum\limits_{n=1}^{\infty} \left(1+\dfrac{1}{n}\right)^n b_n$ 等均收敛. 进一步, 只要级数 $\sum\limits_{n=1}^{\infty} b_n$ 的部分和数列有界, 则级数 $\sum\limits_{n=1}^{\infty} \dfrac{b_n}{n^p}(p > 0)$ 收敛.

例 14.3.3 研究级数 $\sum\limits_{n=1}^{\infty} \dfrac{\sin nx}{n}$ 和 $\sum\limits_{n=1}^{\infty} \dfrac{\cos nx}{n}$ 的敛散性.

解 对一切 $n \in \mathbb{N}^+$ 和 $x \in \mathbb{R}$, 有

$$2\sin\frac{x}{2} \cdot \sum_{k=1}^{n} \sin kx = \cos\frac{x}{2} - \cos\frac{2n+1}{2}x, \tag{14.3.7}$$

于是当 $x \neq 2m\pi$ (m 是整数) 时,

$$\left|\sum_{k=1}^{n} \sin kx\right| \leqslant \frac{1}{\left|\sin\frac{x}{2}\right|},$$

而 $x = 2m\pi$ 时, $\sum\limits_{k=1}^{n} \sin kx = 0$. 故对任意给定的 $x \in \mathbb{R}$, 部分和数列 $\{\sum\limits_{k=1}^{n} \sin kx\}$ 有界, 由 Dirichlet 判别法知, $\sum\limits_{n=1}^{\infty} \dfrac{\sin nx}{n}$ 收敛.

同理可证, 对一切 $x \neq 2m\pi$, $\sum\limits_{n=1}^{\infty} \dfrac{\cos nx}{n}$ 收敛, 而当 $x = 2m\pi$ 时, 级数显然发散.

同例 14.3.3的讨论, 只要 $\{a_n\}$ 单调趋于 0, 则对一切实数 x, $\sum\limits_{n=1}^{\infty} a_n \sin nx$ 收敛, 而当 $x \neq 2k\pi$ 时, 级数 $\sum\limits_{n=1}^{\infty} a_n \cos nx$ 收敛.

例 14.3.4 讨论下列级数的敛散性

(1) $\sum\limits_{n=1}^{\infty} (-1)^n \left(1+\dfrac{1}{n}\right)^n \dfrac{1}{\sqrt{n}}$; (2) $1+\dfrac{1}{2}-\dfrac{1}{3}-\dfrac{1}{4}+\dfrac{1}{5}+\dfrac{1}{6}-\dfrac{1}{7}-\dfrac{1}{8}+\cdots$.

解 (1) 首先, 由 Leibniz 判别法知, 级数 $\sum\limits_{n=1}^{\infty} (-1)^n \dfrac{1}{\sqrt{n}}$ 收敛. 又因为数列 $\left\{\left(1+\dfrac{1}{n}\right)^n\right\}$ 单增有界, 于是由 Abel 判别法, 级数 $\sum\limits_{n=1}^{\infty} (-1)^n \left(1+\dfrac{1}{n}\right)^n \dfrac{1}{\sqrt{n}}$ 收敛.

(2) 首先我们把该级数视为形如 $\sum\limits_{n=1}^{\infty} a_n b_n$ 的级数, 其中 $a_n = \dfrac{1}{n}$, $b_n = (-1)^{\frac{(n+2)(n+3)}{2}}$, 因为数列 $\{a_n\}$ 单减趋于 0, 级数 $\sum\limits_{n=1}^{\infty} b_n$ 的部分和有界, 由 Dirichlet 判别法知该级数收敛.

§14.3.3 级数的绝对收敛与条件收敛

定义 14.3.2 (绝对收敛与条件收敛) 如果级数 $\sum\limits_{n=1}^{\infty} |x_n|$ 收敛, 则称级数 $\sum\limits_{n=1}^{\infty} x_n$ **是绝对收敛** (absolutely convergent). 如果级数 $\sum\limits_{n=1}^{\infty} x_n$ 收敛, 而级数 $\sum\limits_{n=1}^{\infty} |x_n|$ 发散, 则称 $\sum\limits_{n=1}^{\infty} x_n$ 是**条件收敛** (conditionally convergent) .

由定义, 级数 $\sum\limits_{n=1}^{\infty}(-1)^{n+1}\dfrac{1}{n}$ 条件收敛, 级数 $\sum\limits_{n=1}^{\infty}(-1)^{n+1}\dfrac{1}{n^2}$ 绝对收敛.

定理 14.3.3 绝对收敛的级数一定收敛.

证明 由 $|x_{n+1} + \cdots + x_{n+p}| \leqslant |x_{n+1}| + \cdots + |x_{n+p}|$ 及 Cauchy 收敛准则即得证. □

例 14.3.5 讨论级数 $\sum\limits_{n=1}^{\infty} \dfrac{(-1)^{n+1}}{n^p}(p > 0)$ 的敛散性, 包括绝对收敛与条件收敛.

解 $\left|\dfrac{(-1)^{n+1}}{n^p}\right| = \dfrac{1}{n^p}$, 当 $p > 1$ 时, $\sum\limits_{n=1}^{\infty} \dfrac{1}{n^p}$ 收敛, 所以 $\sum\limits_{n=1}^{\infty} \dfrac{(-1)^{n+1}}{n^p}$ 绝对收敛.

当 $p \leqslant 1$ 时, $\dfrac{1}{n^p} \geqslant \dfrac{1}{n}$, 所以 $\sum\limits_{n=1}^{\infty} \dfrac{1}{n^p}$ 发散.

又 $0 < p \leqslant 1$ 时, $\sum\limits_{n=1}^{\infty} \dfrac{(-1)^{n+1}}{n^p}$ 是 Leibniz 级数, 故收敛, 因此 $\sum\limits_{n=1}^{\infty} \dfrac{(-1)^{n+1}}{n^p}$ 条件收敛.

例 14.3.6 讨论级数 $\sum\limits_{n=1}^{\infty} \dfrac{x^n}{n^p}$ 的敛散性, 包括绝对收敛与条件收敛.

解 对 $\sum\limits_{n=1}^{\infty} \left|\dfrac{x^n}{n^p}\right| = \sum\limits_{n=1}^{\infty} \dfrac{|x|^n}{n^p}$ 应用 Cauchy 判别法. 由 $\lim\limits_{n\to\infty} \sqrt[n]{\dfrac{|x|^n}{n^p}} = |x|$ 可知:

$|x| < 1$时, 对任何实数 p, 级数收敛, 且绝对收敛;

$|x| > 1$时, 对任何实数 p, 级数发散 (通项不趋于 0);

$$x = 1\text{时}, \begin{cases} p > 1, & \text{级数收敛}, \\ p \leqslant 1, & \text{级数发散}; \end{cases}$$

$$x = -1\text{时}, \begin{cases} p > 1, & \text{级数收敛（绝对收敛）}, \\ 0 < p \leqslant 1, & \text{级数收敛（条件收敛）}, \\ p \leqslant 0, & \text{级数发散}. \end{cases}$$

例 14.3.7 讨论级数 $\sum\limits_{n=1}^{\infty} \dfrac{\sin nx}{n^p}$ $(p > 0, 0 < x < \pi)$ 的敛散性（包括绝对收敛与条件收敛）.

解 当 $p > 1$ 时, 由 $\dfrac{|\sin nx|}{n^p} \leqslant \dfrac{1}{n^p}$ 可知, 级数 $\sum\limits_{n=1}^{\infty} \dfrac{\sin nx}{n^p}$ 绝对收敛.

当 $0 < p \leqslant 1$ 时, 类似于例 14.3.3, 级数 $\sum\limits_{n=1}^{\infty} \dfrac{\sin nx}{n^p}$ 收敛. 进一步,

$$\frac{|\sin nx|}{n^p} \geqslant \frac{\sin^2 nx}{n^p} = \frac{1}{2n^p} - \frac{\cos 2nx}{2n^p},$$

所以由 Dirichlet 判别法同样可知, 对 $0<x<\pi$, 级数 $\sum\limits_{n=1}^{\infty}\dfrac{\cos 2nx}{2n^p}$ 收敛. 但 $\sum\limits_{n=1}^{\infty}\dfrac{1}{2n^p}$ 发散, 故级数 $\sum\limits_{n=1}^{\infty}\dfrac{|\sin nx|}{n^p}$ 发散, 即当 $0<p\leqslant 1$ 时, 级数 $\sum\limits_{n=1}^{\infty}\dfrac{\sin nx}{n^p}$ 条件收敛.

§14.3.4 级数的重排

我们知道, 有限个数相加时, 被加项可以任意交换次序而不影响其和, 这个性质称为加法交换律. 对无限和, 即级数, 一般来说, 不满足加法交换律. 事实上, 如果只交换级数中有限多项的次序, 那么既不改变级数的收敛性, 也不改变其和. 但若交换无穷多项, 不仅和可能不同, 甚至收敛性也会改变.

交换级数中项的次序我们称之为重排或更序. 具体来说, 给定级数 $\sum\limits_{n=1}^{\infty}a_n$, 设 $f:\mathbb{N}^+\to\mathbb{N}^+$ 是双射, 则级数 $\sum\limits_{n=1}^{\infty}a_{f(n)}$, 也记为 $\sum\limits_{n=1}^{\infty}a'_n$, 称为级数 $\sum\limits_{n=1}^{\infty}a_n$ 的一个**重排** (rearrangement) 级数或**更序**级数.

例如, 级数

$$\frac{1}{2^2}+1+\frac{1}{4^2}+\frac{1}{3^2}+\cdots$$

是级数

$$1+\frac{1}{2^2}+\frac{1}{3^2}+\frac{1}{4^2}+\cdots$$

的一个重排或更序.

例 14.3.8 我们已经知道 Leibniz 级数

$$\sum_{n=1}^{\infty}\frac{(-1)^{n+1}}{n}=1-\frac{1}{2}+\frac{1}{3}-\frac{1}{4}+\cdots \tag{14.3.8}$$

是条件收敛的, 其和为 $\ln 2$. 现在考虑其重排级数, 或更序级数

$$\sum_{n=1}^{\infty}x'_n=1-\frac{1}{2}-\frac{1}{4}+\frac{1}{3}-\frac{1}{6}-\frac{1}{8}+\cdots+\frac{1}{2k-1}-\frac{1}{4k-2}-\frac{1}{4k}+\cdots. \tag{14.3.9}$$

设 $\sum\limits_{n=1}^{\infty}\dfrac{(-1)^{n+1}}{n}$ 的部分和为 S_n, $\sum\limits_{n=1}^{\infty}x'_n$ 的部分和为 S'_n, 则

$$\begin{aligned}S'_{3n}&=\sum_{k=1}^{n}\left(\frac{1}{2k-1}-\frac{1}{4k-2}-\frac{1}{4k}\right)\\&=\sum_{k=1}^{n}\left(\frac{1}{4k-2}-\frac{1}{4k}\right)=\frac{1}{2}\sum_{k=1}^{n}\left(\frac{1}{2k-1}-\frac{1}{2k}\right)=\frac{1}{2}S_{2n},\end{aligned}$$

于是

$$\lim_{n\to\infty}S'_{3n}=\frac{1}{2}\lim_{n\to\infty}S_{2n}=\frac{1}{2}\ln 2.$$

由于

$$S'_{3n-1}=S'_{3n}+\frac{1}{4n},\quad S'_{3n+1}=S'_{3n}+\frac{1}{2n+1},$$

所以 $\lim\limits_{n\to\infty}S'_n=\dfrac{1}{2}\ln 2$, 即 $\sum\limits_{n=1}^{\infty}x'_n=\dfrac{1}{2}\ln 2$.

同样地, 级数 $\sum\limits_{n=1}^{\infty}\dfrac{(-1)^{n+1}}{n}$ 的另一重排

$$\sum_{n=1}^{\infty}x_n''=1+\frac{1}{3}-\frac{1}{2}+\frac{1}{5}+\frac{1}{7}-\frac{1}{4}+\cdots+\frac{1}{4k-3}+\frac{1}{4k-1}-\frac{1}{2k}+\cdots \tag{14.3.10}$$

收敛于 $\dfrac{3}{2}\ln 2$, 因为

$$\begin{aligned}S_{3n}''&=\sum_{k=1}^{n}\left(\frac{1}{4k-3}+\frac{1}{4k-1}-\frac{1}{2k}\right)\\&=\sum_{k=1}^{n}\left(\frac{1}{4k-3}-\frac{1}{4k-2}+\frac{1}{4k-1}-\frac{1}{4k}\right)+\sum_{k=1}^{n}\left(\frac{1}{4k-2}-\frac{1}{4k}\right)\\&=S_{4n}+\frac{1}{2}S_{2n}\to\frac{3}{2}\ln 2\ \ (n\to\infty).\end{aligned}$$

另外, 由于 $\sum\limits_{n=1}^{\infty}\dfrac{1}{2n-1}=+\infty, \sum\limits_{n=1}^{\infty}(-\dfrac{1}{2n})=-\infty$, 所以我们可以先加奇数项, 使得和大于 3, 然后加上一些偶数项, 使得和小于 -4, 再加上奇数项, 使得和大于 $+5$, 接着再加上一些偶数项, 使得和小于 -6, 如此下去得到 $\sum\limits_{n=1}^{\infty}\dfrac{(-1)^{n+1}}{n}$ 的一个发散的重排.

用同样的方法还可以得到收敛于任意实数 a 的重排. 参见 Riemann 给出的如下令人十分吃惊的定理 (证明见定理 17.4.7).

定理 14.3.4 设级数 $\sum\limits_{n=1}^{\infty}x_n$ 条件收敛, 则对任意给定的常数 $a\ (-\infty\leqslant a\leqslant+\infty)$, 必存在 $\sum\limits_{n=1}^{\infty}x_n$ 的更序级数 $\sum\limits_{n=1}^{\infty}x_n'$, 其和恰为 a.

但对正项级数与绝对收敛级数来说, 重排既不影响它的收敛性, 也不影响它的和.

定理 14.3.5 若级数 $\sum\limits_{n=1}^{\infty}x_n$ 绝对收敛, 则它的更序级数 $\sum\limits_{n=1}^{\infty}x_n'$ 也绝对收敛, 且和不变.

证明见定理 17.4.6.

§14.3.5 级数的乘积

考虑两个收敛的无穷级数如何相乘. 对两个有限和 $\sum\limits_{k=1}^{n}a_k$ 与 $\sum\limits_{k=1}^{m}b_k$, 其乘积是所有可能的乘积 $a_ib_j\ (1\leqslant i\leqslant n, 1\leqslant j\leqslant m)$ 之和. 而对两个收敛的无穷级数 $\sum\limits_{n=1}^{\infty}a_n$ 与 $\sum\limits_{n=1}^{\infty}b_n$, 由于所有诸如 $a_ib_j(i,j=1,2,\cdots)$ 的项有无穷多个, 前面关于级数重排的讨论告诉我们, 相加的次序是必须要考虑的. 排列次序的选择不仅影响和, 还影响收敛性. 我们先将它们排列成下面的无穷矩阵的形式:

$$\begin{matrix}a_1b_1 & a_1b_2 & a_1b_3 & a_1b_4 & \cdots\\ a_2b_1 & a_2b_2 & a_2b_3 & a_2b_4 & \cdots\\ a_3b_1 & a_3b_2 & a_3b_3 & a_3b_4 & \cdots\\ a_4b_1 & a_4b_2 & a_4b_3 & a_4b_4 & \cdots\\ \vdots & \vdots & \vdots & \vdots & \ddots\end{matrix}$$

求和时最具有应用价值的排列次序有如下两种:

(1) 按对角线排列, 这样的乘积称为 Cauchy 乘积 $\sum\limits_{n=1}^{\infty} c_n$, 即

$$\begin{aligned} c_1 &= a_1 b_1, \\ c_2 &= a_2 b_1 + a_1 b_2, \\ &\vdots \\ c_n &= \sum_{i+j=n+1} a_i b_j = a_n b_1 + a_{n-1} b_2 + \cdots + a_1 b_n, \\ &\vdots \end{aligned}$$

(2) 按正方形排列 $\sum\limits_{n=1}^{\infty} d_n$, 即

$$d_1 = a_1 b_1, \quad d_2 = a_1 b_2 + a_2 b_2 + a_2 b_1, \cdots,$$

$$d_n = a_1 b_n + a_2 b_n + \cdots + a_n b_n + a_n b_{n-1} + \cdots + a_n b_1.$$

易知 $\sum\limits_{n=1}^{\infty} d_n$ 的部分和 $\sum\limits_{k=1}^{n} d_k = \left(\sum\limits_{k=1}^{n} a_k\right)\left(\sum\limits_{k=1}^{n} b_k\right)$, 于是有下面的命题.

命题 14.3.1 若 $\sum\limits_{n=1}^{\infty} a_n$ 和 $\sum\limits_{n=1}^{\infty} b_n$ 都收敛, 则按正方形排列的乘积 $\sum\limits_{n=1}^{\infty} d_n$ 必收敛, 且收敛于两级数和的乘积 $\left(\sum\limits_{n=1}^{\infty} a_n\right)\left(\sum\limits_{n=1}^{\infty} b_n\right)$.

但 $\sum\limits_{n=1}^{\infty} a_n$ 与 $\sum\limits_{n=1}^{\infty} b_n$ 的收敛性不足以保证 Cauchy 乘积 $\sum\limits_{n=1}^{\infty} c_n$ 的收敛性, 如下例.

例 14.3.9 设 $\sum\limits_{n=1}^{\infty} a_n = \sum\limits_{n=1}^{\infty} b_n = \sum\limits_{n=1}^{\infty} \dfrac{(-1)^{n+1}}{\sqrt{n}}$, 这两个级数都是收敛的 (显然是条件收敛), 它们的 Cauchy 乘积的通项为

$$c_n = (-1)^{n+1} \sum_{i+j=n+1} \frac{1}{\sqrt{ij}}.$$

注意上面 c_n 的表达式中共有 n 项, 在每一项中, $i+j=n+1$, 因而

$$\sqrt{ij} \leqslant \frac{i+j}{2} = \frac{n+1}{2}.$$

于是有 $|c_n| \geqslant \dfrac{2n}{n+1} > 1$, 故 $\{c_n\}$ 不是无穷小量, 所以 $\sum\limits_{n=1}^{\infty} a_n$ 与 $\sum\limits_{n=1}^{\infty} b_n$ 的 Cauchy 乘积 $\sum\limits_{n=1}^{\infty} c_n$ 发散.

但当 $\sum\limits_{n=1}^{\infty} a_n$ 和 $\sum\limits_{n=1}^{\infty} b_n$ 都绝对收敛时, 这样的情况不会发生. 事实上, 我们有下面的定理.

定理 14.3.6 如果级数 $\sum\limits_{n=1}^{\infty} a_n$ 和 $\sum\limits_{n=1}^{\infty} b_n$ 都绝对收敛, 则将 $a_i b_j (i, j = 1, 2 \cdots)$ 按任意方式排列求和而成的级数也绝对收敛, 而且其和等于 $\left(\sum\limits_{n=1}^{\infty} a_n\right)\left(\sum\limits_{n=1}^{\infty} b_n\right)$.

证明见定理 17.4.8. 该定理表明绝对收敛级数满足乘法对加法的分配律.

下面这个例题可以看作级数乘积, 特别是 Cauchy 乘积的应用.

例 14.3.10 设 $f(x)=\sum\limits_{n=0}^{\infty}\frac{x^n}{n!}$, 则成立关系

$$f(x+y)=f(x)\cdot f(y), \forall x,y\in\mathbb{R}. \tag{14.3.11}$$

证明 因为

$$\lim_{n\to\infty}\frac{\frac{|x|^{n+1}}{(n+1)!}}{\frac{|x|^n}{n!}}=\lim_{n\to\infty}\frac{|x|}{n+1}=0<1\quad(\forall 0\neq x\in\mathbb{R}),$$

利用 D'Alembert 判别法可知, 对一切 $0\neq x\in\mathbb{R}$, 级数 $f(x)=\sum\limits_{n=0}^{\infty}\frac{x^n}{n!}$ 绝对收敛. 又显然 $x=0$ 时级数也收敛, 即 $f(x)$ 在整个实数集上有定义.

现考虑两个绝对收敛级数 $\sum\limits_{n=0}^{\infty}\frac{x^n}{n!}$ 与 $\sum\limits_{n=0}^{\infty}\frac{y^n}{n!}$ 的 Cauchy 乘积. 由定理 14.3.6,

$$\left(\sum_{n=0}^{\infty}\frac{x^n}{n!}\right)\left(\sum_{n=0}^{\infty}\frac{y^n}{n!}\right)=\sum_{n=0}^{\infty}\left(\sum_{k=0}^{n}\frac{x^ky^{n-k}}{k!(n-k)!}\right)=\sum_{n=0}^{\infty}\left(\sum_{k=0}^{n}\frac{C_n^kx^ky^{n-k}}{n!}\right)=\sum_{n=0}^{\infty}\frac{(x+y)^n}{n!},$$

即式 (14.3.11) 成立. □

习题 14.3

A1. 判别下列级数的敛散性:

(1) $\sum\limits_{n=1}^{\infty}(-1)^n\frac{\ln(1+n)}{n}$; (2) $\sum\limits_{n=1}^{\infty}(-1)^n\frac{1}{n-\ln n}$;

(3) $\sum\limits_{n=2}^{\infty}\sin(n\pi+\frac{1}{\ln n})$; (4) $\sum\limits_{n=2}^{\infty}\cos(n\pi+\frac{1}{\ln n})$.

A2. 设正项数列 $\{a_n\}$ 单减, 且 $\sum\limits_{n=1}^{\infty}(-1)^na_n$ 发散, 试问 $\sum\limits_{n=1}^{\infty}\left(\frac{1}{a_n+1}\right)^n$ 是否收敛? 说明理由.

A3. 判别下列级数的敛散性, 收敛时是条件收敛还是绝对收敛 (其中 x 为常数):

(1) $\sum\limits_{n=1}^{\infty}(-1)^n\frac{x+n}{n^2}$; (2) $\sum\limits_{n=1}^{\infty}(-1)^n(1-\cos\frac{x}{n})$;

(3) $\sum\limits_{n=1}^{\infty}(-1)^n\sin\frac{x}{n}$; (4) $\sum\limits_{n=1}^{\infty}(-1)^n\int_0^{\frac{1}{n}}\frac{\sqrt{s}}{1+s^2}\mathrm{d}s$;

(5) $\sum\limits_{n=1}^{\infty}(-1)^n\int_n^{n+1}\frac{\mathrm{e}^{-s}}{s}\mathrm{d}s$; (6) $\sum\limits_{n=1}^{\infty}(-1)^n\frac{|a_n|}{\sqrt{n^2+x}}$, 其中$x>0$, $\sum\limits_{n=1}^{\infty}a_n^2$收敛;

(7) $\sum\limits_{n=2}^{\infty}\frac{(-1)^n}{\sqrt{n}+(-1)^n}$; (8) $\sum\limits_{n=1}^{\infty}\frac{\cos 3n}{n}\left(1+\frac{1}{n}\right)^n$;

(9) $\sum\limits_{n=1}^{\infty}\frac{\sin(2n-1)x}{n}$; (10) $\sum\limits_{n=1}^{\infty}\frac{(-1)^n}{n}\frac{x^n}{1+x^n}$ $(x\geqslant 0)$.

A4. 证明如下命题成立:

(1) 设数列 $\{na_n\}$ 有界, 则 $\sum\limits_{n=1}^{\infty}a_n^2$ 收敛; 若 $\{n^2a_n\}$ 有界, 则 $\sum\limits_{n=1}^{\infty}a_n$ 收敛;

(2) 设数列 $\{a_n\}$ 单调递减, 且 $\lim\limits_{n\to\infty}a_n=0$, 则 $\sum\limits_{n=1}^{\infty}(-1)^n\frac{a_1+a_2+\cdots+a_n}{n}$ 收敛;

(3) 已知级数 $\sum\limits_{n=1}^{\infty}a_n$ 发散, 则级数 $\sum\limits_{n=1}^{\infty}\left(1+\frac{1}{n}\right)a_n$ 也发散.

B5. 设 $f(x)$ 在 $x=0$ 的某邻域内具有连续的二阶导数, 且 $\lim\limits_{x\to 0}\dfrac{f(x)}{x}=0$, 证明: 级数 $\sum\limits_{n=1}^{\infty} f\left(\dfrac{1}{n}\right)$ 绝对收敛.

B6. (1) 证明正项级数的 Raabe 判别法;

(2) 若 $\lim\limits_{n\to\infty} n\Big(\dfrac{b_n}{b_{n+1}}-1\Big)=c>0$, 试证交错级数 $\sum\limits_{n=1}^{\infty}(-1)^{n+1}b_n$ 收敛.

B7. 设函数 $f(x)$ 在 $[a,b]$ 上满足 $a\leqslant f(x)\leqslant b, |f'(x)|\leqslant q<1$. 任取 $u_0\in[a,b]$, 令 $u_n=f(u_{n-1}), n=1,2,\cdots$, 证明: $\sum\limits_{n=1}^{\infty}(u_{n+1}-u_n)$ 绝对收敛.

第 14 章总练习题

1. 判断级数 $\sum\limits_{n=1}^{\infty}(-1)^n(\sqrt{n}\tan\dfrac{1}{\sqrt{n}}-1)$ 是否收敛, 如果收敛, 是绝对收敛还是条件收敛?

2. (1) 设数列 $\{na_n\}$ 收敛, $\sum\limits_{n=1}^{\infty} n(a_n-a_{n-1})$ 收敛, 证明: $\sum\limits_{n=1}^{\infty} a_n$ 收敛;

(2) 设正项级数 $\sum\limits_{n=1}^{\infty} a_n$ 收敛, 且数列 $\{a_n\}$ 单调, 证明: 级数 $\sum\limits_{n=1}^{\infty} n(a_n-a_{n+1})$ 收敛.

3. (1) 设 $\sum\limits_{n=2}^{\infty}(a_n-a_{n-1})$ 收敛, 正项级数 $\sum\limits_{n=1}^{\infty} b_n$ 收敛, 证明: $\sum\limits_{n=1}^{\infty} a_nb_n$ 绝对收敛;

(2) 设级数 $\sum\limits_{n=1}^{\infty} b_n$ 收敛, 且级数 $\sum\limits_{n=1}^{\infty}(a_n-a_{n-1})$ 绝对收敛, 证明: 级数 $\sum\limits_{n=1}^{\infty} a_nb_n$ 收敛;

(3) 设级数 $\sum\limits_{n=1}^{\infty} b_n$ 部分和数列有界, 级数 $\sum\limits_{n=1}^{\infty}(a_n-a_{n-1})$ 绝对收敛, 且 $a_n\to 0(n\to\infty)$. 证明: 级数 $\sum\limits_{n=1}^{\infty} a_nb_n$ 收敛.

4. 证明: 级数

$$C(x)=\sum_{n=0}^{\infty}(-1)^n\frac{x^{2n}}{(2n)!},\quad S(x)=\sum_{n=0}^{\infty}(-1)^n\frac{x^{2n+1}}{(2n+1)!}$$

对所有实数 $x\in\mathbb{R}$ 都绝对收敛, 而且 $S(2x)=2S(x)C(x)$.

5. 设 $p,q>0$, 讨论级数

$$1-\frac{1}{2^q}+\frac{1}{3^p}-\frac{1}{4^q}+\cdots+\frac{1}{(2n-1)^p}-\frac{1}{(2n)^q}+\cdots$$

的绝对收敛与条件收敛性.

6. 设 $f_0\in C[0,a](a>0), f_n(x)=\displaystyle\int_0^x f_{n-1}(s)\mathrm{d}s, x\in[0,a]$, 证明: $\sum\limits_{n=0}^{\infty} f_n(x)$ 在 $[0,a]$ 上绝对收敛.

7. (1) 把级数 $\sum\limits_{n=1}^{\infty}\dfrac{(-1)^{n+1}}{n}$ 按两正两负重排为

$$\sum_{n=1}^{\infty}x_n'=1+\frac{1}{3}-\frac{1}{2}-\frac{1}{4}+\frac{1}{5}+\frac{1}{7}-\frac{1}{6}-\frac{1}{8}+\cdots+\frac{1}{2k-1}+\frac{1}{2k+1}-\frac{1}{2k}-\frac{1}{2k+2}+\cdots$$

证明它收敛并求和;

(2) 把级数 $\sum\limits_{n=1}^{\infty}\dfrac{(-1)^{n+1}}{n}$ 按 p 个正项连 q 个负项进行重排, 证明: 由此得到的更序级数收敛, 并求和.

(3) 设 $\sum\limits_{n=1}^{\infty} a_n$ 是 $\sum\limits_{n=1}^{\infty}\dfrac{(-1)^{n+1}}{n}$ 的一个重排, 其中 $\{a_n\}$ 中正项之间的顺序与负项之间的顺序不变, 又设在 $\sum\limits_{n=1}^{\infty} a_n$ 的前 n 项中有 p_n 个正项, 且极限 $\lim\limits_{n\to\infty}\dfrac{p_n}{n}=p$, 证明: $\sum\limits_{n=1}^{\infty} a_n=\ln 2+\dfrac{1}{2}\ln\dfrac{p}{1-p}$(当 $p=0,1$ 时理解为广义极限);

(4) 将调和级数 $\sum\limits_{n=1}^{\infty}\frac{1}{n}$ 的项改变符号: 每 p 个正项后面为 q 个负项, 如此重复, 但不改变各项原有的顺序. 证明: 所得级数当且仅当 $p=q$ 时收敛.

8. 证明: 级数 $\sum\limits_{n=1}^{\infty}\frac{(-1)^{n-1}}{n}$ 与自身的 Cauchy 乘积是收敛的级数.

9. 求下列级数的乘积:

(1) $\left(\sum\limits_{n=0}^{\infty}\frac{1}{n!}\right)\left(\sum\limits_{n=0}^{\infty}\frac{(-1)^n}{n!}\right)$; (2) $\left(\sum\limits_{n=1}^{\infty}q^n\right)^2$ $(|q|<1)$.

第 15 章　函数项级数

在前面的章节中, 我们已经分别学习了通项为数的序列与级数, 本章我们将学习通项为函数的序列与级数, 分别称为函数列与函数项级数, 它们是研究复杂函数性质的有力工具. 实际上, 在微积分的初创时期, 许多数学家通过微积分的基本运算与级数运算的纯形式的结合, 得到了一些初等函数的幂级数展开式. 1669 年, Newton 在他的《分析学》中, 给出了 $\sin x, \cos x, \arcsin x, \arctan x$ 和 e^x 的级数展开, Leibniz 也在 1673 年独立地得到了类似的结果. 本章主要研究函数列的极限函数与函数项级数的和函数的分析性质. 为此需要引入至关重要的一致收敛的概念.

§15.1　逐点收敛和一致收敛

首先, 介绍逐点收敛、极限函数与和函数的概念.

§15.1.1　逐点收敛与收敛域

设 $\{u_n(x)\}$ 是具有公共定义域 $E \subset \mathbb{R}$ 的一列函数, 称为定义在 E 上的**函数列** (sequence of functions), 而这无穷个函数的“和”

$$u_1(x) + u_2(x) + \cdots + u_n(x) + \cdots, x \in E \tag{15.1.1}$$

称为 E 上的**函数项级数** (series of functions), 记为 $\sum\limits_{n=1}^{\infty} u_n(x)$.

定义 15.1.1　设 $\{u_n(x)\}$ 是 E 上的函数列, $x_0 \in E$. 如果数列 $\{u_n(x_0)\}$ 收敛, 则称 x_0 是函数列 $\{u_n(x)\}$ 的一个**收敛点** (convergence point); 如果级数 $\sum\limits_{n=1}^{\infty} u_n(x_0)$ 收敛, 则称 x_0 是函数项级数 $\sum\limits_{n=1}^{\infty} u_n(x)$ 的一个**收敛点**. 收敛点的全体称为**收敛域** (convergence region).

设 $D \subset E$ 是函数列 $\{u_n(x)\}$ 的收敛域, 则对每个 $x \in D$, 对应一个数 $u(x) = \lim\limits_{n\to\infty} u_n(x)$, 于是得到了 D 上的一个函数 $u(x), x \in D$, 这个函数称为函数列 $\{u_n(x)\}$ 的**极限函数** (limit function). 由于函数列 $\{u_n(x)\}$ 在每一点 $x \in D$ 都收敛于 $u(x)$, 我们称函数列在 D 上逐点收敛, 或点态收敛于 $u(x)$.

同样地, 对函数项级数 $\sum\limits_{n=1}^{\infty} u_n(x)$, 如果 D 是其收敛域, 则我们得到 D 上的一个函数

$$S(x) = \sum_{n=1}^{\infty} u_n(x), x \in D,$$

称其为这个函数项级数的**和函数** (sum function), 也称 $\sum\limits_{n=1}^{\infty} u_n(x)$ 在 D 上逐点收敛于 $S(x)$.

例 15.1.1　求下列函数列的收敛域与极限函数：

(1) $f_n(x) = \dfrac{\sin nx}{n}$, $n = 1, 2, \cdots$;

(2) $f_n(x) = (1-x)x^n$, $n = 1, 2, \cdots$;

(3) $f_n(x)=\dfrac{x^2+2nx}{n}$, $n=1,2,\cdots$.

解 (1) 显然, $\forall x\in\mathbb{R}, f_n(x)=\dfrac{\sin nx}{n}\to 0(n\to\infty)$, 因此收敛域是 $\mathbb{R}$, 极限函数 $f(x)\equiv 0$.

(2) 易见, 收敛域为 $(-1,1]$, 且极限函数 $f(x)\equiv 0, x\in(-1,1]$.

(3) 由 $f_n(x)=\dfrac{x^2}{n}+2x$ 知, $\lim\limits_{n\to\infty}f_n(x)=2x=f(x)$, $x\in\mathbb{R}$.

例 15.1.2 求下列函数项级数的收敛域：

(1) $\sum\limits_{n=1}^{\infty}x^n$, (2) $\sum\limits_{n=1}^{\infty}\dfrac{x^n}{n}$.

解 (1) 对每个 x, $\sum\limits_{n=1}^{\infty}x^n$ 是一个几何级数, 故函数项级数的收敛域是 $(-1,1)$, 和函数为 $S(x)=\dfrac{x}{1-x}$.

(2) $|u_n(x)|=\dfrac{|x^n|}{n}\leqslant|x|^n$, 所以 $|x|<1$ 时级数 (绝对) 收敛; 而当 $|x|>1$ 时, 由于通项不趋于 0, 所以级数发散.

最后易见, $x=1$ 时级数发散; 而 $x=-1$ 时级数收敛. 所以级数 $\sum\limits_{n=1}^{\infty}\dfrac{x^n}{n}$ 的收敛域是 $[-1,1)$.

如何求极限函数与和函数的定义域, 即函数列与函数项级数的收敛域? 这个问题实际上已经在第 2 章与上一章中解决: 只要把 $x\in E$ 当作参数即可将求收敛域问题化为数列与数项级数的收敛问题. 对函数列与函数项级数, 我们主要关心的是极限函数与和函数的分析性质, 称为函数列与函数项级数的**基本问题**, 这正是本章的重点.

§15.1.2 函数项级数与函数列的基本问题

类似于级数和数列的关系, 函数项级数和函数列也可相互转化. 故下面将根据需要或选择函数项级数或函数列来展开讨论.

我们首先来看连续函数列的极限函数是否连续.

例 15.1.3 设 $f_n(x)=x^n$, 则 $\{f_n(x)\}$ 在区间 $(-1,1]$ 上收敛, 极限函数为

$$f(x)=\lim_{n\to\infty}f_n(x)=\begin{cases}0, & -1<x<1,\\ 1, & x=1.\end{cases}$$

虽然对一切 n, $f_n(x)$ 在 $(-1,1]$ 上连续（也是可导的）, 但极限函数 $f(x)$ 在 $x=1$ 不连续 (当然更谈不上在 $x=1$ 可导).

因此, 连续函数列的极限函数未必连续.

我们再进一步分析极限函数连续的实质.

设函数列 $\{f_n(x)\}$ 的每个函数 $f_n(x)$ 都在 D 上连续, 且 $f_n(x)\to f(x)$ $(n\to\infty), x\in D$, 则“$f(x)$ 在 x_0 点连续”等价于

$$f(x_0)=\lim_{x\to x_0}f(x)=\lim_{x\to x_0}\lim_{n\to\infty}f_n(x),$$

又因为 $f_n(x)$ 在 x_0 点连续, 所以又有

$$f(x_0)=\lim_{n\to\infty}f_n(x_0)=\lim_{n\to\infty}\lim_{x\to x_0}f_n(x),$$

因此

$$\lim_{x\to x_0}\lim_{n\to\infty} f_n(x) = \lim_{n\to\infty}\lim_{x\to x_0} f_n(x). \tag{15.1.2}$$

即“$f(x)$ 在 x_0 点连续”等价于这两个极限可交换次序.

下面的例子不仅说明可导或可积的函数列的极限函数也未必可导或可积, 还进一步说明极限函数即使可导或可积, 求极限与求导或求积分也未必可以交换次序, 即

$$\lim_{n\to\infty}\frac{\mathrm{d}}{\mathrm{d}x}f_n(x) = \frac{\mathrm{d}}{\mathrm{d}x}\lim_{n\to\infty} f_n(x), \tag{15.1.3}$$

$$\lim_{n\to\infty}\int_a^b f_n(x)\mathrm{d}x = \int_a^b \lim_{n\to\infty} f_n(x)\mathrm{d}x, \tag{15.1.4}$$

未必总是成立的.

例15.1.4 设 $f_n(x)=\dfrac{\sin nx}{\sqrt{n}}$, 则 $\{f_n(x)\}$ 在 $(-\infty,+\infty)$ 上收敛, 极限函数为 $f(x)=0$, 从而导函数 $f'(x)=0$. 由于 $f_n'(x)=\sqrt{n}\cos nx$, 因此导函数序列 $\{f_n'(x)\}$ 并不处处收敛, 例如当 $x=0$ 时, $f_n'(0)=\sqrt{n}\to+\infty$.

另外, 即使 $\{f_n'(x)\}$ 收敛, 也未必收敛到 $f'(x)$, 即式 (15.1.3) 未必成立.

例 15.1.5 设 $f_n(x)=\dfrac{1}{n}\arctan x^n, x\in\mathbb{R}$, 因为 $\lim\limits_{n\to\infty} f_n(x)=0$, 所以 $f'(x)=0$. 而 $f_n'(x)=\dfrac{x^{n-1}}{1+x^{2n}}$, 当 $x=1$ 时, $f_n'(1)=\dfrac{1}{2}$, 所以 $\lim\limits_{n\to\infty} f_n'(x)\neq f'(x)$.

对于可积性, 也有类似的情况.

例 15.1.6 设

$$f_n(x)=\begin{cases}1, & 若\ x\cdot n!\ 为整数,\\ 0, & 其他.\end{cases}$$

显然, 对每一个 $n\in\mathbb{N}^+$, $f_n(x)$ 在 $[0,1]$ 上有界, 只有有限个不连续点 $x=\dfrac{k}{n!}, 0\leqslant k\leqslant n!$, 因而是可积的. 下面说明极限函数不可积.

事实上, 当 x 是无理数时, 对一切 n, $f_n(x)=0$, 因此 $f(x)=\lim\limits_{n\to\infty} f_n(x)=0$; 而当 $x\in[0,1]$ 是有理数 $\dfrac{q}{p}$ 时, 则当 $n\geqslant p$ 时, $f_n(x)=1$, 因此 $f(x)=\lim\limits_{n\to\infty} f_n(x)=1$. 所以, $\{f_n(x)\}$ 的极限函数 $f(x)$ 是 Dirichlet 函数, 它在 $[0,1]$ 上是不可积的.

即使 $f(x)$ 在 $[a,b]$ 上可积, 其积分 $\displaystyle\int_a^b f(x)\mathrm{d}x$ 也未必等于函数列积分 $\displaystyle\int_a^b f_n(x)\mathrm{d}x$ 的极限.

例 15.1.7 设 $f_n(x)=nx(1-x^2)^n, x\in[0,1]$, 则 $f(x)=0$, 显然对任意 n, $f_n(x)$ 与 $f(x)$ 都在 $[0,1]$ 上可积, 但是

$$\int_0^1 f_n(x)\mathrm{d}x=\int_0^1 nx(1-x^2)^n\mathrm{d}x=-\frac{n}{2}\int_0^1(1-x^2)^n\mathrm{d}(1-x^2)=\frac{n}{2(n+1)}\to\frac{1}{2}\ (n\to\infty).$$

所以式 (15.1.4) 不成立.

下面再来看函数项级数问题. 首先看和函数的连续性. 设每个 $u_n(x)$ 都在 x_0 点连续, 则和函数 $S(x)$ 在 x_0 点的连续性则表现为求极限运算与无穷求和可交换次序, 即

$$\lim_{x\to x_0}\sum_{n=1}^{\infty}u_n(x)=\lim_{x\to x_0}S(x)=S(x_0)=\sum_{n=1}^{\infty}u_n(x_0)=\sum_{n=1}^{\infty}\lim_{x\to x_0}u_n(x). \tag{15.1.5}$$

我们知道, 对有限和来说, 交换次序自然是成立的, 它就是极限的线性性质:

(1) $\lim\limits_{x\to x_0}[u_1(x)+u_2(x)+\cdots+u_n(x)]=\lim\limits_{x\to x_0}u_1(x)+\lim\limits_{x\to x_0}u_2(x)+\cdots+\lim\limits_{x\to x_0}u_n(x)$.

同样地, 求导数与求积分也有线性性质: (2) $\dfrac{\mathrm{d}}{\mathrm{d}x}[u_1(x)+u_2(x)+\cdots+u_n(x)]=\dfrac{\mathrm{d}}{\mathrm{d}x}u_1(x)+\dfrac{\mathrm{d}}{\mathrm{d}x}u_2(x)+\cdots+\dfrac{\mathrm{d}}{\mathrm{d}x}u_n(x)$;

(3) $\displaystyle\int_a^b[u_1(x)+u_2(x)+\cdots+u_n(x)]\mathrm{d}x=\int_a^b u_1(x)\mathrm{d}x+\int_a^b u_2(x)\mathrm{d}x+\cdots+\int_a^b u_n(x)\mathrm{d}x$,

分别称为逐项求导数或求积分. 但在逐点收敛条件下, 上述逐项求导数或逐项求积分的性质却未被成立. 反例可把前面函数列的例 15.1.3~ 例 15.1.7 改造一下即成为此时级数的反例: $u_n(x)=f_n(x)-f_{n-1}(x),n=1,2,\cdots$.

为了保证极限函数与和函数的分析性质以及的成立, 我们需要引进比逐点收敛更强的收敛性, 即一致收敛. 一致收敛性概念最初由 Stokes 等提出, 1842 年, Weierstrass 给出一致收敛概念的确切表述.

§15.1.3 一致收敛的定义

定义 15.1.2 设 $S_n(x),n=1,2,\cdots$, 以及 $S(x)$ 都是 $D\subset\mathbb{R}$ 的函数, 若对任意给定的 $\varepsilon>0$, 存在仅与 ε 有关的正整数 $N(\varepsilon)$, 使当 $n>N(\varepsilon)$ 时, 对于一切 $x\in D$, 成立

$$|S_n(x)-S(x)|<\varepsilon, \tag{15.1.6}$$

则称函数列 $\{S_n(x)\}$ 在 D 上**一致收敛** (converges uniformly) 于 $S(x)$, 记为

$$S_n(x)\overset{D}{\rightrightarrows}S(x),n\to\infty. \tag{15.1.7}$$

若函数项级数 $\sum\limits_{n=1}^{\infty}u_n(x)$ 的部分和函数序列 $\{S_n(x)\}$ 在 D 上一致收敛于 $S(x)$, 则我们称函数项级数 $\sum\limits_{n=1}^{\infty}u_n(x)$ 在 D 上一致收敛于 $S(x)$.

用符号表述就是

$S_n(x)\overset{D}{\rightrightarrows}S(x)\iff\forall\varepsilon>0,\exists N,\forall n>N,\forall x\in D:|S_n(x)-S(x)|<\varepsilon$;

$\sum\limits_{k=1}^{\infty}u_n(x)\overset{D}{\rightrightarrows}S(x)\iff\forall\varepsilon>0,\exists N,\forall n>N,\forall x\in D:\left|\sum\limits_{k=1}^{n}u_k(x)-S(x)\right|=|S_n(x)-S(x)|<\varepsilon$.

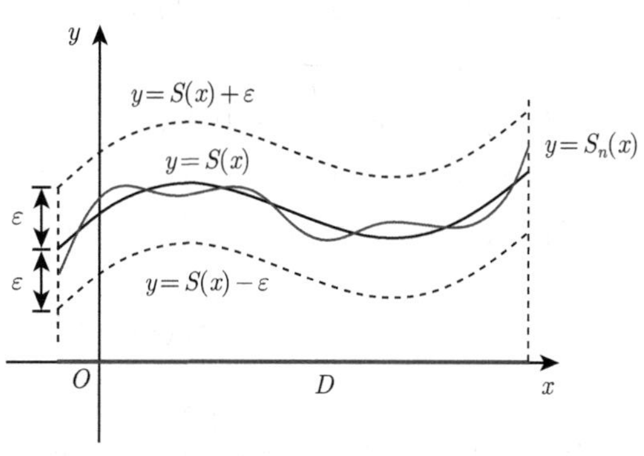

图 15.1.1

图 15.1.1 描绘了一致收敛性的几何意义: 对任意给定的 $\varepsilon>0$, 存在统一的 $N=N(\varepsilon)$, 当 $n>N(\varepsilon)$ 时, 函数 $y=S_n(x)(x\in D\subset\mathbb{R})$ 的图像都落在如下的带状区域中:

$$\{(x,y)|x\in D,S(x)-\varepsilon<y<S(x)+\varepsilon\}.$$

注 15.1.1 由定义 15.1.2 知, 一致收敛蕴含收敛, 但反之未必成立, 可参见下一小节中的反例.

§15.1.4　函数列一致收敛性判别

判别一致收敛性既是难点, 更是重点.

1. 用定义来讨论函数列的一致收敛性与非一致收敛性

根据定义容易判断, 例 15.1.4 和例 15.1.5 中的函数列 $\{f_n(x)\}$ 都是一致收敛于 0 的, 但例 15.1.5 中的函数列 $\{f_n'(x)\}$ 在 $[0,1]$ 中是收敛而非一致收敛的.

为说明它的非一致收敛性, 我们首先给出非一致收敛的正面陈述:

函数列 $S_n(x) \overset{D}{\not\rightrightarrows} S(x) \iff \exists\varepsilon_0>0, \forall N, \exists n>N, \exists x_n\in D: |S_n(x_n)-S(x_n)|\geqslant\varepsilon_0$;

函数项级数 "$\sum\limits_{k=1}^{\infty} u_n(x)$ 在 D 上非一致收敛于 $S(x)$"

$$\iff \exists\varepsilon_0>0, \forall N, \exists n>N, \exists x_0\in D: \left|\sum_{k=1}^{n} u_k(x_0)-S(x_0)\right| = |S_n(x_0)-S(x_0)|\geqslant\varepsilon_0.$$

例 15.1.8　证明例 15.1.5 中的函数列 $\{f_n'(x)\}$ 在 $[0,1]$ 中是收敛而非一致收敛的.

解　令 $g_n(x)=f_n'(x)=\dfrac{x^{n-1}}{1+x^{2n}}$, 当 $0\leqslant x<1$ 时, $g_n(x)\to 0$, 而当 $x=1$ 时, $g_n(1)=\dfrac{1}{2}$, 所以 $g(1)=\dfrac{1}{2}$, $g(x)=0$, $\forall x\in[0,1)$, 即 $g_n(x)$ 收敛于 $g(x)$.

但 $\{g_n(x)\}$ 在 $[0,1]$ 中是非一致收敛的. 事实上,

$$|g_n(1-\frac{1}{n})-g(1-\frac{1}{n})|=\frac{(1-\frac{1}{n})^{n-1}}{1+(1-\frac{1}{n})^{2n}}\to\frac{\mathrm{e}^{-1}}{1+\mathrm{e}^{-2}},$$

所以存在 $\varepsilon_0=\dfrac{1}{2}\dfrac{\mathrm{e}^{-1}}{1+\mathrm{e}^{-2}}$, 当 n 充分大时都有 $|g_n\left(1-\dfrac{1}{n}\right)-g\left(1-\dfrac{1}{n}\right)|>\varepsilon_0$, 即 $\{g_n(x)\}$ 在 $[0,1]$ 中非一致收敛.

例 15.1.9　考察下列函数列在指定区间上的一致收敛性:

(1) $S_n(x)=\dfrac{x}{1+n^2x^2},\quad x\in(-\infty,+\infty)$;

(2) $S_n(x)=x^n,\quad x\in(0,1)$;

(3) $S_n(x)=n^2x\mathrm{e}^{-n^2x^2},\quad x\in[0,+\infty)$.

解　(1) 显然, $S_n(x)\to S(x)=0\ (n\to\infty)$, 且

$$|S_n(x)-S(x)|=\frac{|x|}{1+n^2x^2}\leqslant\frac{1}{2n},$$

所以 $\forall\varepsilon>0$, 只要取 $N=\left[\dfrac{1}{2\varepsilon}\right]$, 则当 $n>N$ 时, $\forall x\in(-\infty,+\infty)$, 都有 $|S_n(x)-S(x)|<\varepsilon$, 因此 $\{S_n(x)\}$ 在 $(-\infty,+\infty)$ 上一致收敛于 $S(x)=0$.

从几何图像上看 (图 15.1.2), 对任意给定的 $\varepsilon>0$, 只要取 $N=\left[\dfrac{1}{2\varepsilon}\right]$, 则当 $n>N$ 时, 函数 $y=S_n(x), x\in(-\infty,+\infty)$ 的图像都落在带状区域 $\{(x,y)||y|<\varepsilon\}$ 中.

(2) 首先, 显然有 $S(x)=\lim\limits_{n\to\infty}S_n(x)=0, x\in(0,1)$.

其次, 可以按照非一致收敛的正面陈述证明它的非一致收敛性: 取 $x_n = 1-\dfrac{1}{n}$, $\left|S_n(x_n) - S\left(1-\dfrac{1}{n}\right)\right| = \left(1-\dfrac{1}{n}\right)^n \to \mathrm{e}^{-1}$.

再次, 本题由于 $S_n(x)$ 形式比较简单, 也可以直接按照定义来说明非一致收敛性, 即证明公共的 N 是找不到的. 事实上, 对任意给定的 $0<\varepsilon<1$, 要使 $|S_n(x)-S(x)| = x^n < \varepsilon$ 必须 $n > \dfrac{\ln\varepsilon}{\ln x}$. 因此 $N = N(x,\varepsilon)$ 至少须取 $\left[\dfrac{\ln\varepsilon}{\ln x}\right]$. 由于当 $x\to 1^-$ 时, $\dfrac{\ln\varepsilon}{\ln x}\to+\infty$, 于是不可能找到对一切 $x\in(0,1)$ 都适用的 $N = N(\varepsilon)$, 换言之, $\{S_n(x)\}$ 在 $(0,1)$ 内不是一致收敛的, 如图 15.1.3.

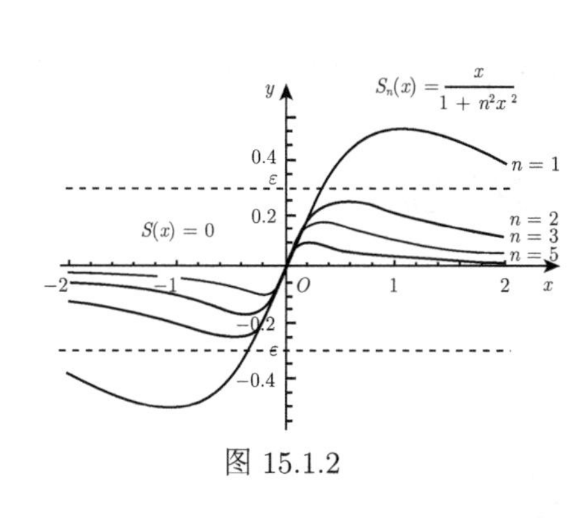

图 15.1.2

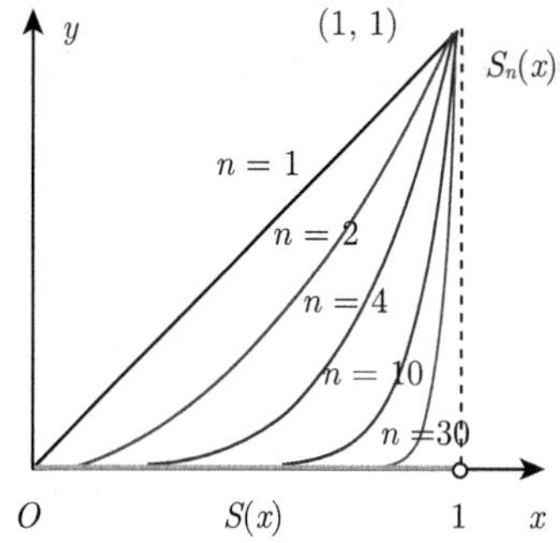

图 15.1.3

(3) 首先我们有 $S(x) = \lim\limits_{n\to\infty} S_n(x) = 0, x\in(0,+\infty)$. 由于

$$|S_n(x)-S(x)| = n^2 x \mathrm{e}^{-n^2x^2},$$

容易验证, $S_n(x)$ 有唯一的极值点 $x_n = \dfrac{1}{\sqrt{2}n}$, 且为最大值点. 在此点有

$$|S_n(x_n)-S(x_n)| = \frac{n}{\sqrt{2}}\mathrm{e}^{-\frac{1}{2}} \to +\infty,$$

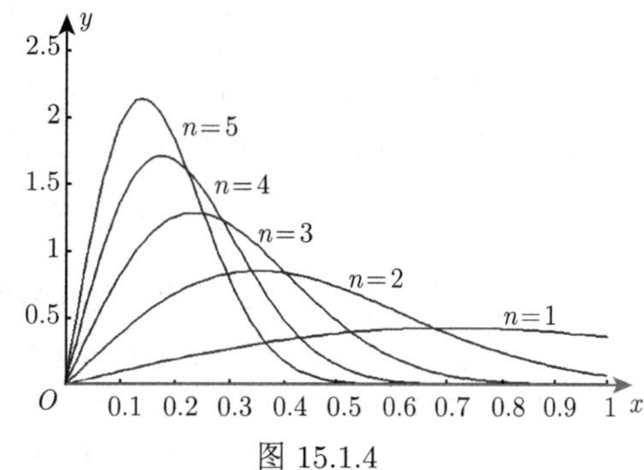

图 15.1.4

即 $\{S_n(x)\}$ 在 $(0,+\infty)$ 上不是一致收敛的, 如图 15.1.4.

对稍微复杂一点的函数列的一致收敛性的判别, 还需要其他方法.

2. 函数列一致收敛的充要条件

这一段介绍函数列一致收敛的两个充要条件.

定理 15.1.1 设函数列 $\{S_n(x)\}$ 在 D 上逐点收敛于 $S(x)$, 记

$$d(S_n,S) = \sup_{x\in D}|S_n(x)-S(x)|, \tag{15.1.8}$$

则 $\{S_n(x)\}$ 在 D 上一致收敛于 $S(x)$ 的充要条件是

$$\lim_{n\to\infty} d(S_n,S) = 0. \tag{15.1.9}$$

证明 设 $\{S_n(x)\}$ 在 D 上一致收敛于 $S(x)$, 则 $\forall\varepsilon>0, \exists N=N(\varepsilon)$, 当 $n>N$ 时, 成立

$$|S_n(x)-S(x)|<\frac{\varepsilon}{2},\quad \forall x\in D.$$

于是当 $n>N$ 时, $d(S_n,S)\leqslant\frac{\varepsilon}{2}<\varepsilon$, 这就说明式 (15.1.9) 成立.

反过来, 若式 (15.1.9) 成立, 则 $\forall\varepsilon>0, \exists N=N(\varepsilon)$, 当 $n>N$ 时, $d(S_n,S)<\varepsilon$. 此式表明

$$|S_n(x)-S(x)|<\varepsilon,\quad \forall x\in D,$$

所以 $\{S_n(x)\}$ 在 D 上一致收敛于 $S(x)$. □

利用定理 15.1.1来重新讨论例 15.1.9.

例 15.1.10 (1) 对于例 15.1.9(1) 中的 $S_n(x)=\dfrac{x}{1+n^2x^2}, x\in(-\infty,+\infty)$, 由于

$$|S_n(x)-S(x)|=\frac{|x|}{1+n^2x^2}\leqslant\frac{1}{2n},$$

等号成立当且仅当 $x=\pm\dfrac{1}{n}$, 可知

$$d(S_n,S)=\frac{1}{2n}\to 0\quad(n\to\infty),$$

因此 $\{S_n(x)\}$ 在 $(-\infty,+\infty)$ 上一致收敛于 $S(x)=0$.

(2) 对于例 15.1.9(2) 中的 $S_n(x)=x^n, x\in(0,1)$, 由于

$$d(S_n,S)=\sup_{0\leqslant x<1}x^n=1\nrightarrow 0\quad(n\to\infty),$$

所以 $\{S_n(x)\}$ 在 $(0,1)$ 上不是一致收敛的.

(3) 对于例 15.1.9(3) 中的 $S_n(x)=n^2x\mathrm{e}^{-n^2x^2},\quad x\in[0,+\infty)$, 由于

$$d(S_n,S)=\frac{n}{\sqrt{2}}\mathrm{e}^{-\frac{1}{2}}\to\infty,$$

所以 $\{S_n(x)\}$ 在 $(0,+\infty)$ 上不是一致收敛的.

事实上, $\{S_n(x)\}$ 在任意包含 $x=0$ 或以 $x=0$ 为端点的区间上都不是一致收敛的.

定义 15.1.3 若对于任意给定的闭区间 $[a,b]\subset D$, 函数序列 $\{S_n(x)\}$ 在 $[a,b]$ 上一致收敛于 $S(x)$, 则称 $\{S_n(x)\}$ 在 D 上**内闭一致收敛** (inner closed uniformly convergent) 于 $S(x)$.

显然, 在 D 上一致收敛的函数序列必在 D 上内闭一致收敛, 但其逆命题不成立. 如例 15.1.9的 (2)(3) 都是内闭一致收敛, 但非一致收敛. 见下面的例 15.1.11.

例 15.1.11 (1) 若将例 15.1.9(2) 中 $\{S_n(x)\}$ 限制在任意有限闭区间 $[a,b]\subset[0,1)$ 上, 由于

$$d(S_n,S)=\sup_{a\leqslant x\leqslant b}x^n=b^n\to 0\quad(n\to\infty),$$

所以 $\{S_n(x)\}$ 在 $[a,b]$ 上一致收敛, 即 $\{S_n(x)\}$ 在 $[0,1)$ 上内闭一致收敛.

(2) 若将例 15.1.9(3) 中 $\{S_n(x)\}$ 限制在任意有限闭区间 $[\rho,A](0<\rho<A<+\infty)$ 上, 则易知, 当 $n>\dfrac{1}{\sqrt{2}\rho}$ 时, $|S_n(x)-S(x)|$ 在 $[\rho,A]$ 上单调递减, 从而

$$d(S_n, S) = n^2\rho e^{-n^2\rho^2} \to 0 \quad (n \to \infty),$$

这说明 $\{S_n(x)\}$ 在 $[\rho, A]$ 上一致收敛于 $S(x) = 0$. 即 $\{S_n(x)\}$ 在 $(0, \infty)$ 上内闭一致收敛.

下面再举几个有关函数列一致收敛的例子.

例 15.1.12 考察下列函数列在指定区间上的一致收敛性:

(1) $S_n(x) = (1-x)x^n, \quad x \in [0,1]$;

(2) $S_n(x) = \dfrac{n+x^2}{nx}, \quad x \in (0,1)$;

(3) $S_n(x) = \dfrac{1}{1+nx}, \quad x \in (0,1)$.

解 (1) 由例 15.1.1知, $S_n(x) \to S(x) = 0(n \to \infty)$, $x \in [0,1]$, 且易知 $|S_n(x) - S(x)| = (1-x)x^n$ 在 $x = \dfrac{n}{1+n}$ 处取到最大值, 于是

$$d(S_n, S) = \left(1 - \frac{n}{n+1}\right)\left(\frac{n}{n+1}\right)^n \to 0 \quad (n \to \infty),$$

这说明 $\{S_n(x)\}$ 在 $[0,1]$ 上一致收敛于 $S(x) = 0$.

(2) 由于

$$\lim_{n\to\infty} S_n(x) = \lim_{n\to\infty}\left(\frac{1}{x} + \frac{x}{n}\right) = \frac{1}{x}, \quad x \in (0,1),$$

所以

$$d(S_n, S) = \sup_{0<x<1}\left|\frac{n+x^2}{nx} - \frac{1}{x}\right| = \sup_{0<x<1}\left|\frac{x}{n}\right| \leqslant \frac{1}{n} \to 0 \ (n \to \infty),$$

这说明 $\{S_n(x)\}$ 在 $(0,1)$ 内一致收敛于 $S(x) = \dfrac{1}{x}$.

(3) 由于

$$\lim_{n\to\infty} S_n(x) = \lim_{n\to\infty} \frac{1}{1+nx} = 0, \quad x \in (0,1),$$

所以

$$d(S_n, S) = \sup_{0<x<1}\left|\frac{1}{1+nx}\right| \geqslant \frac{1}{1+n\cdot\dfrac{1}{n}} = \frac{1}{2},$$

这说明 $\lim\limits_{n\to\infty} d(S_n, S) \neq 0$, 所以 $\{S_n(x)\}$ 在 $(0,1)$ 内不一致收敛.

下面的结果是定理 15.1.1 的序列说法, 常用来证明函数序列的非一致收敛性.

定理 15.1.2 设函数列 $\{S_n(x)\}$ 在 D 上逐点收敛于 $S(x)$, 则 $\{S_n(x)\}$ 在 D 上一致收敛于 $S(x)$ 的充要条件是对任意数列 $\{x_n\} \subset D$, 成立

$$\lim_{n\to\infty}(S_n(x_n) - S(x_n)) = 0. \tag{15.1.10}$$

证明 **必要性** 设 $\{S_n(x)\}$ 在 D 上一致收敛于 $S(x)$, 则由式 (15.1.9) 得到

$$d(S_n, S) = \sup_{x\in D}|S_n(x) - S(x)| \to 0 \quad (n \to \infty).$$

于是对任意数列 $\{x_n\}, x_n \in D$, 成立

$$|S_n(x_n) - S(x_n)| \leqslant d(S_n, S) \to 0 \quad (n \to \infty),$$

即式 (15.1.10) 成立.

充分性 我们采用反证法. 假定 $\{S_n(x)\}$ 在 D 上不一致收敛于 $S(x)$, 则

$$\exists\varepsilon_0>0,\forall N,\exists n>N,\exists x_n\in D:|S_n(x_n)-S(x_n)|\geqslant\varepsilon_0.$$

于是, 下述步骤可以依次进行:

取 $N_1=1$, 则 $\exists n_1>1$ 和 $x_{n_1}\in D:|S_{n_1}(x_{n_1})-S(x_{n_1})|\geqslant\varepsilon_0$,

取 $N_2=n_1$, 则 $\exists n_2>n_1$ 和 $\exists x_{n_2}\in D:|S_{n_2}(x_{n_2})-S(x_{n_2})|\geqslant\varepsilon_0$,

⋮

取 $N_k=n_{k-1}$, 则 $\exists n_k>n_{k-1},\exists x_{n_k}\in D:|S_{n_k}(x_{n_k})-S(x_{n_k})|\geqslant\varepsilon_0$.

⋮

对于 $m\neq n_1,n_2,\cdots,n_k,\cdots$, 可以任取 $x_m\in D$, 这样就得到数列 $\{x_n\}\subset D$, 由于它的子列 $\{x_{n_k}\}$ 满足

$$|S_{n_k}(x_{n_k})-S(x_{n_k})|\geqslant\varepsilon_0,$$

此与式 (15.1.10) 矛盾. □

例 15.1.13 证明下列函数列在指定区间上的非一致收敛性:

(1) $S_n(x)=x^n,\ x\in[0,1)$;

(2) $S_n(x)=\dfrac{nx}{1+n^2x^2},\ x\in(0,+\infty)$;

(3) $S_n(x)=nx(1-x^2)^n,x\in[0,1]$.

解 (1) 这个例子已经在例 15.1.9(2) 中讨论过, 现在用定理 15.1.2 重新讨论.

由于 $S(x)=\lim\limits_{n\to\infty}S_n(x)=0,\ x\in(0,1)$, 取 $x_n=1-\dfrac{1}{n}\in(0,1)$, 则

$$S_n(x_n)-S(x_n)=\left(1-\frac{1}{n}\right)^n\to\mathrm{e}^{-1}\neq0\ \ (n\to\infty),$$

所以 $\{S_n(x)\}$ 在 $(0,1)$ 上不一致收敛.

(2) 由于 $S(x)=\lim\limits_{n\to\infty}S_n(x)=0,\ x\in(0,+\infty)$, 取 $x_n=\dfrac{1}{n}\in(0,+\infty)$, 则

$$S_n(x_n)-S(x_n)=\frac{1}{2}\nrightarrow0,$$

所以 $\{S_n(x)\}$ 在 $(0,+\infty)$ 上不一致收敛.

(3) 由于 $S(x)=\lim\limits_{n\to\infty}S_n(x)=0,\ x\in[0,1]$, 取 $x_n=\dfrac{1}{n}$, 则

$$S_n(x_n)-S(x_n)=\left(1-\frac{1}{n^2}\right)^n\to1\neq0\ \ (n\to\infty),$$

所以 $\{S_n(x)\}$ 在 $[0,1]$ 上不一致收敛.

§15.1.5 函数项级数一致收敛性的判别

如果函数项级数的余项 $r_n(x)$ 易于估计, 则可以应用函数列一致收敛的判别法: $|S_n(x)-S(x)|=|r_n(x)|$. 来看下面的一个例子. 这是一个交错级数, 其余项的估计是已知的.

例15.1.14 对于函数项级数 $\sum\limits_{n=1}^{\infty}\dfrac{(-1)^{n-1}}{n+x},x\in[0,+\infty)$, 设其部分和函数列为 $\{S_n(x)\}$, 和函数为 $S(x)$, 由于这是一个交错级数, 所以由式 (14.3.6) 知

$$|S_n(x)-S(x)|=|r_n(x)|\leqslant\frac{1}{n+1+x}\leqslant\frac{1}{n+1},$$

因此 $\lim\limits_{n\to\infty}d(S_n,S)=0$, 从而级数 $\sum\limits_{n=1}^{\infty}\dfrac{(-1)^{n-1}}{n+x}$ 在 $[0,+\infty)$ 上一致收敛.

此外, 等比级数的余项也是容易估计的, 参见下面的例 15.1.15(2). 本小节要在上一小节的基础上介绍针对其他一些函数项级数的一致收敛的判别方法.

1. 函数项级数一致收敛的 Cauchy 收敛准则

数项级数收敛的 Cauchy 收敛准则可推广到函数项级数的一致收敛性.

定理 15.1.3 (函数项级数一致收敛的 Cauchy 收敛准则) 函数项级数 $\sum\limits_{n=1}^{\infty} u_n(x)$ 在 D 上一致收敛的充分必要条件是: $\forall \varepsilon > 0, \exists N = N(\varepsilon)$, 使对任意正整数 $m > n > N$, 与 $\forall x \in D$, 成立

$$|u_{n+1}(x) + u_{n+2}(x) + \cdots + u_m(x)| < \varepsilon. \tag{15.1.11}$$

证明 **必要性** 设 $\sum\limits_{n=1}^{\infty} u_n(x)$ 在 D 上一致收敛, 记其和函数为 $S(x), x \in D$. 则对任意给定的 $\varepsilon > 0$, 存在正整数 $N = N(\varepsilon)$, 使得对一切 $n > N$ 与一切 $x \in D$, 成立

$$\left|\sum_{k=1}^{n} u_k(x) - S(x)\right| < \frac{\varepsilon}{2}.$$

于是, $\forall m > n > N, \forall x \in D$, 有

$$\begin{aligned}|u_{n+1}(x) + u_{n+2}(x) + \cdots + u_m(x)| &= \left|\sum_{k=1}^{m} u_k(x) - \sum_{k=1}^{n} u_k(x)\right| \\ \leqslant \left|\sum_{k=1}^{m} u_k(x) - S(x)\right| &+ \left|\sum_{k=1}^{n} u_k(x) - S(x)\right| < \varepsilon.\end{aligned}$$

因此式 (15.1.11) 成立.

充分性 设 $\forall \varepsilon > 0, \exists N = N(\varepsilon)$, 使得 $\forall m > n > N$ 与 $\forall x \in D$, 式 (15.1.11) 成立, 固定 $x \in D$, 则 $\sum\limits_{n=1}^{\infty} u_n(x)$ 满足数项级数的 Cauchy 收敛准则, 因而收敛. 设 $S(x) = \sum\limits_{n=1}^{\infty} u_n(x), x \in D$. 由式 (15.1.11) 知,

$$\left|\sum_{k=1}^{m} u_k(x) - \sum_{k=1}^{n} u_k(x)\right| < \varepsilon,$$

固定 n, 令 $m \to \infty$, 则得到

$$\left|\sum_{k=1}^{n} u_k(x) - S(x)\right| \leqslant \varepsilon, \quad \forall x \in D,$$

所以 $\sum\limits_{n=1}^{\infty} u_n(x)$ 在 D 上一致收敛于 $S(x)$. □

推论 15.1.1 函数项级数 $\sum\limits_{n=1}^{\infty} u_n(x)$ 在 D 上一致收敛的必要条件是: $u_n(x) \overset{D}{\rightrightarrows} 0 (n \to \infty)$.

推论 15.1.2 函数列一致收敛的 Cauchy 收敛原理 : 函数序列 $\{S_n(x)\}$ 在 D 上一致收敛 $\Longleftrightarrow \forall \varepsilon > 0, \exists N, \forall m > n > N, \forall x \in D : |S_m(x) - S_n(x)| < \varepsilon$.

例 15.1.15　讨论下列级数 $\sum\limits_{n=1}^{\infty} u_n(x)$ 在指定区间上的一致收敛性:

(1) $\sum\limits_{n=1}^{\infty} \mathrm{e}^{-nx}, x \in (0,+\infty)$;

(2) $\sum\limits_{n=1}^{\infty} \dfrac{x^3}{(1+x^3)^n}$, $x \in (0,+\infty)$.

解　(1) 因为 $u_n\left(\dfrac{1}{n}\right) = \mathrm{e}^{-1} \nrightarrow 0 (n \to \infty)$, 即通项在 $(0,+\infty)$ 上不一致收敛于 0, 所以级数在 $(0,+\infty)$ 上非一致收敛.

(2) 容易验证, $0 < \dfrac{x^3}{(1+x^3)^n} \leqslant \dfrac{1}{n}$, 故通项在 $[0,+\infty)$ 上一致收敛于 0. 但

$$\sum_{k=n+1}^{2n} \frac{x^3}{(1+x^3)^k}\bigg|_{x=\frac{1}{\sqrt[3]{n}}} = \frac{1}{n} \sum_{k=n+1}^{2n} \frac{1}{(1+\frac{1}{n})^k} \geqslant \frac{1}{n} \cdot \frac{1}{(1+\frac{1}{n})^{2n}} \cdot n \geqslant \frac{1}{\mathrm{e}^2},$$

所以 $\sum\limits_{n=1}^{\infty} \dfrac{x^3}{(1+x^3)^n}$ 在 $(0,+\infty)$ 上不一致收敛.

本例表明, **通项一致收敛于 0 是函数项级数一致收敛的必要而非充分条件**.

另外, 此级数是等比级数, 易于算出其余项是 $r_n(x) = \dfrac{1}{(1+x^3)^n}$, 它非一致收敛于 0, 所以它在 $(0,+\infty)$ 上不一致收敛.

2. Weierstrass 判别法 (优级数判别法)

定理 15.1.4 (Weierstrass 判别法 (Weierstrass test))　对函数项级数 $\sum\limits_{n=1}^{\infty} u_n(x) (x \in D)$, 若存在收敛的数项级数 $\sum\limits_{n=1}^{\infty} M_n$, 使得对应的通项满足

$$|u_n(x)| \leqslant M_n, \quad \forall x \in D, \forall n \in \mathbb{N}^+, \tag{15.1.12}$$

则 $\sum\limits_{n=1}^{\infty} u_n(x)$ 在 D 上一致收敛.

证明　由于对一切 $x \in D$ 和正整数 $m, n (m > n)$, 有

$$|u_{n+1}(x) + u_{n+2}(x) + \cdots + u_m(x)| \leqslant M_{n+1} + M_{n+2} + \cdots + M_m,$$

所以根据数项级数的 Cauchy 收敛原理和函数项级数的 Cauchy 收敛原理, 即定理 15.1.3, 即得到 $\sum\limits_{n=1}^{\infty} u_n(x)$ 在 D 上一致收敛. □

注 15.1.2　(1) Weierstrass 判别法是一种比较判别法, 又称优级数判别法, 或 M-判别法, 其中比较对象, 即数项级数 $\sum\limits_{n=1}^{\infty} M_n$ 称为函数项级数 $\sum\limits_{n=1}^{\infty} u_n(x), x \in D$ 的优级数. 由证明过程易见, 当 $\sum\limits_{n=1}^{\infty} u_n(x) (x \in D)$ 有优级数时, 不仅 $\sum\limits_{n=1}^{\infty} u_n(x)$ 在 D 上一致收敛, 并且 $\sum\limits_{n=1}^{\infty} |u_n(x)|$ 也在 D 上一致收敛, 此时我们称级数 $\sum\limits_{n=1}^{\infty} u_n(x)$ 在 D 上**绝对一致收敛**.

(2) 不等式 (15.1.12) 可以放宽为从某个自然数开始成立, 并且优级数的选取通常可以通过放大不等式的办法来实现. 特别地, 每个 M_n 可以取 $|u_n(x)|$ 在 D 上的上确界.

例 15.1.16　证明: $\sum\limits_{n=1}^{\infty} \dfrac{\sin nx}{n^2}$ 与 $\sum\limits_{n=1}^{\infty} \dfrac{\cos nx}{n^2}$ 在 $(-\infty,+\infty)$ 上绝对一致收敛.

证明 由

$$\left|\frac{\sin nx}{n^2}\right| \leqslant \frac{1}{n^2}, \quad \left|\frac{\cos nx}{n^2}\right| \leqslant \frac{1}{n^2}$$

及 $\sum\limits_{n=1}^{\infty} \frac{1}{n^2}$ 收敛知, $\sum\limits_{n=1}^{\infty} \frac{\sin nx}{n^2}$ 与 $\sum\limits_{n=1}^{\infty} \frac{\cos nx}{n^2}$ 在 $(-\infty, +\infty)$ 上绝对一致收敛. □

例 15.1.17 证明: $\sum\limits_{n=1}^{\infty} \frac{nx}{1+n^5x^2}$ 在 $(-\infty, +\infty)$ 上绝对一致收敛.

证明 由平均值不等式得

$$\left|\frac{nx}{1+n^5x^2}\right| = \left|\frac{1}{2n^{\frac{3}{2}}} \cdot \frac{2n^{\frac{5}{2}}x}{1+n^5x^2}\right| \leqslant \frac{1}{2n^{\frac{3}{2}}}, \quad x \in (-\infty, +\infty).$$

又 $\sum\limits_{n=1}^{\infty} \frac{1}{2n^{\frac{3}{2}}}$ 收敛, 由 Weierstrass 判别法得 $\sum\limits_{n=1}^{\infty} \frac{nx}{1+n^5x^2}$ 在 $(-\infty, +\infty)$ 上绝对一致收敛. □

例 15.1.18 讨论函数项级数 $\sum\limits_{n=1}^{\infty} x^{\alpha}\mathrm{e}^{-nx}$ $(\alpha > 0)$ 在 $(0, +\infty)$ 上的一致收敛性.

解 设 $u_n(x) = x^{\alpha}\mathrm{e}^{-nx}$, 由 $u_n'(x) = (\alpha - nx)x^{\alpha-1}\mathrm{e}^{-nx} = 0$ 可得 $x = \frac{\alpha}{n}$ 是 $u_n(x)$ 在 $(0, +\infty)$ 上的最大值点, 即

$$u_n(x) \leqslant \alpha^{\alpha}\mathrm{e}^{-\alpha}\frac{1}{n^{\alpha}}, \quad x \in (0, +\infty).$$

所以当 $\alpha > 1$ 时, $\sum\limits_{n=1}^{\infty} x^{\alpha}\mathrm{e}^{-nx}$ 在 $(0, +\infty)$ 上一致收敛. 而当 $0 < \alpha \leqslant 1$ 时, 由于

$$\sum_{k=n+1}^{2n} x^{\alpha}\mathrm{e}^{-kx}\bigg|_{x=\frac{1}{n}} = \sum_{k=n+1}^{2n} \frac{1}{n^{\alpha}}\mathrm{e}^{-\frac{k}{n}} \geqslant \sum_{k=n+1}^{2n} \frac{1}{n^{\alpha}}\mathrm{e}^{-2} = n^{1-\alpha}\mathrm{e}^{-2} \geqslant \mathrm{e}^{-2},$$

所以 $\sum\limits_{n=1}^{\infty} x^{\alpha}\mathrm{e}^{-nx}$ 在 $(0, +\infty)$ 上不一致收敛.

3. A-D 判别法 (A-D test)

定理 15.1.5 如果函数项级数 $\sum\limits_{n=1}^{\infty} a_n(x)b_n(x)$ $(x \in D)$ 满足如下两个条件之一, 则 $\sum\limits_{n=1}^{\infty} a_n(x)b_n(x)$ 在 D 上一致收敛.

(1) (Abel 判别法 (Abel test)) 函数列 $\{a_n(x)\}$ 对每一固定的 $x \in D$ 关于 n 是单调的, 且 $\{a_n(x)\}$ 在 D 上一致有界, 即存在正常数 M, 使得

$$|a_n(x)| \leqslant M, \quad \forall x \in D, \quad \forall n \in \mathbb{N}^+;$$

同时, $\sum\limits_{n=1}^{\infty} b_n(x)$ 在 D 上一致收敛;

(2) (Dirichlet 判别法 (Dirichlet test)) $\{a_n(x)\}$ 对每一固定的 $x \in D$ 关于 n 是单调的, 且 $\{a_n(x)\}$ 在 D 上一致收敛于 0; 同时, 函数项级数 $\sum\limits_{n=1}^{\infty} b_n(x)$ 的部分和序列在 D 上一致有界, 即存在正常数 M, 使得

$$\left|\sum_{k=1}^{n} b_k(x)\right| \leqslant M, \quad \forall x \in D, \quad \forall n \in \mathbb{N}^+.$$

定理的证明参见 §17.4. 我们来看它们的应用.

例 15.1.19　设 $\sum\limits_{n=1}^{\infty} a_n$ 收敛, 则 $\sum\limits_{n=1}^{\infty} a_n x^n$ 在 $[0,1]$ 上一致收敛.

证明　显然 $\{x^n\}$ 关于 n 单调递减, 且 $\forall n$ 成立 $|x^n| \leqslant 1,\ x \in [0,1]$. 数项级数 $\sum\limits_{n=1}^{\infty} a_n$ 收敛意味着它作为 x 的函数项级数一致收敛, 由 Abel 判别法得, $\sum\limits_{n=1}^{\infty} a_n x^n$ 在 $[0,1]$ 上的一致收敛. □

特别地, $\sum\limits_{n=1}^{\infty} \dfrac{(-1)^n}{n^p} x^n (p>0)$ 在 $[0,1]$ 上一致收敛.

例 15.1.20　证明: $\sum\limits_{n=1}^{\infty} \dfrac{(-1)^n (x+n)^n}{n^{n+\alpha}}$ $(\alpha>0)$ 在 $[0,1]$ 上一致收敛.

证明　由于 $\dfrac{(x+n)^n}{n^n} = \left(1+\dfrac{x}{n}\right)^n$ 关于 n 单增趋于 e^x, 且一致有界 $\left|\dfrac{(x+n)^n}{n^n}\right| < \mathrm{e}$, 又 $\sum\limits_{n=1}^{\infty} \dfrac{(-1)^n}{n^\alpha}$ 收敛, 由 Abel 判别法知 $\sum\limits_{n=1}^{\infty} \dfrac{(-1)^n (x+n)^n}{n^{n+\alpha}}$ 在 $[0,1]$ 上一致收敛. □

例 15.1.21　设 $\{a_n\}$ 单调收敛于 0, 则 $\sum\limits_{n=1}^{\infty} a_n \cos nx$ 与 $\sum\limits_{n=1}^{\infty} a_n \sin nx$ 在 $(0,2\pi)$ 内闭一致收敛.

证明　数列 $\{a_n\}$ 收敛于 0 也即它关于 x 一致收敛于 0. 对任意 $0<\delta<\pi$, 当 $x \in [\delta, 2\pi-\delta]$ 时,

$$\left|\sum_{k=1}^{n} \cos kx\right| = \frac{\left|\sin(n+\frac{1}{2})x - \sin\frac{x}{2}\right|}{2\left|\sin\frac{x}{2}\right|} \leqslant \frac{1}{\sin\frac{\delta}{2}};$$

$$\left|\sum_{k=1}^{n} \sin kx\right| = \frac{\left|\cos(n+\frac{1}{2})x - \cos\frac{x}{2}\right|}{2\left|\sin\frac{x}{2}\right|} \leqslant \frac{1}{\sin\frac{\delta}{2}}.$$

由 Dirichlet 判别法, 得到 $\sum\limits_{n=1}^{\infty} a_n \cos nx$ 与 $\sum\limits_{n=1}^{\infty} a_n \sin nx$ 在 $[\delta, 2\pi-\delta]$ 上的一致收敛性. 从而级数 $\sum\limits_{n=1}^{\infty} a_n \cos nx$ 与 $\sum\limits_{n=1}^{\infty} a_n \sin nx$ 在 $(0,2\pi)$ 内闭一致收敛. □

习题 15.1

A1. 求下列函数项级数的收敛域:

(1) $\sum\limits_{n=1}^{\infty} \dfrac{x^n}{n^2}$;　(2) $\sum\limits_{n=1}^{\infty} \dfrac{x^n}{n!}$;　(3) $\sum\limits_{n=1}^{\infty} n! x^n$;　(4) $\sum\limits_{n=1}^{\infty} \dfrac{n-1}{n+1}\left(\dfrac{x}{3x+1}\right)^n$;

(5) $\sum\limits_{n=1}^{\infty} \dfrac{x^n}{1+x^{2n}}$;　(6) $\sum\limits_{n=1}^{\infty} n\mathrm{e}^{-nx}$;　(7) $\sum\limits_{n=1}^{\infty} \left(\dfrac{x(x+n)}{n}\right)^n$;　(8) $\sum\limits_{n=1}^{\infty} \dfrac{\ln(1+x^n)}{n^p}, x>0, p\in\mathbb{R}$.

A2. 设 $\{r_1, r_2, \cdots, r_n, \cdots\}$ 是区间 $[0,1]$ 上的全体有理数, 在 $[0,1]$ 上定义函数列

$$f_n(x) = \begin{cases} 1, & x = r_1, r_2, \cdots, r_n, \\ 0, & x = \text{其他}, \end{cases}$$

(1) 求极限函数 $f(x)$;

(2) 证明: 每个 $f_n(x)$ 都是可积的, 问 $f(x)$ 是否可积?

A3. 讨论下列函数列在所示区间上的一致收敛性:

(1) $f_n(x) = \mathrm{e}^{-nx},\quad x \in (1,+\infty)$;

(2) $f_n(x) = \sqrt{x^2+\dfrac{1}{n^2}},\quad x \in (-1,1)$;

(3) $f_n(x)=\arctan nx$, (i) $x\in(0,1)$, (ii) $x\in(1,+\infty)$;

(4) $f_n(x)=\sin\dfrac{x}{n}$, (i) $x\in[-l,l]$, (ii) $x\in(-\infty,+\infty)$;

(5) $S_n(x)=\left(1+\dfrac{x}{n}\right)^n$, (i) $x\in[0,a]$, (ii) $x\in[0,+\infty)$.

A4. 设 $f_n(x)\to f(x), x\in D, a_n\to 0(n\to\infty)(a_n>0)$. 若对每一个正整数 n 有

$$|f_n(x)-f(x)|\leqslant a_n,\quad x\in D,$$

证明: $\{f_n(x)\}$ 在 D 上一致收敛于 $f(x)$.

A5. 设 $f(x)$ 为定义在区间 (a,b) 内的任一函数, 记

$$f_n(x)=\frac{[nf(x)]}{n}, n=1,2,\cdots,$$

证明: 函数列 $\{f_n(x)\}$ 在 (a,b) 内一致收敛于 $f(x)$.

A6. 设函数项级数 $\sum\limits_{n=1}^{\infty}u_n(x)$ 在 D 上一致收敛于 $S(x)$, 函数 $g(x)$ 在 D 上有界. 证明: 级数 $\sum\limits_{n=1}^{\infty}g(x)u_n(x)$ 在 D 上一致收敛于 $g(x)S(x)$.

A7. 设 $u_n(x)(n=1,2,\cdots)$ 是 $[a,b]$ 上的单调函数, 证明: 若 $\sum\limits_{n=1}^{\infty}u_n(a)$ 与 $\sum\limits_{n=1}^{\infty}u_n(b)$ 都绝对收敛, 则 $\sum\limits_{n=1}^{\infty}u_n(x)$ 在 $[a,b]$ 上绝对且一致收敛.

A8. 讨论下列函数项级数在所示区间上的一致收敛性:

(1) $\sum\limits_{n=1}^{\infty}\dfrac{(-1)^{n-1}x^2}{(1+x^2)^n}$, $x\in(-\infty,+\infty)$;
(2) $\sum\limits_{n=1}^{\infty}\dfrac{x^2}{(1+x^2)^{n-1}}$, $x\in(-\infty,+\infty)$;

(3) $\sum\limits_{n=2}^{\infty}\dfrac{1-2n}{(x^2+n^2)[x^2+(n-1)^2]}, x\in[-1,1]$;
(4) $\sum\limits_{n=1}^{\infty}\dfrac{x^2}{[1+(n-1)x^2](1+nx^2)}, x\in(0,+\infty)$.

A9. 讨论下列各函数项级数在所定义的区间上的一致收敛性:

(1) $\sum\limits_{n=0}^{\infty}\dfrac{x}{1+n^3x^2}$, $x\in(-\infty,+\infty)$;
(2) $\sum\limits_{n=0}^{\infty}\dfrac{\sin nx}{\sqrt[4]{n^5+x^2}}$, $x\in(-\infty,+\infty)$;

(3) $\sum\limits_{n=1}^{\infty}\dfrac{n}{x^n}$, $|x|>r\geqslant 1$;
(4) $\sum\limits_{n=1}^{\infty}(-1)^n\dfrac{x^{2n+1}}{2n+1}$, $x\in(-1,1)$;

(5) $\sum\limits_{n=0}^{\infty}2^n\sin\dfrac{1}{3^nx}$, (i) $x\in[\delta,+\infty),\delta>0$, (ii) $x\in(0,+\infty)$;

(6) $\sum\limits_{n=0}^{\infty}\dfrac{(-1)^n}{n+x^2}$, $x\in(-\infty,+\infty)$;
(7) $\sum\limits_{n=1}^{\infty}(-1)^n\dfrac{x^2+n}{n^2}, x\in[a,b]$;

(8) $\sum\limits_{n=0}^{\infty}(1-x)x^n$, $x\in[0,1]$;
(9) $\sum\limits_{n=1}^{\infty}(-1)^n(1-x)x^n$, $x\in[0,1]$.

B10. 设 $\{u_n(x)\}$ 是区间 $[0,1]$ 上的函数列, 定义为

$$u_n(x)=\begin{cases}\dfrac{1}{n}, & x=\dfrac{1}{n},\\[2mm] 0, & x\neq\dfrac{1}{n}.\end{cases}$$

证明: 函数项级数 $\sum\limits_{n=1}^{\infty}u_n(x)$ 在 $[0,1]$ 上一致收敛, 但不能用优级数判别法判别其一致收敛性.

§15.2 极限函数与和函数的分析性质

本节讨论函数列的极限函数与函数项级数的和函数的分析性质. 所谓分析性质, 就是指和函数或极限函数的连续性、可积性与可微性, 涉及交换次序问题, 见式 (15.1.2)、式 (15.1.5) 和式 (15.1.4) 以及相关的应用. 我们会看到一致收敛性条件在下面定理中所起的作用.

§15.2.1 连续性

定理 15.2.1 (连续性定理) 设函数列 $\{S_n(x)\}$ 在 $[a,b]$ 上一致收敛于 $S(x)$, 且每一项 $S_n(x)$ 都在 $[a,b]$ 上连续, 则 $S(x)$ 在 $[a,b]$ 上连续.

证明 设 x_0 是 $[a,b]$ 中任意一点. 对任给的 $\varepsilon>0$, 由 $\{S_n(x)\}$ 在 $[a,b]$ 上一致收敛于 $S(x)$ 知, 存在正整数 N, 使得

$$|S_N(x)-S(x)|<\frac{\varepsilon}{3},\quad \forall x\in[a,b].$$

特别地, 对任意的 x_0 与 $x_0+h\in[a,b]$, 成立

$$|S_N(x_0)-S(x_0)|<\frac{\varepsilon}{3},\quad |S_N(x_0+h)-S(x_0+h)|<\frac{\varepsilon}{3}.$$

由于 $S_N(x)$ 在 $[a,b]$ 上连续, 所以存在 $\delta=\delta(\varepsilon)>0$, 当 $|h|<\delta$, $x_0+h\in[a,b]$ 时,

$$|S_N(x_0+h)-S_N(x_0)|<\frac{\varepsilon}{3}.$$

于是当 $|h|<\delta$, $x_0+h\in[a,b]$ 时,

$$\begin{aligned}&|S(x_0+h)-S(x_0)|\\ \leqslant&|S(x_0+h)-S_N(x_0+h)|+|S_N(x_0+h)-S_N(x_0)|+|S_N(x_0)-S(x_0)|<\varepsilon,\end{aligned}$$

所以 $S(x)$ 在 x_0 点连续. 由 x_0 的任意性, 就得到 $S(x)$ 在 $[a,b]$ 上连续. □

对应于函数项级数, 连续性定理为

定理 15.2.1′ 设函数项级数 $\sum\limits_{n=1}^{\infty}u_n(x)$ 在 $[a,b]$ 上一致收敛, 且每一项 $u_n(x)$ 都在 $[a,b]$ 上连续, 则和函数 $S(x)$ 在 $[a,b]$ 上连续.

注 15.2.1 (1) 定理 15.2.1 表明, $\forall x_0\in[a,b]$, 有

$$\lim_{n\to\infty}\lim_{x\to x_0}S_n(x)=\lim_{n\to\infty}S_n(x_0)=S(x_0)=\lim_{x\to x_0}S(x)=\lim_{x\to x_0}\lim_{n\to\infty}S_n(x).$$

即两个极限过程与次序无关:

$$\lim_{x\to x_0}\lim_{n\to\infty}S_n(x)=\lim_{n\to\infty}\lim_{x\to x_0}S_n(x).\tag{15.2.1}$$

而对于函数项级数, 定理 15.2.1′ 表明, 求极限运算与无穷求和可交换次序, 即

$$\lim_{x\to x_0}\sum_{n=1}^{\infty}u_n(x)=\sum_{n=1}^{\infty}\lim_{x\to x_0}u_n(x).\tag{15.2.2}$$

(2) 例 15.1.3 表明, 收敛而非一致收敛的函数序列的极限函数可以不连续, 另一方面, 不连续的函数序列也可能收敛于连续函数, 如:

$$S_n(x)=\frac{1}{n}D(x),\quad D(x)=\begin{cases}0, & x\in\mathbb{R}\backslash\mathbb{Q};\\ 1, & x\in\mathbb{Q}.\end{cases}$$

显然, 每个 $S_n(x)$ 都是处处不连续, 但是 $S_n(x)$ 一致收敛于常值连续函数 0.

(3) 由定理 15.2.1 的逆否命题知, 若函数列 $\{S_n(x)\}$ 的每一项 $S_n(x)$ 都在 $[a,b]$ 上连续, 但极限函数 $S(x)$ 在 $[a,b]$ 上不连续, 则函数列 $\{S_n(x)\}$ 在 $[a,b]$ 上必非一致收敛. 此结论常用来证明函数列的非一致收敛性. 对函数项级数情况类似.

(4) 由定义可知, 为证明极限函数或和函数在开区间 (a,b) 内的连续性, 我们只需要内闭一致收敛性即可, 即若每个 $u_n(x)$(或 $S_n(x)$) 在 (a,b) 内连续, 且 $\sum\limits_{n=1}^{\infty} u_n(x)$(或 $\{S_n(x)\}$) 在 (a,b) 内闭一致收敛于 $S(x)$, 则 $S(x)$ 也在 (a,b) 内连续.

例 15.2.1 由注 15.2.1(4) 及例 15.1.21 知, $\sum\limits_{n=2}^{\infty}\dfrac{\sin nx}{\ln n}$ 与 $\sum\limits_{n=2}^{\infty}\dfrac{\cos nx}{\ln n}$ 在 $(0,2\pi)$ 内连续.

例 15.2.2 讨论下列级数的和函数在指定区间上的连续性:

(1) $\sum\limits_{n=1}^{\infty}\dfrac{x+(-1)^n n}{n^2+x^2}$, $x\in[-a,a]$; (2) $\sum\limits_{n=1}^{\infty}\left(\dfrac{1}{n}+x\right)^n$, $x\in(-1,1)$.

解 (1) 设

$$u_n(x)=\frac{x+(-1)^n n}{n^2+x^2}=\frac{n^2}{n^2+x^2}\left(\frac{x}{n^2}+\frac{(-1)^n}{n}\right).$$

$\forall\, x\in[-a,a]$, $\left\{\dfrac{n^2}{n^2+x^2}\right\}$ 单调递增, 且在 $[-a,a]$ 上一致有界, 而级数 $\sum\limits_{n=1}^{\infty}\dfrac{x}{n^2}$ 与 $\sum\limits_{n=1}^{\infty}\dfrac{(-1)^n}{n}$ 在 $[-a,a]$ 上都一致收敛, 故由 Abel 判别法可知原级数 $[-a,a]$ 上一致收敛, 因此和函数在 $[-a,a]$ 上连续.

(2) 可以证明, 级数在 $(-1,1)$ 内闭一致收敛. 事实上, $\forall 0<r<q<1$, 当 n 充分大时有

$$\left|\left(\frac{1}{n}+x\right)^n\right|\leqslant\left(\frac{1}{n}+|x|\right)^n\leqslant\left(\frac{1}{n}+r\right)^n\leqslant q^n,\quad \forall x\in[-r,r].$$

所以 $\sum\limits_{n=1}^{\infty}\left(\dfrac{1}{n}+x\right)^n$ 在 $[-r,r]$ 上一致收敛. 由注 15.2.1知级数的和函数在 $(-1,1)$ 上连续.

例 15.2.3 (1) 函数列 $\{x^n\}$ 在 $(-1,1]$ 上非一致收敛. 事实上, x^n 在 $(-1,1]$ 上连续, 且

$$x^n\to S(x)=\begin{cases}0, & -1<x<1,\\ 1, & x=1,\end{cases}\qquad (n\to\infty),$$

极限函数 $S(x)$ 在 $(-1,1]$ 不连续, 所以 $\{x^n\}$ 在 $(-1,1]$ 上不一致收敛. 但是, 因为极限函数 $S(x)$ 在 $(-1,1)$ 内连续, 因此用这种方法无法说明 $\{x^n\}$ 在 $(-1,1)$ 内非一致收敛. 事实上, 由上一节例 15.1.9 的讨论知, $\{x^n\}$ 在 $(-1,1)$ 内非一致收敛.

(2) 函数项级数 $\sum\limits_{n=1}^{\infty}x^n\ln x$ 在 $(0,1]$ 上非一致收敛. 事实上, 该级数的和函数为

$$S(x)=\begin{cases}0, & x=1,\\ \dfrac{x\ln x}{1-x}, & 0<x<1.\end{cases}$$

而 $\lim\limits_{x\to1^-}S(x)=-1\neq S(1)$, 所以 $S(x)$ 在 $(0,1]$ 上不连续.

由于 $\sum\limits_{n=1}^{\infty}x^n\ln x$ 是等比级数, 可以按照上一节的方法证明, 它在 $(0,1)$ 内也非一致收敛.

例 15.2.4 试求下列极限值:

(1) $I=\lim\limits_{x\to0^+}\sum\limits_{n=1}^{\infty}\dfrac{1}{2^n n^x}$; (2) $I=\lim\limits_{x\to1}\sum\limits_{n=1}^{\infty}\dfrac{x^n\sin\frac{n\pi x}{2}}{2^n}$.

解 (1) 在区间 $[0,1]$ 上考察级数 $\sum\limits_{n=1}^{\infty}\dfrac{1}{2^n n^x}$. 因为 $0\leqslant\dfrac{1}{2^n n^x}\leqslant\dfrac{1}{2^n}$, 所以级数 $\sum\limits_{n=1}^{\infty}\dfrac{1}{2^n n^x}$ 在 $[0,1]$ 上一致收敛, 于是 $S(x)=\sum\limits_{n=1}^{\infty}\dfrac{1}{2^n n^x}$ 在 $[0,1]$ 上连续, 从而得

$$I = S(0) = \sum_{n=1}^{\infty} \frac{1}{2^n} = 1,$$

亦即取极限可以与无穷和交换次序.

(2) $\forall x \in \left[0, \frac{3}{2}\right]$, $\left|\frac{x^n \sin \frac{n\pi x}{2}}{2^n}\right| \leqslant \left(\frac{3}{4}\right)^n$, 所以 $\sum\limits_{n=1}^{\infty} \frac{x^n \sin \frac{n\pi x}{2}}{2^n}$ 在 $\left[0, \frac{3}{2}\right]$ 上一致收敛, 于是

$$I = \lim_{x \to 1} \sum_{n=1}^{\infty} \frac{x^n \sin \frac{n\pi x}{2}}{2^n} = \sum_{n=1}^{\infty} \frac{\sin \frac{n\pi}{2}}{2^n} = \sum_{n=1}^{\infty} \frac{(-1)^{n-1}}{2^{2n-1}} = \frac{2}{5}.$$

§15.2.2 可积性

定理 15.2.2 设函数列 $\{S_n(x)\}$ 在 $[a,b]$ 上一致收敛于 $S(x)$, 且每一 $S_n(x)$ 都在 $[a,b]$ 上连续, 则 $S(x)$ 在 $[a,b]$ 上可积, 且

$$\int_a^b S(x)\mathrm{d}x = \lim_{n \to \infty} \int_a^b S_n(x)\mathrm{d}x. \tag{15.2.3}$$

进一步, 函数列 $\left\{\int_a^x S_n(t)\mathrm{d}t\right\}$ 在 $[a,b]$ 上一致收敛于函数 $\int_a^x S(t)\mathrm{d}t$.

证明 由定理 15.2.1, $S(x)$ 在 $[a,b]$ 连续, 因而在 $[a,b]$ 可积. 由于 $\{S_n(x)\}$ 在 $[a,b]$ 上一致收敛于 $S(x)$, 所以对任意给定的 $\varepsilon > 0$, 存在正整数 N, 当 $n > N$ 时,

$$|S_n(x) - S(x)| < \varepsilon, \quad \forall x \in [a,b],$$

于是 $\forall x \in [a,b]$, 有

$$\left|\int_a^x S_n(t)\mathrm{d}t - \int_a^x S(t)\mathrm{d}t\right| \leqslant \int_a^x |S_n(t) - S(t)|\,\mathrm{d}t < (b-a)\varepsilon.$$

即 $\left\{\int_a^x S_n(t)\mathrm{d}t\right\}$ 在 $[a,b]$ 上一致收敛于 $\int_a^x S(t)\mathrm{d}t$, 且取 $x = b$ 时即知式 (15.2.3) 成立. □

对应于函数项级数, 我们有下面的定理.

定理 15.2.2′(逐项积分定理 (term-by-term integration theorem)) 设函数项级数 $\sum\limits_{n=1}^{\infty} u_n(x)$ 在 $[a,b]$ 上一致收敛, 且每一项 $u_n(x)$ 都在 $[a,b]$ 上连续, 则和函数 $S(x)$ 在 $[a,b]$ 上可积, 且

$$\int_a^b S(x)\mathrm{d}x = \int_a^b \sum_{n=1}^{\infty} u_n(x)\mathrm{d}x = \sum_{n=1}^{\infty} \int_a^b u_n(x)\mathrm{d}x. \tag{15.2.4}$$

即积分运算与无限求和运算可交换次序.

进一步, 函数项级数 $\sum\limits_{n=1}^{\infty} \int_a^x u_n(t)\mathrm{d}t$ 在 $[a,b]$ 上一致收敛于 $\int_a^x \sum\limits_{n=1}^{\infty} u_n(t)\mathrm{d}t = \int_a^x S(t)\mathrm{d}t$.

例 15.2.5 证明

$$x - \frac{x^3}{3} + \frac{x^5}{5} - \cdots = \sum_{n=1}^{\infty} \frac{(-1)^{n-1}}{2n-1} x^{2n-1} = \arctan x, \quad \forall x \in (-1,1). \tag{15.2.5}$$

证明 由 Weierstrass 判别法易知, 函数项级数 $\sum\limits_{n=1}^{\infty}(-1)^{n-1}x^{2n-2}$ 在 $(-1,1)$ 内闭一致收敛. 因此对任何闭区间 $[a,b]\subset(-1,1)$, 有

$$S(x)=\sum_{n=1}^{\infty}(-1)^{n-1}x^{2n-2}=\sum_{n=1}^{\infty}(-x^2)^{n-1}=\frac{1}{1+x^2},\quad x\in[a,b].$$

应用定理 15.2.2′ 进行逐项求积分得

$$\sum_{n=1}^{\infty}\frac{(-1)^{n-1}}{2n-1}x^{2n-1}=\sum_{n=1}^{\infty}\int_0^x(-1)^{n-1}t^{2n-2}\mathrm{d}t=\int_0^x\frac{\mathrm{d}t}{1+t^2}=\arctan x,\quad x\in[a,b].$$

由 $[a,b]$ 的任意性即得式 (15.2.5). □

例 15.2.6 证明

$$x-\frac{x^2}{2}+\frac{x^3}{3}-\cdots=\sum_{n=1}^{\infty}\frac{(-1)^{n-1}}{n}x^n=\ln(1+x),\quad\forall x\in(-1,1).\tag{15.2.6}$$

证明 类似例 15.2.5, 可知函数项级数 $\sum\limits_{n=1}^{\infty}(-1)^{n-1}x^{n-1}$ 在 $(-1,1)$ 内闭一致收敛于 $S(x)=\dfrac{1}{x+1}$, 即对任何 $[a,b]\subset(-1,1)$,

$$\sum_{n=1}^{\infty}(-1)^{n-1}x^{n-1}=\frac{1}{x+1},\ x\in[a,b].$$

对上式逐项积分

$$\sum_{n=1}^{\infty}\int_0^x(-1)^{n-1}t^{n-1}\mathrm{d}t=\int_0^x\frac{\mathrm{d}t}{1+t},\ x\in[a,b],$$

再由 $[a,b]$ 的任意性可得

$$x-\frac{x^2}{2}+\frac{x^3}{3}-\cdots=\sum_{n=1}^{\infty}\frac{(-1)^{n-1}}{n}x^n=\ln(1+x),\ \forall x\in(-1,1).$$ □

注 15.2.2 一致收敛是积分与极限, 或积分与无穷和可交换次序的充分但非必要的条件. 参见例 15.1.13.

§15.2.3 可导性

定理 15.2.3 设函数列 $\{S_n(x)\}$ 满足

(1) $S_n(x)(n=1,2,\cdots)$ 在 $[a,b]$ 上连续可导;

(2) $\{S_n(x)\}$ 在 $[a,b]$ 上逐点收敛于 $S(x)$;

(3) $\{S_n'(x)\}$ 在 $[a,b]$ 上一致收敛于 $\sigma(x)$,

则 $S(x)$ 在 $[a,b]$ 上可导, 且 $S'(x)=\sigma(x)$, 即求导运算与求极限运算可交换次序:

$$(\lim_{n\to\infty}S_n(x))'=\lim_{n\to\infty}S_n'(x).\tag{15.2.7}$$

证明 由定理 15.2.1 与定理 15.2.2, 可知 $\sigma(x)$ 在 $[a,b]$ 连续, 且

$$\int_a^x\sigma(t)\mathrm{d}t=\lim_{n\to\infty}\int_a^x S_n'(t)\mathrm{d}t=\lim_{n\to\infty}[S_n(x)-S_n(a)]=S(x)-S(a).$$

由于上式左端可导, 可知 $S(x)$ 也可导, 且 $S'(x)=\sigma(x)$. □

对应于函数项级数, 我们有下面的定理.

定理 15.2.3′(逐项求导定理 (term-by-term differentiation theorem)) 设级数 $\sum\limits_{n=1}^{\infty} u_n(x)$ 满足

(1) $u_n(x)(n=1,2,\cdots)$ 在 $[a,b]$ 上连续可导;

(2) $\sum\limits_{n=1}^{\infty} u_n(x)$ 在 $[a,b]$ 上逐点收敛于 $S(x)$;

(3) $\sum\limits_{n=1}^{\infty} u_n'(x)$ 在 $[a,b]$ 上一致收敛于 $\sigma(x)$,

则 $S(x)=\sum\limits_{n=1}^{\infty} u_n(x)$ 在 $[a,b]$ 上可导, 且 $S'(x)=\sigma(x)$, 即

$$S'(x)=\Big(\sum_{n=1}^{\infty} u_n(x)\Big)'=\sum_{n=1}^{\infty} u_n'(x)=\sigma(x). \tag{15.2.8}$$

即求导运算与无限求和运算可交换次序.

注 15.2.3 (1) 从 $\{S_n'(x)\}$(或 $\sum\limits_{n=1}^{\infty} u_n'(x)$) 在 $[a,b]$ 上一致收敛于 $\sigma(x)$ 出发, 由定理 15.2.2 与定理 15.2.2′ 可得 $\{S_n(x)\}$ (或 $\sum\limits_{n=1}^{\infty} u_n(x)$) 在 $[a,b]$ 上一致收敛于 $S(x)$.

(2) 由于可导是局部性质, 因此, 定理 15.2.3 与定理 15.2.3′ 中的条件 (3) 可改为在 (a,b) 内闭一致收敛于 $\sigma(x)$, 而条件 (1)(2) 与结论中的闭区间都改为开区间.

(3) 与定理 15.2.2 一样, 本定理也可用来求函数项级数的和函数.

例 15.2.7 证明: 函数 $S(x)=\sum\limits_{n=1}^{\infty}\dfrac{\sin nx}{n^3}$ 在 $(-\infty,+\infty)$ 上连续可微.

证明 设 $u_n(x)=\dfrac{\sin nx}{n^3}$, 由 $|u_n(x)|\leqslant\dfrac{1}{n^3}$ 及 $\sum\limits_{n=1}^{\infty}\dfrac{1}{n^3}$ 收敛知 $\sum\limits_{n=1}^{\infty} u_n(x)$ 在 $(-\infty,+\infty)$ 上一致收敛, 由定理 15.2.1′ 知, $S(x)$ 连续.

再由 $|u_n'(x)|=|\dfrac{\cos nx}{n^2}|\leqslant\dfrac{1}{n^2}$ 及 $\sum\limits_{n=1}^{\infty}\dfrac{1}{n^2}$ 收敛知, $\sum\limits_{n=1}^{\infty} u_n'(x)$ 在 $(-\infty,+\infty)$ 上一致收敛, 于是由定理 15.2.3′ 知, $S(x)$ 可导, 且由 $u_n'(x)=\dfrac{\cos nx}{n^2}$ 在 $(-\infty,+\infty)$ 上连续得 $S'(x)$ 也连续. □

例 15.2.8 证明

$$\sum_{n=1}^{\infty} nx^n=\frac{x}{(1-x)^2},\quad \forall x\in(-1,1). \tag{15.2.9}$$

证明 函数项级数 $\sum\limits_{n=0}^{\infty} x^n$ 在 $(-1,1)$ 内逐点收敛于 $S(x)=\dfrac{1}{1-x}$, 而 $\sum\limits_{n=0}^{\infty} x^n$ 经过逐项求导, 得到 $\sum\limits_{n=0}^{\infty} nx^{n-1}$, 应用 Weierstrass 判别法可知函数项级数 $\sum\limits_{n=0}^{\infty} nx^{n-1}$ 在 $(-1,1)$ 内闭一致收敛. 再应用定理 15.2.3′, 对 $\sum\limits_{n=0}^{\infty} x^n=\dfrac{1}{1-x}$ 进行逐项求导, 即得到 $\sum\limits_{n=1}^{\infty} nx^{n-1}=\dfrac{1}{(1-x)^2}$, 两边同时乘上 x, 就得到式 (15.2.9). □

习题 15.2

A1. 设 $S(x)=\sum\limits_{n=1}^{\infty}\dfrac{\cos nx}{n\sqrt{n}}, x\in(-\infty,+\infty)$, 计算积分 $\int_0^{\pi} S(x)\mathrm{d}x$.

A2. 设 $S(x)=\sum\limits_{n=1}^{\infty} nx^{n-1}, x\in(-1,1)$, 计算积分 $\int_0^x S(t)\mathrm{d}t$.

A3. 证明下列函数在指定区间上连续且有连续的导函数:

(1) $S(x)=\sum\limits_{n=1}^{\infty}\dfrac{\cos nx}{n^3},\quad x\in(-\infty,+\infty)$; (2) $S(x)=\sum\limits_{n=1}^{\infty} n\mathrm{e}^{-nx},\quad x\in(0,+\infty)$.

A4. 证明: 函数 $\varsigma(s)=\sum\limits_{n=1}^{\infty}\dfrac{1}{n^s}$ 在 $(1,+\infty)$ 上连续, 且有任意阶导数, 而函数 $\pi(s)=\sum\limits_{n=1}^{\infty}\dfrac{(-1)^n}{n^s}$ 在 $(0,+\infty)$ 上连续, 且有任意阶导数.

A5. 讨论函数列 $f_n(x)=\dfrac{nx}{nx+1}$ 在下列区间上的一致收敛性及极限函数的连续性、可微性和可积性:

(1) $x\in[0,+\infty)$; (2) $x\in[a,+\infty)\quad(a>0)$.

A6. 设数项级数 $\sum\limits_{n=1}^{\infty}a_n$ 收敛, 证明: 级数 $\sum\limits_{n=1}^{\infty}a_n\mathrm{e}^{-nx}$ 在 $[0,+\infty)$ 上连续.

A7. 设数项级数 $\sum\limits_{n=1}^{\infty}a_n$ 收敛, 证明:

(1) $\lim\limits_{x\to0+}\sum\limits_{n=1}^{\infty}\dfrac{a_n}{n^x}=\sum\limits_{n=1}^{\infty}a_n$; (2) $\int_0^1\sum\limits_{n=1}^{\infty}a_nx^n\mathrm{d}x=\sum\limits_{n=1}^{\infty}\dfrac{a_n}{n+1}$.

B8. 设 f 在 $(-\infty,+\infty)$ 上有任意阶导数, 记 $F_n(x)=f^{(n)}(x)$, 在任何有限区间内, $F_n(x)\rightrightarrows\varphi(x)(n\to\infty)$, 试证 $\varphi(x)=c\mathrm{e}^x$(c 为常数).

B9. 若 $S_n(x)\overset{[a,b]}{\rightrightarrows}S(x)$, $S_n(x)$ 在 $[a,b]$ 上可积 $(\forall n)$, 试证 $S(x)$ 在 $[a,b]$ 上也可积.

B10. 设连续函数列 $\{f_n\}$ 在 $[a,b]$ 上收敛于 f 且对任意 $\delta\in(0,b-a)$, $\{f_n\}$ 在 $[a,b-\delta]$ 上一致收敛. 又存在可积函数 g 使得 $|f_n(x)|\leqslant g(x)$, $\forall x\in[a,b]$, 证明:

$$\lim_{n\to\infty}\int_a^b f_n(x)\mathrm{d}x=\int_a^b f(x)\mathrm{d}x=\int_a^b\lim_{n\to\infty}f_n(x)\mathrm{d}x.$$

§15.3 幂级数与 Taylor 展开

本节讨论一类特殊的函数项级数, 即通项是幂函数的级数, 其一般形式可以表示为

$$\sum_{n=0}^{\infty}a_n(x-x_0)^n=a_0+a_1(x-x_0)+a_2(x-x_0)^2+\cdots+a_n(x-x_0)^n+\cdots.\quad(15.3.1)$$

并称为在 $x=x_0$ 处的 **幂级数** (power series). 下面只需着重讨论 $x_0=0$ 的情况, 即

$$\sum_{n=0}^{\infty}a_nx^n=a_0+a_1x+a_2x^2+\cdots+a_nx^n+\cdots.\quad(15.3.2)$$

而在 $x=x_0$ 处的幂级数 (15.3.1) 可通过变换 $y=x-x_0$, 即可转化为幂级数 (15.3.2).

幂级数是特殊的函数项级数, 它可以视为“无穷次的多项式”, 除上一节的一般函数项级数所具有的性质外, 在收敛域、一致收敛性的判别与和函数的性质等方面还有一些特殊之处, 展示了特别好的分析性质. 因此我们也讨论能否将一般函数表示为幂函数, 即 Taylor 展开. 这正是本节学习的重点.

§15.3.1 幂级数的收敛域与一致收敛性

1. 幂级数的收敛半径与收敛域

幂级数的收敛域作为 $\mathbb{R}$ 的子集十分简单, 必定是一个区间, 且这个区间的半径可借由幂级数的系数求得.

先从 Abel 第一定理开始.

定理 15.3.1 (Abel 第一定理 (Abel first theorem)) 对幂级数 (15.3.2), 如果 $\xi \neq 0$ 是其收敛点, 则当 $|x| < |\xi|$ 时该幂级数在 x 处绝对收敛; 如果点 η 是发散点, 则当 $|x| > |\eta|$ 时, 该幂级数在 x 处发散.

证明 如果 ξ 是其收敛点, 则由级数收敛的必要条件知通项 $a_n\xi^n$ 收敛于 0, 从而有界, 即存在 $M > 0$, 使得对任何 $n \in \mathbb{N}$, $|a_n\xi^n| \leqslant M$. 于是, 对任何 $|x| < |\xi|$,

$$|a_n x^n| = |a_n \xi^n| \left|\frac{x}{\xi}\right|^n \leqslant M \left|\frac{x}{\xi}\right|^n,$$

由 $\left|\frac{x}{\xi}\right| < 1$ 及比较判别法知级数 $\sum\limits_{n=0}^{\infty} a_n x^n$ 绝对收敛. 又若存在 $|x| > |\eta|$ 是幂级数的收敛点, 且则由上面刚证的结果知, 该幂级数在 η 处绝对收敛. 矛盾. □

下面寻找这种 ξ 和 η 的"分界处". 令 S 为 $\sum\limits_{n=0}^{\infty} a_n x^n$ 收敛点的全体, 则 S 非空. 再令

$$R = \sup\{|\xi| : \xi \in S\}. \tag{15.3.3}$$

(1) 若 S 无界, 则 $R = +\infty$, 且根据确界定义, 对任何实数 x, 存在 $\xi \in S$, 使得 $|x| < |\xi|$, 因此由 Abel 第一定理知, $\sum\limits_{n=0}^{\infty} a_n x^n$ 收敛, 即幂级数 (15.3.2) 处处收敛, 亦即收敛域为 $(-\infty, +\infty)$.

(2) S 有界且只含原点, 则 $R = 0$.

(3) S 有界且含非零点, 则 $0 < R < +\infty$. 任给 x, 若 $|x| < R$, 则存在 $\xi \in S$, 使得 $|x| < |\xi|$, 于是由 Abel 第一定理知, $\sum\limits_{n=0}^{\infty} a_n x^n$ 绝对收敛; 而若 $|x| > R$, 则 $\sum\limits_{n=0}^{\infty} a_n x^n$ 发散, 否则 $|x| \leqslant R$.

于是有下面的定理.

定理 15.3.2 (Cauchy-Hadamard 定理 (Cauchy-Hadamard theorem)) 若 $R > 0$(可以为 $+\infty$), 幂级数 $\sum\limits_{n=0}^{\infty} a_n x^n$ 当 $|x| < R$ 时绝对收敛; 若 $R < +\infty$, 则当 $|x| > R$ 时发散.

注意: 当 R 为有限正数时幂级数在 $x = \pm R$ 的敛散性要视具体情况另行判断.

由式 (15.3.3) 定义的数 R 称为幂级数的**收敛半径** (radius of convergence), $(-R, R)$ 称为幂级数的**收敛区间** (interval of convergence). 特别地, 当 $R = +\infty$ 时, 幂级数对一切 x 都是绝对收敛的; 当 $R = 0$ 时, 幂级数 (15.3.2) 仅当 $x = 0$ 时收敛. 而一般情况下要确定幂级数的收敛域 (convergence region), 还需要讨论幂级数在收敛区间的端点是否收敛.

下面寻求幂级数收敛半径的简单求法. 设 $A \doteq \lim\limits_{n\to\infty} \sqrt[n]{|a_n|}$ 存在, 则

$$\lim_{n\to\infty} \sqrt[n]{|a_n x^n|} = \lim_{n\to\infty} \sqrt[n]{|a_n|} \cdot |x| = A|x|,$$

由数项级数的 Cauchy 判别法可知, 幂级数 (15.3.2) 在 $|x| < \frac{1}{A}$ 时收敛, 而当 $|x| > \frac{1}{A}$ 时发散, 因此幂级数 (15.3.2) 的收敛半径 $R = \frac{1}{A}$. 若 $A = +\infty$, 则 $R = 0$, 而 $A = 0$ 时 $R = +\infty$. 因此一般地, 收敛半径可表为

$$R = \frac{1}{\lim\limits_{n\to\infty} \sqrt[n]{|a_n|}}. \tag{15.3.4}$$

对于幂级数 $\sum\limits_{n=0}^{\infty} a_n(x-x_0)^n$, 相应的结论可简述为：当 $|x-x_0|<R$ 时绝对收敛；当 $|x-x_0|>R$ 时发散；在 $x=x_0\pm R$ 处幂级数的敛散性需要另行判断.

例 15.3.1 对幂级数 $\sum\limits_{n=1}^{\infty}\dfrac{(x-1)^n}{n}$, $\sum\limits_{n=1}^{\infty}\dfrac{(x-1)^n}{n^2}$, $\sum\limits_{n=1}^{\infty} n(x-1)^n$, 令 $y=x-1$, 则容易求得它们的收敛半径都是 1, 但是它们的收敛域分别是 $[0,2)$, $[0,2]$ 和 $(0,2)$.

例 15.3.2 求幂级数 $\sum\limits_{n=1}^{\infty}\dfrac{2^n+(-1)^n}{n(n+2)}x^n$ 的收敛域.

解 因为

$$\lim_{n\to\infty}\sqrt[n]{\frac{2^n+(-1)^n}{n(n+2)}}=2\lim_{n\to\infty}\sqrt[n]{1+(-\frac{1}{2})^n}=2,$$

所以收敛半径为 $R=\dfrac{1}{2}$. 而当 $x=\pm\dfrac{1}{2}$ 时, 因为

$$\sum_{n=1}^{\infty}\left|\frac{2^n+(-1)^n}{n(n+2)}\left(\pm\frac{1}{2}\right)^n\right|=\sum_{n=1}^{\infty}\frac{1}{n(n+2)}\left[1+\left(-\frac{1}{2}\right)^n\right]$$

收敛, 故该级数的收敛域是 $[-\dfrac{1}{2},\dfrac{1}{2}]$. □

在判断数项级数的收敛性时, 除了 Cauchy 判别法, 还有 D'Alembert 判别法, 由此可以得到幂级数的收敛半径的另一个求法.

如果 $\lim\limits_{n\to\infty}\left|\dfrac{a_{n+1}}{a_n}\right|=A$ 存在, 或为 $+\infty$, 则此幂级数 $\sum\limits_{n=0}^{\infty}a_nx^n$ 的收敛半径 $R=\dfrac{1}{A}$, 即

$$R=\lim_{n\to\infty}\left|\frac{a_n}{a_{n+1}}\right|. \tag{15.3.5}$$

例 15.3.3 求幂级数 $\sum\limits_{n=1}^{\infty}\left(1+\dfrac{1}{2}+\cdots+\dfrac{1}{n}\right)x^n$ 的收敛域.

解 因为

$$\lim_{n\to\infty}\left|\frac{a_{n+1}}{a_n}\right|=\lim_{n\to\infty}\left(1+\frac{\frac{1}{n+1}}{1+\frac{1}{2}+\cdots+\frac{1}{n}}\right)=1,$$

所以收敛半径 $R=1$.

当 $x=\pm1$ 时, 级数显然发散. 所以幂级数的收敛域为 $(-1,1)$. □

例 15.3.4 求幂级数 $\sum\limits_{n=1}^{\infty}\dfrac{(2n)!}{(n!)^2}(x-1)^{2n-1}$ 的收敛域.

解 因为

$$\sum_{n=1}^{\infty}\frac{(2n)!}{(n!)^2}(x-1)^{2n-1}=(x-1)\sum_{n=1}^{\infty}\frac{(2n)!}{(n!)^2}((x-1)^2)^{n-1},$$

令 $y=(x-1)^2$, 则 $\sum\limits_{n=1}^{\infty}\dfrac{(2n)!}{(n!)^2}y^{n-1}$ 的收敛半径

$$R=\lim_{n\to\infty}\left|\frac{a_n}{a_{n+1}}\right|=\lim_{n\to\infty}\frac{(2n)!}{(n!)^2}\cdot\frac{((n+1)!)^2}{(2n+2)!}=\lim_{n\to\infty}\frac{n+1}{2(2n+1)}=\frac{1}{4},$$

所以原幂级数的收敛半径为 $\dfrac{1}{2}$. 当 $x-1=\pm\dfrac{1}{2}$ 时, 级数 $\pm2\sum\limits_{n=1}^{\infty}\dfrac{(2n)!}{4^n\cdot(n!)^2}$ 均发散, 这是因为

$$\lim_{n\to\infty}n\left(\left|\frac{a_n}{a_{n+1}}\right|-1\right)=\lim_{n\to\infty}n\left(\frac{2n+2}{2n+1}-1\right)=\frac{1}{2}<1,$$

由 Raabe 判别法知级数发散, 故原幂级数的收敛域为 $\left(\frac{1}{2}, \frac{3}{2}\right)$. □

2. 幂级数的一致收敛性

前面介绍的 Abel 第一定理讨论了幂级数的收敛性, 而下面的 Abel 第二定理则讨论了幂级数的一致收敛性, 它对我们研究幂级数的分析性质很重要.

定理 15.3.3 (Abel 第二定理 (Abel second theorem)) (1) 幂级数 $\sum_{n=0}^{\infty} a_n x^n$ 在其收敛区间 $(-R, R)$ 内闭一致收敛;

(2) 若幂级数 $\sum_{n=0}^{\infty} a_n x^n$ 在 $x=R$ 处收敛, 则它在任意闭区间 $[a, R] \subset (-R, R]$ 上一致收敛, 若幂级数 $\sum_{n=0}^{\infty} a_n x^n$ 在 $x=-R$ 处收敛, 则它在任意闭区间 $[-R, a] \subset [-R, R)$ 上一致收敛.

证明 (1) 任取 $[a, b] \subset (-R, R)$, 记 $\xi = \max\{|a|, |b|\}$, 对一切 $x \in [a, b]$, 成立 $|a_n x^n| \leqslant |a_n \xi^n|$. 由于 $|\xi| < R$, 所以 $\sum_{n=0}^{\infty} |a_n \xi^n|$ 收敛, 由 Weierstrass 判别法, 可知 $\sum_{n=0}^{\infty} a_n x^n$ 在 $[a, b]$ 上一致收敛.

(2) 设幂级数 $\sum_{n=0}^{\infty} a_n x^n$ 在 $x = R$ 处收敛, 先证明它在 $[0, R]$ 上一致收敛. 由于 $\left(\frac{x}{R}\right)^n$ 在 $[0, R]$ 一致有界: $0 \leqslant \left(\frac{x}{R}\right)^n \leqslant 1$, 且关于 n 单调递减, 根据 Abel 判别法知,

$$\sum_{n=0}^{\infty} a_n x^n = \sum_{n=0}^{\infty} (a_n R^n) \left(\frac{x}{R}\right)^n$$

在 $[0, R]$ 上一致收敛.

于是当 $a \geqslant 0$ 时, $\sum_{n=0}^{\infty} a_n x^n$ 在 $[a, R]$ 上一致收敛; 当 $-R < a < 0$ 时, 由 (1) 知, $\sum_{n=0}^{\infty} a_n x^n$ 在 $[a, 0]$ 上一致收敛. 合之即得 $\sum_{n=0}^{\infty} a_n x^n$ 在 $[a, R]$ 上一致收敛.

若 $\sum_{n=0}^{\infty} a_n x^n$ 在 $x = -R$ 处收敛, 则同样可证它在任意闭区间 $[-R, a] \subset [-R, R)$ 上一致收敛. □

由此可知, 若 $\sum_{n=0}^{\infty} a_n x^n$ 在 $x = \pm R$ 处收敛, 则它在 $[-R, R]$ 上一致收敛.

概括地说: **幂级数在包含于收敛域中的任意闭区间上一致收敛**.

§15.3.2 幂级数的性质

根据 Abel 第二定理, 可以得到幂级数如下的分析性质.

1. 和函数的连续性: 幂级数在它的收敛域上连续

定理15.3.4 设 $\sum_{n=0}^{\infty} a_n x^n$ 的收敛半径为 R, 则其和函数在 $(-R, R)$ 内连续; 若 $\sum_{n=0}^{\infty} a_n x^n$ 在 $x = R$ (或 $x = -R$) 收敛, 则其和函数在 $x = R$ (或 $x = -R$) 左 (右) 连续.

证明 幂级数的一般项是幂函数, 所以是连续函数. 由 Abel 第二定理, $\sum_{n=0}^{\infty} a_n x^n$ 在其收敛域内闭一致收敛, 根据一致收敛函数项级数的和函数的连续性知, $\sum_{n=0}^{\infty} a_n x^n$ 在包含于收敛域中的任意闭区间上连续, 因而在它的整个收敛域上连续. □

2. 逐项可积性：幂级数在包含于收敛域内的任意闭区间上可以逐项积分

定理 15.3.5 (逐项积分定理) 设 $\sum\limits_{n=0}^{\infty} a_n x^n$ 的收敛半径为 R, 则对其收敛域中任意两点 a, b, 有

$$\int_a^b \sum_{n=0}^{\infty} a_n x^n \mathrm{d}x = \sum_{n=0}^{\infty} \int_a^b a_n x^n \mathrm{d}x, \tag{15.3.6}$$

特别地, 取 $a = 0, b = x$, 则有

$$\int_0^x \sum_{n=0}^{\infty} a_n t^n \mathrm{d}t = \sum_{n=0}^{\infty} \frac{a_n}{n+1} x^{n+1}, \tag{15.3.7}$$

且逐项积分后所得幂级数 $\sum\limits_{n=0}^{\infty} \frac{a_n}{n+1} x^{n+1}$ 与原幂级数 $\sum\limits_{n=0}^{\infty} a_n x^n$ 具有相同的收敛半径.

证明 由 Abel 第二定理, $\sum\limits_{n=0}^{\infty} a_n x^n$ 在其收敛域内闭一致收敛. 应用一致收敛函数项级数的逐项积分定理, 即得到幂级数的逐项可积性, 因此幂级数 $\sum\limits_{n=0}^{\infty} \frac{a_n}{n+1} x^{n+1}$ 在 $(-R, R)$ 内也收敛, 所以其收敛半径 $R' \geqslant R$. 若 $R' > R$, 则对任意 $R < R_1 < R_2 < R'$,

$$\sum_{n=0}^{\infty} a_n R_1^n = \sum_{n=0}^{\infty} \frac{a_n R_2^n}{n+1} (n+1) \left(\frac{R_1}{R_2}\right)^n,$$

由于 $\sum\limits_{n=0}^{\infty} \frac{a_n R_2^n}{n+1}$ 绝对收敛, $(n+1)\left(\frac{R_1}{R_2}\right)^n \to 0$, 所以级数 $\sum\limits_{n=0}^{\infty} a_n R_1^n$ 收敛, 此与 $R < R_1$ 矛盾. 因此幂级数逐项积分后收敛半径不变. □

3. 逐项可导性：幂级数在收敛区间内可以逐项求导

定理 15.3.6 (逐项求导定理) 设 $\sum\limits_{n=0}^{\infty} a_n x^n$ 的收敛半径为 R, 则它在收敛区间 $(-R, R)$ 内可逐项求导, 即

$$\frac{\mathrm{d}}{\mathrm{d}x} \sum_{n=0}^{\infty} a_n x^n = \sum_{n=0}^{\infty} \frac{\mathrm{d}}{\mathrm{d}x}(a_n x^n) = \sum_{n=1}^{\infty} n a_n x^{n-1}, \tag{15.3.8}$$

且逐项求导所得的幂级数 $\sum\limits_{n=0}^{\infty} n a_n x^{n-1}$ 的收敛半径也是 R.

证明 逐项积分定理的证明过程表明, 幂级数 $\sum\limits_{n=1}^{\infty} n a_n x^{n-1}$ 的收敛半径也是 R, 因此它在收敛区间 $(-R, R)$ 内闭一致收敛. 再由函数项级数的逐项求导定理即得幂级数在收敛区间 $(-R, R)$ 内可逐项可导. □

注 15.3.1 (1) 虽然逐项积分、或逐项求导后所得的幂级数的收敛半径不变, 但收敛域可能变化. 一般来说, 逐项积分后收敛域可能扩大, 即收敛区间的端点可能由原来级数的发散点变为逐项积分后的级数的收敛点; 而逐项求导后收敛域可能缩小. 参见下面的例子.

(2) 由幂级数求导后不改变收敛区间可知, 幂级数的和函数在收敛区间内无穷次可导.

(3) 逐项积分定理和逐项求导定理常用来求幂级数的和函数.

例 15.3.5 由例 15.2.5 知

$$\sum_{n=1}^{\infty} \frac{(-1)^{n-1}}{2n-1} x^{2n-1} = \arctan x, \quad \forall x \in (-1, 1). \tag{15.3.9}$$

又知道 $\sum\limits_{n=1}^{\infty}(-1)^{n-1}x^{2n-2}$ 的收敛域是 $(-1,1)$, 而逐项积分后的级数

$$\sum_{n=1}^{\infty}\frac{(-1)^{n-1}}{2n-1}x^{2n-1}$$

的收敛域是 $[-1,1]$. 显然, 收敛域扩大了. 进一步, 式 (15.3.9) 中的开区间 $(-1,1)$ 可增强为闭区间 $[-1,1]$.

事实上, 由于幂级数 $\sum\limits_{n=1}^{\infty}\frac{(-1)^{n-1}}{2n-1}x^{2n-1}$ 的收敛域为闭区间 $[-1,1]$, 所以和函数在 $[-1,1]$ 上连续, 因此

$$\sum_{n=1}^{\infty}\frac{(-1)^{n-1}}{2n-1}=\lim_{x\to1^-}\sum_{n=1}^{\infty}\frac{(-1)^{n-1}}{2n-1}x^{2n-1},$$

再由式 (15.3.9) 可得数项级数的和:

$$\sum_{n=1}^{\infty}\frac{(-1)^{n-1}}{2n-1}=\lim_{x\to1^-}\arctan x=\frac{\pi}{4}. \tag{15.3.10}$$

因此易得

$$\sum_{n=1}^{\infty}\frac{(-1)^{n-1}}{2n-1}x^{2n-1}=\arctan x,\quad \forall x\in[-1,1]. \tag{15.3.11}$$

例 15.3.6 由例 15.2.6 知

$$\sum_{n=1}^{\infty}\frac{(-1)^{n-1}}{n}x^{n}=\ln(1+x),\quad \forall x\in(-1,1). \tag{15.3.12}$$

但上式左端的收敛域是 $(-1,1]$, 比积分前的级数 $\sum\limits_{n=1}^{\infty}(-1)^{n-1}x^{n-1}$ 的收敛域 $(-1,1)$ 扩大了, 并且同上例可得数项级数的和

$$\sum_{n=1}^{\infty}\frac{(-1)^{n-1}}{n}=\ln 2. \tag{15.3.13}$$

因此

$$\sum_{n=1}^{\infty}\frac{(-1)^{n-1}}{n}x^{n}=\ln(1+x),\quad \forall x\in(-1,1]. \tag{15.3.14}$$

例 15.3.7 求幂级数 $\sum\limits_{n=0}^{\infty}\frac{x^n}{n!}$ 的和函数 $S(x)$.

解 由

$$\lim_{n\to\infty}\frac{\frac{1}{(n+1)!}}{\frac{1}{n!}}=0$$

可知, 幂级数 $\sum\limits_{n=0}^{\infty}\frac{x^n}{n!}$ 的收敛半径为 $R=+\infty$, 即它的收敛域为 $(-\infty,+\infty)$.

应用幂级数的逐项可导性, 可得

$$S'(x)=\sum_{n=0}^{\infty}\left(\frac{x^n}{n!}\right)'=\sum_{n=1}^{\infty}\frac{x^{n-1}}{(n-1)!}=\sum_{n=0}^{\infty}\frac{x^n}{n!}=S(x),$$

于是 $S(x)=Ce^x$. 再由 $S(0)=1$ 知

$$S(x)=\sum_{n=0}^{\infty}\frac{x^n}{n!}=\mathrm{e}^x,\quad x\in(-\infty,+\infty).$$

式 (15.3.10) 和式 (15.3.13) 表明, 可以利用幂级数来求数项级数的和. 下面再举一个例子.

例 15.3.8 求数项级数 $\sum\limits_{n=0}^{\infty}\dfrac{(-1)^n}{3n+1}$ 的和.

解 考虑幂级数 $S(x)=\sum\limits_{n=0}^{\infty}\dfrac{(-1)^n}{3n+1}x^{3n+1}$. 易知其收敛域为 $(-1,1]$. 因为

$$S'(x)=\sum_{n=0}^{\infty}(-1)^n x^{3n}=\frac{1}{1+x^3},\ x\in(-1,1),\ S(0)=0,$$

根据 Abel 第二定理,

$$\sum_{n=0}^{\infty}\frac{(-1)^n}{3n+1}=\lim_{x\to 1^-}S(x)=\lim_{x\to 1^-}\int_0^x S'(t)\mathrm{d}t,$$

所以

$$\sum_{n=0}^{\infty}\frac{(-1)^n}{3n+1}=\int_0^1\frac{1}{1+t^3}\mathrm{d}t=\frac{1}{3}\left(\ln 2+\frac{\pi}{\sqrt{3}}\right).$$

本小节的最后考虑幂级数的乘积. 根据定理 14.3.6和定理 15.3.2立得

推论15.3.1 设 $\sum\limits_{n=1}^{\infty}a_nx^n$ 和 $\sum\limits_{n=1}^{\infty}b_nx^n$ 的收敛半径分别是 R_a 和 R_b, 则当 $|x|<\min\{R_a,R_b\}$ 时,

$$\left(\sum_{n=1}^{\infty}a_nx^n\right)\left(\sum_{n=1}^{\infty}b_nx^n\right)=x\sum_{n=1}^{\infty}c_nx^n,$$

其中, 上式的右端是级数 $\sum\limits_{n=1}^{\infty}a_nx^n$ 和 $\sum\limits_{n=1}^{\infty}b_nx^n$ 的 Cauchy 乘积, 而 $c_n=\sum\limits_{k=1}^{n}a_kb_{n+1-k}$.

§15.3.3 Taylor 级数与余项公式

上一小节展示了幂级数的良好性质, 即在收敛区间内可以任意次求导与求积等. 因此, 若一个函数在某个区间上能够表示成一个幂级数, 则无论在理论研究还是实际应用方面都是有益的. 同时, 我们也看到, 函数 $y=\ln(1+x)$, $y=\arctan x$ 等都可以表示为幂级数. 下面我们就一般地讨论函数可展成幂级数的条件以及如何具体将函数展开为幂级数.

1. Taylor 级数

假设函数 $f(x)$ 在 x_0 的某个邻域 $U(x_0,r)$ 内可表示成幂级数

$$f(x)=\sum_{n=0}^{\infty}a_n(x-x_0)^n,\quad x\in U(x_0,r),\tag{15.3.15}$$

即 $f(x)$ 是这个幂级数的和函数. 根据幂级数的逐项可导性, $f(x)$ 必定在 $U(x_0,r)$ 上任意阶可导, 且对一切 $k\in\mathbb{N}^+$, 成立

$$f^{(k)}(x)=\sum_{n=k}^{\infty}n(n-1)\cdots(n-k+1)a_n(x-x_0)^{n-k}.$$

令 $x=x_0$ 得到

$$a_k=\frac{f^{(k)}(x_0)}{k!},\quad k=0,1,2,\cdots,\tag{15.3.16}$$

也就是说, 式 (15.3.15) 中的幂级数的系数 $\{a_n\}$ 由和函数 $f(x)$ 唯一确定, 即为 $f(x)$ 在点 x_0 处的 **Taylor 系数** (Taylor coefficient).

反过来, 设函数 $f(x)$ 在 x_0 的某个邻域 $U(x_0,r)$ 上任意阶可导, 则可以求出 $f(x)$ 在 x_0 的所有的 Taylor 系数 $a_k=\dfrac{f^{(k)}(x_0)}{k!},k=0,1,2,\cdots$, 并作出幂级数 $\sum\limits_{n=0}^{\infty}\dfrac{f^{(n)}(x_0)}{n!}(x-x_0)^n$, 记为

$$f(x)\sim\sum_{n=0}^{\infty}\frac{f^{(n)}(x_0)}{n!}(x-x_0)^n,\tag{15.3.17}$$

这一幂级数称为 $f(x)$ 在点 x_0 处的 **Taylor 级数** (Taylor sseries).

特别地, $x_0=0$ 处的 Taylor 级数

$$\sum_{n=0}^{\infty}\frac{f^{(n)}(0)}{n!}x^n\tag{15.3.18}$$

称之为 Maclaurin 级数.

显然, 要得到 $f(x)$ 在点 x_0 处的 Taylor 级数, 则 $f(x)$ 在 x_0 点必须无穷次可微. 反之, 一个自然的问题是: 当 $f(x)$ 在 x_0 点无穷次可微时, 是否必存在正数 ρ, 使得 $f(x)$ 在 x_0 点的 Taylor 级数 (15.3.17) 在 $U(x_0,\rho)$ 内收敛, 且收敛于 $f(x)$? 一般来说, 这个结论不成立.

例 15.3.9 *考虑函数*

$$f(x)=\sum_{n=0}^{\infty}\frac{\sin(2^n x)}{n!},$$

这是由函数项级数定义的函数, 容易证明, 它在 $(-\infty,+\infty)$ 上任意次可导, 且

$$f^{(2k)}(0)=0,\ f^{(2k+1)}(0)=\sum_{n=0}^{\infty}\frac{(2^n)^{2k+1}\sin\frac{(2k+1)\pi}{2}}{n!}=(-1)^k\sum_{n=0}^{\infty}\frac{(2^{2k+1})^n}{n!}=(-1)^k\mathrm{e}^{2^{2k+1}},$$

因此它的 Maclaurin 级数为

$$S(x)=\sum_{k=0}^{\infty}\frac{(-1)^k\mathrm{e}^{2^{2k+1}}}{(2k+1)!}x^{2k+1}.$$

但是这个级数仅在 $x=0$ 点收敛.

另一方面, 即使 $f(x)$ 的 Taylor 级数处处收敛, 也未必收敛于 $f(x)$, 也就是和函数 $S(x)$ 与 $f(x)$ 在 x_0 的任意小的邻域 $U(x_0,\rho)$ 内也未必相同.

例 15.3.10 *设*

$$f(x)=\begin{cases}\mathrm{e}^{-\frac{1}{x^2}}, & x\neq 0,\\ 0, & x=0,\end{cases}$$

则 $f^{(n)}(0)=0$. 事实上, 直接计算可知, 当 $x\neq0$ 时,

$$f'(x)=\frac{2}{x^3}\mathrm{e}^{-\frac{1}{x^2}},\cdots,f^{(n)}(x)=P_{3n}\left(\frac{1}{x}\right)\mathrm{e}^{-\frac{1}{x^2}},$$

其中, $P_n(u)$ 是关于 u 的 n 次多项式. 而在 $x=0$ 处可由导数定义及上面的结果依次得到

$$
\begin{aligned}
f'(0) &= \lim_{x\to 0}\frac{f(x)-f(0)}{x}=\lim_{x\to 0}\frac{1}{x}\mathrm{e}^{-\frac{1}{x^2}}=0,\\
f''(0) &= \lim_{x\to 0}\frac{f'(x)-f'(0)}{x}=\lim_{x\to 0}\frac{2}{x^4}\mathrm{e}^{-\frac{1}{x^2}}=0,\\
&\vdots\\
f^{(n)}(0) &= \lim_{x\to 0}\frac{f^{(n-1)}(x)-f^{(n-1)}(0)}{x}=\lim_{x\to 0}P_{3n-2}\left(\frac{1}{x}\right)\mathrm{e}^{-\frac{1}{x^2}}=0,
\end{aligned}
$$

因此 $f(x)$ 的 Maclaurin 级数为

$$
S(x)=0+0x+\frac{0}{2!}x^2+\frac{0}{3!}x^3+\cdots+\frac{0}{n!}x^n+\cdots=0,
$$

所以, 只要 $x\neq 0$, 就有 $S(x)\neq f(x)$. 因此, 尽管 $f(x)$ 在 $x=0$ 处任意次可导, 且 $f(x)$ 的 Maclaurin 级数处处收敛, 但除 $x=0$ 外, 均不收敛于 $f(x)$.

上面的例子表明, 有必要讨论函数的 Taylor 级数收敛于该函数的条件.

2. Taylor 展开的条件

回到函数的 Taylor 公式. 设 $f(x)$ 在 $U(x_0,r)$ 内有 $n+1$ 阶导数, 则有 Taylor 公式

$$
f(x)=\sum_{k=0}^{n}\frac{f^{(k)}(x_0)}{k!}(x-x_0)^k+r_n(x), \tag{15.3.19}
$$

其中, $r_n(x)$ 是余项. 于是, 当 $f(x)$ 在 $U(x_0,r)$ 内任意次可导时,

$$
f(x)=\sum_{n=0}^{\infty}\frac{f^{(n)}(x_0)}{n!}(x-x_0)^n
$$

在 $U(x_0,\rho)(0<\rho\leqslant r)$ 内成立的充分必要条件是：对一切 $x\in U(x_0,\rho)$ 有

$$
\lim_{n\to\infty}r_n(x)=0. \tag{15.3.20}
$$

此时称 $f(x)$ 在点 x_0 的该邻域内**可展开为 Taylor 级数或幂级数**, 并称 $\sum\limits_{n=0}^{\infty}\frac{f^{(n)}(x_0)}{n!}(x-x_0)^n$ 是 $f(x)$ 在 $U(x_0,\rho)$ 内的 **Taylor 展开** (Taylor expansion) 或**幂级数展开** (power series expansion).

在判断余项是否趋于 0 时涉及 $r_n(x)$ 的表达形式. 在一元函数微分学中我们已经知道余项有 Lagrange 型余项和 Peano 型余项两种形式. 显然, Peano 型余项形式不便于估计. 但有时 Lagrange 型余项也不适用, 我们还需要其他形式的余项. 下面先介绍积分形式的余项.

3. Taylor 公式的积分形式的余项

定理 15.3.7 设 $f(x)$ 在 $U(x_0,r)$ 内有 $n+1$ 阶导数, 则 Taylor 公式的余项可具积分形式

$$
r_n(x)=\frac{1}{n!}\int_{x_0}^{x}f^{(n+1)}(t)(x-t)^n\mathrm{d}t. \tag{15.3.21}
$$

证明 由 Taylor 公式,

$$r_n(x)=f(x)-\sum_{k=0}^{n}\frac{f^{(k)}(x_0)}{k!}(x-x_0)^k,$$

对上式两端逐次求导可得

$$r_n'(x)=f'(x)-\sum_{k=1}^{n}\frac{f^{(k)}(x_0)}{(k-1)!}(x-x_0)^{k-1},$$

$$r_n''(x)=f''(x)-\sum_{k=2}^{n}\frac{f^{(k)}(x_0)}{(k-2)!}(x-x_0)^{k-2},$$

$$\vdots$$

$$r_n^{(n)}(x)=f^{(n)}(x)-f^{(n)}(x_0),\quad r_n^{(n+1)}(x)=f^{(n+1)}(x).$$

令 $x=x_0$ 得

$$r_n(x_0)=r_n'(x_0)=r_n''(x_0)=\cdots=r_n^{(n)}(x_0)=0.$$

再逐次分部积分即可得

$$\begin{aligned}r_n(x)&=r_n(x)-r_n(x_0)=\int_{x_0}^{x}r_n'(t)\mathrm{d}t=\int_{x_0}^{x}r_n'(t)\mathrm{d}(t-x)=\int_{x_0}^{x}r_n''(t)(x-t)\mathrm{d}t\\&=-\frac{1}{2!}\int_{x_0}^{x}r_n''(t)\mathrm{d}(t-x)^2=\frac{1}{2!}\int_{x_0}^{x}r_n'''(t)(x-t)^2\mathrm{d}t=\cdots\\&=\frac{1}{n!}\int_{x_0}^{x}r_n^{(n+1)}(t)(x-t)^n\mathrm{d}t=\frac{1}{n!}\int_{x_0}^{x}f^{(n+1)}(t)(x-t)^n\mathrm{d}t.\end{aligned}$$

□

考虑到当 $t\in[x_0,x]$ (或 $[x,x_0]$) 时, $(x-t)^n$ 保持定号, 于是对余项 $r_n(x)$ 的积分形式应用广义积分中值定理就有

$$\begin{aligned}r_n(x)&=\frac{1}{n!}\int_{x_0}^{x}f^{(n+1)}(t)(x-t)^n\mathrm{d}t=\frac{f^{(n+1)}(\xi)}{n!}\int_{x_0}^{x}(x-t)^n\mathrm{d}t\qquad(\xi\in[x_0,x])\\&=\frac{f^{(n+1)}(x_0+\theta(x-x_0))}{(n+1)!}(x-x_0)^{n+1},\qquad 0\leqslant\theta\leqslant1,\end{aligned}\tag{15.3.22}$$

这就是已知的 **Lagrange 型余项** (Lagrange type remainder). 若对 $f^{(n+1)}(t)(x-t)^n$ 应用积分中值定理则有

$$r_n(x)=\frac{f^{(n+1)}(x_0+\theta(x-x_0))}{n!}(1-\theta)^n(x-x_0)^{n+1},\qquad 0\leqslant\theta\leqslant1,\tag{15.3.23}$$

上式称为 **Cauchy 型余项** (Cauchy type remainder).

下一小节对一些具体的初等函数, 进行余项估计可得到一些初等函数的 Taylor 展开公式.

§15.3.4 初等函数的 Taylor 展开

1. n 次多项式 $P_n(x)=a_0+a_1x+\cdots+a_nx^n$ 的 Maclaurin 展开式

$$P_n(x)=P_n(0)+P_n'(0)x+\frac{P_n''(0)}{2}x^2+\cdots+\frac{P_n^{(n)}(0)}{n!}x^n.\tag{15.3.24}$$

事实上, $k>n$ 时 $P^{(k)}(0)=0$, 因此 $r_k(x)=0$, 即上述结论成立.

2. 指数函数 e^x 的 Maclaurin 展开式

$$\mathrm{e}^x=\sum_{n=0}^{\infty}\frac{x^n}{n!}=1+x+\frac{x^2}{2!}+\frac{x^3}{3!}+\cdots+\frac{x^n}{n!}+\cdots,\quad x\in(-\infty,+\infty). \tag{15.3.25}$$

证明 在第 5 章我们已经得到 e^x 在 $x=0$ 的 Maclaurin 公式

$$\mathrm{e}^x=1+x+\frac{x^2}{2!}+\frac{x^3}{3!}+\cdots+\frac{x^n}{n!}+r_n(x),\quad x\in(-\infty,+\infty),$$

其中, $r_n(x)$ 表示成 Lagrange 余项为

$$r_n(x)=\frac{f^{(n+1)}(\theta x)}{(n+1)!}x^{n+1}=\frac{\mathrm{e}^{\theta x}}{(n+1)!}x^{n+1},\quad 0<\theta<1.$$

由于

$$|r_n(x)|\leqslant\frac{\mathrm{e}^{|x|}}{(n+1)!}|x|^{n+1}\to 0\quad(n\to\infty)$$

对一切 $x\in(-\infty,+\infty)$ 成立, 所以 e^x 的 Taylor 展开式成立. □

3. 正弦函数 $\sin x$ 的 Maclaurin 展开式

$$\sin x=\sum_{n=0}^{\infty}\frac{(-1)^n}{(2n+1)!}x^{2n+1}=x-\frac{x^3}{3!}+\frac{x^5}{5!}-\cdots+(-1)^n\frac{x^{2n+1}}{(2n+1)!}+\cdots,x\in(-\infty,+\infty). \tag{15.3.26}$$

证明 在第 5 章我们已经得到 $\sin x$ 在 $x=0$ 的 Maclaurin 公式

$$\sin x=x-\frac{x^3}{3!}+\frac{x^5}{5!}-\cdots+(-1)^n\frac{x^{2n+1}}{(2n+1)!}+r_{2n+2}(x),\quad x\in(-\infty,+\infty),$$

其中, $r_{2n+2}(x)$ 表示成 Lagrange 余项为

$$r_{2n+2}(x)=\frac{f^{(2n+3)}(\theta x)}{(2n+3)!}x^{2n+3}=\frac{x^{2n+3}}{(2n+3)!}\sin\left(\theta x+\frac{2n+3}{2}\pi\right),\quad 0<\theta<1.$$

由于

$$|r_{2n+2}(x)|\leqslant\frac{|x|^{2n+3}}{(2n+3)!}\to 0\quad(n\to\infty)$$

对一切 $x\in(-\infty,+\infty)$ 成立, 所以 $\sin x$ 的 Maclaurin 展开式成立. □

同理可以得到以下的 Maclaurin 展开式.

4. 余弦函数

$$\cos x=\sum_{n=0}^{\infty}\frac{(-1)^n}{(2n)!}x^{2n},\quad x\in(-\infty,+\infty). \tag{15.3.27}$$

5. 反正切函数

$$\arctan x=\sum_{n=1}^{\infty}\frac{(-1)^{n-1}}{2n-1}x^{2n-1},\quad x\in[-1,1]. \tag{15.3.28}$$

6. 对数函数

$$\ln(1+x)=\sum_{n=1}^{\infty}\frac{(-1)^{n-1}}{n}x^n,\quad x\in(-1,1].\tag{15.3.29}$$

7. 二项式函数

$$(1+x)^\alpha=1+\sum_{n=1}^{\infty}\frac{\alpha(\alpha-1)\cdots(\alpha-n+1)}{n!}x^n,\ x\in(-1,1),\tag{15.3.30}$$

其中, α 是任意实数.

下面只讨论二项式函数 $(1+x)^\alpha$ 的 Maclaurin 展开.

显然, 当 α 是自然数时, 即为二项式展开, 只有有限项. 假定 $0\neq\alpha$ 不是自然数. 记

$$\binom{\alpha}{n}=\frac{\alpha(\alpha-1)\cdots(\alpha-n+1)}{n!},\quad n=1,2,\cdots,$$

以及 $\binom{\alpha}{0}=1$, 则 $(1+x)^\alpha\sim\sum\limits_{n=0}^{\infty}\binom{\alpha}{n}x^n$. 应用 D'Alembert 判别法, 由

$$\lim_{n\to\infty}\left|\binom{\alpha}{n+1}\Big/\binom{\alpha}{n}\right|=\lim_{n\to\infty}\left|\frac{\alpha-n}{n+1}\right|=1,$$

得幂级数的收敛半径为 $R=1$.

现在考虑 $f(x)=(1+x)^\alpha$ 在 $x=0$ 的 Taylor 公式

$$(1+x)^\alpha=\sum_{k=0}^{n}\binom{\alpha}{k}x^k+r_n(x),$$

这里 $r_n(x)$ 宜取 Cauchy 型余项

$$r_n(x)=\frac{f^{(n+1)}(\theta x)}{n!}(1-\theta)^n x^{n+1}=(n+1)\binom{\alpha}{n+1}x^{n+1}\left(\frac{1-\theta}{1+\theta x}\right)^n(1+\theta x)^{\alpha-1},\quad 0\leqslant\theta\leqslant 1.$$

由于幂级数 $\sum\limits_{n=0}^{\infty}(n+1)\binom{\alpha}{n+1}x^{n+1}$ 的收敛半径为 1, 故当 $x\in(-1,1)$ 时, 它的一般项趋于 0, 即

$$\lim_{n\to\infty}(n+1)\binom{\alpha}{n+1}x^{n+1}=0,\quad x\in(-1,1).$$

又因为 $0\leqslant\theta\leqslant 1$, 且 $-1<x<1$, 所以我们有

$$0\leqslant\left(\frac{1-\theta}{1+\theta x}\right)^n\leqslant 1,\ \text{和}\ \ 0<(1+\theta x)^{\alpha-1}\leqslant\max\left\{(1+|x|)^{\alpha-1},(1-|x|)^{\alpha-1}\right\},$$

由此得到

$$\lim_{n\to\infty}r_n(x)=0,\ \forall x\in(-1,1).$$

即式 (15.3.30) 成立.

而 Taylor 级数在端点的收敛情况需要视 α 的取值而定. 可以证明 (参见《数学分析讲义第二册》§16.3.4(张福保等, 2019)):

(1) 当 $\alpha\leqslant -1$ 时, 收敛域为 $(-1,1)$,

(2) 当 $-1<\alpha<0$ 时, 收敛域为 $(-1,1]$,

(3) 当 $\alpha>0$, 且不是自然数时, 收敛域为 $[-1,1]$.

8. 反正弦函数

$$\arcsin x=x+\sum_{n=1}^{\infty}\frac{(2n-1)!!}{(2n)!!}\frac{x^{2n+1}}{2n+1},\quad x\in[-1,1].\tag{15.3.31}$$

证明 由 $(1+x)^{\alpha}$ 的幂级数展开式可知, 当 $x\in(-1,1)$ 时,

$$\begin{aligned}\frac{1}{\sqrt{1-x^2}}&=(1-x^2)^{-\frac{1}{2}}=\sum_{n=0}^{\infty}\binom{-\frac{1}{2}}{n}(-x^2)^n\\&=1+\frac{1}{2}x^2+\frac{3}{8}x^4+\cdots+\frac{(2n-1)!!}{(2n)!!}x^{2n}+\cdots,\end{aligned}$$

对等式两边从 0 到 x 积分, 注意幂级数的逐项可积性与 $\displaystyle\int_0^x\frac{\mathrm{d}t}{\sqrt{1-t^2}}=\arcsin x$, 即得到

$$\arcsin x=x+\sum_{n=1}^{\infty}\frac{(2n-1)!!}{(2n)!!}\frac{x^{2n+1}}{2n+1},\ x\in(-1,1).$$

至于幂级数在区间端点 $x=\pm1$ 的收敛性, 已在上一章中用 Raabe 判别法得到证明. □

特别, 在式 (15.3.31) 中取 $x=1$, 我们得到关于 π 的又一个级数表示:

$$\pi=2+\sum_{n=0}^{\infty}\frac{(2n-1)!!}{(2n)!!}\frac{2}{2n+1}.$$

通过直接验证余项为无穷小来展开幂级数的办法称为直接展开法. 而利用上面的已知 Taylor 展开式, 并通过代数或解析运算以及幂级数的分析性质等得到其他一些函数的幂级数展开式的方法称为间接展开法. 例如, 在求反正弦函数的 Maclaurin 级数时我们应用了间接展开法. 下面再看几个间接展开的例子.

例 15.3.11 求下列函数的 Maclaurin 展开式:

(1) $f(x)=\dfrac{1}{3+5x-2x^2}$; (2) $f(x)=\dfrac{1}{(1+x)^2}$; (3) $f(x)=\ln\dfrac{1+x}{1-x}$.

解 (1) 因为

$$f(x)=\frac{1}{3+5x-2x^2}=\frac{1}{(3-x)(1+2x)}=\frac{1}{7}\left(\frac{1}{3-x}+\frac{2}{1+2x}\right),$$

由 $\dfrac{1}{1-x}=\sum\limits_{n=0}^{\infty}x^n,\ |x|<1$ 得

$$f(x)=\frac{1}{7}\left(\frac{1}{3}\sum_{n=0}^{\infty}\left(\frac{x}{3}\right)^n+2\sum_{n=0}^{\infty}(-2x)^n\right)=\frac{1}{7}\sum_{n=0}^{\infty}\left[\frac{1}{3^{n+1}}-(-2)^{n+1}\right]x^n.$$

由于 $\dfrac{1}{3-x}$ 的 Maclaurin 展开的收敛范围是 $(-3,3)$, $\dfrac{2}{1+2x}$ 的 Maclaurin 展开的收敛范围是 $\left(-\dfrac{1}{2},\dfrac{1}{2}\right)$, 因此 $f(x)$ 的 Maclaurin 展开在 $\left(-\dfrac{1}{2},\dfrac{1}{2}\right)$ 成立.

(2) 对 $\dfrac{1}{1+x}=\sum\limits_{n=0}^{\infty}(-1)^nx^n,\ |x|<1$, 应用幂级数的逐项可导性可得

$$\frac{1}{(1+x)^2}=\sum_{n=1}^{\infty}(-1)^{n-1}nx^{n-1},\quad |x|<1.$$

(3) $f(x)=\ln(1+x)-\ln(1-x)=\sum\limits_{n=1}^{\infty}(-1)^{n-1}\dfrac{x^n}{n}+\sum\limits_{n=1}^{\infty}\dfrac{x^n}{n}=\sum\limits_{n=1}^{\infty}((-1)^{n-1}+1)\dfrac{x^n}{n}$, $|x|<1$.

例 15.3.12　求下列函数在 $x=1$ 点的 Taylor 展开式.

(1) $f(x)=\dfrac{1}{1+2x}$;　　(2) $f(x)=\dfrac{1}{x^2}$.

解　(1) 当 $|x-1|<\dfrac{3}{2}$ 时,

$$f(x)=\frac{1}{3+2(x-1)}=\frac{1}{3}\cdot\frac{1}{1+\frac{2}{3}(x-1)}=\frac{1}{3}\sum_{n=0}^{\infty}(-1)^n\left(\frac{2}{3}\right)^n(x-1)^n.$$

(2) 当 $|x-1|<1$ 时,

$$\frac{1}{x}=\frac{1}{1+(x-1)}=\sum_{n=0}^{\infty}(-1)^n(x-1)^n,$$

对上式两边求导可得

$$\frac{1}{x^2}=\sum_{n=0}^{\infty}(-1)^n(n+1)(x-1)^n,\quad x\in(0,2).$$

像前面那几个基本初等函数那样按照定义得到 Taylor 展开式的函数是少数, 多数情况下我们只要求写出 Taylor 级数的有限几项. 这时通常也有直接与间接两种方法, 且这与第五章学过的求 Taylor 公式的做法是类似的.

例 15.3.13　(1) 求 $y=\dfrac{\ln(1-x)}{1-x}$ Maclaurin 展开式;(2) 求 $y=\tan x$ 的 Maclaurin 展开式 (到 x^5).

解　(1) 按照幂级数的 Cauchy 乘积可得

$$\begin{aligned}\frac{\ln(1-x)}{1-x}&=-\left(x+\frac{x^2}{2}+\frac{x^3}{3}+\cdots+\frac{x^n}{n}+\cdots\right)(1+x+x^2+\cdots+x^n+\cdots)\\&=-\sum_{n=1}^{\infty}\left(1+\frac{1}{2}+\cdots+\frac{1}{n}\right)x^n,\quad x\in(-1,1).\end{aligned}$$

(2) 由于 $\tan x$ 是奇函数, 应用待定系数法, 可以令

$$\tan x=\frac{\sin x}{\cos x}=c_1x+c_3x^3+c_5x^5+\cdots,$$

于是

$$(c_1x+c_3x^3+c_5x^5+\cdots)\left(1-\frac{x^2}{2!}+\frac{x^4}{4!}-\cdots\right)=x-\frac{x^3}{3!}+\frac{x^5}{5!}-\cdots,$$

比较等式两端 x,x^3 与 x^5 的系数, 就可得到 $c_1=1$,　$c_3=\dfrac{1}{3}$,　$c_5=\dfrac{2}{15}$, 因此

$$\tan x=x+\frac{1}{3}x^3+\frac{2}{15}x^5+\cdots.$$

本节最后我们举例说明幂级数在近似计算中的应用.

例 15.3.14　计算 $I=\displaystyle\int_0^1 \mathrm{e}^{-x^2}\mathrm{d}x$ (精确到 0.0001).

解 由于 e^{-x^2} 的原函数不是初等函数, 因而无法用 Newton-Leibniz 公式直接计算定积分 $\int_0^1 e^{-x^2}dx$ 的值, 但是应用函数的幂级数展开, 可以计算出它的近似值, 并可精确到任意事先要求的程度. 函数 e^{-x^2} 的幂级数展开为

$$e^{-x^2}=1-x^2+\frac{x^4}{2!}-\frac{x^6}{3!}+\frac{x^8}{4!}-\cdots,\quad x\in(-\infty,+\infty).$$

上式两边从 0 到 1 积分, 得

$$I=\int_0^1 e^{-x^2}dx=1-\frac{1}{3}+\frac{1}{10}-\frac{1}{42}+\frac{1}{216}-\frac{1}{1320}+\frac{1}{9360}-\frac{1}{75600}+\cdots,$$

这是一个 Leibniz 级数, 其误差不超过被舍去部分的第一项的绝对值, 由于

$$\frac{1}{75600}<1.5\times 10^{-5},$$

因此前面 7 项之和具有四位有效数字为

$$I=\int_0^1 e^{-x^2}dx\approx 0.7486.$$

习题 15.3

A1. 求下列幂级数的收敛半径和收敛域:

(1) $\sum\limits_{n=1}^{\infty}\frac{(x-1)^{2n}}{4^n}$;

(2) $\sum\limits_{n=2}^{\infty}(-1)^n\frac{1}{2^n n}x^{2n-3}$;

(3) $\sum\limits_{n=1}^{\infty}\frac{(n!)^2}{(2n)!}x^n$;

(4) $\sum\limits_{n=1}^{\infty}(1+\frac{1}{n})^{-n^2}x^n$;

(5) $\sum\limits_{n=1}^{\infty}(1+\frac{1}{n})^{n^2}x^n$;

(6) $\sum\limits_{n=1}^{\infty}\left(\frac{a^n}{n}+\frac{b^n}{n}\right)x^n\quad(a>0,b>0)$;

(7) $\sum\limits_{n=1}^{\infty}\frac{x^{n^2}}{2^n}$;

(8) $\sum\limits_{n=1}^{\infty}\frac{1}{3^{\sqrt{n}}}x^n$;

(9) $\sum\limits_{n=1}^{\infty}\frac{(x-2)^{2n-1}}{2^n-1}$;

(10) $\sum\limits_{n=1}^{\infty}(\sin n)x^n$;

(11) $\sum\limits_{n=1}^{\infty}r^{n^2}x^n\quad(0<r<1)$;

(12) $\sum\limits_{n=1}^{\infty}\frac{1}{3^n+(-2)^n}\frac{x^n}{n}$.

A2. 求下列函数项级数的收敛域:

(1) $\sum\limits_{n=1}^{\infty}(x^2+x+1)^n\sin\frac{1}{2n}$;

(2) $\sum\limits_{n=1}^{\infty}\frac{(-1)^n}{2n-1}\left(\frac{x}{2x+1}\right)^n$;

(3) $\sum\limits_{n=1}^{\infty}\left(\frac{1}{x}\right)^n\sin\frac{1}{2^n}$;

(4) $\sum\limits_{n=1}^{\infty}\frac{2^n\sin^n x}{n^2}$.

A3. (1) 设 $\sum\limits_{n=1}^{\infty}(-1)^n a_n 2^n$ 收敛, 证明: $\sum\limits_{n=1}^{\infty}a_n$ 绝对收敛.

(2) 设 $\sum\limits_{n=1}^{\infty}a_n(x-2)$ 在 $x=0$ 处收敛, 在 $x=4$ 处发散, 求其收敛域.

A4. 应用逐项求导或求积分方法求下列幂级数的和函数 (应同时指出它们的定义域):

(1) $\sum\limits_{n=1}^{\infty}\frac{1}{n2^n}x^{n-1}$;

(2) $\sum\limits_{n=1}^{\infty}\frac{x^{2n+1}}{2n+1}$;

(3) $\sum\limits_{n=2}^{\infty}\frac{x^n}{n(n-1)}$;

(4) $\sum\limits_{n=2}^{\infty}\frac{x^n}{n^2-1}$;

(5) $\sum\limits_{n=1}^{\infty}\frac{2n-1}{2^n}x^{2n-2}$;

(6) $\sum\limits_{n=1}^{\infty}n(n+1)x^n$;

(7) $\sum\limits_{n=0}^{\infty}(-1)^n\dfrac{n+1}{(2n+1)!}x^{2n+1}$;　　(8) $\sum\limits_{n=1}^{\infty}\dfrac{n^2+1}{2^n n!}(x-1)^n$.

A5. 利用幂级数的性质求下列数项级数的和:

(1) $\sum\limits_{n=1}^{\infty}(2n-1)q^{n-1}, (|q|<1)$;　　(2) $\sum\limits_{n=1}^{\infty}\dfrac{(-1)^n}{2n-1}\left(\dfrac{3}{4}\right)^n$;

(3) $\sum\limits_{n=1}^{\infty}\dfrac{(-1)^n n}{(2n+1)!}$;　　(4) $\sum\limits_{n=0}^{\infty}\dfrac{(-1)^n(n^2-n+1)}{2^n}$.

A6. 证明：设 $f(x)=\sum\limits_{n=0}^{\infty}a_nx^n$ 在 $|x|<R$ 内收敛, 若 $\sum\limits_{n=0}^{\infty}\dfrac{a_n}{n+1}R^{n+1}$ 也收敛, 则

$$\int_0^R f(x)\mathrm{d}x=\sum_{n=0}^{\infty}\frac{a_n}{n+1}R^{n+1}.$$

注意：这里不管 $\sum\limits_{n=0}^{\infty}a_nx^n$ 在 $x=R$ 是否收敛. 应用这个结果证明：

$$\int_0^1\frac{1}{x+1}\mathrm{d}x=\ln 2=\sum_{n=1}^{\infty}(-1)^{n-1}\frac{1}{n}.$$

A7. 证明：

(1) $y=\sum\limits_{n=0}^{\infty}\dfrac{x^{4n}}{(4n)!}$ 满足方程 $y^{(4n)}=y$;

(2) $y=\sum\limits_{n=0}^{\infty}\dfrac{x^n}{(n!)^2}$ 满足方程 $xy''+y'-y=0$.

A8. 设 $\{a_n\}$ 为非常数的等差数列. 试求:

(1) 幂级数 $\sum\limits_{n=0}^{\infty}a_nx^n$ 的收敛半径;　(2) 数项级数 $\sum\limits_{n=0}^{\infty}\dfrac{a_n}{2^n}$ 的和.

A9. 求下列函数在 $x=0$ 处的 Taylor 展开式:

(1) $\dfrac{x}{9+x^2}$;　　(2) $x\arctan x-\ln\sqrt{1-x^2}$;

(3) $\dfrac{1}{4}\ln\dfrac{1+x}{1-x}+\dfrac{1}{2}\arctan x-x$;　　(4) $\ln(1+x+x^2+x^3+x^4)$;

(5) $\dfrac{1}{(1-2x)^2}$;　　(6) $\dfrac{x}{1-x-2x^2}$;

(7) $\dfrac{x}{(1-x)(1-x^2)}$;　　(8) $\displaystyle\int_0^x\frac{\sin t}{t}\mathrm{d}t$;

(9) $\arctan\dfrac{2x}{1-x^2}$;　　(10) $\ln(x+\sqrt{1+x^2})$.

A10. 求下列函数在指定点处的 Taylor 展开式:

(1) $f(x)=\ln x$, 在 $x=1$ 处;　　(2) $f(x)=\ln(3+2x+x^2)$, 在 $x=-1$ 处;

(3) $f(x)=\dfrac{\mathrm{d}}{\mathrm{d}x}\left(\dfrac{\mathrm{e}^x-\mathrm{e}}{x-1}\right)$, 在 $x=1$ 处;　　(4) $f(x)=\sin x$, 在 $x=\dfrac{\pi}{4}$ 处;

(5) $f(x)=2x-4x^2+7x^3$, 在 $x=1$ 处;　　(6) $f(x)=\dfrac{1}{x^2}$, 在 $x=1$ 处.

A11. 设 $f(x)$ 在 $x=0$ 的某邻域 $(-\delta,\delta)$ $(\delta>0)$ 内任意次可导, 且导函数列 $\{f^{(n)}(x)\}$ 在 $(-\delta,\delta)$ 内一致有界, 证明: $f(x)$ 在 $(-\delta,\delta)$ 内可以展成 Maclaurin 级数.

B12. 把级数 $\sum\limits_{n=1}^{\infty}\dfrac{(-1)^{n-1}}{(2n-1)!2^{2n-2}}x^{2n-1}$ 的和函数展成 $x-1$ 的 Taylor 级数.

B13. 试将 $f(x)=\begin{cases}\dfrac{1+x^2}{x}\arctan x, & x\neq 0,\\ 1, & x=0\end{cases}$ 展开成 Maclaurin 级数, 并求级数 $\sum\limits_{n=1}^{\infty}\dfrac{(-1)^n}{1-4n^2}$ 的和及导数 $f^{(n)}(0)$.

B14. 将下列函数按要求展成相应的 Taylor 级数:

(1) 把 $f(x)=\dfrac{1}{a-x}(a\neq 0)$ 分别展成 x, $x-b(b\neq a)$, $\dfrac{1}{x}$ 的 Taylor 级数;

(2) 把 $f(x)=\ln x$ 展开成 $\dfrac{x-1}{x+1}$ 的 Taylor 级数;

(3) 把 $f(x)=\ln\dfrac{\sin x}{x}$ 展开成 Maclaurin 级数 (到 x^4).

第 15 章总练习题

1. 判断下列函数列在指定区间上的一致收敛性:

(1) $f_n(x)=\sin\dfrac{1+nx}{2n}$, $x\in(-\infty,+\infty)$; (2) $f_n(x)=n\sin\dfrac{1}{nx}$, $x\in[1,+\infty)$;

(3) $f_n(x)=\dfrac{\ln(nx)}{nx^2}$, $x\in(1,+\infty)$; (4) $f_n(x)=\sqrt[2n]{1+x^{2n}}$, $x\in(-\infty,+\infty)$.

2. 判断下列函数项级数 $\sum\limits_{n=1}^{\infty}u_n(x)$ 在指定区间上的一致收敛性:

(1) $u_n(x)=\dfrac{\sin x^2}{x+n^2x^2}$, $x\in(0,+\infty)$; (2) $u_n(x)=(\tan\dfrac{x}{n^2+x^2})^2$;

(3) $u_n(x)=\mathrm{e}^{-n^5x^2}\sin(nx)$; (4) $u_n(x)=\mathrm{e}^{-(x-n)^2}$, $x\in[a,b]$为有限区间;

(5) $u_n(x)=\dfrac{x}{(1+x)^n}$, $x\in[0,1]$; (6) $u_n(x)=\dfrac{nx}{(1+x)(1+2x)\cdots(1+nx)}$, $x\in[0,1]$.

3. 设 $f(x)$ 为 $\left[\dfrac{1}{2},1\right]$ 上的连续函数, 证明:

(1) $\{x^nf(x)\}$ 在 $\left[\dfrac{1}{2},1\right]$ 上收敛;

(2) $\{x^nf(x)\}$ 在 $\left[\dfrac{1}{2},1\right]$ 上一致收敛的充要条件是 $f(1)=0$.

4. 设可微函数列 $\{f_n(x)\}$ 在 $[a,b]$ 上收敛, $\{f_n'(x)\}$ 在 $[a,b]$ 上一致有界, 证明: $\{f_n(x)\}$ 在 $[a,b]$ 上一致收敛.

5. (1) 设 $f(x)$ 在 $\mathbb{R}$ 上一致连续, $f_n(x)=f(x+\dfrac{1}{n})$, $n=1,2,\cdots$. 证明: $f_n(x)$ 在 $\mathbb{R}$ 上一致收敛.

(2) 设 $f(x)$ 在 $\mathbb{R}$ 上连续可微, 令 $f_n(x)=n(f(x+\dfrac{1}{n})-f(x))$, 证明: $f_n(x)$ 在任意有限区间上一致收敛.

6. 设 $\{f_n(x)\}$, $\{g_n(x)\}$ 是 D 上的有界函数列, 且 $f_n(x)\overset{D}{\rightrightarrows}f(x), g_n(x)\overset{D}{\rightrightarrows}g(x)$. 证明: $f_n(x)g_n(x)\overset{D}{\rightrightarrows}f(x)g(x)$.

7. 设 $f_n(x)\overset{D}{\rightrightarrows}f(x)$, 且 $|f_n(x)|\leqslant M$ $(\forall n,\forall x\in D)$, $g(x)$ 是 $[-M,M]$ 上的连续函数, 证明: $g(f_n(x))\overset{D}{\rightrightarrows}g(f(x))$.

8. 定义 $[0,1]$ 上的函数项级数 $\sum\limits_{n=1}^{\infty}u_n(x)$ 如下:

$$u_n(x)=\begin{cases}\dfrac{1}{n}, & x\in\left[\dfrac{1}{n+1},\dfrac{1}{n}\right),\\ 0, & x\in[0,1]\backslash\left[\dfrac{1}{n+1},\dfrac{1}{n}\right).\end{cases}$$

问能否用优级数判别法判别其一致收敛性. 又问该级数一致收敛吗?

9. 求值:

(1) $I=\lim\limits_{x\to1-}\sum\limits_{n=1}^{\infty}\dfrac{(-1)^{n-1}}{n}\dfrac{x^n}{1+x^n}$; (2) $I=\lim\limits_{x\to1-}(1-x)\sum\limits_{n=1}^{\infty}(-1)^{n-1}\dfrac{x^n}{1-x^{2n}}$;

(3) $I=\lim\limits_{n\to\infty}\displaystyle\int_0^1\dfrac{\mathrm{d}x}{1+(1+\frac{x}{n})^n}$; (4) $I=\displaystyle\int_0^1\sum_{n=1}^{\infty}\dfrac{x\mathrm{d}x}{n(n+x)}$;

(5) $I=\displaystyle\int_{\ln2}^{\ln5}\sum_{n=1}^{\infty}n\mathrm{e}^{-nx}\mathrm{d}x$; (6) $I=\lim\limits_{n\to\infty}\displaystyle\int_0^{\pi}\sqrt[n]{x}\sin x\mathrm{d}x$.

10. 证明：存在 $\xi\in(0,1)$, 使得 $\sum\limits_{n=1}^{\infty}\dfrac{\xi^{n-1}}{n+1}=1$.

11. 求下列级数的和:

(1) $S(x)=\sum\limits_{n=1}^{\infty}\dfrac{(-1)^{n-1}x^{2n}}{n(2n-1)}, |x|\leqslant 1$;　(2) $S(x)=\sum\limits_{n=0}^{\infty}\dfrac{(-1)^{n}x^{n}}{2n+1}, -1<x\leqslant 1$;

(3) $S(x)=\sum\limits_{n=0}^{\infty}\dfrac{\ln^{n}x}{n!}, x>0$;　(4) $S=\sum\limits_{n=2}^{\infty}\dfrac{(-1)^{n}}{n^2+n-2}$;

(5) $S=\sum\limits_{n=1}^{\infty}\dfrac{1}{n(2n+1)2^{n}}$;　(6) $\sum\limits_{n=0}^{\infty}\dfrac{2^{n}(n+1)}{n!}$.

12. 设已知 a_1, a_2, 且 $a_{n+2}=(1-\dfrac{1}{n})a_{n+1}+\dfrac{1}{n}a_n$, $n=1,2,\cdots$, 试证明 $\{a_n\}$ 收敛, 并求其极限.

第 16 章　Fourier 级数

现实世界有许多周期现象, 需要用周期函数来刻画. 例如, 日月轮回、潮起潮落、钟摆、交流电等. 最简单的周期函数就是通常的简谐波

$$x(t) = A\sin(\omega t + \varphi).$$

容易证明, 两个频率相同的简谐波叠加的结果还是简谐波, 但不同频率的简谐波的叠加就不再是简谐波, 但仍然是周期波, 只是比较复杂. 例如 $2\sin 2t + \sin 3t$ 就是一个周期为 2π 的周期波. 反过来, 我们自然要问：一般的周期波是否能分解为简谐波的叠加？即把周期函数 $x(t)$ 表示为

$$x(t) = \sum_{n=0}^{\infty} A_n \sin(n\omega t + \varphi_n),$$

或记为

$$\frac{a_0}{2} + \sum_{n=1}^{\infty}(a_n \cos nt + b_n \sin nt).$$

若能这样, 就可以通过对各个简谐波的分析, 来探讨周期函数的性质. 法国数学家 Fourier (傅里叶) 就发现了这一点，他用正弦函数和余弦函数构成的函数项级数, 即三角级数, 来表示周期函数, 甚至是非周期的函数, 因此后世就称这样的三角级数为 Fourier 级数.

上一章我们也已经研究过一类特殊的函数项级数—— Taylor 级数, 即通项为幂函数的函数项级数. 因为有非常好的分析性质, 所以 Taylor 级数成为了微分学（乃至整个函数论）的重要工具之一. 但是, Taylor 级数在应用中也有一定的局限性. 一方面, 尽管在实际问题中只使用 Taylor 级数的部分和, 即 $f(x)$ 的 n 次 Taylor 多项式

$$P_n(x) = f(x_0) + f'(x_0)(x-x_0) + \frac{f''(x_0)}{2!}(x-x_0)^2 + \cdots + \frac{f^{(n)}(x_0)}{n!}(x-x_0)^n$$

来近似地代替函数, 这时候它也要求 $f(x)$ 有至少 n 阶的导数, 这是比较苛刻的条件; 另一方面, 一般来说, Taylor 多项式 $P_n(x)$ 仅在点 x_0 附近与 $f(x)$ 吻合得较好, 也就是说, 它只有局部性质. 为此有必要寻找函数的新的级数展开形式.

而 Fourier 级数就恰好避免了 Taylor 级数的上述不足, 因而成为许多数学分支, 如数学物理、偏微分方程、小波分析等都离不开的基本工具. 并成为当今信息时代众多的工程技术, 如无线电、通讯、数字处理等的不可或缺的数学工具, 其重要性与日俱增.

18 世纪中叶以来, Euler、D'Alembert、Lagrange 等在研究天文学和物理学中的问题时, 相继得到了某些函数的三角级数表达式, 并逐渐认识到不仅只是周期函数, 非周期函数也可以表示成三角级数的形式. 到了 19 世纪, Fourier 在研究热传导问题时, 创立了 Fourier 级数理论. 1807 年, Fourier 向法国科学院提交了一篇关于热传导问题的论文, 提出了任意周期函数都可以用三角级数表示的想法, 找到了在有限区间上用三角级数表示一般函数的

方法, 即把 $f(x)$ 展开成所谓的 Fourier 级数, 也即发现这种叠加是可以实现的, 并且用三角级数比用幂级数有更多的优点. 1822 年, Fourier 发表了他的经典著作《热的解析理论》, 主要研究了吸热或放热物体内部的温度随时间和空间的变化规律，同时也系统地研究了函数的三角级数表示问题. 不过 Fourier 从没有对“任意”函数可以展成 Fourier 级数这一断言给出过完全的证明, 甚至也没有指明一个函数可以展成 Fourier 级数的条件. 事实上, 这些理论工作主要是由后来的 Dirichlet 和 Riemann 等完成的. 此后, Fourier 级数理论很快在现代数学中占有核心地位.

§16.1　函数的 Fourier 级数展开与逐点收敛性

§16.1.1　平方可积函数空间与正交函数系

我们知道, 函数 $f(x)$ 的 Taylor 级数展开的 Taylor 系数是由 $f(x)$ 的各阶导数来确定的, 而下面我们将看到, Fourier 级数展开的 Fourier 系数则是由 $f(x)$ 与三角函数的乘积的积分确定的. 作为预备, 下面先来研究相关的积分问题.

记区间 $[a,b]$ 上可积且平方可积的函数的全体为 $\mathbf{R}[a,b]$. 这里的可积包括收敛的瑕积分. 按照通常的函数加法与数乘, $\mathbf{R}[a,b]$ 构成一个线性空间.

进一步, $\mathbf{R}[a,b]$ 中可以引入内积与模的概念. 对任两个函数 $f,g\in\mathbf{R}[a,b]$, 乘积的积分

$$\int_a^b f(x)g(x)\mathrm{d}x$$

称为这两个函数的内积, 记为 $\langle f,g\rangle$, 而

$$\|f\|=\sqrt{\langle f,f\rangle}=\sqrt{\int_a^b f^2(x)\mathrm{d}x}$$

称为函数 f 的模, 或范数, 并称

$$\|f-g\|=\sqrt{\int_a^b (f(x)-g(x))^2\mathrm{d}x}$$

为函数 f 和 g 的距离. 后面我们将用这个距离来度量函数之间靠近的程度.

Fourier 展开的基础是三角函数系的正交性. 先引入一般的正交函数系的概念.

定义 16.1.1　(1) $[a,b]$ 上的两个可积函数 f,g 如果它们的内积为 0, 即

$$\langle f,g\rangle=\int_a^b f(x)g(x)\mathrm{d}x=0,$$

则称它们在 $[a,b]$ 上是**正交**的;

(2) 称一列可积函数 $\{f_n\}$ 是 $[a,b]$ 上的一个**正交函数系** (orthogonal function system), 如果

$$\|f_n\|^2=\int_a^b f_n^2(x)\mathrm{d}x\neq 0,\quad \langle f_m,\ f_n\rangle=\int_a^b f_m(x)f_n(x)\mathrm{d}x=0\ \ (m\neq n),\tag{16.1.1}$$

进一步, 如果

$$\langle f_m,\ f_n\rangle=\int_a^b f_m(x)f_n(x)\mathrm{d}x=\delta_{m,n}=\begin{cases}1, & m=n,\\ 0, & m\neq n,\end{cases}\tag{16.1.2}$$

则称函数列 $\{f_n\}$ 是 $[a,b]$ 上的一个**标准正交函数系** (standard orthogonal function system), 或**规范正交函数系** (normal orthogonal function system).

例 16.1.1 三角函数系

$$\{1, \cos x,\ \sin x, \cdots, \cos nx,\ \ \sin nx, \cdots\} \tag{16.1.3}$$

是 $[-\pi,\pi]$ 上的正交函数系. 事实上,

$$\int_{-\pi}^{\pi} \sin mx \cos nx \mathrm{d}x = 0 \quad (n, m \in \mathbb{N});$$

$$\frac{1}{\pi}\int_{-\pi}^{\pi} \cos mx \cos nx \mathrm{d}x = \frac{1}{\pi}\int_{-\pi}^{\pi} \sin mx \sin nx \mathrm{d}x = \delta_{m,n} \quad (n, m \in \mathbb{N}^+);$$

$$\frac{1}{2\pi}\int_{-\pi}^{\pi} 1 \cdot \cos mx \mathrm{d}x = \delta_{m,0} \quad (m = 0, 1, 2, \cdots).$$

所以三角函数系 (16.1.3) 是 $[-\pi,\pi]$ 上的正交函数系, 从而三角函数系

$$\left\{\frac{1}{\sqrt{2\pi}}, \frac{1}{\sqrt{\pi}}\cos x,\ \ \frac{1}{\sqrt{\pi}}\sin x, \cdots, \frac{1}{\sqrt{\pi}}\cos nx,\ \ \frac{1}{\sqrt{\pi}}\sin nx, \cdots\right\} \tag{16.1.4}$$

是标准正交函数系.

利用变量替换易知, 对任何 $T > 0$, 三角函数系

$$\left\{1, \cos\frac{\pi}{T}x,\ \sin\frac{\pi}{T}x, \cdots, \cos\frac{\pi}{T}nx, \sin\frac{\pi}{T}nx, \cdots\right\}$$

是 $[-T,T]$ 上的正交函数系, 三角函数系

$$\left\{\frac{1}{\sqrt{2T}}, \frac{1}{\sqrt{T}}\cos\frac{\pi}{T}nx, \frac{1}{\sqrt{T}}\sin\frac{\pi}{T}nx, n = 1, 2, \cdots\right\}$$

是相应的标准正交函数系.

例 16.1.2 当 $|a| \neq |b|$ 时,

$$\begin{aligned}\int_{0}^{T} \sin ax \sin bx \mathrm{d}x &= \frac{1}{2}\left(\frac{\sin(a-b)T}{a-b} - \frac{\sin(a+b)T}{a+b}\right)\\ &= \cos aT \cos bT \cdot \frac{b\tan aT - a\tan bT}{a^2 - b^2},\end{aligned}$$

所以, 当 a, b 满足 $\dfrac{\tan aT}{a} = \dfrac{\tan bT}{b}$ 时上式的积分为零, 由此可知, 若 $a_1 < a_2 < \cdots < a_n < \cdots$ 是方程 $\tan aT = ac$ 的根构成的序列, 这里的 c 为任意常数, 则三角函数系 $\{\sin(a_n x), n \in \mathbb{N}\}$ 是 $[0,T]$ 上的正交函数系. 特别地, 当 $c = 0$ 时, 就得到三角函数系 $\left\{\sin\dfrac{\pi}{T}nx, n \in \mathbb{N}\right\}$.

§16.1.2 周期为 2π 的函数的 Fourier 级数展开

以下总是假设 f 在 $[-\pi,\pi]$ 上 Riemann 可积或在瑕积分意义下绝对可积 (为方便起见, 简称为“可积或绝对可积”), 然后按 f 在 $[-\pi,\pi)$ 上的值周期延拓到 $(-\infty,+\infty)$, 换句话说, f 是定义在整个实数轴上的以 2π 为周期的周期函数.

假定函数 f 能够展开为如下形式的级数

$$f(x)=\frac{a_0}{2}+\sum_{n=1}^{\infty}(a_n\cos nx+b_n\sin nx), \tag{16.1.5}$$

将等式两边同乘以 $\cos mx$ $(m=0,1,2,\cdots)$, 且假定级数可以在 $[-\pi,\pi]$ 上逐项积分, 于是

$$\begin{aligned}\int_{-\pi}^{\pi}f(x)\cos mx\mathrm{d}x&=\int_{-\pi}^{\pi}\left[\frac{a_0}{2}+\sum_{n=1}^{\infty}(a_n\cos nx+b_n\sin nx)\right]\cdot\cos mx\,\mathrm{d}x\\&=\frac{a_0}{2}\int_{-\pi}^{\pi}\cos mx\mathrm{d}x+\sum_{n=1}^{\infty}a_n\int_{-\pi}^{\pi}\cos nx\cos mx\mathrm{d}x\\&\quad+\sum_{n=1}^{\infty}b_n\int_{-\pi}^{\pi}\sin nx\cos mx\mathrm{d}x\\&=a_0\pi\delta_{m,0}+\sum_{n=1}^{\infty}a_n\pi\delta_{m,n}=a_m\pi,\end{aligned}$$

于是就得到 (将下标 m 改写为 n)

$$a_n=\frac{1}{\pi}\int_{-\pi}^{\pi}f(x)\cos nx\mathrm{d}x\quad(n=0,1,2,\cdots). \tag{16.1.6}$$

将式 (16.1.5) 两边同乘以 $\sin mx$, 则同理可得

$$b_n=\frac{1}{\pi}\int_{-\pi}^{\pi}f(x)\sin nx\mathrm{d}x\quad(n=1,2,\cdots). \tag{16.1.7}$$

于是, 我们将函数 f 形式地表示为三角级数

$$f(x)\sim\frac{a_0}{2}+\sum_{n=1}^{\infty}(a_n\cos nx+b_n\sin nx), \tag{16.1.8}$$

该级数称为 f 的 Fourier 级数 (Fourier series), 相应的 a_n,b_n 称为 f 的 Fourier 系数 (Fourier coefficient), a_n 也称为 f 的余弦系数 (cosine coefficient), b_n 也称为 f 的正弦系数 (sine coefficient), 而

$$S_n(x)=\frac{a_0}{2}+\sum_{k=1}^{n}(a_k\cos kx+b_k\sin kx) \tag{16.1.9}$$

称为 f 的 Fourier 级数的部分和.

式 (16.1.8) 中之所以用符号 $\sim$ 而不是等号, 是因为我们还不知道右端的级数是否收敛, 以及收敛时是否收敛于 f. 事实上, f 和它的 Fourier 级数之间的关系较为复杂. 先看下面的例子.

例 16.1.3　将 $f(x)=\begin{cases}-1, & x\in[-\pi,0),\\ 1, & x\in[0,\pi)\end{cases}$ 展开为 Fourier 级数.

这里应理解为, 只给出了 f 在 $[-\pi,\pi)$ 的定义, 其他则按 2π 周期延拓, 其图形在电工学上称为方波. 见图 16.1.1.

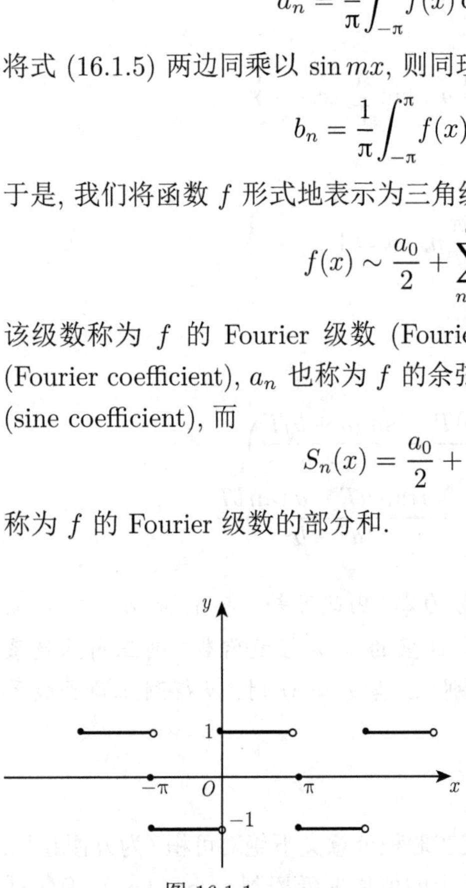

图 16.1.1

解　先计算 f 的 Fourier 系数.

$$a_0 = \frac{1}{\pi}\int_{-\pi}^{\pi} f(x)\mathrm{d}x = 0,$$

若不计 $f(0)$, 则 $f(x)$ 是奇函数, 且对 $n = 1, 2, \cdots$, $f(x)\cos nx$ 也是奇函数, $f(x)\sin nx$ 是偶函数, 所以, 余弦系数

$$a_n = \frac{1}{\pi}\int_{-\pi}^{\pi} f(x)\cos nx\mathrm{d}x = 0;$$

正弦系数

$$b_n = \frac{1}{\pi}\int_{-\pi}^{\pi} f(x)\sin nx\mathrm{d}x = \frac{2}{\pi}\int_0^{\pi} \sin nx\mathrm{d}x = 2\frac{1-(-1)^n}{n\pi}.$$

于是得到 $f(x)$ 的 Fourier 级数

$$\begin{aligned} f(x) &\sim \frac{2}{\pi}\sum_{n=1}^{\infty}\frac{1-(-1)^n}{n}\sin nx \\ &= \frac{4}{\pi}\left(\sin x + \frac{\sin 3x}{3} + \frac{\sin 5x}{5} + \cdots + \frac{\sin(2k+1)x}{2k+1} + \cdots\right). \end{aligned}$$

显然当 $x = 0, \pm\pi$ 时, 右端级数的和为 0, 但 $f(0) = 1, f(\pm\pi) = -1$. 图 16.1.2 分别给出了 $f(x)$ 的 Fourier 级数部分和 $S_n (n = 3, 7, 11, 20)$ 的图形, 它显示了与 $f(x)$ 逼近的情况.

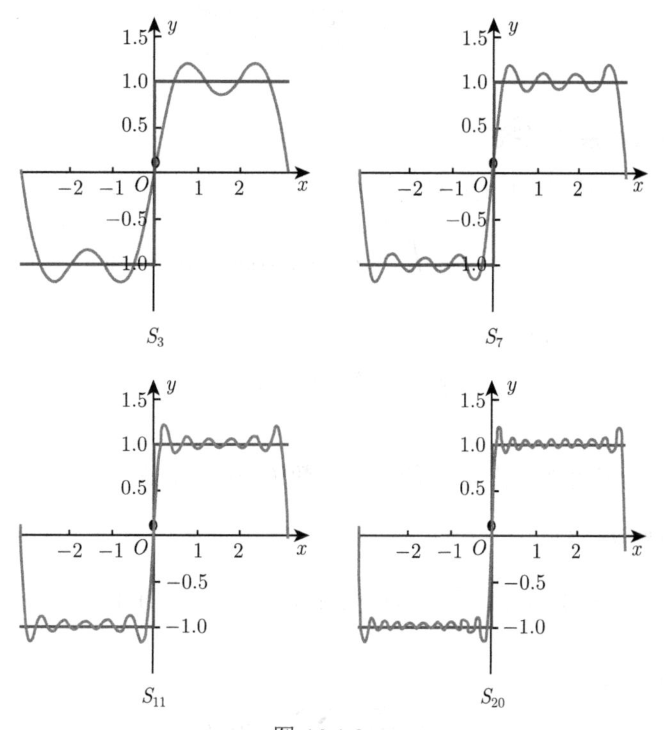

图 16.1.2

例 16.1.4 将 $f(x) = \frac{x}{2}$, $g(x) = x^2$, $x \in [-\pi, \pi)$ 分别展开为 Fourier 级数.

解 对于 $f(x)$,

$$a_n = \frac{1}{\pi}\int_{-\pi}^{\pi}\frac{x}{2}\cos nx\mathrm{d}x = 0, \quad n = 0, 1, 2, \cdots,$$

$$b_n = \frac{2}{\pi}\int_0^{\pi}\frac{x}{2}\sin nx\mathrm{d}x = (-1)^{n-1}\frac{1}{n}, \quad n = 1, 2, \cdots.$$

所以

$$f(x) \sim \sum_{n=1}^{\infty}\frac{(-1)^{n-1}\sin nx}{n}.$$

对于 $g(x)$, $b_n = 0 \quad (n = 1, 2, \cdots)$,

$$\begin{aligned}
a_0 &= \frac{2}{\pi}\int_0^{\pi} x^2\mathrm{d}x = \frac{2}{3}\pi^2, \\
a_n &= \frac{2}{\pi}\int_0^{\pi} x^2\cos nx\mathrm{d}x = \frac{2}{n\pi}\int_0^{\pi} x^2\mathrm{d}\sin nx \\
&= \frac{2}{n\pi}x^2\sin nx\Big|_0^{\pi} - \frac{4}{n\pi}\int_0^{\pi} x\sin nx\mathrm{d}x = \frac{4}{n^2\pi}\int_0^{\pi} x\mathrm{d}\cos nx \\
&= \frac{4}{n^2\pi}x\cos nx\Big|_0^{\pi} - \frac{4}{n^2\pi}\int_0^{\pi}\cos nx\mathrm{d}x = (-1)^n\frac{4}{n^2}, \quad n = 1, 2, \cdots.
\end{aligned}$$

所以

$$g(x) \sim \frac{\pi^2}{3} + 4\sum_{n=1}^{\infty}(-1)^n\frac{\cos nx}{n^2}.$$

§16.1.3 正弦级数和余弦级数

如例 16.1.4 所见, 若 $f(x)$ 是奇函数, 则

$$a_n = 0, \quad b_n = \frac{2}{\pi}\int_0^{\pi} f(x)\sin nx\mathrm{d}x, \quad n = 1, 2, \cdots, \tag{16.1.10}$$

这时, 相应的 Fourier 级数为

$$f(x) \sim \sum_{n=1}^{\infty} b_n\sin nx.$$

形如 $\sum\limits_{n=1}^{\infty} b_n\sin nx$ 的三角级数称为 f 的**正弦级数** (sine series).

同样, 对偶函数 f, 有

$$b_n = 0, \quad a_n = \frac{2}{\pi}\int_0^{\pi} f(x)\cos nx\mathrm{d}x, \quad n = 0, 1, 2, \cdots, \tag{16.1.11}$$

相应的 Fourier 级数为

$$f(x) \sim \frac{a_0}{2} + \sum_{n=1}^{\infty} a_n\cos nx.$$

形如 $\frac{a_0}{2} + \sum\limits_{n=1}^{\infty} a_n\cos nx$ 的三角级数称为 f 的**余弦级数** (cosine series).

例 16.1.5 将 $f(x)=x\ (x\in[0,\pi])$ 分别展开为余弦级数和正弦级数.

解 先考虑展开为余弦级数. 对 $f(x)=x\ (x\in[0,\ \pi])$ 进行偶延拓：令

$$\tilde{f}(x)=|x|=\begin{cases} x, & x\in[0,\ \pi],\\ -x, & x\in(-\pi,\ 0),\end{cases}$$

见图 16.1.3(a), 则有

$$a_0=\frac{1}{\pi}\int_{-\pi}^{\pi}\tilde{f}(x)\mathrm{d}x=\frac{2}{\pi}\int_0^{\pi}f(x)\mathrm{d}x=\frac{2}{\pi}\int_0^{\pi}x\mathrm{d}x=\left.\frac{x^2}{\pi}\right|_0^{\pi}=\pi,$$

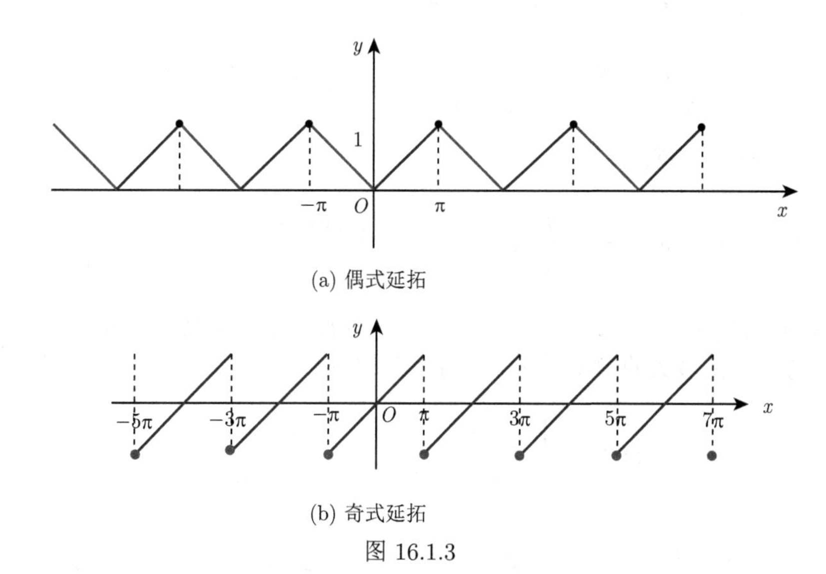

(a) 偶式延拓

(b) 奇式延拓

图 16.1.3

对 $n=1,2,\cdots$, 有

$$\begin{aligned}a_n&=\frac{1}{\pi}\int_{-\pi}^{\pi}\tilde{f}(x)\cos nx\mathrm{d}x=\frac{2}{\pi}\int_0^{\pi}x\cos nx\mathrm{d}x\\&=\frac{2}{\pi}\left(\left.\frac{x\sin nx}{n}\right|_0^{\pi}-\frac{1}{n}\int_0^{\pi}\sin nx\mathrm{d}x\right)\\&=\frac{2}{\pi}\left(\left.\frac{\cos nx}{n^2}\right|_0^{\pi}\right)=2\cdot\frac{(-1)^n-1}{n^2\pi}=\begin{cases}0, & n=2k,\\ -\dfrac{4}{n^2\pi}, & n=2k+1,\end{cases}\\ b_n&=\frac{1}{\pi}\int_{-\pi}^{\pi}\tilde{f}(x)\sin nx\mathrm{d}x=0.\end{aligned}$$

于是得到 $f(x)$ 的余弦级数

$$\begin{aligned}f(x)&\sim\frac{\pi}{2}+\frac{2}{\pi}\sum_{n=1}^{\infty}\frac{(-1)^n-1}{n^2}\cos nx\\&=\frac{\pi}{2}-\frac{4}{\pi}\left(\cos x+\frac{\cos 3x}{3^2}+\frac{\cos 5x}{5^2}+\cdots+\frac{\cos(2k+1)x}{(2k+1)^2}+\cdots\right).\end{aligned}$$

再看正弦级数的情况. 对 $f(x)=x\ (x\in[0,\ \pi])$ 进行奇延拓:

$$\tilde{f}(x)=x,\quad x\in(-\pi,\pi],$$

见图 16.1.3(b), 则有

$$a_n=\frac{1}{\pi}\int_{-\pi}^{\pi}\tilde{f}(x)\cos nx\mathrm{d}x=0,\quad n=0,1,2,\cdots$$

对 $n=1,2,\cdots$, 有

$$\begin{aligned}b_n&=\frac{1}{\pi}\int_{-\pi}^{\pi}\tilde{f}(x)\sin nx\mathrm{d}x=\frac{2}{\pi}\int_0^{\pi}x\sin nx\mathrm{d}x\\&=\frac{2}{\pi}\left(-\left.\frac{x\cos nx}{n}\right|_0^{\pi}+\frac{1}{n}\int_0^{\pi}\cos nx\mathrm{d}x\right)=\frac{2\cdot(-1)^{n+1}}{n},\end{aligned}$$

于是得到 $f(x)$ 的正弦级数

$$f(x)\sim 2\sum_{n=1}^{\infty}\frac{(-1)^{n+1}}{n}\sin nx=2\left(\sin x-\frac{\sin 2x}{2}+\frac{\sin 3x}{3}-\cdots+\frac{(-1)^{n+1}\sin nx}{n}+\cdots\right).$$

例 16.1.6　将 $f(x)=x(\pi-x)\ x\in[0,\pi]$, 分别展开为余弦级数和正弦级数.

解　先考虑余弦级数的情况. 对 $f(x)$ 进行偶延拓可得

$$\tilde{f}(x)=\begin{cases}x(\pi-x), & x\in[0,\ \pi],\\-x(\pi+x), & x\in(-\pi,\ 0),\end{cases}$$

则有

$$a_0=\frac{1}{\pi}\int_{-\pi}^{\pi}\tilde{f}(x)\mathrm{d}x=\frac{2}{\pi}\int_0^{\pi}x(\pi-x)\mathrm{d}x=\frac{2}{\pi}\left(\frac{\pi}{2}x^2-\frac{x^3}{3}\right)\Big|_0^{\pi}=\frac{\pi^2}{3},$$

对 $n=1,2,\cdots$, 有

$$\begin{aligned}a_n&=\frac{1}{\pi}\int_{-\pi}^{\pi}\tilde{f}(x)\cos nx\mathrm{d}x=\frac{2}{\pi}\int_0^{\pi}x(\pi-x)\cos nx\mathrm{d}x\\&=\frac{2}{n\pi}x(\pi-x)\sin nx\Big|_0^{\pi}-\frac{2}{n\pi}\int_0^{\pi}(\pi-2x)\sin nx\mathrm{d}x\\&=\frac{2}{n^2\pi}(\pi-2x)\cos nx\Big|_0^{\pi}+\frac{4}{n^2\pi}\int_0^{\pi}\cos nx\mathrm{d}x\\&=\frac{2}{n^2}[(-1)^{n+1}-1]=\begin{cases}0, & n=2k-1,\\-\dfrac{4}{n^2}, & n=2k,\end{cases}\\b_n&=\frac{1}{\pi}\int_{-\pi}^{\pi}\tilde{f}(x)\sin nx\mathrm{d}x=0.\end{aligned}$$

于是得到 $f(x)$ 的余弦级数

$$f(x)\sim\frac{\pi^2}{6}-\sum_{n=1}^{\infty}\frac{4\cos 2nx}{(2n)^2}=\frac{\pi^2}{6}-\sum_{n=1}^{\infty}\frac{\cos 2nx}{n^2}.$$

再看正弦级数的情况. 对 $f(x)$ 进行奇延拓:

$$\tilde{f}(x)=\begin{cases} x(\pi-x), & x\in[0,\ \pi],\\ x(\pi+x), & x\in(-\pi,\ 0),\end{cases}$$

则有

$$a_n=\frac{1}{\pi}\int_{-\pi}^{\pi}\tilde{f}(x)\cos nx\mathrm{d}x=0,\quad n=0,1,2,\cdots$$

对 $n=1,2,\cdots$, 有

$$\begin{aligned}b_n&=\frac{1}{\pi}\int_{-\pi}^{\pi}\tilde{f}(x)\sin nx\mathrm{d}x=\frac{2}{\pi}\int_0^{\pi}x(\pi-x)\sin nx\mathrm{d}x\\&=-\frac{2}{n\pi}x(\pi-x)\cos nx\Big|_0^{\pi}+\frac{2}{n\pi}\int_0^{\pi}(\pi-2x)\cos nx\mathrm{d}x\\&=\frac{2}{n^2\pi}(\pi-2x)\sin nx\Big|_0^{\pi}+\frac{4}{n^2\pi}\int_0^{\pi}\sin nx\mathrm{d}x\\&=-\frac{4}{n^3\pi}\cos nx\Big|_0^{\pi}=-\frac{4}{n^3\pi}[(-1)^n-1]=\begin{cases}0, & n=2k,\\ \dfrac{8}{n^3\pi}, & n=2k-1,\end{cases}\end{aligned}$$

于是得到 $f(x)$ 的正弦级数

$$f(x)\sim\frac{8}{\pi}\sum_{n=1}^{\infty}\frac{\sin(2n-1)x}{(2n-1)^3}.$$

注意, 从上面的解题过程可以发现, 在求 f 的 Fourier 级数时, 我们没有用到延拓函数 $\tilde{f}$ 的表达式, 所以今后计算 $f(x)$ 的 Fourier 级数时可免去求 $\tilde{f}(x)$ 的表达式的过程.

§16.1.4 任意周期的函数的 Fourier 级数展开

设 f 的周期为 $2T$, 在区间 $[-T,T]$ 上, 令

$$x=\frac{T}{\pi}t,\quad \varphi(t)=f\left(\frac{T}{\pi}t\right)=f(x),$$

则 $\varphi(t)$ 是以 2π 为周期的函数. 对 $\varphi(t)$ 利用前面的结论, 有

$$\varphi(t)\sim\frac{a_0}{2}+\sum_{n=1}^{\infty}(a_n\cos nt+b_n\sin nt),$$

代回变量得

$$f(x)\sim\frac{a_0}{2}+\sum_{n=1}^{\infty}(a_n\cos\frac{n\pi}{T}x+b_n\sin\frac{n\pi}{T}x),$$

相应的 Fourier 系数的表达式为

$$a_n=\frac{1}{\pi}\int_{-\pi}^{\pi}\varphi(t)\cos nt\mathrm{d}t=\frac{1}{T}\int_{-T}^{T}f(x)\cos\frac{n\pi}{T}x\mathrm{d}x,\quad n=0,1,2,\cdots;\tag{16.1.12}$$

$$b_n=\frac{1}{\pi}\int_{-\pi}^{\pi}\varphi(t)\sin nt\mathrm{d}t=\frac{1}{T}\int_{-T}^{T}f(x)\sin\frac{n\pi}{T}x\mathrm{d}x,\quad n=1,2,\cdots.\tag{16.1.13}$$

例 16.1.7 将 $f(x)=\begin{cases} C, & x\in(-T,0), \\ 0, & x\in[0,T] \end{cases}$ 展开为 Fourier 级数.

解

$$a_0=\frac{1}{T}\int_{-T}^{T}f(x)\mathrm{d}x=C,$$

$$a_n=\frac{1}{T}\int_{-T}^{T}f(x)\cos\frac{\pi nx}{T}\mathrm{d}x=0,\quad n=1,2,3,\cdots,$$

$$b_n=\frac{1}{T}\int_{-T}^{T}f(x)\sin\frac{\pi nx}{T}\mathrm{d}x=\frac{C}{n\pi}[-1+(-1)^n],\quad n=1,2,3,\cdots,$$

于是 f 的 Fourier 级数为

$$f(x)\sim\frac{C}{2}-\frac{2C}{\pi}\sum_{n=1}^{\infty}\frac{1}{2n-1}\sin\frac{(2n-1)\pi}{T}x.$$

§16.1.5 Fourier 级数的逐点收敛定理

在函数的 Taylor 级数展开中, 我们也讨论过收敛问题. 我们只有一个笼统的结果: $f(x)$ 是否能与其对应的 Taylor 级数划等号, 即 $f(x)$ 的 Taylor 级数是否收敛于 $f(x)$, 等价于当 $n\to\infty$ 时余项 $r_n(x)$ 是否趋于 0. 然后我们只是针对一些常见的函数进行了具体的讨论. 下面我们介绍 $f(x)$ 的 Fourier 级数是否收敛于 $f(x)$ 的问题. 由于过程较为复杂 (参见《数学分析讲义 (第三册)》§17.2(张福保等, 2019)), 在此只叙述结论.

先不假证明地给出 Riemann 引理, 它是 Fourier 分析（Fourier 级数、Fourier 积分、Fourier 变换及其相关理论）中的一条基本的引理, 从它可以导出许多重要的结果. 证明参见参见《数学分析讲义 (第三册)》§17.2.2(张福保等, 2019).

定理 16.1.1 (Riemann 引理) 设函数 $\psi(x)$ 在 $[a,b]$ 上可积或绝对可积, 则成立

$$\lim_{p\to+\infty}\int_a^b\psi(x)\sin px\mathrm{d}x=\lim_{p\to+\infty}\int_a^b\psi(x)\cos px\mathrm{d}x=0. \tag{16.1.14}$$

定义 16.1.2 设 x 为函数 $f(x)$ 的连续点或第一类间断点, 若对于充分小的正数 δ, 存在常数 $L>0$ 和 $\alpha\in(0,1]$, 使得

$$|f(x\pm u)-f(x\pm)|<Lu^{\alpha}\quad(0<u<\delta), \tag{16.1.15}$$

则称 $f(x)$ 在 x 点满足指数为 α 的 **Hölder 条件** (当 $\alpha=1$ 时称为 **Lipschitz 条件**).

定理 16.1.2 (收敛定理) 设函数 $f(x)$ 在 $[-\pi,\pi]$ 上可积或绝对可积, 且满足下列条件之一, 则 $f(x)$ 的 Fourier 级数在每个点 $x\in[-\pi,\pi]$ 处收敛于 $\dfrac{f(x+)+f(x-)}{2}$.

(1) (Dirichlet-Jordan 条件) $f(x)$ 在 x 的某个邻域 $(x-\delta,x+\delta)$ 内是分段单调函数, 或若干个单调函数之和.

(2) (Dini-Lipschitz 条件) $f(x)$ 在 x 点满足指数为 $\alpha\in(0,1]$ 的 Hölder 条件.

“可导”强于“满足 Dini-Lipschitz 条件”, 但易于验证, 因此 Dini-Lipschitz 判别法的如下推论常被用到.

推论 16.1.1 设函数 f 在 $[-\pi,\pi]$ 上可积或绝对可积, 在 x 处的两个单侧导数 $f'_+(x)$ 和 $f'_-(x)$ 都存在, 或更进一步, 两个拟单侧导数

$$\lim_{h\to 0}\frac{f(x\pm h)-f(x\pm)}{h}$$

存在, 则 $f(x)$ 的 Fourier 级数在 x 点收敛于 $\dfrac{f(x+)+f(x-)}{2}$.

推论 16.1.2 若函数 f 在 $[-\pi,\pi]$ 上逐段光滑, 则 f 的 Fourier 级数在 x 点收敛于 $\dfrac{f(x+)+f(x-)}{2}$.

函数 f 在区间 $[a,b]$ 上逐段光滑 (piecewise smoothing) 是指, f 在 $[a,b]$ 上逐段连续 (piecewise continuous), 即至多有有限个第一类间断点, 且 f' 在 $[a,b]$ 上逐段连续, 即除有限个点以外, f 可导且连续, 而在不可导点处 f' 的左、右极限存在.

注 16.1.1 当收敛条件满足时, f 的 Fourier 级数在连续点 x 处收敛于 $f(x)$, 而在第一类间断点, 则收敛于在该点的左、右极限的平均值.

注 16.1.2 研究 Fourier 级数的收敛性是一件十分困难的事情, 至今还没有获得收敛的充要条件. 同时, 前面得到的判别法也都附加了不太自然的条件, 即使对于连续周期函数, 我们也不能断定它的 Fourier 级数的收敛性. 相关的研究仍然在继续之中. 在下一节中我们要讨论的所谓平方平均意义下的收敛性更自然, 也更常用.

例 16.1.8 由前面的例 16.1.5, 当把 $f(x)=x,\ x\in[0,\pi]$ 作偶式延拓时,

$$x\sim\frac{\pi}{2}-\frac{4}{\pi}\left(\cos x+\frac{\cos 3x}{3^2}+\frac{\cos 5x}{5^2}+\cdots+\frac{\cos(2k+1)x}{(2k+1)^2}+\cdots\right),\quad x\in[0,\pi],$$

由收敛定理, 可将 $\sim$ 改为等号

$$x=\frac{\pi}{2}-\frac{4}{\pi}\left(\cos x+\frac{\cos 3x}{3^2}+\frac{\cos 5x}{5^2}+\cdots+\frac{\cos(2k+1)x}{(2k+1)^2}+\cdots\right),\quad x\in[0,\pi],$$

特别地, 令 $x=0$ 或 $x=\pi$ 得

$$1+\frac{1}{3^2}+\cdots+\frac{1}{(2k+1)^2}+\cdots=\frac{\pi^2}{8}. \tag{16.1.16}$$

由此可得

$$\begin{aligned}&1+\frac{1}{2^2}+\frac{1}{3^2}+\cdots+\frac{1}{n^2}+\cdots\\=&1+\frac{1}{3^2}+\frac{1}{5^2}+\cdots+\frac{1}{(2n+1)^2}+\cdots+\frac{1}{2^2}+\frac{1}{4^2}+\cdots+\frac{1}{(2n)^2}+\cdots\\=&\frac{\pi^2}{8}+\frac{1}{4}\left(1+\frac{1}{2^2}+\frac{1}{3^2}+\cdots+\frac{1}{n^2}+\cdots\right),\end{aligned}$$

于是得

$$1+\frac{1}{2^2}+\frac{1}{3^2}+\cdots+\frac{1}{n^2}+\cdots=\frac{\pi^2}{6}. \tag{16.1.17}$$

而当把 $x\in[0,\pi]$ 作奇式延拓时, 可得

$$f(x)\sim 2\sum_{n=1}^{\infty}\frac{(-1)^{n-1}\sin nx}{n}=\begin{cases}x, & x\in(-\pi,\pi),\\ 0, & x=0,\pm\pi,\end{cases}$$

特别地, 令 $x=\dfrac{\pi}{2}$, 得

$$1-\frac{1}{3}+\frac{1}{5}-\frac{1}{7}+\cdots+(-1)^k\frac{1}{2k+1}+\cdots=\frac{\pi}{4}. \tag{16.1.18}$$

例 16.1.9 由前面的例 16.1.6, 当把 $f(x)=x(\pi-x), x\in[0,\pi]$ 作偶式延拓时, 得

$$f(x)\sim\frac{\pi^2}{6}-\sum_{n=1}^{\infty}\frac{4\cos 2nx}{(2n)^2}=\frac{\pi^2}{6}-\sum_{n=1}^{\infty}\frac{\cos 2nx}{n^2},\quad x\in[0,\pi].$$

由收敛定理, 可将 $\sim$ 改为等号

$$f(x)=\frac{\pi^2}{6}-\sum_{n=1}^{\infty}\frac{4\cos 2nx}{(2n)^2}=\frac{\pi^2}{6}-\sum_{n=1}^{\infty}\frac{\cos 2nx}{n^2},\quad x\in[0,\pi].$$

在上式中分别令 $x=0$ 和 $x=\dfrac{\pi}{2}$ 得

$$1+\frac{1}{2^2}+\frac{1}{3^2}+\cdots+\frac{1}{n^2}+\cdots=\frac{\pi^2}{6}.$$

$$1-\frac{1}{2^2}+\frac{1}{3^2}-\frac{1}{4^2}+\cdots+(-1)^{n-1}\frac{1}{n^2}+\cdots=\frac{\pi^2}{12}.$$

同样, 当把 $x(\pi-x), x\in[0,\pi]$ 作奇式延拓时, 得

$$x(\pi-x)=\frac{8}{\pi}\sum_{n=1}^{\infty}\frac{\sin(2n-1)x}{(2n-1)^3},\quad x\in[0,\pi].$$

在上式中令 $x=\dfrac{\pi}{2}$ 得

$$1-\frac{1}{3^3}+\frac{1}{5^3}-\frac{1}{7^3}+\cdots+(-1)^{n-1}\frac{1}{(2n-1)^3}+\cdots=\frac{\pi^3}{32}.$$

习题 16.1

A1. 试求三角多项式

$$T_n(x)=\frac{A_0}{2}+\sum_{k=1}^{n}(A_k\cos kx+B_k\sin kx)$$

的 Fourier 级数展开式.

A2. 在指定区间内把下列函数展开成 Fourier 级数:

(1) $f(x)=\operatorname{sgn}x,\quad -\pi<x<\pi$;

(2) $f(x)=x^2,\quad$ (i) $-\pi<x<\pi$, (ii) $0<x<2\pi$;

(3) $f(x)=\begin{cases} ax, & -\pi<x\leqslant 0,\\ bx, & 0<x<\pi\end{cases}\quad (a\neq b, a\neq 0, b\neq 0)$;

(4) $f(x)=4\sin x-3\cos x,\quad -\pi<x<\pi$;

(5) $f(x)=\cosh x, -\pi<x<\pi$;

(6) $f(x)=\sinh x, -\pi<x<\pi$.

A3. 将下列函数展开为正弦级数:

(1) $f(x)=\mathrm{e}^{-x},\ x\in[0,\pi]$; (2) $f(x)=\begin{cases}\cos\dfrac{\pi x}{2}, & x\in[0,1],\\ 0, & x\in[1,2].\end{cases}$

A4. 将下列函数展开为余弦级数:

(1) $f(x)=\mathrm{e}^{2x},\ \ x\in[0,\pi]$;　　　　(2) $f(x)=\begin{cases}\sin 2x, & x\in[0,\dfrac{\pi}{4}),\\ 1, & x\in[\dfrac{\pi}{4},\dfrac{\pi}{2}].\end{cases}$

A5. 设 $f(x+10)=f(x),\forall x,\in\mathbb{R}$, 且 $f(x)=10-x,x\in(5,15)$, 试求 $f(x)$ 的 Fourier 级数.

B6. 设 $f(x)$ 为 $[-\pi,\pi]$ 上光滑函数, 且 $f(-\pi)=f(\pi)$. 再设 a_n,b_n 为 $f(x)$ 的 Fourier 系数, 而 a_n',b_n' 为 $f(x)$ 的导函数 $f'(x)$ 的 Fourier 系数. 证明:

$$a_0'=0,\quad a_n'=nb_n,\quad b_n'=-na_n\quad (n=1,2,\cdots).$$

B7. 设 $f(x)$ 在 $[-\pi,\pi]$ 上可积且绝对可积, 证明:

(1) 若 $\forall x\in[-\pi,\pi]$, 成立 $f(x)=f(x+\pi)$, 则 $a_{2n-1}=b_{2n-1}=0$;

(2) 若 $\forall x\in[-\pi,\pi]$, 成立 $f(x)=-f(x+\pi)$, 则 $a_{2n}=b_{2n}=0$.

B8. 设 $f(x)$ 在 $[-\pi,\pi]$ 上的 Fourier 系数为 a_n 和 b_n, 求下列函数的 Fourier 系数 $\tilde{a}_n$ 和 $\tilde{b}_n$:

(1) $g(x)=f(-x)$;　　　　(2) $g(x)=f(x+C)$, (C 为常数);

(3) $g(x)=\dfrac{1}{\pi}\displaystyle\int_{-\pi}^{\pi}f(t)f(x-t)\mathrm{d}t$ (假定积分次序可交换).

A9. 求函数

$$f(x)=\begin{cases}x, & 0\leqslant x\leqslant 1,\\ 1, & 1<x<2,\\ 3-x, & 2\leqslant x\leqslant 3\end{cases}$$

的 Fourier 级数并讨论其收敛性.

A10. 把函数 $f(x)=\begin{cases}-\dfrac{\pi}{4}, & -\pi<x<0,\\ \dfrac{\pi}{4}, & 0\leqslant x<\pi\end{cases}$ 展开成 Fourier 级数, 并由它推出:

(1) $\dfrac{\pi}{4}=1-\dfrac{1}{3}+\dfrac{1}{5}-\dfrac{1}{7}+\cdots$;

(2) $\dfrac{\pi}{3}=1+\dfrac{1}{5}-\dfrac{1}{7}-\dfrac{1}{11}+\dfrac{1}{13}+\dfrac{1}{17}+\cdots$;

(3) $\dfrac{\sqrt{3}}{6}\pi=1-\dfrac{1}{5}+\dfrac{1}{7}-\dfrac{1}{11}+\dfrac{1}{13}-\dfrac{1}{17}+\cdots$.

A11. 把函数 $f(x)=ax^2+bx+c$, (1) $-\pi<x<\pi$, (2) $0<x<2\pi$, 展开成 Fourier 级数, 并由它推出 $1+\dfrac{1}{2^2}+\dfrac{1}{3^2}+\cdots+\dfrac{1}{n^2}+\cdots=\dfrac{\pi^2}{6}$.

B12. 证明：若三角级数

$$\frac{a_0}{2}+\sum_{n=1}^{\infty}(a_n\cos nx+b_n\sin nx)$$

中的系数 a_n,b_n 满足关系

$$\sup_n\{|n^3a_n|,|n^3b_n|\}\leqslant M,$$

其中, M 为常数, 则上述三角级数收敛, 且其和函数具有连续的导函数.

B13. 利用 $\sum\limits_{n=1}^{\infty}\dfrac{1}{n^2}=\dfrac{\pi^2}{6}$, 证明：$\sum\limits_{n=1}^{\infty}\dfrac{(-1)^{n-1}}{n^2}=\dfrac{\pi^2}{12}$.

§16.2 Fourier 级数的性质

本节主要讨论 Fourier 级数的分析性质, 包括逐项积分与逐项微分性质, 以及逼近性质, 它是与逐点收敛性不同的另一种意义下的收敛性. 由此我们会发现, Fourier 级数与 Taylor 级数有很大的不同.

为简单起见, 假定 $f(x)$ 的周期为 2π.

§16.2.1 Fourier 级数的分析性质

首先, 利用 Riemann 引理可以直接得出

定理 16.2.1 设函数 $f(x)$ 在 $[-\pi,\pi]$ 上可积或绝对可积, 则 $f(x)$ 的 Fourier 系数趋于 0, 即

$$\lim_{n\to\infty} a_n = 0, \quad \lim_{n\to\infty} b_n = 0. \tag{16.2.1}$$

其次, 我们讨论逐项积分性质. 可以说, Fourier 级数的逐项积分几乎是无条件的.

定理 16.2.2 (Fourier 级数的逐项积分定理) 设函数 $f(x)$ 在 $[-\pi,\pi]$ 上可积或绝对可积,

$$f(x) \sim \frac{a_0}{2} + \sum_{n=1}^{\infty}(a_n \cos nx + b_n \sin nx),$$

则 $f(x)$ 的 Fourier 级数可以逐项积分, 即对任何 $c, x \in [-\pi,\pi]$, 有

$$\int_c^x f(t)\mathrm{d}t = \int_c^x \frac{a_0}{2}\mathrm{d}t + \sum_{n=1}^{\infty}\int_c^x (a_n \cos nt + b_n \sin nt)\mathrm{d}t. \tag{16.2.2}$$

证明 这里仅对在 $[-\pi,\pi]$ 上只有有限个第一类不连续点的情况加以证明. 考虑函数

$$F(x) = \int_c^x \left[f(t) - \frac{a_0}{2}\right]\mathrm{d}t,$$

则由微积分基本定理可知, $F(x)$ 是周期为 2π 的连续函数, 且在 $f(x)$ 的连续点成立

$$F'(x) = f(x) - \frac{a_0}{2}.$$

而在 $f(x)$ 的第一类不连续点, $F(x)$ 的两个单侧导数

$$F'_{\pm}(x) = f(x\pm) - \frac{a_0}{2}$$

都存在. 由 Dini-Lipschitz 判别法的推论, $F(x)$ 可展开为收敛的 Fourier 级数

$$F(x) = \frac{A_0}{2} + \sum_{n=1}^{\infty}(A_n \cos nx + B_n \sin nx).$$

其 Fourier 系数可利用分部积分法算得

$$\begin{aligned}
\forall n \geqslant 1,\ A_n &= \frac{1}{\pi}\int_{-\pi}^{\pi} F(x)\cos nx\mathrm{d}x \\
&= \frac{1}{\pi}\left[\frac{\sin nx}{n}F(x)\right]\Bigg|_{-\pi}^{\pi} - \frac{1}{n\pi}\int_{-\pi}^{\pi} F'(x)\sin nx\mathrm{d}x \\
&= -\frac{1}{n\pi}\int_{-\pi}^{\pi}\left[f(x) - \frac{a_0}{2}\right]\sin nx\mathrm{d}x = -\frac{b_n}{n}.
\end{aligned}$$

类似可得 $B_n = \dfrac{a_n}{n}$. 于是

$$F(x) = \frac{A_0}{2} + \sum_{n=1}^{\infty}\left(-\frac{b_n}{n}\cos nx + \frac{a_n}{n}\sin nx\right),$$

令 $x = c$, 有

$$0 = \frac{A_0}{2} + \sum_{n=1}^{\infty}\left(-\frac{b_n}{n}\cos nc + \frac{a_n}{n}\sin nc\right),$$

两式相减并整理, 即得到

$$\begin{aligned}F(x) &= \int_c^x \left[f(t) - \frac{a_0}{2}\right]\mathrm{d}t \\ &= \sum_{n=1}^{\infty}\left(a_n\frac{\sin nx - \sin nc}{n} + b_n\frac{-\cos nx + \cos nc}{n}\right) \\ &= \sum_{n=1}^{\infty}\int_c^x (a_n\cos nt + b_n\sin nt)\mathrm{d}t.\end{aligned}$$

□

注意, 该定理说明, 不管 $f(x)$ 的 Fourier 级数是否收敛于 $f(x)$, 甚至可能根本不收敛, 但它逐项积分得到的级数一定收敛于 $f(x)$ 的积分.

推论 16.2.1 三角级数 $\frac{a_0}{2} + \sum\limits_{n=1}^{\infty}(a_n\cos nx + b_n\sin nx)$ 是某个在 $[-\pi, \pi]$ 上可积且绝对可积函数的 Fourier 级数的必要条件是 $\sum\limits_{n=1}^{\infty}\frac{b_n}{n}$ 收敛.

证明 由定理 16.2.2证明过程知

$$F(x) = \frac{A_0}{2} + \sum_{n=1}^{\infty}(-\frac{b_n}{n}\cos nx + \frac{a_n}{n}\sin nx),$$

令 $x = 0$ 即知结论成立. □

此推论表明, 并非每个三角级数必是某个函数的 Fourier 级数. 请读者自行举例.

定理 16.2.3 (Fourier 级数的逐项微分定理) 设函数 $f(x)$ 在 $[-\pi, \pi]$ 上连续, $f(-\pi) = f(\pi)$, 除有限个点外 $f(x)$ 可微, 且 $f'(x)$ 可积或绝对可积, 则 $f'(x)$ 的 Fourier 级数可由 $f(x)$ 的 Fourier 级数逐项微分得到, 即若

$$f(x) \sim \frac{a_0}{2} + \sum_{n=1}^{\infty}(a_n\cos nx + b_n\sin nx),$$

则

$$f'(x) \sim \sum_{n=1}^{\infty}(-na_n\sin nx + nb_n\cos nx).$$

证明 由定理条件, $f'(x)$ 可展开为 Fourier 级数. 记 $f'(x)$ 的 Fourier 系数为 a_n' 和 b_n', 则

$$\begin{aligned}a_0' &= \frac{1}{\pi}\int_{-\pi}^{\pi} f'(x)\mathrm{d}x = \frac{1}{\pi}[f(\pi) - f(-\pi)] = 0, \\ a_n' &= \frac{1}{\pi}\int_{-\pi}^{\pi} f'(x)\cos nx\mathrm{d}x \\ &= \left.\frac{f(x)\cos nx}{\pi}\right|_{-\pi}^{\pi} + \frac{n}{\pi}\int_{-\pi}^{\pi} f(x)\sin nx\mathrm{d}x = nb_n \quad (n = 1, 2, \cdots), \\ b_n' &= \frac{1}{\pi}\int_{-\pi}^{\pi} f'(x)\sin nx\mathrm{d}x = -na_n \qquad (n = 1, 2, \cdots),\end{aligned}$$

于是

$$f'(x) \sim \sum_{n=1}^{\infty}(-na_n \sin nx + nb_n \cos nx). \qquad \square$$

§16.2.2 Fourier 级数的平方逼近性质

在上一节中讨论的收敛定理刻画的是函数 $f(x)$ 的 Fourier 级数在任意一点处的收敛情况. 我们已经看到, 那里的讨论比较麻烦. 下面我们介绍在平方可积函数空间中平方范数意义下的逼近的概念, 这是现代数学中更常用的概念. 我们会发现在此意义下逼近定理显得简单、自然.

定理 16.2.4 (Fourier 级数的平方逼近性质) 设 $f(x)$ 在 $[-\pi,\pi]$ 上可积或其平方作为瑕积分可积, 简称为平方可积, 则 $f(x)$ 的 Fourier 级数的部分和函数 $S_m(x)$ 是 $f(x)$ 的最佳平方逼近的三角多项式, 即对任意 m 阶三角多项式

$$S'_m(x) = \frac{a'_0}{2} + \sum_{n=1}^{m}(a'_n \cos nx + b'_n \sin nx),$$

有

$$\|f - S_m\| \leqslant \|f - S'_m\|, \tag{16.2.3}$$

即

$$\int_{-\pi}^{\pi}|f(x) - S_m(x)|^2 \mathrm{d}x \leqslant \int_{-\pi}^{\pi}|f(x) - S'_m(x)|^2 \mathrm{d}x, \tag{16.2.4}$$

并且逼近余项为

$$\|f - S_m\|^2 = \int_{-\pi}^{\pi} f^2(x)\mathrm{d}x - \left[\frac{a_0^2}{2} + \sum_{n=1}^{m}(a_n^2 + b_n^2)\right]\pi. \tag{16.2.5}$$

证明 根据内积与范数的定义,

$$\|f - S'_m\|^2 = \langle f, f\rangle - 2\langle f, S'_m\rangle + \langle S'_m, S'_m\rangle.$$

根据三角函数系的正交性所以可算得

$$\begin{aligned}
\langle f, S'_m\rangle &= \int_{-\pi}^{\pi} f(x)S'_m(x)\mathrm{d}x \\
&= \frac{a'_0}{2}\int_{-\pi}^{\pi} f(x)\mathrm{d}x + \sum_{n=1}^{m}\left(a'_n\int_{-\pi}^{\pi} f(x)\cos nx\mathrm{d}x + b'_n\int_{-\pi}^{\pi} f(x)\sin nx\mathrm{d}x\right) \\
&= \left[\frac{a_0a'_0}{2} + \sum_{n=1}^{m}(a_na'_n + b_nb'_n)\right]\pi, \\
\langle S'_m, S'_m\rangle &= \int_{-\pi}^{\pi}(S'_m)^2(x)\mathrm{d}x = \int_{-\pi}^{\pi}\left[\frac{a'_0}{2} + \sum_{n=1}^{m}(a'_n\cos nx + b'_n\sin nx)\right]^2\mathrm{d}x \\
&= \left[\frac{a_0'^2}{2} + \sum_{n=1}^{m}(a_n'^2 + b_n'^2)\right]\pi.
\end{aligned}$$

所以

$$
\begin{aligned}
&\|f-S'_m\|^2\\
=&\int_{-\pi}^{\pi}f^2(x)\mathrm{d}x-2\left[\frac{a_0a'_0}{2}+\sum_{n=1}^{m}(a_na'_n+b_nb'_n)\right]\pi+\left[\frac{a'^2_0}{2}+\sum_{n=1}^{m}(a'^2_n+b'^2_n)\right]\pi\\
\geqslant&\int_{-\pi}^{\pi}f^2(x)\mathrm{d}x-\left[\frac{a_0^2+a'^2_0}{2}+\sum_{n=1}^{m}(a_n^2+a'^2_n+b_n^2+b'^2_n)\right]+\left[\frac{a'^2_0}{2}+\sum_{n=1}^{m}(a'^2_n+b'^2_n)\right]\pi\\
=&\int_{-\pi}^{\pi}f^2(x)\mathrm{d}x-\left[\frac{a_0^2}{2}+\sum_{n=1}^{m}(a_n^2+b_n^2)\right]\pi\\
=&\|f-S_m\|^2.
\end{aligned}
$$

□

推论 16.2.2 (Bessel 不等式 (Bessel inequality)) 设 $f(x)$ 在 $[-\pi,\pi]$ 上可积或平方可积, 则其 Fourier 系数满足

$$
\frac{a_0^2}{2}+\sum_{n=1}^{\infty}(a_n^2+b_n^2)\leqslant\frac{1}{\pi}\int_{-\pi}^{\pi}f^2(x)\mathrm{d}x. \tag{16.2.6}
$$

证明 根据式 (16.2.5), 对任何 $m\in\mathbb{N}^+$, 有

$$
\int_{-\pi}^{\pi}f^2(x)\mathrm{d}x-\left[\frac{a_0^2}{2}+\sum_{n=1}^{m}(a_n^2+b_n^2)\right]\pi=\|f-S_m\|^2\geqslant 0,
$$

在上式中令 $m\to+\infty$ 可得 Bessel 不等式. □

还可以证明 (参见《数学分析教程》定理 12.13(常庚哲和史济怀, 2003)), 上面的不等式实际上是等式, 称为 **Parseval 等式**.

定理 16.2.5 (Parseval 等式) 设 $f(x)$ 在 $[-\pi,\pi]$ 上可积或平方可积, 则成立等式

$$
\frac{a_0^2}{2}+\sum_{n=1}^{\infty}(a_n^2+b_n^2)=\frac{1}{\pi}\int_{-\pi}^{\pi}f^2(x)\mathrm{d}x. \tag{16.2.7}
$$

Parseval 等式是 Fourier 级数中一个重要的结果, 它有很有趣的应用.

例 16.2.1 在例 16.1.6 中, 对 $f(x)=x(\pi-x)$ $(x\in[0,\ \pi])$ 进行奇延拓:

$$
\tilde{f}(x)=\begin{cases}x(\pi-x), & x\in[0,\ \pi),\\ x(\pi+x), & x\in[-\pi,\ 0).\end{cases}
$$

$\tilde{f}(x)$ 的 Fourier 级数为

$$
\tilde{f}(x)=\frac{8}{\pi}\sum_{n=1}^{\infty}\frac{\sin(2n-1)x}{(2n-1)^3},\quad x\in(-\pi,\pi).
$$

由 Parseval 等式得

$$
\begin{aligned}
&\frac{64}{\pi^2}\sum_{n=1}^{\infty}\frac{1}{(2n-1)^6}=\frac{1}{\pi}\int_{-\pi}^{\pi}[\tilde{f}(x)]^2\mathrm{d}x\\
=&\frac{1}{\pi}\left(\int_{-\pi}^{0}x^2(\pi+x)^2\mathrm{d}x+\int_{0}^{\pi}x^2(\pi-x)^2\mathrm{d}x\right)\\
=&\frac{2}{\pi}\int_{0}^{\pi}x^2(\pi-x)^2\mathrm{d}x=\frac{\pi^4}{15},
\end{aligned}
$$

于是得

$$\sum_{n=1}^{\infty}\frac{1}{(2n-1)^6}=\frac{\pi^6}{15\cdot 64}=\frac{\pi^6}{960}.$$

若令 $S=\sum\limits_{n=1}^{\infty}\frac{1}{n^6}$, 则由

$$S=\sum_{n=1}^{\infty}\frac{1}{(2n-1)^6}+\sum_{n=1}^{\infty}\frac{1}{(2n)^6}=\sum_{n=1}^{\infty}\frac{1}{(2n-1)^6}+\frac{1}{2^6}S$$

得

$$S=\sum_{n=1}^{\infty}\frac{1}{n^6}=\frac{\pi^6}{15\cdot 63}=\frac{\pi^6}{945}.$$

推论 16.2.3　$[-\pi,\pi]$ 上的一个连续函数若与三角函数系正交, 即与三角函数系中每个函数都正交, 则它必恒等于 0.

证明　设 $f(x)$ 连续, 且与三角函数系正交, 则 $f(x)$ 的 Fourier 系数全为零, 由 Parseval 等式得

$$\int_{-\pi}^{\pi}f^2(x)\mathrm{d}x=0,$$

即 $f(x)\equiv 0$. □

由此又易得下面的唯一性定理.

推论 16.2.4　若 $[-\pi,\pi]$ 上的两个连续函数的 Fourier 级数相同, 则这两个函数恒等.

若 $f(x),g(x)$ 在 $[-\pi,\pi]$ 上可积或平方可积, 其 Fourier 系数分别为 a_n,b_n 和 a'_n,b'_n, 则 $a_n+a'_n,b_n+b'_n$ 为 $f(x)+g(x)$ 的 Fourier 系数, 对 $f(x)+g(x)$ 应用 Parseval 等式可得下面的定理.

定理 16.2.6　设函数 $f(x),g(x)$ 在 $[-\pi,\pi]$ 上可积或平方可积, 其 Fourier 系数分别为 a_n,b_n 和 a'_n,b'_n, 则成立等式

$$\frac{a_0a'_0}{2}+\sum_{n=1}^{\infty}(a_na'_n+b_nb'_n)=\frac{1}{\pi}\int_{-\pi}^{\pi}f(x)g(x)\mathrm{d}x.$$

因为

$$\lim_{m\to\infty}\|f-S_m\|^2=\frac{1}{\pi}\int_{-\pi}^{\pi}f^2(x)\mathrm{d}x-\left[\frac{a_0^2}{2}+\sum_{n=1}^{\infty}(a_n^2+b_n^2)\right]=0,$$

于是再次应用 Parseval 等式可得到下面这个非常重要的平方收敛性质.

推论 16.2.5 (平方收敛性质)　设 $f(x)$ 在 $[-\pi,\pi]$ 上可积或平方可积, 则 $f(x)$ 的 Fourier 级数的部分和函数序列平方收敛于 $f(x)$.

作为本节的结尾, 我们顺带说一下, 对于一致收敛, 也有一个同样重要的结论.

定理 16.2.7 (Weierstrass 第二逼近定理)　对周期为 2π 的任意一个连续函数 $f(x)$, 都存在 n 阶三角多项式序列

$$\varphi_n(x)=\frac{A_0}{2}+\sum_{k=1}^{n}(A_k\cos kx+B_k\sin kx), n=1,2,\cdots,$$

使得 $\{\varphi_n(x)\}$ 一致收敛于 $f(x)$.

证明参见《数学分析教程》定理 12.11(常庚哲和史济怀, 2003).

习题 16.2

A1. (1) 设 $f(x)$ 二阶连续可导, 且以 2π 为周期, 证明: $f(x)$ 的 Fourier 级数在上 $(-\infty,+\infty)$ 绝对一致收敛于 $f(x)$;

(2) 设函数 $f(x)$ 在 $[-\pi,\pi]$ 上连续, $f(-\pi)=f(\pi)$, 除有限个点外 $f(x)$ 可微, 且 $f'(x)$ 可积或平方可积, 证明: $f(x)$ 的 Fourier 级数在 $(-\infty,+\infty)$ 上绝对一致收敛于 $f(x)$.

A2. 证明: 三角级数 $\sum\limits_{n=2}^{\infty}\dfrac{\sin nx}{\ln n}$ 在 $(-\infty,+\infty)$ 上收敛, 但不可能是某个函数的 Fourier 级数.

B3. 设 f 为以 2π 为周期的二阶连续可微的函数, b_n, b_n'' 分别是 f,f'' 所对应的 Fourier 系数, 即

$$b_n=\frac{1}{\pi}\int_{-\pi}^{\pi}f(x)\sin nx\mathrm{d}x,\qquad b_n''=\frac{1}{\pi}\int_{-\pi}^{\pi}f''(x)\sin nx\mathrm{d}x.$$

若级数 $\sum\limits_{n=1}^{\infty}b_n''$ 绝对收敛, 则 $\sum\limits_{n=1}^{\infty}\sqrt{|b_n|}$ 收敛, 且

$$\sum_{n=1}^{\infty}\sqrt{|b_n|}\leqslant\frac{1}{2}(2+\sum_{n=1}^{\infty}|b_n''|).$$

A4. 设函数 $f(x)$ 在 $[0,2\pi]$ 上可积, 应用定理 16.2.6(也可不用, 参见下一题) 证明:

$$\frac{1}{2\pi}\int_0^{2\pi}f(x)(\pi-x)\mathrm{d}x=\sum_{n=1}^{\infty}\frac{b_n}{n},$$

其中, b_n 是 $f(x)$ 对应的 Fourier 系数.

B5. 设 $f(x)$ 在 $[-\pi,\pi]$ 上可积, 且其 Fourier 级数一致收敛于 $f(x)$, 证明: 此时 Parseval 等式成立:

$$\frac{a_0^2}{2}+\sum_{n=1}^{\infty}(a_n^2+b_n^2)=\frac{1}{\pi}\int_{-\pi}^{\pi}f^2(x)\mathrm{d}x.$$

C6. 设周期为 2π 的可积函数 $\varphi(x)$ 与 $\psi(x)$ 满足以下关系式:

(1) $\varphi(-x)=\psi(x)$;　　(2) $\varphi(-x)=-\psi(x)$,

试问 φ 的 Fourier 系数 a_n,b_n 与 ψ 的 Fourier 系数 α_n,β_n 有什么关系?

§16.3 Fourier 变换

§16.3.1 Fourier 积分

我们知道, Fourier 级数有非常优越的性质, 满足一定条件的周期函数或定义在有限区间上的函数, 可以展开为 Fourier 级数, 那么对于定义在 $(-\infty,+\infty)$ 上的非周期函数, 能展开为 Fourier 级数呢?

设 $f(x)$ 是 $(-\infty,+\infty)$ 上可积的非周期函数, 对每个固定的有限区间 $[-T,T]$, 将 $f(x)$ 限制在这个有限区间上, 然后作 Fourier 级数展开. 然而对不同的 T, 都对应不同的 Fourier 级数展开, 这会带来不确定性. 为了克服这一不足, 要换个思路, 即用 Fourier 积分代替 Fourier 级数. 大致步骤如下.

对任何 $T>0$, 先将 f 限制在 $(-T,T)$ 上, 即令 $f_T(x)=f(x),x\in(-T,T)$, 再将它以 $2T$ 为周期延拓到 $(-\infty,+\infty)$, 仍记为 $f_T(x)$. 设

$$f_T(x)\sim\frac{a_0}{2}+\sum_{n=1}^{\infty}(a_n\cos n\omega x+b_n\sin n\omega x),$$

其中, $\omega = \dfrac{\pi}{T}$. 当 T 趋于无穷大时 $\omega \to 0$, 作为级数, 上式右端不易处理. 下面我们把 Fourier 系数代入, 上式右端将呈现积分的形式:

$$\begin{aligned}&\frac{1}{2T}\int_{-T}^{T} f(t)\mathrm{d}t + \frac{1}{T}\sum_{n=1}^{\infty}\int_{-T}^{T} f(t)(\cos n\omega t\cos n\omega x + \sin n\omega t\sin n\omega x)\mathrm{d}t\\ =&\frac{1}{2T}\int_{-T}^{T} f(t)\mathrm{d}t + \frac{1}{T}\sum_{n=1}^{\infty}\int_{-T}^{T} f(t)\cos n\omega(x-t)\mathrm{d}t.\end{aligned}$$

再假定 $\displaystyle\int_{-\infty}^{+\infty} f(t)\mathrm{d}t$ 绝对收敛, 则上式中第一项 $\displaystyle\frac{1}{2T}\int_{-T}^{T} f(t)\mathrm{d}t$ 当 $T \to +\infty$ 时趋于 0. 下面主要研究第二项. 令

$$\varphi_T(\omega) = \int_{-T}^{T} f(t)\cos\omega(x-t)\mathrm{d}t,$$

$$\omega_n = n\omega,\ \Delta\omega_n = \omega_n - \omega_{n-1} = \omega,$$

则第二项表示为

$$\frac{1}{\pi}\sum_{n=1}^{\infty}\varphi_T(\omega_n)\Delta\omega_n,$$

当 $\Delta\omega_n \to 0$ 时 $T \to +\infty$, 类似于 Riemann 和, 其极限为

$$\lim_{\Delta\omega_n\to 0}\frac{1}{\pi}\int_0^{+\infty}\varphi_T(\omega)\mathrm{d}\omega,$$

其中,

$$\varphi_T(\omega) \to \int_{-\infty}^{+\infty} f(t)\cos\omega(x-t)\mathrm{d}t.$$

于是对每个 x, 当 T 充分大时 $|x| < T$, 因此有

$$f(x) \sim \frac{1}{\pi}\int_0^{+\infty}\mathrm{d}\omega\int_{-\infty}^{\infty} f(t)\cos\omega(x-t)\mathrm{d}t. \tag{16.3.1}$$

上式右端称为函数 f 在 x 处的 Fourier 积分. 总结一下前面的作法, 我们粗略地得到了下面的收敛定理 (严格证明超出数学分析课程的范围).

定理 16.3.1 设函数 f 在 $(-\infty,+\infty)$ 上绝对可积, 且在 $(-\infty,+\infty)$ 中的任何闭区间上分段可导, 则 f 在任一点处的 Fourier 积分收敛于其算术平均值, 即

$$\frac{1}{\pi}\int_0^{+\infty}\mathrm{d}\omega\int_{-\infty}^{+\infty} f(t)\cos\omega(x-t)\mathrm{d}t = \frac{f(x+)+f(x-)}{2},\ \forall x\in(-\infty,+\infty).$$

所谓在闭区间上分段可导是如下定义的:

定义 16.3.1 设函数 f 在 $[a,b]$ 上除有限个点

$$a = x_0 < x_1 < x_2 < \cdots < x_N = b$$

外均可导, 而在 $x_i(i=0,1,2,\cdots,N)$ 处 f 的左、右极限 $f(x_i-)$ 和 $f(x_i+)$ 都存在 (在 $x_0 = a$ 只要求右极限存在, 在 $x_N = b$ 只要求左极限存在), 并且极限

$$\lim_{h\to 0-}\frac{f(x_i+h)-f(x_i-)}{h},\quad \lim_{h\to 0+}\frac{f(x_i+h)-f(x_i+)}{h}$$

都存在（在 $x_0=a$ 只要求上述第二个极限存在, 在 $x_N=b$ 只要求上述第一个极限存在）, 那么称 f 在 $[a,b]$ 上**分段可导** (piecewise differentiable).

为方便起见, 下面将 $f(x)$ 的 Fourier 级数和 Fourier 积分写成复数形式.

将 Euler 公式

$$\cos\theta=\frac{\mathrm{e}^{\mathrm{i}\theta}+\mathrm{e}^{-\mathrm{i}\theta}}{2},\quad \sin\theta=\frac{\mathrm{e}^{\mathrm{i}\theta}-\mathrm{e}^{-\mathrm{i}\theta}}{2\mathrm{i}}=-\frac{\mathrm{i}}{2}(\mathrm{e}^{\mathrm{i}\theta}-\mathrm{e}^{-\mathrm{i}\theta})$$

代入 Fourier 级数得

$$\frac{a_0}{2}+\sum_{n=1}^{\infty}(a_n\cos\omega_n x+b_n\sin\omega_n x)=\frac{a_0}{2}+\sum_{n=1}^{\infty}\left(\frac{a_n-\mathrm{i}b_n}{2}\mathrm{e}^{\mathrm{i}\omega_n x}+\frac{a_n+\mathrm{i}b_n}{2}\mathrm{e}^{-\mathrm{i}\omega_n x}\right).$$

记

$$c_0=a_0,\quad c_n=a_n-ib_n=\frac{1}{T}\int_{-T}^{T}f_T(t)\mathrm{e}^{-\mathrm{i}\omega_n t}\,\mathrm{d}t,\ c_{-n}=\overline{c_n},\quad n=1,2,\cdots,$$

其中, $\overline{c_n}$ 表示 c_n 的共轭数, 于是得到

$$f(x)\sim\frac{c_0}{2}+\frac{1}{2}\sum_{n=1}^{+\infty}(c_n\mathrm{e}^{\mathrm{i}\omega_n x}+c_{-n}\mathrm{e}^{-\mathrm{i}\omega_n x})=\frac{1}{2}\sum_{n=-\infty}^{+\infty}c_n\mathrm{e}^{\mathrm{i}\omega_n x},$$

上式右端称为 **Fourier 级数的复数形式**. 再将 c_n 的表达式代入 Fourier 级数的复数形式即有

$$f_T(x)\sim\frac{1}{2T}\sum_{n=-\infty}^{+\infty}\left[\int_{-T}^{T}f_T(t)\mathrm{e}^{-\mathrm{i}\omega_n t}\,\mathrm{d}t\right]\mathrm{e}^{\mathrm{i}\omega_n x}.$$

并令 $T\to\infty$, 则类似前面的推导可得

$$f(x)\sim\frac{1}{2\pi}\int_{-\infty}^{+\infty}\left[\int_{-\infty}^{+\infty}f(t)\mathrm{e}^{-\mathrm{i}\omega t}\,\mathrm{d}t\right]\mathrm{e}^{\mathrm{i}\omega x}\mathrm{d}\omega.\tag{16.3.2}$$

上式右端称为 $f(x)$ 的 Fourier 积分的复数形式. 今后不特别指出时我们多指复数形式. 对于这个复数形式, 类似地有收敛定理.

定理 16.3.2 设函数 f 在 $(-\infty,+\infty)$ 上绝对可积, 且在 $(-\infty,+\infty)$ 中的任何闭区间上分段可导, 则 f 的 Fourier 积分满足：对于任意 $x\in(-\infty,+\infty)$ 成立

$$\frac{1}{2\pi}\int_{-\infty}^{+\infty}\mathrm{d}\omega\int_{-\infty}^{+\infty}f(t)\mathrm{e}^{\mathrm{i}\omega(x-t)}\,\mathrm{d}t=\frac{f(x+)+f(x-)}{2}.$$

§16.3.2 Fourier 变换及其逆变换

受 Fourier 积分公式 (16.3.2) 启发, 我们定义函数

$$\hat{f}(\omega)=\int_{-\infty}^{+\infty}f(t)\mathrm{e}^{-\mathrm{i}\omega t}\,\mathrm{d}t,\ \omega\in(-\infty,+\infty),$$

称为 f 的 **Fourier 变换** (Fourier transform), 或**像函数**, 也记为 $\mathcal{F}[f]$, 即

$$\mathcal{F}[f](\omega)=\hat{f}(\omega)=\int_{-\infty}^{+\infty}f(t)\mathrm{e}^{-\mathrm{i}\omega t}\,\mathrm{d}t,\tag{16.3.3}$$

而函数 (积分主值意义下)

$$\frac{1}{2\pi}\int_{-\infty}^{+\infty}\hat{f}(\omega)\mathrm{e}^{\mathrm{i}\omega x}\mathrm{d}\omega,\ x\in(-\infty,+\infty) \tag{16.3.4}$$

称为 $\hat{f}$ 的 **Fourier 逆变换**（inverse Fourier transform）, 或**像原函数**, 记为 $\mathcal{F}^{-1}[\hat{f}]$, 即

$$\mathcal{F}^{-1}[\hat{f}](x)=\frac{1}{2\pi}\int_{-\infty}^{+\infty}\hat{f}(\omega)\mathrm{e}^{\mathrm{i}\omega x}\mathrm{d}\omega.$$

注意, 若 x 是 f 的连续点, 定理 16.3.2 已蕴含了

$$\mathcal{F}^{-1}(\mathcal{F}[f])(x)=\frac{1}{2\pi}\int_{-\infty}^{+\infty}\mathrm{d}\omega\int_{-\infty}^{+\infty}f(t)\mathrm{e}^{\mathrm{i}\omega(x-t)}\,\mathrm{d}t=f(x).$$

例 16.3.1 求孤立矩形波

$$f(x)=\begin{cases}h, & |x|\leqslant\delta,\\ 0, & |x|>\delta\end{cases}$$

的 Fourier 变换 $\hat{f}(\omega)$ 及其逆变换.

解 当 $\omega\neq 0$ 时,

$$\hat{f}(\omega)=\int_{-\infty}^{+\infty}f(x)\mathrm{e}^{-\mathrm{i}\omega x}\mathrm{d}x=\frac{2h}{\omega}\sin(\omega\delta).$$

当 $\omega=0$ 时,

$$\hat{f}(0)=\int_{-\infty}^{+\infty}f(x)\mathrm{d}x=2h\delta.$$

利用 $\displaystyle\int_0^{+\infty}\frac{\sin ax}{x}\mathrm{d}x=\mathrm{sgn}(a)\frac{\pi}{2}$ 可得

$$\begin{aligned}\mathcal{F}^{-1}[\hat{f}]&=\frac{1}{2\pi}\int_{-\infty}^{+\infty}\hat{f}(\omega)\mathrm{e}^{\mathrm{i}\omega x}\mathrm{d}\omega=\frac{h}{\pi}\int_{-\infty}^{+\infty}\frac{\sin(\omega\delta)}{\omega}\mathrm{e}^{\mathrm{i}\omega x}\mathrm{d}\omega\\&=\frac{2h}{\pi}\int_0^{+\infty}\frac{\sin(\omega\delta)}{\omega}\cos(\omega x)\mathrm{d}\omega=\begin{cases}h, & |x|<\delta,\\ \dfrac{h}{2}, & x=\pm\delta,\\ 0, & |x|>\delta.\end{cases}\end{aligned}$$

例 16.3.2 求 $f(x)=\begin{cases}\dfrac{\sin ax}{x}, & x\neq 0\\ a, & x=0\end{cases}$ 的 Fourier 变换 $\hat{f}(\omega)$.

解

$$\hat{f}(\omega)=\int_{-\infty}^{+\infty}\frac{\sin ax}{x}\mathrm{e}^{-\mathrm{i}\omega x}\mathrm{d}x=2\int_0^{+\infty}\frac{\sin ax\cos\omega x}{x}\mathrm{d}x=\begin{cases}\pi\mathrm{sgn}(a), & |\omega|\leqslant|a|,\\ 0, & |\omega|>|a|.\end{cases}$$

设 $f(x)$ 在 $(-\infty,+\infty)$ 上连续, 且满足定理 16.3.1或定理 16.3.2的条件, 则

$$g_s(\omega)\doteq\int_{-\infty}^{+\infty}f(t)\sin\omega(x-t)\mathrm{d}t$$

是奇函数, 而

$$g_c(\omega) \doteq \int_{-\infty}^{+\infty} f(t)\cos\omega(x-t)\mathrm{d}t$$

是偶函数. 当 $f(x)$ 本身是偶函数时, 上述定理表明

$$f(x)=\frac{2}{\pi}\int_0^{+\infty}\left[\int_0^{+\infty} f(t)\cos\omega t\,\mathrm{d}t\right]\cos\omega x\,\mathrm{d}\omega,$$

它可以看成是由 **Fourier 余弦变换**(Fourier cosine transform)

$$\mathcal{F}_c[f]=\hat{f}_c(\omega)=\int_0^{+\infty} f(x)\cos\omega x\,\mathrm{d}x$$

及其逆变换

$$\mathcal{F}_c^{-1}[\hat{f}_c]=\frac{2}{\pi}\int_0^{+\infty}\hat{f}_c(\omega)\cos\omega x\,\mathrm{d}\omega$$

复合而成的.

当 $f(x)$ 本身是奇函数时, 可以类似地得到

$$f(x)=\frac{2}{\pi}\int_0^{+\infty}\left[\int_0^{+\infty} f(t)\sin\omega t\,\mathrm{d}t\right]\sin\omega x\,\mathrm{d}\omega,$$

它可以看成是由 **Fourier 正弦变换**(Fourier sine transform)

$$\mathcal{F}_s[f]=\hat{f}_s(\omega)=\int_0^{+\infty} f(x)\sin\omega x\,\mathrm{d}x$$

及其逆变换

$$\mathcal{F}_s^{-1}[\hat{f}_s]=\frac{2}{\pi}\int_0^{+\infty}\hat{f}_s(\omega)\sin\omega x\,\mathrm{d}\omega$$

复合而成的.

如果把式 (16.3.1) 写成

$$f(x)=\int_0^{+\infty}[a(\omega)\cos\omega x+b(\omega)\sin\omega x]\mathrm{d}\omega, \tag{16.3.5}$$

其中,

$$a(\omega)=\frac{1}{\pi}\int_{-\infty}^{+\infty} f(t)\cos\omega t\mathrm{d}t, \quad b(\omega)=\frac{1}{\pi}\int_{-\infty}^{+\infty} f(t)\sin\omega t\mathrm{d}t,$$

则式 (16.3.5) 与 Fourier 级数非常相似, 而 $a(\omega), b(\omega)$ 就相当于 Fourier 系数 a_n, b_n.

例 16.3.3 求 $f(x)=\mathrm{e}^{-ax}(a>0, x>0)$ 的 Fourier 余弦变换和正弦变换.

解 由 Fourier 余弦变换公式和正弦变换公式得

$$F_c[f]=\int_0^{+\infty}\mathrm{e}^{-ax}\cos\omega x\mathrm{d}x=\frac{a}{a^2+\omega^2},$$

$$F_s[f]=\int_0^{+\infty}\mathrm{e}^{-ax}\sin\omega x\mathrm{d}x=\frac{\omega}{a^2+\omega^2}.$$

§16.3.3 Fourier 变换的性质

Fourier 变换是一种重要的积分变换, 在数学物理中有特殊的应用. 我们知道, 对数将乘、除运算变为加、减运算, 大大降低了计算量, 那么 Fourier 变换则能把求微分方程的解这类分析运算转化为相对简单的代数运算, 因此意义非凡. 下面先来介绍 Fourier 变换的基本性质, 然后再建立卷积的概念, 最后举例说明它们在数学物理中的应用.

1. Fourier 变换的性质

定理 16.3.3　(1) **线性性质** Fourier 变换与其逆变换都具有线性性质, 即

(i) 若 f, g 的 Fourier 变换存在, 则

$$\mathcal{F}[\alpha f+\beta g]=\alpha\mathcal{F}[f]+\beta\mathcal{F}[g];$$

(ii) 若 $\hat{f}=F[f]$, $\hat{g}=F[g]$ 的 Fourier 逆变换存在, 则对任何常数 α, β, 有

$$\mathcal{F}^{-1}[\alpha\hat{f}+\beta\hat{g}]=\alpha\mathcal{F}^{-1}[\hat{f}]+\beta\mathcal{F}^{-1}[\hat{g}].$$

(2) **位移性质**

(i) 若函数 f 的 Fourier 变换存在, 则

$$\mathcal{F}[f(x\pm x_0)](\omega)=\mathcal{F}[f](\omega)\mathrm{e}^{\pm\,\mathrm{i}\omega\,x_0};$$

(ii) 若 $\hat{f}=\mathcal{F}[f]$ 的 Fourier 逆变换存在, 则

$$\mathcal{F}^{-1}[\hat{f}(\omega\pm\omega_0)](x)=\mathcal{F}^{-1}[\hat{f}](x)\mathrm{e}^{\mp\,\mathrm{i}\omega_0 x}.$$

(3) **尺度性质** 当 $a\neq 0$ 时,

$$\mathcal{F}[f(ax)](\omega)=\frac{1}{|a|}\mathcal{F}[f]\left(\frac{\omega}{a}\right),\ \mathcal{F}\left[\frac{1}{a}f\left(\frac{x}{a}\right)\right](\omega)=\mathcal{F}[f](a\omega).$$

(4) **连续性和有界性**　设函数 $f(x)$ 在 $(-\infty,+\infty)$ 上连续, 且绝对可积, 则其 Fourier 变换 $\hat{f}(\omega)$ 在 $(-\infty,+\infty)$ 上有界、连续, 且 $\lim\limits_{\omega\to\infty}\hat{f}(\omega)=0$.

(5) **微分性质**

(i) 设函数 $f(x)$ 在 $(-\infty,+\infty)$ 上连续可导, 且 $f(x)$ 与 $f'(x)$ 在 $(-\infty,+\infty)$ 上绝对可积. 则 $\lim\limits_{x\to\infty}f(x)=0$, 且有

$$\mathcal{F}[f'](\omega)=\mathrm{i}\omega\cdot\mathcal{F}[f](\omega);$$

(ii) 若 $f(x)$ 和 $xf(x)$ 在 $(-\infty,+\infty)$ 上绝对可积, 则

$$\mathcal{F}[-\mathrm{i}x\cdot f]=(\mathcal{F}[f])'.$$

(6) **积分性质** 设函数 $f(x)$ 和 $\displaystyle\int_{-\infty}^{x}f(t)\mathrm{d}t$ 在 $(-\infty,+\infty)$ 上绝对可积, 则

$$\mathcal{F}\left[\int_{-\infty}^{x}f(t)\mathrm{d}t\right]=\frac{1}{\mathrm{i}\omega}\mathcal{F}[f].$$

证明　下面仅证明 (5) 和 (6), 其余请读者自己补齐.

(5)　(i) 由分部积分公式得

$$\begin{aligned}\mathcal{F}[f']\,(\omega)&=\int_{-\infty}^{+\infty}f'(x)\mathrm{e}^{-\mathrm{i}\omega\,x}\mathrm{d}x\\&=f(x)\mathrm{e}^{-\mathrm{i}\omega\,x}\Big|_{-\infty}^{+\infty}+\mathrm{i}\,\omega\int_{-\infty}^{+\infty}f(x)\mathrm{e}^{-\mathrm{i}\omega\,x}\mathrm{d}x\\&=\mathrm{i}\,\omega\cdot\mathcal{F}[f](\omega).\end{aligned}$$

(ii) 利用反常积分求导定理得

$$\begin{aligned}\mathcal{F}[-\mathrm{i}x\cdot f](\omega)&=\int_{-\infty}^{+\infty}(-\mathrm{i}xf(x))\mathrm{e}^{-\mathrm{i}\omega x}\mathrm{d}x\\&=\int_{-\infty}^{+\infty}\frac{\mathrm{d}}{\mathrm{d}\omega}(f(x)\mathrm{e}^{-\mathrm{i}\omega x})\mathrm{d}x\\&=\frac{\mathrm{d}}{\mathrm{d}\omega}\int_{-\infty}^{+\infty}f(x)\mathrm{e}^{-\mathrm{i}\omega x}\mathrm{d}x=\frac{\mathrm{d}}{\mathrm{d}\omega}[\mathcal{F}(f)](\omega).\end{aligned}$$

(6) 因为

$$\frac{\mathrm{d}}{\mathrm{d}x}\int_{-\infty}^{x}f(t)\mathrm{d}t=f(x),$$

且由 $\int_{-\infty}^{x}f(t)\mathrm{d}t$ 和 $f(x)$ 在 $(-\infty,+\infty)$ 上的绝对可积性, 易知 $\lim\limits_{x\to\infty}\int_{-\infty}^{x}f(t)\mathrm{d}t=0$, 所以由 Fourier 变换的微分性质, 得到

$$\mathcal{F}[f](\omega)=\mathcal{F}\left[\frac{\mathrm{d}}{\mathrm{d}x}\int_{-\infty}^{x}f(t)\mathrm{d}t\right](\omega)=\mathrm{i}\omega\mathcal{F}\left[\int_{-\infty}^{x}f(t)\mathrm{d}t\right](\omega),$$

即

$$\mathcal{F}\left[\int_{-\infty}^{x}f(t)\mathrm{d}t\right](\omega)=\frac{1}{\mathrm{i}\omega}\mathcal{F}[f](\omega).$$

□

2. 卷积简介

下面引入函数的卷积的概念, 从数学上来说它是一种重要的运算, 是一种积分变换的数学方法, 从应用方面来看, 它是刻画物理系统, 平移不变的线性系统, 特别是信号与系统、图像处理等的极其重要的工具. 而 Fourier 变换另一个非常有用的性质就是将函数的卷积运算转化为乘法运算.

定义 16.3.2 设函数 f 和 g 在 $(-\infty,+\infty)$ 上有定义, 且积分

$$(f*g)(x)\ =\ \int_{-\infty}^{+\infty}f(t)g(x-t)\,\mathrm{d}t$$

存在, 则称函数 $f*g$ 为 f 和 g 的**卷积** (convolution).

显然, 卷积具有对称性, 即 $f*g=g*f$. 此外还有以下两条非常重要的性质, 它们在其他课程, 如偏微分方程、控制理论、计算方法、图像重建等有特殊的应用.

定理 16.3.4 (卷积的 Fourier 变换) 设函数 f 和 g 在 $(-\infty,+\infty)$ 上绝对可积, 则有

$$\mathcal{F}[f*g]=\mathcal{F}[f]\cdot\mathcal{F}[g].$$

定理 16.3.5 (Parseval 等式) 设函数 f 在 $(-\infty,+\infty)$ 上绝对可积, 且平方可积, 则

$$\int_{-\infty}^{+\infty}[f(x)]^2\mathrm{d}x=\frac{1}{2\pi}\int_{-\infty}^{+\infty}|\hat{f}(\omega)|^2\,\mathrm{d}\omega.$$

上述定理的证明可以形式地给出, 但严格的证明已经超出了我们已经学过的积分概念的范围, 本书暂不具备条件. 同时也指出, 由于 Fourier 变换取决于函数在 $(-\infty,+\infty)$ 上的整体性质, 因此不能很好地反映局部范围的特征. 20 世纪 80 年代兴起的小波变换在继承了 Fourier 变换的优点的同时, 在一定程度上克服了 Fourier 变换缺乏局部性的弱点. 有兴趣的读者可以参阅相关专著或教材.

下面举例说明 Fourier 变换的一个应用.

例 16.3.4 求解二阶线性非齐次常微分方程

$$u''(x)-9u(x)+6f(x)=0.$$

解 由 Fourier 变换的微分性质,

$$-\omega^2\mathcal{F}[u]-9\mathcal{F}[u]+6\mathcal{F}[f]=0,$$

即

$$\mathcal{F}[u]=\frac{6}{9+\omega^2}\mathcal{F}[f],$$

因此,

$$u=\mathcal{F}^{-1}[\frac{6}{9+\omega^2}\mathcal{F}[f]].$$

直接验证可知: 函数 $g(x)=\mathrm{e}^{-3|x|}$ 的 Fourier 变换是 $\dfrac{6}{9+\omega^2}$, 因此由卷积的 Fourier 变换知

$$u(x)=\mathcal{F}^{-1}[\mathcal{F}[g]\mathcal{F}[f]](x)=f*g(x)=\int_{-\infty}^{+\infty}f(t)g(x-t)\mathrm{d}t=\int_{-\infty}^{+\infty}f(t)\mathrm{e}^{-3|x-t|}\mathrm{d}t.$$

注: 这里假设了 $u(x)$ 和 $f(x)$ 满足了使上述运算成立的所有条件.

习题 16.3

A1. (1) 证明: 偶函数 $f(x)$ 的 Fourier 积分是

$$f(x)=\frac{2}{\pi}\int_0^{+\infty}\Big[\int_0^{+\infty}f(t)\cos\omega t\mathrm{d}t\Big]\cos\omega x\mathrm{d}\omega;$$

(2) 证明: 奇函数 $f(x)$ 的 Fourier 积分是

$$f(x)=\frac{2}{\pi}\int_0^{+\infty}\Big[\int_0^{+\infty}f(t)\sin\omega t\mathrm{d}t\Big]\sin\omega x\mathrm{d}\omega.$$

A2. 求下列函数的 Fourier 积分表示:

(1) $f(x)=\mathrm{e}^{-a|x|}(a>0)$; (2) $f(x)=\begin{cases}\mathrm{sgn}x, & |x|\leqslant 1,\\ 0, & |x|>1.\end{cases}$

A3. 求下列定义在 $(-\infty,+\infty)$ 上的函数的 Fourier 变换:

(1) $f(x)=\mathrm{e}^{-|x|}\cos x$; (2) $f(x)=\mathrm{e}^{-a|x|}\sin x\ (a>0)$;

(3) $f(x)=\begin{cases}\mathrm{e}^{-2x}, & x\geqslant 0,\\ 0, & x<0;\end{cases}$ (4) $f(x)=\begin{cases}1-x^2, & |x|<1,\\ 0, & |x|\geqslant 1.\end{cases}$

A4. 设 $f(x)=\mathrm{e}^{-\beta x}$, $x\in(0,+\infty)$, $\beta>0$. 求该函数的正弦变换与余弦变换, 并求下列两个无穷积分 $\displaystyle\int_0^{+\infty}\frac{\cos\omega}{\beta^2+\omega^2}\mathrm{d}\omega$, $\displaystyle\int_0^{+\infty}\frac{\omega\sin\omega}{\beta^2+\omega^2}\mathrm{d}\omega$.

A5. 设

$$f(x)=\begin{cases} e^{-x}, & x\geqslant 0,\\ 0, & x<0,\end{cases}\quad g(x)=\begin{cases} \sin x, & x\in[0,\dfrac{\pi}{2}],\\ 0, & \text{其他},\end{cases}$$

求 $f*g(x)$.

A6. 求解积分方程

$$\int_0^{+\infty} f(t)\sin xt\mathrm{d}t=e^{-x}, x>0.$$

B7. 求下列定义在 $(-\infty,+\infty)$ 上的函数的 Fourier 变换:

(1) $f(x)=e^{-ax^2}\ \ (a>0)$; (2) $f(x)=xe^{-ax^2}\ \ (a>0)$.

第 16 章总练习题

1. 证明下列关系式:

(1) $\sum\limits_{n=1}^{\infty}\dfrac{\cos nx}{n^2}=\dfrac{x^2}{4}-\dfrac{\pi x}{2}+\dfrac{\pi^2}{6}\quad (x\in[0,\pi])$;

(2) $\pi e^{ax}=(e^{2a\pi}-1)\left[\dfrac{1}{2a}+\sum_{n=1}^{\infty}\dfrac{a\cos nx-n\sin nx}{n^2+a^2}\right]\quad (x\in(0,2\pi),\ \ a\neq 0)$.

2. 证明: (1) 若 $f(x)$ 图像关于直线 $x=\dfrac{\pi}{2}$ 对称, 则其 Fourier 系数 $b_{2n}=0$;

(2) 若 $f(x)$ 图像关于点 $\left(\dfrac{\pi}{2},0\right)$ 对称, 则 $b_{2n-1}=0$.

3. 设函数 f 满足 α 阶 Hölder 条件: 即存在正常数 M, 使得对任意的 x,y 有 $|f(x)-f(y)|\leqslant M|x-y|^{\alpha}$. 证明其 Fourier 系数满足: $|a_n|, |b_n|\leqslant\dfrac{M\pi^{\alpha}}{n^{\alpha}}$.

4. (1) 试证明可用 $f(x)$ 的 Fourier 系数 a_n, b_n 表示 $f(x)\sin x$ 的 Fourier 系数 α_n 和 β_n;

(2) 试求 $f(x)=\dfrac{\sum\limits_{n=1}^{\infty}q^n\sin nx}{\sin x}(|q|<1)$ 的 Fourier 系数.

5. 设 f 是以 2π 为周期的连续可微函数, 证明: $f(x+\pi)-f(x)=-\dfrac{2}{\pi}\sum\limits_{n=0}^{\infty}\displaystyle\int_{-\pi}^{\pi}f(t)\cos[(2n+1)(t-x)]\mathrm{d}t$.

6. 设函数 $f(x)$ 在区间 $[0,2\pi]$ 上可积, $\varphi(x)$ 在 $[0,2\pi]$ 上连续, 且在 $(0,2\pi)$ 内可展为它的 Fourier 级数:

$$\varphi(x)=\frac{a_0}{2}+\sum_{n=1}^{\infty}(a_n\cos nx+b_n\sin nx), x\in(0,2\pi),$$

证明:

$$f(x)\varphi(x)=\frac{a_0}{2}f(x)+\sum_{n=1}^{\infty}(a_nf(x)\cos nx+b_nf(x)\sin nx), x\in(0,2\pi)$$

可在 $[0,2\pi]$ 上逐项积分.

7. 设定义在 $[-\pi,\pi]$ 上的连续函数列 $\{\varphi_n\}$ 满足关系

$$\int_a^b\varphi_n(x)\varphi_m(x)\mathrm{d}x=\begin{cases}0, & n=m,\\ 1, & n\neq m,\end{cases}$$

对于在 $[a,b]$ 上的可积函数 f, 定义

$$a_n=\int_a^b f(x)\varphi_n(x)\mathrm{d}x, n=1,2,\cdots.$$

证明: $\sum\limits_{n=1}^{\infty}a_n^2$ 收敛, 且具有不等式

$$\sum_{n=1}^{\infty}a_n^2\leqslant\int_a^b[f(x)]^2\mathrm{d}x.$$

8. 设 $f:[a,b]\to\mathbb{R}$ 可微, $f'(x)$ 在 $[a,b]$ 上平方可积, 利用 Parseval 等式证明:

(1) 若 $[a,b]=[0,\pi]$, $f(0)=f(\pi)=0$, 或 $\displaystyle\int_0^{\pi}f(x)\mathrm{d}x=0$, 则成立 Steklov 不等式 (Steklov inequality)

$$\int_0^{\pi}f^2(x)\mathrm{d}x\leqslant\int_0^{\pi}(f'(x))^2\mathrm{d}x,$$

且等号成立当且仅当 $f(x)=a\sin x$, 或 $a\cos x$ （a 为常数）.

(2) 若 $[a,b]=[-\pi,\pi]$, $f(-\pi)=f(\pi)$, $\displaystyle\int_{-\pi}^{\pi}f(x)\mathrm{d}x=0$, 则成立 Wirtinger 不等式 (Wirtinger inequality)

$$\int_{-\pi}^{\pi}f^2(x)\mathrm{d}x\leqslant\int_{-\pi}^{\pi}(f'(x))^2\mathrm{d}x,$$

且等号成立当且仅当 $f(x)=a\cos x+b\sin x$ （a,b 为常数）.

(3) 利用 Wirtinger 不等式证明等周问题：若 L 是平面上简单闭曲线 C 的长度, A 是曲线 C 所围图形的面积, 则成立等周不等式（isoperimetric inequality）

$$A\leqslant\frac{L^2}{4\pi},$$

且等号成立时, C 必须是圆周.

参考文献

阿米尔 · 艾克塞尔. 2008. 神秘的阿列夫. 左平译. 上海: 上海科学技术文献出版社.
波利亚, 舍贵. 1981. 数学分析中的问题和定理 (第一卷). 上海: 上海科学技术出版社.
常庚哲, 史济怀. 2003. 数学分析教程. 北京: 高等教育出版社.
陈纪修, 於崇华, 金路. 2004. 数学分析. 2 版. 北京: 高等教育出版社.
程其襄, 张奠宙, 魏国强, 等. 2010. 实变函数与泛函分析基础. 3 版. 北京: 高等教育出版社.
菲赫金哥尔茨. 1978. 微积分学教程. 叶彦谦, 路见可, 余家荣译. 北京: 人民教育出版社.
盖 · 伊 · 德林费尔特. 1960. 普通数学分析教程补篇. 北京: 人民教育出版社.
华东师范大学数学系. 2001. 数学分析. 3 版. 北京: 高等教育出版社.
克莱鲍尔. 1981. 数学分析. 上海: 上海科学技术出版社.
克莱因. 2008. 高观点下的初等数学. 上海: 复旦大学出版社.
李忠, 方丽萍. 2008. 数学分析教程. 北京: 高等教育出版社.
梁宗巨. 1965. 多元函数的最大值与最小值. 数学通报, (10): 41-65.
罗庆来, 宋伯生, 吉联芳. 1991. 数学分析教程. 南京: 东南大学出版社.
齐民友. 2008. 数学与文化. 大连: 大连理工大学出版社.
裘兆泰, 王承国, 章仰文. 2004. 数学分析学习指导. 北京: 科学出版社.
斯皮瓦克. 1980. 微积分. 严敦正, 张毓贤译. 北京: 人民教育出版社.
陶哲轩. 2008. 陶哲轩实分析. 王昆扬译. 北京: 人民邮电出版社.
吴良森, 毛羽辉, 韩士安, 等. 2004. 数学分析学习指导书. 北京: 高等教育出版社.
谢惠民, 恽自求, 易法槐, 等. 2003. 数学分析习题课讲义. 北京: 高等教育出版社.
张福保, 薛星美. 2020. 数学分析研学. 北京: 科学出版社.
张福保, 薛星美, 潮小李. 2019. 数学分析讲义 (第一册). 北京: 科学出版社.
张福保, 薛星美, 潮小李. 2019. 数学分析讲义 (第二册). 北京: 科学出版社.
张福保, 薛星美, 潮小李. 2019. 数学分析讲义 (第三册). 北京: 科学出版社.
张筑生. 1991. 数学分析新讲. 北京: 北京大学出版社.
赵显曾. 2006. 数学分析拾遗. 南京: 东南大学出版社.
周民强, 方企勤. 2014. 数学分析. 北京: 科学出版社.
卓里奇. 2006. 数学分析 (第二卷). 4 版. 蒋铎, 等译. 北京: 高等教育出版社.
Fitzpatick P M. 2003. Advanced Calculus. 北京: 机械工业出版社.
Courant R, John F.1999. Introduction to Calculus and Analysis I. New York: Springer.
Richardson D. 1969. Some undecidable problems involving elementary functions of a real variable. The Journal of Symbolic Logic, 33(4): 514-520.
Ritt J F. 1948. Integration in Finite Terms: Liouville's Theory of Elementary Methods. New York: Columbia University Press.
Rudin W. 1976. Principles of Mathematical Analysis. 3rd ed. New York: Mcgraw-Hill, Inc.

索　引

B

保守场 (conservative fields), 408
比较判别法 (comparison test), 421
比较判别法的极限形式 (limit comparison test), 422
闭包 (closure), 259
闭集 (closed set), 259
闭区域 (closed region), 263
闭区域套定理 (nested closed region theorem), 262
边界 (boundary), 258
边界点 (boundary point), 258
标准正交函数系 (standard orthogonal function system), 477
部分和 (partial sums), 414

C

场 (field), 403
重极限 (multiple limit), 266
重排, 更序 (rearrangement), 432

D

单连通区域 (simply connected region), 384
道路连通集 (pathwise connected set), 263
等比级数 (geometric series), 415
等值面 (isosurface), 404
等周不等式 (isoperimetric inequality), 502
第二型曲面积分 (second type surface integral), 378
第二型曲线积分 (second type curve integral), 372
第一型曲面积分 (first type surface integral), 368
第一型曲线积分 (first type curve integral), 365
点列收敛 (sequence converges), 257
对称性 (symmetry), 256, 257

E

二重积分 (double integral), 334
二重积分的变量代换 (double integral variable substitution), 347
二阶偏导数 (second-order partial derivative), 282
二维单连通区域 (two-dimensional simply connected region), 392

F

发散 (divergence), 414
法平面 (normal plane), 309
法线 (normal line), 312
范数 (norm), 256
方向导数 (directional derivative), 281
方形邻域 (square neighborhood), 266
分段可导 (piecewise differentiable), 495
复连通区域 (complex connected region), 384

G

高阶偏导数 (higher order partial derivative), 283
高阶微分 (differentials of higher order), 284
孤立点 (isolated point), 259
广义球面坐标变换 (generalized spherical coordinate transformation), 352
规范正交函数系 (normal orthogonal function system), 477

H

函数列 (sequence of functions), 438
函数项级数 (series of functions), 438
和函数 (sum function), 438
环量 (circulation), 407
混合偏导数 (mixed partial derivative), 283

J

积分判别法 (integral test), 425
基本点列 (basic sequence), 261
极限 (limit), 258
极限函数 (limit function), 438
极坐标变换 (polar coordinate transformation), 347
几何级数 (geometric series), 415
交错级数 (alternating series), 428
紧集 (compact set), 262
距离 (distance), 257

注: 为方便学习, 本索引给出了所有词条的英文, 尽管有些词条的英文在正文中未出现.

聚点 (condensation point), 259
聚点定理 (condensation points theorem), 261
卷积 (convolution), 499
绝对收敛 (absolutely convergent), 431

K

开覆盖 (open cover), 262
开集 (open set), 259
开区域 (open region), 263
可求面积的 (rectifiable area), 332

L

累次积分 (iterated integral), 338
累次极限 (repeated limit), 268
邻域 (neighborhood), 257, 266
流线 (vector line), 404

M

幂级数 (power series), 457
幂级数展开 (power series expansion), 465

N

内闭一致收敛 (inner closed uniformly convergent), 444
内部 (interior), 258
内点 (interior point), 258
内积 (inner product), 255
逆映射定理 (inverse mapping theorem), 305

P

偏导数 (partial derivative), 278

Q

切平面 (tangent plane), 312
球面坐标 (spherical coordinate), 350
球面坐标变换 (spherical coordinate transformation), 351
全微分 (total differential), 277

S

三角不等式 (triangle inequality), 257
散度 (divergence), 406
势函数 (potential function), 408
收敛 (convergent), 414
收敛半径 (radius of convergence), 458
收敛点 (convergence point), 438
收敛区间 (interval of convergence), 458
收敛域 (convergence region), 438, 458
数量场 (scalar field), 403
数项级数 (numerical series), 414

T

梯度 (gradient vector), 282
梯度场 (gradient field), 404
条件收敛 (conditionally convergent), 431
通量 (flux), 406
通项 (general term), 414
投影法 (projection method), 343

W

外部 (exterior), 258
外点 (exterior point), 258
无穷级数 (infinite series), 414

X

线性性 (linearity), 256, 418
向量场 (vector field), 403
向量线 (vector line), 404
向量值函数 (vector-valued function), 264
旋度 (rotation, 或 curl), 407

Y

一致连续 (uniform continuity), 274
一致收敛 (converges uniformly), 441
隐函数定理 (implicit function theorem), 298
有界集 ((bounded set), 258
有势场 (potential field), 408
余弦级数 (cosine series), 480
余弦系数 (cosine coefficient), 478
圆形邻域 (circular neighborhood), 266

Z

正定性 (positive definiteness), 256, 257
正交函数系 (orthogonal function system), 476
正弦级数 (sine series), 480
正弦系数 (sine coefficient), 478
正项级数 (series with positive terms), 421
正项级数收敛原理 (convergence principle of positive series), 421
直径 (diameter), 262
逐段光滑 (piecewise smoothing), 485

逐段连续 (piecewise continuous), 485
柱面坐标 (cylindrical coordinates), 350
柱面坐标变换 (cylindrical coordinate transformation), 350
最小二乘法 (least square method), 319

其他

第 n 个余项 (n-th remainder), 418
n 重积分的变量代换 (n-fold integral variable substitution), 349
n 元函数 (function with n variables), 265
Abel 第一定理 (Abel first theorem), 458
Abel 判别法 (Abel test), 430, 449
Abel 第二定理 (Abel second theorem), 460
A-D 判别法 (A-D test), 430, 449
Bessel 不等式 (Bessel inequality), 491
Cauchy 点列 (Cauchy sequence), 261
Cauchy-Hadamard 定理 (Cauchy-Hadamard theorem), 458
Cauchy 判别法 (根式判别法 (root test)), 423
Cauchy 收敛准则 (Cauchy convergence criterion), 261, 416
Cauchy 型余项 (Cauchy type remainder), 466
D'Alembert 判别法 (或比式判别法 (ratio test)), 424
Dirichlet 判别法 (Dirichlet test), 430, 449
Euclid 空间 (Euclid space), 255
Fourier 变换 (Fourier transform), 495
Fourier 级数 (Fourier series), 478
Fourier 逆变换 (inverse Fourier transform), 496
Fourier 系数 (Fourier coefficient), 478
Fourier 余弦变换 (Fourier cosine transform), 497
Fourier 正弦变换 (Fourier sine transform), 497
Gauss 公式 (Gauss formula), 392
Green 公式 (Green formula), 384
Hölder 条件 (Hölder condition), 484
Jordan 曲线 (Jordan curve), 384
Lagrange 乘数 (Lagrange multipliers), 323
Lagrange 乘数法 (method of Lagrange multipliers), 322
Lagrange 型余项 (Lagrange type remainder), 466
Leibniz 级数 (Leibniz series), 428
Leibniz 判别法 (Leibniz test), 428
Lipschitz 条件 (Lipschitz condition), 484
Parseval 等式 (Parseval equality), 491
Raabe 判别法 (Raabe test), 426
Schwarz 不等式 (Schwarz's inequality), 256
Steklov 不等式 (Steklov inequality), 502
Stokes 公式 (Stokes formula), 395
Taylor 级数 (Taylor sseries), 464
Taylor 系数 (Taylor coefficient), 464
Taylor 展开 (Taylor expansion), 465
Weierstrass 判别法 (Weierstrass test), 448
Wirtinger 不等式 (Wirtinger inequality), 502